职业教育智能制造领域高素质技术技能人才培养系列教材

电气控制与 S7-1200 PLC 应用技术项目教程

主　编　王烈准　金　何

副主编　黄学艺　徐巧玲

参　编　孙吴松　江玉才　刘云龙

主　审　李　翔

机械工业出版社

本书以职业岗位能力需求为依据，从工业生产实际出发，系统地介绍了传统电气控制电路的原理、安装接线及PLC应用技术，PLC应用部分以目前工业生产中广泛使用的S7-1200 PLC为代表，介绍了PLC的结构、工作原理、博途软件的使用、基本指令的编程及应用、串行通信及以太网通信。本书内容包括：三相异步电动机控制电路的安装与调试、认识S7-1200 PLC、S7-1200 PLC基本指令的编程及应用、S7-1200 PLC通信的编程及应用共4个项目。

本书在内容编排上，既注重反映电气控制领域的最新技术，又注重对学生知识、技能及职业素质的培养，强调理论联系实际，着重培养学生的动手能力、分析和解决实际问题的能力、工程设计能力以及创新意识，凸显职业教育特色。

本书是在编者多年电气控制与 PLC 及相关领域的教学改革及科研成果基础上编写的，内容结构较新颖，采用“项目导向、任务驱动”理论实践一体化结构体系设计内容，每一项目包括若干个任务，并附有梳理与总结、复习与提高，便于读者复习和归纳。

本书可作为高职高专机电类相关专业教学用书，也可作为应用型本科院校、成人教育、技师学院等相关专业的教材，还可作为电气技术人员的参考工具书及电气行业培训用教材。

为方便教学，本书配有电子课件、习题解答、模拟试卷及答案等，凡选用本书作为授课教材的教师，均可登录机械工业出版社教育服务网（www.cmpedu.com）注册后免费下载。咨询电话：010-88379375。

图书在版编目（CIP）数据

电气控制与S7-1200 PLC应用技术项目教程 / 王烈准，金何主编. -- 北京 ：机械工业出版社，2024. 6.
(职业教育智能制造领域高素质技术技能人才培养系列教材). -- ISBN 978-7-111-76378-9

Ⅰ. TM571

中国国家版本馆 CIP 数据核字第 2024C0P671 号

机械工业出版社（北京市百万庄大街22号　邮政编码100037）
策划编辑：高亚云　　责任编辑：高亚云　赵晓峰
责任校对：丁梦卓　王　延　　封面设计：马精明
责任印制：李　昂
河北泓景印刷有限公司印刷
2024年11月第1版第1次印刷
184mm×260mm・17.25印张・448千字
标准书号：ISBN 978-7-111-76378-9
定价：49.80 元

电话服务	网络服务
客服电话：010-88361066	机　工　官　网：www.cmpbook.com
010-88379833	机　工　官　博：weibo.com/cmp1952
010-68326294	金　　书　　网：www.golden-book.com
封底无防伪标均为盗版	机工教育服务网：www.cmpedu.com

前　言

电气控制与可编程序控制器技术是将继电 - 接触器技术、计算机技术、自动控制技术、网络通信技术集于一体的综合技术。可编程序控制器（PLC）是工业自动化设备的主导产品，具有控制能力强、可靠性高、使用方便和适用于不同控制要求的各种控制对象等优点。随着工业自动化的发展，PLC 在电气控制中的应用越来越广泛，逐步成为电气控制系统的核心设备。

本书贯彻落实党的二十大精神，落实立德树人根本任务，根据教育部对高职高专人才的培养目标及装备制造业对技术技能型人才的需求，遵循高素质技术技能型人才成长和教育教学规律，依据国家现行的规范、规程及技术标准编写而成。

本书的 PLC 应用部分以西门子公司 S7-1200 PLC 为代表。由于其集成了以太网接口、强大的集成工艺功能和灵活的扩展性等特点，为各种工艺任务提供了简单通信，该系列 PLC 在自动化领域得到了广泛的应用。全书以三相异步电动机控制电路的安装与调试、S7-1200 PLC 应用为主线，选择了 16 个典型任务为载体，围绕每个任务实施的需要编排相关知识点，使知识与技能融为一体。

本书的突出特点是采用模块化的结构，以项目导向、任务驱动编排内容，通过任务实施组织相关知识和技能训练，凸显了现代职业教育的特色。在内容编排上，任务内容基本按“任务导入”→“知识链接”→“任务实施”→“任务考核”→“知识拓展”→“任务总结”逻辑组织，为更好地方便读者自主学习、归纳、复习和巩固，每一项目都提示了教学目标、教学重难点、参考学时，并设置了梳理与总结、复习与提高。

本书是六安职业技术学院电气控制课程组与校企合作企业合肥中科前沿科技有限公司相关技术人员合作开发的课证融通教材，也是基于混合式教学改革的特色教材。本书由王烈准、金何担任主编，黄学艺、徐巧玲担任副主编，安徽国防科技职业学院李翔主审。具体编写分工为：合肥中科前沿科技有限公司黄学艺编写了项目一中的任务一、任务二，刘云龙编写了项目一中的任务三、任务四；六安职业技术学院金何编写了项目二，江玉才编写了项目三中的任务一、任务二，徐巧玲编写了项目三中的任务三、任务四、任务五，孙吴松编写了项目三中的任务六、任务七，王烈准编写了项目一中的任务五和项目四并负责全书的设计、统稿和定稿工作。

在编写过程中，编者参阅了相关教材和西门子相关技术资料，在此对相关人员一并表示衷心的感谢！

由于编者水平有限，书中难免有不足之处，敬请读者批评指正。编者电子邮箱：1759722391@qq.com。

编　者

目 录

项目一

三相异步电动机控制电路的安装与调试

教学目标	知识目标	1. 熟悉常用低压电器的结构、工作原理、型号规格、电气符号、使用方法及在电气控制电路中的作用 2. 熟练掌握电气控制电路的基本环节 3. 掌握常用控制电路的安装、调试及维护方法 4. 掌握电动机基本控制电路的工作原理、安装接线与调试的方法
	能力目标	1. 能熟练运用所学知识识读电气原理图和安装接线图 2. 能根据控制要求，选配合适型号的低压电器 3. 初步具有电动机控制电路分析、安装接线与调试的能力 4. 能根据控制要求，熟练画出典型控制电路原理图，并进行安装接线
	素质目标	1. 具有遵守规章制度、规范操作及安全生产的意识 2. 具有严谨认真、刻苦勤奋、积极向上、持之以恒的学习态度 3. 培养环保意识及爱岗敬业、团结协作的职业素养
教学重点		电动机基本控制电路的分析、安装接线与调试
教学难点		电动机基本控制电路工作原理分析
参考学时		20 学时

现代工业技术的发展对工业电气控制设备控制提出了越来越高的要求，为了满足生产机械的要求，许多新的控制方式出现。但继电 - 接触器控制仍是电气控制系统中最基本的控制方法，是其他控制方式的基础。

继电 - 接触器控制系统是由各种低压开关电器通过导线连接来实现各种逻辑控制的系统。其优点是电路图直观形象、控制装置结构简单、价格便宜、抗干扰能力强，广泛应用于各类生产设备的控制中。其缺点是接线方式固定，导致通用性、灵活性较差，难以实现系统化生产；且由于采用的是有触头的开关电器，触头易发生故障、维修量大等。尽管如此，目前继电 - 接触器控制仍是各类机械设备最基本的电气控制形式。

任务一　三相异步电动机单向连续运行控制电路的安装与调试

一、任务导入

点动控制是用按钮、接触器控制电动机运行的最简单控制，常用于电葫芦控制和车床拖板箱快速移动的电动机控制。按钮松开后电动机将逐渐停车，这在实际中往往不能满足工业生产的要求。如果要求按钮按下后，电动机能一直运行，则为连续运行。

本任务主要讨论低压开关、低压断路器、交流接触器、热继电器、按钮等低压电器以及电气控制系统图的基本知识、电气控制电路安装步骤和方法以及三相异步电动机单向连续运行控制电路安装与调试的方法。

二、知识链接

低压电器是指工作在交流额定电压 1200V 及以下，直流额定电压 1500V 及以下的电路中起通断、保护、控制或调节作用的电气设备。低压电器作为基本元器件，广泛应用于变电所、工矿企业、交通运输等的电力输配电系统和电力拖动控制系统中。

低压电器是构成控制系统最常用的器件，了解它的分类、作用和用途对设计、分析和维护控制系统都是十分必要的。

控制系统和输配电系统中用的低压电器种类繁多，功能、结构各异，用途广泛，工作原理也各不相同，按用途可分为以下 5 类：

（1）低压配电电器　用于低压供配电系统中进行电能输送和分配的电器，如刀开关、熔断器、低压断路器等。

（2）低压控制电器　用于各种控制电路和控制系统中的电器，如继电器、接触器、热继电器、熔断器等。

（3）低压主令电器　用于发送控制指令以控制其他自动电器动作的电器，如按钮、行程开关、转换开关等。

（4）低压保护电器　用于对电路和电气设备进行安全保护的电器，如熔断器、热继电器、电压继电器、电流继电器等。

（5）低压执行电器　用来执行某种动作或传动功能的电器，如电磁铁、电磁离合器、电磁阀等。

（一）低压开关

低压开关又称低压隔离器，是低压电器中结构比较简单、应用广泛的一类手动电器，主要有刀开关、组合开关、刀开关与熔断器组合成的刀开关和熔断器式刀开关及转换开关等。以下仅介绍 HK2 系列开启式刀开关、HZ5 系列普通型组合开关。

1. HK2 系列开启式刀开关

HK2 系列开启式刀开关用作电路的隔离开关、小容量电路的电源开关和小容量电动机非频繁起动的操作开关。它由熔体、触刀、触头座、操作手柄、底座及上、下胶盖等组成。刀开关的外形、结构及电气符号如图 1-1、图 1-2 所示。使用时，进线座接电源端的进线，出线座接负载端导线，靠触刀与触头座的分合来接通和断开电路。

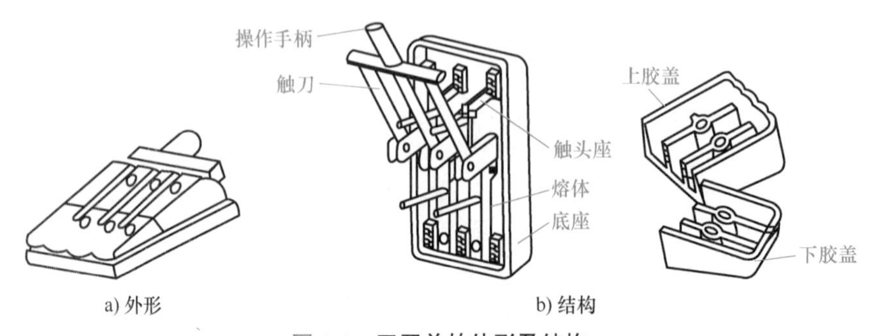

图 1-1　刀开关的外形及结构

HK 系列开启式刀开关型号含义如图 1-3 所示。

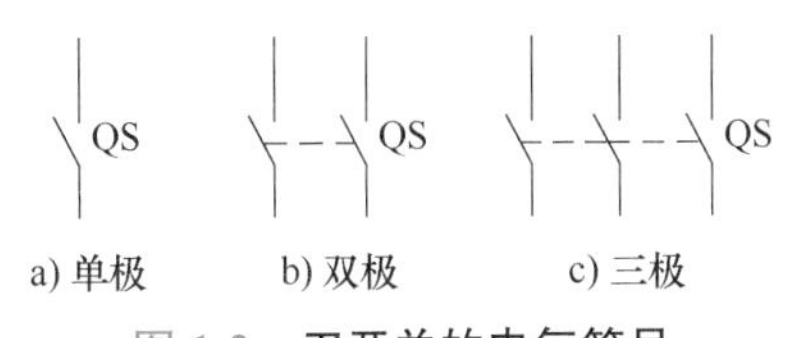

图 1-2　刀开关的电气符号

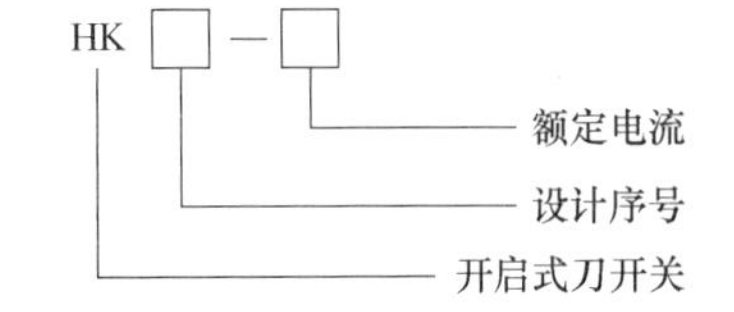

图 1-3　HK 系列开启式刀开关型号含义

2. HZ5 系列普通型组合开关

组合开关由若干动触片和静触片分别装于数层绝缘件内组成，动触片安装在附有手柄的转轴上，可随转轴转动，实现动、静触片的分合。在组合开关上方安装有由滑板、凸轮、扭簧及手柄等部件构成的操作机构，由于该机构采用了扭簧储能，故可实现开关的快速闭合与分断，从而使触头闭合及分断速度与手柄操作速度无关。HZ5 系列普通型组合开关外形、结构及符号如图 1-4 所示。HZ5 系列普通型组合开关适用于电压 380V 及以下、额定电流 60A 及以下电路，用作电源开关、控制电路的换接开关或电动机起动、变速、停止及换向等控制开关。

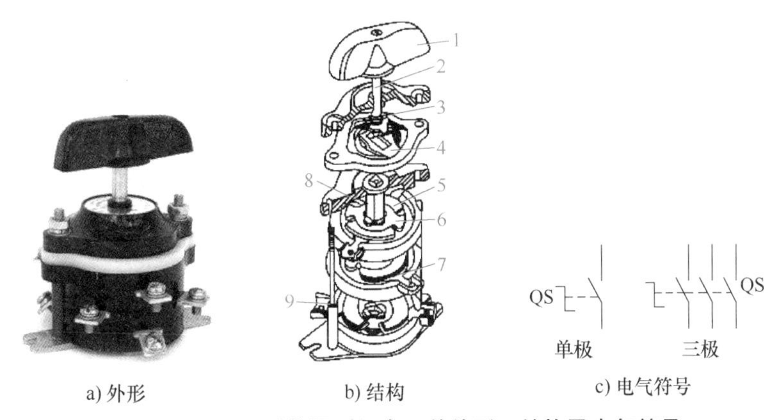

图 1-4　HZ5 系列普通型组合开关外形、结构及电气符号

1—手柄　2—转轴　3—扭簧　4—凸轮　5—绝缘垫板　6—动触片　7—静触片　8—绝缘方轴　9—接线柱

HZ5 系列组合开关型号含义如图 1-5 所示。

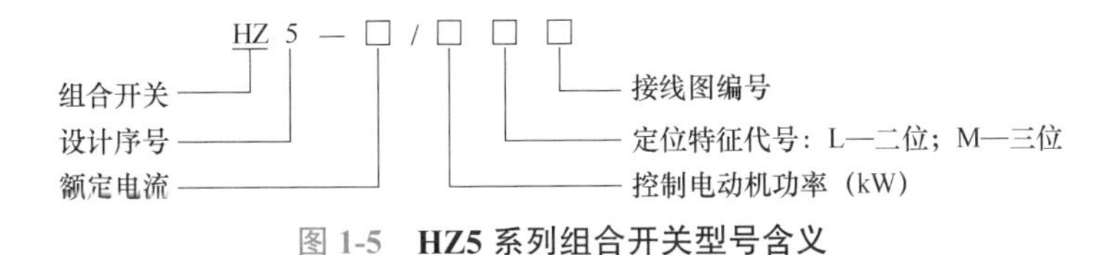

图 1-5　HZ5 系列组合开关型号含义

3. 刀开关的选用和安装

选用刀开关时，首先根据刀开关的用途和安装位置，选择合适的型号和操作方式，然后根据控制对象的类型和大小，计算出相应负载电流大小，选择相应级额定电流的刀开关。刀开关在安装时必须垂直安装，使闭合操作时的手柄操作方向应从下向上闭合，不允许平装或倒装，以防误合闸；电源进线应接在静触头一边的进线座，负载接在动触头一边的出线座；在分闸和合闸操作时，应动作迅速，使电弧尽快熄灭。

4. 刀开关的故障及排除

刀开关的常见故障诊断及排除方法见表 1-1。

表 1-1　刀开关的常见故障诊断及排除方法

故障现象	故障诊断	排除方法
触刀过热甚至烧毁	电路电流过大	改用较大容量的开关
	触刀和静触座歪扭	调整触刀和静触座的位置
	触刀表面被电弧烧毛	磨掉飞边和凸起点
开关手柄转动不灵	定位机械部分损坏	修理或更换
	触刀固定螺钉松脱	拧紧固定螺钉
合闸后一相或两相无电压	静触头弹性消失，开口过大，使动静触头不能接触	更换静触头
	熔丝熔断或虚连	更换熔丝或重新连接熔丝
	静触头或动触头氧化或有污垢	清洁触头
	电源进线或出线线头接触不良	检查进出线，重新连接
动触头或静触头烧坏	刀开关容量太小	更换大容量刀开关
	拉、合闸时动作太慢造成电弧过大，烧坏触头	改善操作方法

（二）熔断器

熔断器是一种当电流超过规定值一定时间后，以其本身产生的热量使熔体熔化而分断电路的保护电器，广泛应用于低压配电系统和控制系统及用电设备中作短路和过电流保护。

1. 熔断器的结构及工作原理

熔断器主要由熔体、熔断器（底座）、填料及导电部件等组成。熔体是熔断器的主要部分，常做成丝状、片状、带状或笼状。其材料有两类：一类为低熔点材料，如铅、锡合金，锑、铝合金，锌等；另一类为高熔点材料，如银、铜、铝等。

熔断器常用的系列产品有瓷插式、螺旋式、无填料封闭管式、有填料封闭管式等。填料目前广泛应用的是石英砂，它既是灭弧介质又能起到帮助熔体散热的作用。图 1-6 所示为 RT18 系列熔断器外形及熔断器的电气符号。

a) 熔体

b) 熔断器底座

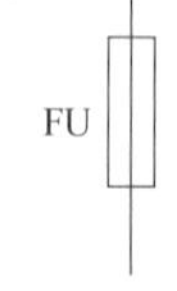

c) 熔断器的电气符号

图 1-6　RT18 系列熔断器外形及电气符号

熔断器接入电路时，熔体串接在电路中，负载电流流经熔体，当电路发生短路或过电流时，通过熔体的电流使其发热，当达到熔体金属熔化温度时就会自行熔断，期间伴随着燃弧和熄弧过程，随之切断故障电路，起到保护作用。当电路正常工作时，熔体在额定电流下不应熔断，所以其最小熔化电流必须大于额定电流。

2. 熔断器的型号及主要技术参数

（1）熔断器的型号　熔断器的型号含义如图 1-7 所示。

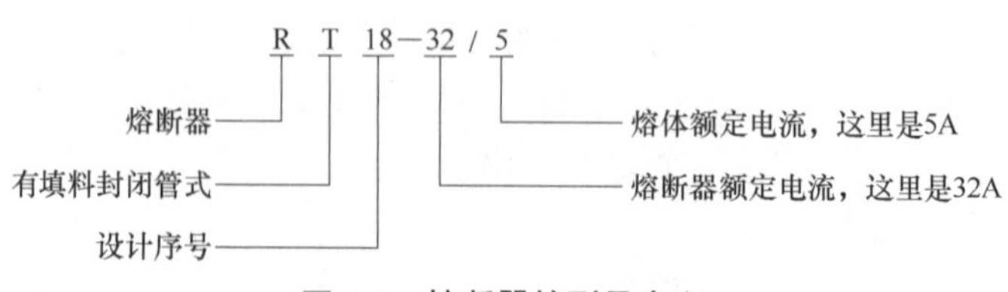

图 1-7　熔断器的型号含义

（2）熔断器的主要技术参数

1）额定电压：从灭弧的角度出发，熔断器长期工作时和分断后能承受的电压。其值一般大于或等于所接电路的额定电压。

2）额定电流：熔断器长期工作，各部件温升不超过允许温升的最大工作电流。熔断器的额定电流有两种，一种是熔管额定电流，也称为熔断器额定电流；另一种是熔体的额定电流。厂家为减少熔管额定电流的规格，熔管额定电流等级较少，而熔体额定电流等级较多，在一种电流规格的熔管内可安装几种电流规格的熔体，但熔体的额定电流最大不能超过熔管的额定电流。

3）极限分断能力：熔断器在规定的额定电压和功率因数（或时间常数）条件下，能可靠分断的最大短路电流。

4）熔断电流：通过熔体并使其熔化的最小电流。

3. 熔断器的选择

熔断器的选择主要是选择熔断器的类型、熔断器额定电压、额定电流和熔体额定电流。

（1）熔断器类型的选择　主要根据负载的保护特性和短路电流大小进行选择。对于照明电路和电动机，一般考虑过载保护，要求熔断器的熔化系数适当小些。对于大容量的照明电路和电动机，除过载保护外，还应考虑短路时的分断短路电流能力。

（2）熔断器额定电压的选择　熔断器的额定电压应大于或等于所接电路的额定电压。

（3）熔体、熔断器额定电流的选择　熔体额定电流大小与负载大小、负载性质有关。对于负载平稳无冲击电流的照明电路、电热电路等，可按负载电流大小来确定熔体的额定电流；对于有冲击电流的电动机负载，为起到短路保护作用，同时保证电动机的正常起动，其熔断器熔体的额定电流如下。

1）对一台不经常起动且起动时间不长的电动机的短路保护，熔体的额定电流 I_{RN} 应为 1.5~2.5 倍电动机额定电流 I_{MN}，即

$$I_{RN}=(1.5\sim2.5)I_{MN}$$

2）对于频繁起动或起动时间较长的电动机，其系数应增加到 3~3.5。

3）对多台电动机的短路保护，熔体的额定电流应为其中最大容量电动机的额定电流 I_{MNmax} 的（1.5~2.5）倍再加上其余电动机额定电流的总和 $\sum I_{MN}$，即

$$I_{RN}\geqslant(1.5\sim2.5)I_{MNmax}+\sum I_{MN}$$

式中各电流的单位均为 A。对轻载起动或起动时间较短时，式中系数取 1.5；重载起动或起动时间较长时，系数取 2.5。

当熔体额定电流确定后，根据熔断器额定电流大于或等于熔体额定电流来确定熔断器额定电流。

4. 熔断器的故障及排除

熔断器的常见故障主要包括熔体过早熔断和熔体不能熔断两种情况。

（1）熔体过早熔断的原因

1）熔体容量选得太小，特别是在电动机起动过程中发生过早熔断，导致电动机不能正常起动。

2）熔体变色或变形。说明熔体已经过热。熔体的形状直接影响熔体的特性，形状变化会导致熔体过早熔断。

（2）熔体不能熔断的原因　熔体容量选得过大，特别是在更换熔体时，增加熔体的电流等级或用其他金属丝代替，当电路发生短路时，熔体不能熔断，不能对电路或电动机起保护

作用，严重时甚至烧毁电路或电动机。

低压熔断器故障诊断及处理方法见表 1-2。

表 1-2 低压熔断器故障诊断及处理方法

常见故障	故障诊断	处理方法
户外低压熔断器瓷件断裂	1）制造质量问题 2）外力破坏 3）过热	如果是因为制造质量不良或外力破坏引起，应停电处理；如果是由于过热引起，应查明并消除过热原因后，再更换瓷件
接线端子发热	1）螺钉未拧紧，接触不良 2）导线未处理好，表面氧化，接触不良 3）铜铝接触	连接端子时应注意导线要处理干净，螺钉必须拧紧，并避免铜铝接触
熔丝（片）在正常情况下熔断	1）熔丝（片）选择不当，容量过小 2）熔丝（片）在安装时受损	应停电检查熔丝（片），并调换合适的熔丝（片），在安装时应注意不使熔丝（片）受损

（三）热继电器

热继电器是利用电流流过发热元件产生热量来使检测元件受热弯曲，进而推动机构动作的一种保护电器。热继电器主要用于交流电动机的过载保护、断相保护、三相电流不平衡的运行保护及其他电气设备发热状态的控制。热继电器还常与交流接触器配合组成电磁起动器，广泛用于电动机的长期过载保护。热继电器的外形如图 1-8 所示。在电力拖动控制系统中应用最广的是双金属片式热继电器。

图 1-8 热继电器的外形

1. 双金属片热继电器的结构及工作原理

双金属片热继电器主要由热元件（即电阻丝）、主双金属片、触头系统、动作机构、复位按钮、电流整定装置和温度补偿元件等部分组成，如图 1-9 所示。

主双金属片 1 是热继电器的感测元件，它是将两种线胀系数不同的金属片以机械辗压的方式形成一体，线胀系数大的称为主动片，线胀系数小的称为被动片。而环绕其上的电阻丝 2 串接于电动机定子电路中，流过电动机定子电流，反映电动机过载情况。由于电流的热效应，双金属片变热产生线膨胀，于是双金属片向被动片一侧弯曲，当电动机正常运行时，热元件产生的热量虽能使双金属片弯曲，但还不足以使热继电器的触头动作；只有当电动机长

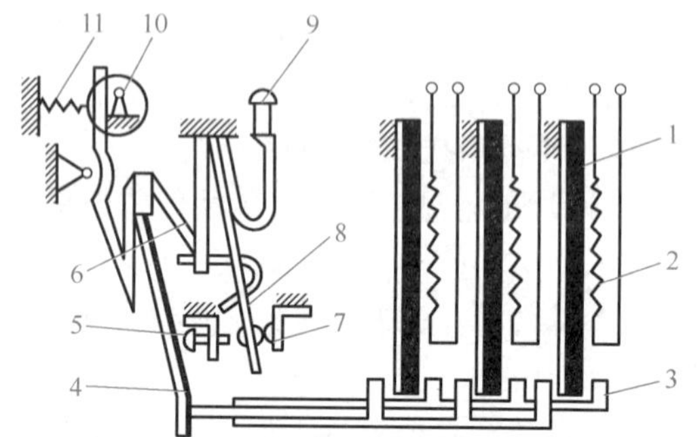

图 1-9 双金属片热继电器结构原理图

1—主双金属片 2—电阻丝 3—导板 4—补偿双金属片 5—复位螺钉 6—推杆 7—静触头 8—动触头 9—复位按钮 10—调节凸轮 11—弹簧

期过载时，过载电流流过热元件，使双金属片弯曲位移增大，经一定时间后，双金属片弯曲到推动导板 3，并通过补偿双金属片 4 与推杆 6 将触头 7 与 8 分开，此常闭触头串接于接触器线圈电路中，触头分开后，接触器线圈断电，接触器主触头断开，切断电动机定子绕组电源，实现电动机的过载保护。调节凸轮 10 用来改变补偿双金属片与导板间的距离，达到调节整定动作电流的目的。此外，调节复位螺钉 5 来改变常开触头的位置，使热继电器工作在手动复位或自动复位两种工作状态。调试手动复位时，在故障排除后需按下复位按钮 9 才能使常闭触头闭合。补偿双金属片可在规定范围内补偿环境温度对热继电器的影响。当环境温度变化时，主双金属片与补偿双金属片同时向同一方向弯曲，使导板与补偿双金属片之间的推动距离保持不变。这样，继电器的动作特性将不受环境温度变化的影响。

2. 具有断相保护的热继电器

三相异步电动机运行时，若发生一相断路，流过电动机各相绕组的电流将发生变化，其变化情况将与电动机三相绕组的接法有关。如果热继电器保护的三相电动机是星形联结，当发生一相断路时，另外两相线电流增加很多，此时线电流等于相电流，由于流过电动机绕组的电流就是流过热继电器热元件的电流，因此，采用普通的两相或三相热继电器就可实现过载保护。如果电动机是三角形联结，在正常情况下，线电流是相电流的$\sqrt{3}$倍，串接在电动机电源进线中的热元件按电动机额定电流即线电流来整定。当发生一相断路时，如图 1-10 所示，当电动机仅为 58% 的额定负载时，流过跨接于全电压下的一相绕组的相电流 $\dot{I}_{p3}$ 等于 1.15 倍的额定相电流，而流过两相绕组串联的电流 $\dot{I}_{p1}=\dot{I}_{p2}$，仅为 58% 的额定相电流。此时未断相的那两相线电流正好为额定线电流，接在电动机进线中的热元件因流过额定线电流，热继电器不动作，但流过全电压下的一相绕组已流过 1.15 倍额定相电流，时间一长便有过热烧毁的危险。所以三角形联结的电动机必须采用带断相保护的热继电器来对电动机进行长期过载保护。

带有断相保护的热继电器是将热继电器的导板改成差动机构，如图 1-11 所示。差动机构由上导板 1、下导板 2 及杠杆 5 组成，它们之间均用转轴连接。其中，图 1-11a 为未通电时导板的位置；图 1-11b 为热元件流过正常工作电流时的位置，此时三相双金属片都受热向左弯曲，但弯曲的挠度不够，所以下导板向左移动一小段距离，杠杆尚未碰到动触头，继电器不动作；图 1-11c 为电动机三相同时过载的情况，三相双金属片同时向左弯曲，推动下导板向左移动，杠杆推动常闭动触头移动，常闭触头断开；图 1-11d 为 W 相断路时的情况，这时 W 相双金属片将冷却，端部向右弯曲，推动上导板向右移，而另外两相双金属片仍受热，端部向左弯曲推动下导板继续向左移动，这样上、下导板的一右一左移动，产生了差动作用，通过杠杆的放大作用，使杠杆推动常闭动触头移动，常闭触头断开，由于差动作用，使继电器在断相故障时加速动作，保护电动机。

3. 热继电器典型产品及主要技术参数

常用的热继电器有 JR20、JRS1、JR36、JR21、3UA5、3UA 6、LR1-D 和 T 系列。后 4 种是引入国外技术生产的。JR36 系列具有断相保护、温度补偿、整定电流值可调、手动脱扣、自动复位、动作后的信号指示等功能。根据它与交流接触器的安装方式不同，有分立结构和组合式结构，可通过导电杆与挂钩直接插接，并电气连接在 CJ20 接触器上。引进的 T 系列热继电器常与 B 系列接触器组合成电磁起动器。

热继电器的主要技术参数有额定电压、额定电流、相数、发热元件规格、整定电流和刻度电流调节范围等。

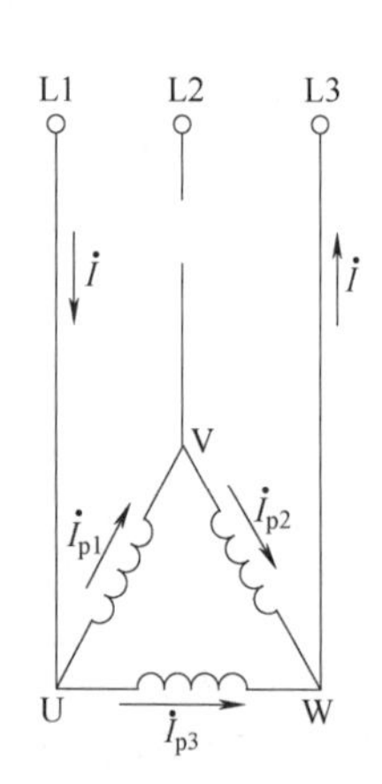

图 1-10　电动机三角形联结时 V 相断线时的电流分析图

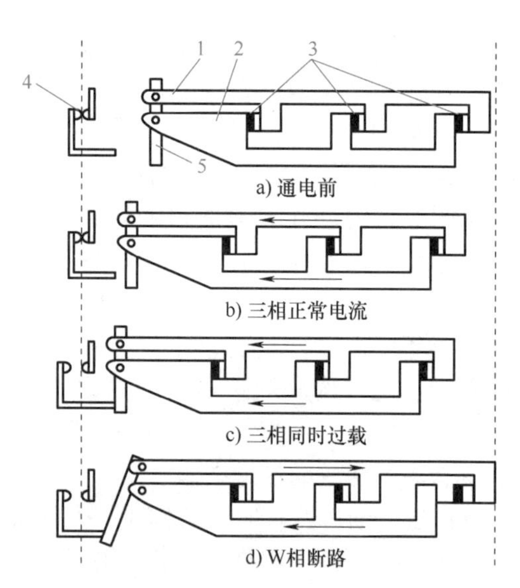

图 1-11　差动机构带有断相保护的热继电器

1—上导板　2—下导板　3—双金属片　4—动断触头　5—杠杆

热继电器的整定电流是指热继电器连续工作而不动作的最大电流。热继电器的整定电流大小可通过旋转整定电流调节旋钮来调节。

热继电器的整定电流为电动机额定电流的 95%~105%，但若在电动机拖动的负载是冲击性负载、起动时间较长或拖动的设备不允许停电等情况下，热继电器的整定电流可取电动机额定电流的 1.1~1.5 倍。如果电动机的过载能力较差，热继电器的整定电流可取电动机额定电流的 60%~80%。同时整定电流应留有一定的上下限调整范围。

JR36 系列热继电器型号含义如图 1-12 所示。

热继电器的电气符号如图 1-13 所示。

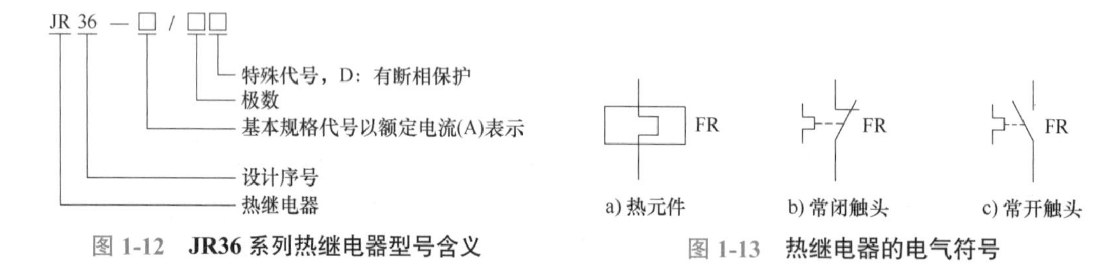

图 1-12　JR36 系列热继电器型号含义

图 1-13　热继电器的电气符号

4. 热继电器的选用

热继电器主要用于电动机的过载保护，选用时应根据使用条件、工作环境、电动机型式及其运行条件及要求，电动机起动情况及负荷情况综合考虑。

1）热继电器有 3 种安装方式，即独立安装式（通过螺钉固定）、导轨安装式（在标准安装轨上安装）和插接安装式（直接挂接在与其配套的接触器上）。应按实际安装情况选择其安装型式。

2）原则上热继电器的额定电流应按电动机的额定电流选择。但对于过载能力较差的电动机，其配用的热继电器的额定电流应适当小些，通常选取热继电器的额定电流（实际上是选取热元件的额定电流）为电动机额定电流的 60% ~80%。

3）在不频繁起动的场合，要保证热继电器在电动机起动过程中不产生误动作。当电动机起动电流为其额定电流6倍及以下，起动时间不超过5s时，若很少连续起动，可按电动机额定电流选用热继电器。当电动机起动时间较长，就不宜采用热继电器，而采用过电流继电器作保护。

4）一般情况下，可选用两相结构的热继电器，对于电网电压均衡性较差、无人看管的电动机或与大容量电动机共用一组熔断器时，应选用三相结构的热继电器。对于三角形联结电动机，应选用带断相保护装置的热继电器。

5）双金属片式热继电器一般用于轻载、不频繁起动电动机的过载保护。对于重载、频繁起动的电动机，则可用过电流继电器作为过载和短路保护。

6）当电动机工作于重复短时工作制时，要注意确定热继电器的允许操作频率。因为热继电器的操作频率是很有限的，操作频率较高时，热继电器的动作特性会变差，甚至不能正常工作。对于频繁正反转和频繁通断的电动机，不宜采用热继电器作保护，可选用埋入电动机绕组的温度继电器或热敏电阻来保护。

5. 热继电器的故障及排除

（1）热元件烧毁　若热元件中的电阻丝烧毁，电动机不能起动或起动时有"嗡嗡"声。其原因是热继电器动作频率太高或负载侧发生短路。应立即切断电源，检查电路，排除短路故障，更换合适的热继电器。

（2）热继电器误动作　热继电器误动作的主要原因有：额定电流过小，以致未过载就动作；电动机起动时间过长，使热继电器在电动机起动过程中动作；操作频率过高，使热继电器经常受到起动电流的冲击；使用场合有强烈的冲击和振动，使热继电器动作机构松动而脱扣；连接导线太细，电阻增大等。应合理选用热继电器并调整其整定电流值；在起动时将热继电器短接；限定操作方法或改用过电流继电器；按要求使用连接导线。

（3）热继电器不动作　热继电器整定电流值偏大，以致过载很久仍不动作；或者其导板脱出，动作机构卡住而不动作。此时要合理调整整定电流值，将导板重新放入。或者排除卡住故障，并试验动作的灵敏度。

（四）低压断路器

低压断路器俗称自动空气开关，是一种既有手动开关作用又能自动进行欠电压、失电压、过载和短路保护的开关电器。它相当于刀开关、熔断器、热继电器、失电压和欠电压继电器的组合。它可用来分配电能，不频繁地起动异步电动机，对电源线路及电动机等实行保护，当发生严重的过载或者短路及欠电压等故障时能自动切断电路。

低压断路器按其用途及结构特点可分为万能式（框架式）断路器、塑壳式（装置式）断路器、微型断路器等，其外形如图1-14所示。

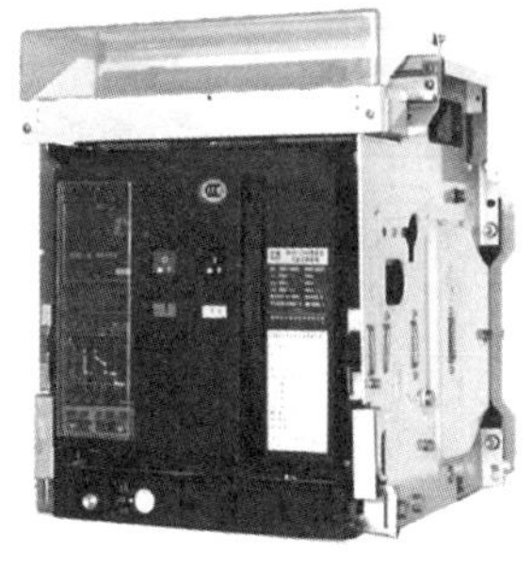

图1-14　各类低压断路器的外形

1. 低压断路器的结构和工作原理

低压断路器由触头系统、灭弧装置、各种脱扣器、自由脱扣机构和操作机构等部分组成。低压断路器的工作原理如图 1-15 所示。图中是一个三极低压断路器，3 个主触头串接于三相电路中。经自由脱扣机构将其闭合，主触头处于闭合状态。当主电路出现过电流故障且达到过电流脱扣器的动作电流时，过电流脱扣器的衔铁吸合，顶杆上移将自由脱扣机构顶开，在分闸弹簧的作用下使主触头断开。当主电路出现欠电压、失电压或过载时，则欠电压、失电压脱扣器 6 和热脱扣器 5 分别将自由脱扣机构顶开，使主触头断开。分励脱扣器 4 可由主电路或其他控制电源供电，由操作人员发出指令使分励线圈通电，其衔铁吸合，将自由脱扣机构顶开，在分闸弹簧作用下使主触头断开，同时也使分励线圈断电，从而实现远距离控制。

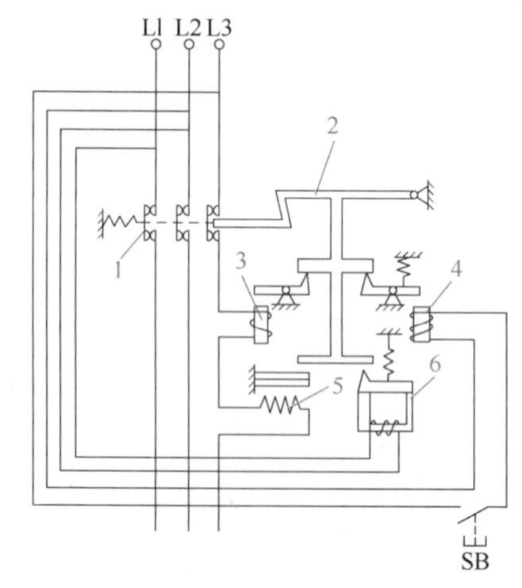

图 1-15　低压断路器工作原理

1—主触头　2—自由脱扣机构　3—过电流脱扣器
4—分励脱扣器　5—热脱扣器　6—欠电压、失电压脱扣器

2. 低压断路器的主要技术参数

1）额定电压。断路器在电路中长期工作时的允许电压值。

2）断路器额定电流。脱扣器允许长期通过的电流，即脱扣器额定电流。

3）断路器壳架等级额定电流。它指每一件框架或塑壳中能安装的最大脱扣器额定电流。

4）断路器的通断能力。在规定操作条件下，断路器能接通和分断短路电流的能力。

5）保护特性。断路器的动作时间与动作电流的关系。

3. 断路器的型号及符号

以塑壳式低压断路器为例，低压断路器型号的含义如图 1-16 所示。

低压断路器的电气符号如图 1-17 所示。

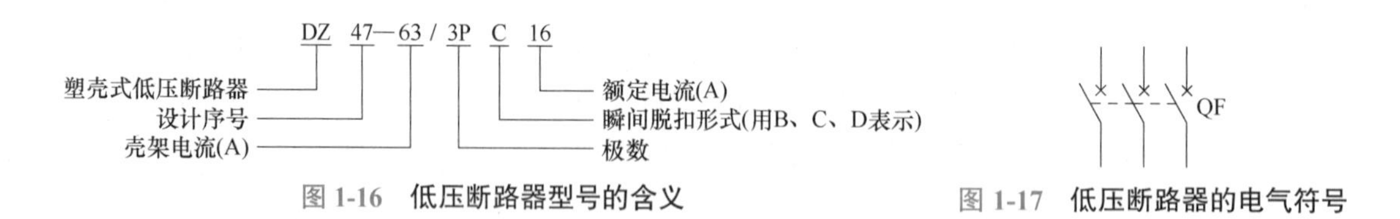

图 1-16　低压断路器型号的含义

图 1-17　低压断路器的电气符号

4. 低压断路器的选用

1）断路器额定电压大于或等于电路额定电压。

2）断路器额定电流大于或等于电路或设备额定电流。

3）断路器通断能力大于或等于电路中可能出现的最大短路电流。

4）欠电压脱扣器额定电压等于电路额定电压。

5）分励脱扣器额定电压等于控制电源电压。

6）长延时电流整定值等于电动机额定电流。

7）瞬时整定电流：对保护笼型异步电动机的断路器，瞬时整定电流为 8~15 倍电动机额定电流；对于保护绕线转子异步电动机的断路器，瞬时整定电流为3~6倍电动机额定电流。

8）6倍长延时电流整定值的可返回时间大于或等于电动机实际起动时间。

使用低压断路器来实现短路保护要比熔断器性能更加优越，因为当三相电路发生短路时，很可能只有一相的熔断器熔断，造成两相运行。对于低压断路器，只要造成短路都会使开关跳闸，将三相电源全部切断，此外，低压断路器还有其他自动保护作用。但它结构复杂、操作频率低、价格较高，适用于要求较高场合。

5. 低压断路器的故障及排除

1）不能合闸。若电源电压过低、失电压脱扣器线圈开路、热脱扣器的双金属片未冷却复位及机械原因，均会导致合闸时操作手柄不能稳定在接通位置上，此时应将电源电压值调至规定值，更换失电压脱扣器线圈，待双金属片冷却复位后再合闸，或者更换机械传动机构部件，排除卡阻。

2）不能分闸。若电源电压过低或消失，或者按下分励脱扣器的分闸按钮，低压断路器不分闸，仍保持接通，这可能是由于机械传动机构卡死不能动作，或者主触头熔焊，此时应检修机械传动机构，排除卡死故障，更换主触头。

3）自动掉闸。若起动电动机时，自动掉闸，可能是热脱扣器的整定值太小，应重新整定。若工作一段时间后自动掉闸，造成电路停电，可能是过电流脱扣器延时整定值调得太短，应重新调整；或者自动脱扣器的热元件损坏，应更换热元件。

（五）交流接触器

接触器是一种用来自动接通或断开大电流电路并可实现远距离控制的电器。它不仅具有欠电压和失电压保护功能，还具有控制容量大、过载能力强、寿命长、设备简单经济等特点，在电力拖动电路中得到了广泛使用。

接触器按主触头通过的电流的种类分类，可分为交流接触器和直流接触器两种。下面主要介绍交流接触器。

1. 交流接触器的结构与工作原理

交流接触器主要由电磁机构、触头系统、灭弧装置等组成。交流接触器的外形及结构示意图如图1-18所示。

电磁机构由线圈、静铁心和动铁心（衔铁）组成，其作用是将电磁能转换为机械能，产生电磁吸力带动触头动作。触头系统包括主触头和辅助触头。主触头用于通断主电路，通常为3个常开主触头；辅助触头用于控制电路，起电气联锁作用，故又称为联锁触头，一般常开、常闭各2个。容量在10A以上的接触器都有灭弧装置，对于小容量的接触器，常采用双断口触头灭弧、电动力灭弧、相间弧板隔弧及陶土灭弧罩灭弧；对于大容量的接触器，采用纵缝灭弧罩及栅片灭弧。除了电磁机构、触头系统、灭弧装置，交流接触器还有其他部件，主要包括反作用弹簧、缓冲弹簧、触头压力弹簧、传动机构及外壳等。

交流接触器的工作原理：当电磁线圈通电后，线圈电流产生磁场使静铁心产生电磁吸力吸引衔铁，并带动动触头动作，使常闭触头断开、常开触头闭合（两者是联动的）。当电磁线圈断电时，电磁力消失，衔铁在释放弹簧的作用下释放，使触头复位，即常开触头断开，常闭触头闭合。

2. 交流接触器的主要技术参数

（1）额定电压　指接触器主触头额定工作电压，应等于负载的额定电压。一只接触器常规定几个额定电压，同时列出相应的额定电流或控制功率。通常，最大工作电压为额定电压。常用的额定电压值为220V、380V、660V等。

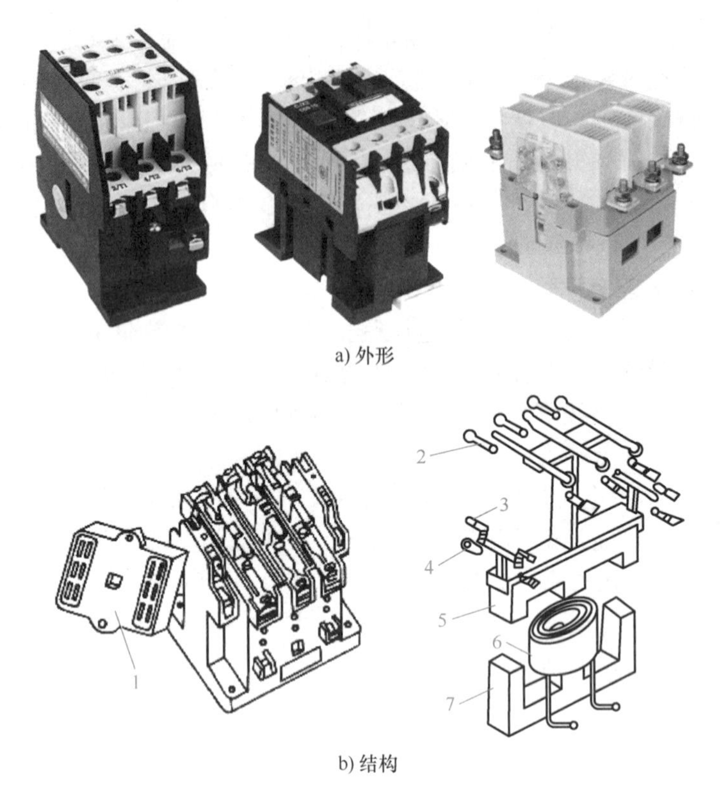

a) 外形

b) 结构

图 1-18 交流接触器的外形与结构示意图

1—灭弧罩 2—常开主触头 3—常闭辅助触头 4—常开辅助触头 5—衔铁 6—吸引线圈 7—静铁心

（2）额定电流 指接触器主触头在额定工作条件下的电流值。常用额定电流等级为 5A、10A、20A、40A、60A、100A、150A、250A、400A、600A。对于 CJX 系列交流接触器，则有 9A、12A、16A、22A、32A、38A、45A、63A、75A、85A、110A、140A、170A 等。

（3）接通与分断能力 指接触器主触头在规定的条件下，能可靠地接通和分断的电流值。在此电流值下，接通时，主触头不应发生熔焊；分断时，主触头不应发生长时间燃弧。

（4）动作值 可分为吸合电压和释放电压。吸合电压是指接触器吸合前，缓慢增加吸合线圈两端的电压，接触器可以吸合时的最小电压。释放电压是指接触器吸合后，缓慢降低吸合线圈两端的电压，接触器释放时的最大电压。一般规定，吸合电压不低于线圈额定电压的 85%，释放电压不高于线圈额定电压的 70%。

（5）吸引线圈额定电压 接触器正常工作时，吸引线圈上所加的电压值。一般该电压数值以及线圈的匝数、线径等数据均标于线包上，而不是标于接触器外壳铭牌上，使用时应加以注意。

（6）约定发热电流 指在使用类别条件下，允许温升对应的电流值。

（7）额定绝缘电压 指接触器绝缘等级对应的最高电压。低压电器的绝缘电压一般为 500V，但根据需要，交流可提高到 1140V，直流可达 1000V。

（8）操作频率 接触器在吸合瞬间，吸引线圈需消耗比额定电流大 5~7 倍的电流，如果操作频率过高，则会使线圈严重发热，直接影响接触器的正常使用。为此，规定了接触器的允许操作频率，一般为每小时允许操作次数的最大值。

（9）寿命 包括机械寿命和电气寿命，接触器是频繁操作电器，应有较长的机械寿命和电气寿命。目前接触器的机械寿命已达到 1000 万次以上，电气寿命达 100 万次以上。

接触器使用类别不同，即用于不同负载时，对主触头的接通和分断能力要求也不同。常见的接触器使用类别及典型用途见表 1-3。

表 1-3　常见的接触器使用类别及典型用途

电流种类	使用类别	典型用途
交流（AC）	AC-1	无感或微感负载、电阻炉
	AC-2	绕线转子异步电动机的起动和分断
	AC-3	笼型异步电动机的起动和运转中分断
	AC-4	笼型异步电动机的起动、反接制动或反向运行和点动
	AC-5a	其他不同的照明灯的通断
	AC-5b	白炽灯的通断
	AC-6a	变压器的通断
	AC-6b	电容器组的通断
	AC-7a	家用电器和类似用途的低电感负载
	AC-7b	家用的电动机负载
	AC-8a	具有手动复位过载脱扣器的密封制冷压缩机中的电动机控制
	AC-8b	具有自动复位过载脱扣器的密封制冷压缩机中的电动机控制
直流（DC）	DC-1	无感或微感负载、电阻炉
	DC-3	并励直流电动机的起动、反接制动或反向运行、点动、电动机在动态中分断
	DC-5	串励直流电动机的起动、反接制动或反向运行、点动、电动机在动态中分断
	DC-6	白炽灯的通断

接触器的使用类别代号通常标注在产品的铭牌上或产品的手册中。每种类别的接触器都具有一定的接通和分断能力，例如，AC-1 和 DC-1 类允许接通和分断额定电流；AC-2、DC-3 和 DC-5 类允许接通和分断 4 倍的额定电流；AC-3 类允许接通 8~10 倍的额定电流和分断 6~8 倍的额定电流；AC-4 类允许接通 10~12 倍的额定电流和分断 8~10 倍的额定电流等。

3. 常用典型交流接触器简介

（1）空气电磁式交流接触器　典型产品有 CJ20、CJ21、CJ26、CJ35、CJ40、NC、B、LC1-D、3TB、3TF 系列交流接触器等。

CJ20 系列交流接触器型号含义如图 1-19 所示。

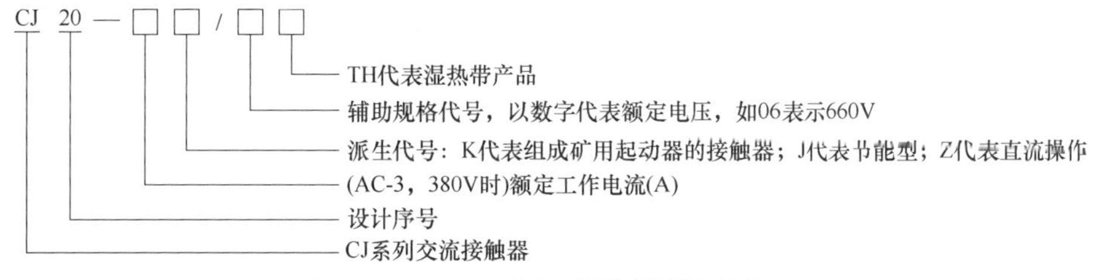

图 1-19　**CJ20 系列交流接触器型号含义**

B 系列交流接触器型号含义如图 1-20 所示。

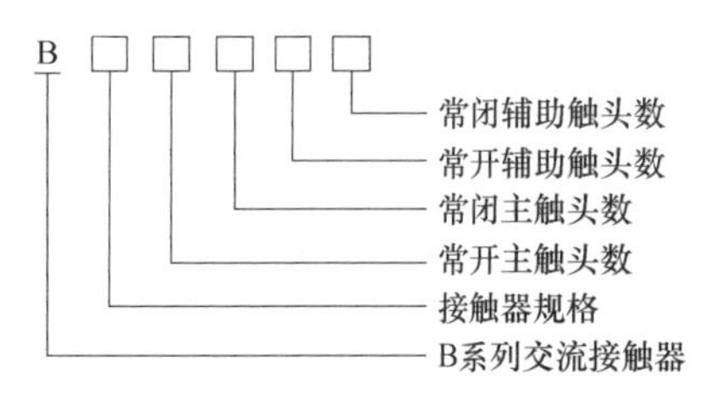

图 1-20　**B 系列交流接触器型号含义**

（2）切换电容器接触器　专用于低压无功补偿设备中投入或切除并联电容器组，以调整用电系统的功率因数，常用产品有 CJ16、CJ19、CJ39、CJ41、CJX4、CJX2A、LC1-D、6C 系列等。

（3）真空交流接触器　以真空为灭弧介质，其主触头密封在真空开关管内，适用于条件恶劣的危险环境中。常用的真空交流接触器有 3RT12、CKJ 和 EVS 系列等。

接触器的图形符号如图 1-21 所示。

KM　KM　KM　KM

a) 线圈　b) 常开主触头　c) 常开辅助触头　d) 常闭辅助触头

图 1-21　接触器的图形符号

4. 接触器的选用

1）接触器极数和电流种类的确定。接触器的极数根据用途确定。接触器的类型应根据电路中负载电流的种类来选择。

2）根据接触器所控制负载的工作任务来选择相应使用类别的接触器。

3）根据负载功率和操作情况来确定接触器主触头的电流等级。

应根据控制对象类型和使用场合，合理选择接触器主触头的额定电流。控制电阻性负载时，主触头的额定电流应等于负载的额定电流。控制电动机时，主触头的额定电流应大于或稍大于电动机的额定电流。当接触器使用在频繁起动、制动及正反转的场合时，应将主触头的额定电流降低一个等级使用。

4）根据接触器主触头接通与分断主电路的电压等级来决定接触器的额定电压。所选接触器主触头的额定电压大于或等于控制电路的电压。

5）接触器吸引线圈的额定电压应由所接控制电路电压确定。当控制电路简单、使用电器较少时，应根据电源等级选用 380V 或 220V 的电压。当电路复杂时，从人身和设备安全角度考虑，可选择 36V 或 110V 电压的线圈，此时增加相应变压器设备容量。

6）接触器触头数和种类应满足主电路和控制电路的要求。

5. 接触器的安装与使用

接触器一般应安装在垂直面上，倾斜度不得超过 5°，若有散热孔，则应将有孔的一面放在垂直方向上，以利散热。安装和接线时，注意不要将零件失落或掉入接触器内部，安装孔的螺钉应装有弹簧垫圈和平垫圈，并拧紧螺钉以防振动松脱。

接触器还可作为欠电压、失电压保护用，吸引线圈电压为额定电压的 85%~105% 时保证电磁铁的吸合，但当电压降到额定电压的 50% 以下时，衔铁吸力不足，自动释放而断开电源，可防止电动机过电流。

有的接触器触头嵌有银片，银氧化后不影响导电能力，这类触头表面发黑一般不需清理。带灭弧罩的接触器不允许不带灭弧罩使用，以防短路事故。陶土灭弧罩质脆易碎，应避免碰撞，若有碎裂，应及时更换。

6. 接触器的故障及排除

（1）触头的故障维修及调整　触头的一般故障有触头过热、磨损、熔焊等，其检修程序如下：

1）检查触头表面的氧化情况和有无污垢。银触头氧化层的电导率和纯银差不多，故银触头氧化时可不做处理。铜触头氧化时，要用小刀轻轻刮去其表面的氧化层。如果触头有污垢，可用汽油将其清洗干净。

2）观察触头表面有无灼伤，如果有，要用小刀或整形锉修整触头表面，但不要过于光滑，否则会使触头表面接触面减小，不允许用纱布或砂纸打磨触头。

3）触头如果有熔焊，应更换触头，如果因触头容量不够而产生熔焊，则选容量大一级的电器。

4）检查触头的磨损情况，若磨损到只有 1/3~1/2 厚度时，应更换触头。检查触头有无机械损伤使弹簧变形，造成压力不够。此时应调整弹簧压力，使触头接触良好，可使用纸条测试触头压力，方法是将一条比触头较宽的纸条放在动、静触头之间，若纸条很容易拉出，说明触头压力不够。一般对于小容量电器的触头，稍用力纸条便可拉出；对于较大容量的电器的触头，纸条拉出后有撕裂现象，两者均说明触头压力比较适合，若纸条被拉断，说明触头压力太大。如果调整达不到要求，则应更换弹簧。

（2）电磁机构的故障维修　铁心和衔铁的端面接触不良或衔铁歪斜、短路损坏等，都会造成电磁机构噪声过大甚至引起线圈过热或烧毁。

1）衔铁噪声大。修理时先拆下线圈，检查铁心和衔铁间的接触面是否平整，否则予以锉平或磨平。接触面如果有油污，要清洗干净，若铁心歪斜或松动，应加以校正或紧固。检查短路环有无断裂，如果有，可用铜条或粗铜丝按原尺寸制好，在接口处气焊修平即可。

2）线圈故障。线圈绝缘损坏、机械损伤造成匝间短路或接地，电源电压过高，铁心和衔铁接触不紧密，均可导致线圈电流过大，引起线圈过热甚至烧毁。烧毁的线圈应予以更换。但是如果线圈短路的匝数不多，且短路点又在接近线圈的端头处，其余部分完好，可将损坏的几匝去掉，线圈仍可使用。

3）衔铁吸不上。线圈通电后衔铁不能被铁心吸合，应立即切断电源，以免烧毁线圈。若线圈通电后无振动和噪声，应检查线圈引出线连接处有无脱落，并用万用表检查是否断线或烧毁；若线圈通电后有较大的振动和噪声，应检查活动部分是否被卡住，铁心和衔铁之间是否有异物。

接触器除了触头和电磁机构的故障，还常见下列故障。

① 触头断相。由于某相主触头接触不好或连接螺钉松脱，使电动机断相运行，此时电动机发出“嗡嗡”声，应立即停车检修。

② 触头熔焊。接触器主触头因长期通过过载电流引起两相或三相主触头熔焊，此时虽然按停止按钮，但主触头不能分断，电动机不会停转，并发出“嗡嗡”声，此时应立即切断控制电机的前一级开关，停车检查并修理。

③ 灭弧罩碎裂。接触器不允许无灭弧罩使用，应及时更换。

（六）按钮

按钮是一种短时接通或分断小电流（一般不超过 5A）电路的主令电器。它主要用于远距离操作具有电磁线圈的电器，如接触器、继电器等，也用在控制电路中发布指令和执行电气联锁。

1. 按钮的结构及工作原理

按钮一般由按钮帽、复位弹簧、触头和外壳等部分组成，其外形及结构示意图如图 1-22 所示。每个按钮中的触头形式和数量可根据需要装配成一常开一常闭至六常开六常闭等形式。按下按钮时，先断开常闭触头，后接通常开触头。松开按钮时，在复位弹簧作用下，常开触头先断开，常闭触头后闭合。按钮按保护形式分为开启式、保护式、防水式和防腐式等。按结构形式分为嵌压式、紧急式、钥匙式、带灯式、带灯揿钮式以及带灯紧急式等。按钮颜色有红、黑、绿、黄、白、蓝等，一般以红色表示停止按钮，绿色表示起动按钮。

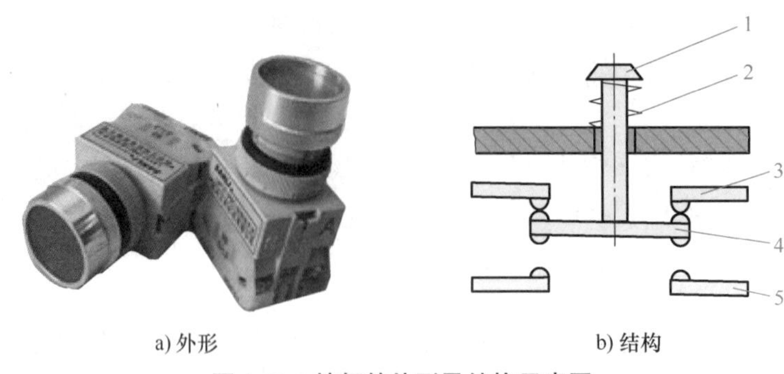

a) 外形　　b) 结构

图 1-22　按钮的外形及结构示意图

1—按钮帽　2—复位弹簧　3—常闭静触头　4—动触头　5—常开静触头

2. 按钮的主要技术参数及符号

按钮的主要技术参数有额定电压、额定电流、结构形式、触头数及按钮颜色等。常用的按钮的额定电压为交流 380V，额定工作电流 5A。

常用的按钮有 LA18、LAl9、LA20 及 LA25 等系列。按钮的电气符号如图 1-23 所示。

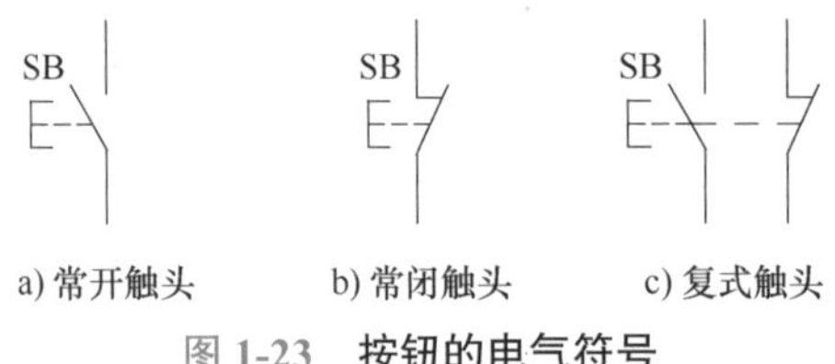

a) 常开触头　b) 常闭触头　c) 复式触头

图 1-23　按钮的电气符号

LA20 系列按钮型号含义如图 1-24 所示。

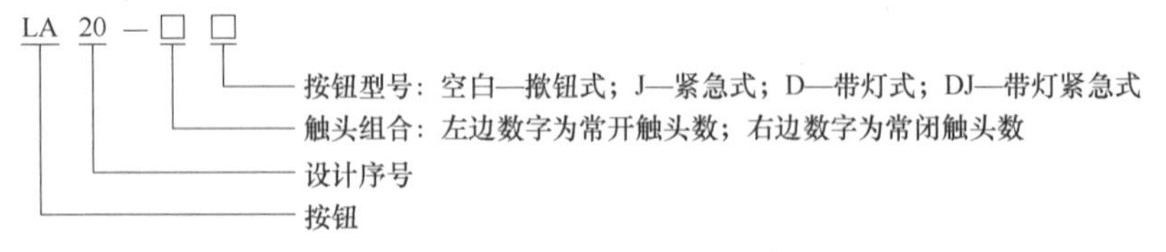

图 1-24　LA20 系列按钮型号含义

3. 按钮的选用

1）根据使用场合，选择按钮的种类，如开启式、防水式、防腐式等。

2）根据用途，选择按钮的结构型式，如钥匙式、紧急式、带灯式等。

3）根据控制回路的需求，确定按钮数，如单钮、双钮、三钮、多钮等。

4）根据工作状态指示和工作情况的要求，选择按钮及指示灯的颜色。

（七）电气控制系统图的基本知识

电气控制系统是由许多电气元器件按一定要求连接而成的。为了便于电气控制系统的设计、分析、安装、使用和维修，需要将电气控制系统中各电器元件及其连接用一定的图形表达出来，这种图形就是电气控制系统图，简称电气图。

电气控制系统图有三类：电气原理图、电器元件布置图和电气安装接线图。

1. 电气图的图形符号、文字符号及接线端子标记

电气控制系统图中，电气元器件必须使用国家统一规定的图形符号和文字符号。采用国家最新标准，即 GB/T 4728《电气简图用图形符号》系列标准、GB/T 5465.1—2009《电气设备用图形符号　第 1 部分：概述与分类》、GB/T 5465.2—2023《电气设备用图形符号　第 2 部分：图形符号》、GB/T 20939—2007《技术产品及技术产品文件结构原则 字母代码 按项目用途和任务划分的主类和子类》、GB/T 5094.2—2018《工业系统、装置与设备以及工业产品结构原则与参照代码—项目的分类与分类码》。接线端子标记采用 GB/T 4026—2019《人机界面标志标识的基本和安全规则 设备端子、导体终端和导体的标识》，并按照 GB/T 6988.1—2008《电气技术用文件的编制 第 1 部分：规则》的要求来绘制电气控制系统图。

（1）图形符号 图形符号通常用于图样或其他文件，用以表示一个设备或概念的图形、标记或字符。电气控制系统图中的图形符号必须按国家标准绘制。附录为常用电气简图图形符号及文字符号。图形符号含有符号要素、一般符号和限定符号。

1）符号要素：一种具有确定意义的简单图形，必须同其他图形组合才构成一个设备或概念的完整符号，如接触器常开主触头的符号就由接触器触头功能符号和常开触头符号组合而成。

2）一般符号：用以表示一类产品和此类产品特征的一种简单的符号，如电动机可用一个圆圈表示。

3）限定符号：用于提供附加信息的一种加在其他符号上的符号。

运用图形符号绘制电气系统图时应注意以下几点：

① 符号尺寸大小、线条粗细依国家标准可放大与缩小，但在同一张图样中，同一符号的尺寸应保持一致，各符号间及符号本身比例应保持不变。

② 标准中表示出的符号方位，在不改变符号含义的前提下，可根据图面布置的需要旋转或成镜像位置，但文字和指示方向不得倒置。

③ 大多数符号都可以加上补充说明标记。

④ 有些具体器件的符号由设计者根据国家标准的符号要素、一般符号和限定符号组合而成。

⑤ 国家标准未规定的图形符号，可根据实际需要，按突出特征、结构简单、便于识别的原则进行设计，但需要报国家标准局备案。当采用其他来源的符号或代号时必须在图解和文字上说明其含义。

（2）文字符号 文字符号适用于电气技术领域中技术文件的编制，也可表示在电气设备、装置和元件上或其近旁以标明它们的名称、功能、状态和特征。

文字符号分为基本文字符号和辅助文字符号。

1）基本文字符号：有单字母符号和双字母符号两种。单字母符号按拉丁字母顺序将各种电气设备、装置和元器件划分为 23 大类，每一类用一个专用单字母符号表示，如“C”表示电容，“M”表示电动机等。双字母符号由一个表示种类的单字母符号与另一个字母组成，且以单字母符号在前，另一个字母在后的次序表示，如“F”表示保护器件类，“FU”则表示熔断器，“FR”表示为热继电器。

2）辅助文字符号：用于表示电气设备、装置和元器件以及电路的功能、状态和特征。如“RD”表示红色，“SP”表示压力传感器，“YB”表示电磁制动器等。辅助文字符号还可以单独使用，如“ON”表示接通，“N”表示中性线等。

3）补充文字符号的原则：当规定的基本文字符号和辅助文字符号不够使用时，可按国家标准中文字符号组成的规律和下述原则予以补充。

① 在不违背国家标准文字符号编制原则的条件下，可采用国家标准中规定的电气技术文字符号。

② 在优先采用基本文字和辅助文字符号的前提下，可补充国家标准中未列出的双字母文

字符号和辅助文字符号。

③ 使用文字符号时，应按电气名词术语国家标准或专业技术标准中规定的英文术语缩写而成。

④ 基本文字符号不得超过两位字母，辅助文字符号一般不得超过三位字母。文字符号采用拉丁字母大写正体字，且拉丁字母中“I”和“O”不允许单独作为文字符号使用。

（3）电路和三相电气设备各端子的标记 电路采用字母、数字、符号及其组合标记。

三相交流电源相线采用 L1、L2、L3 标记，中性线采用 N 标记。

电源开关之后的三相交流电源主电路分别按 U、V、W 顺序标记。分级三相交流电源主电路采用三相文字代号 U、V、W 后加上阿拉伯数字 1、2、3 等来标记，如 U1、V1、W1，U2、V2、W2 等。

各电动机分支电路各节点标记，采用三相文字代号后面加数字来表示，数字中的个位数表示电动机代号，十位数表示该支路各节点的代号，从上到下按数字大小顺序标记。如 U11 表示 M1 电动机第一相的第一个节点代号，U21 为第一相的第二个节点代号，依此类推。电动机绕组首端分别用U、V、W标记，末端分别用U′、V′、W′标记，双绕组的中性点用U″、V″、W″ 标记。

控制电路采用阿拉伯数字编号，一般由三位或三位以下的数字组成。标记方法按“等电位”原则进行。在垂直绘制的电路中，标号顺序一般由上而下编号，凡是被绕组、触头或电阻、电容元件所间隔的电路，都应标以不同的电路标记。

2. 电气控制系统图的绘制

（1）电气原理图 电气原理图是为了便于阅读和分析控制电路，根据简单清晰的原则，采用电气元器件展开的形式绘制成的表示电气控制电路工作原理图的图形。电气原理图只包括所有电器元件的导电部件和接线端点之间的相互关系，但并不按照各电器元件的实际布置位置和实际接线情况来绘制，也不反映电器元件的大小。下面结合图 1-25 所示 CW6132 型普通车床的电气原理图说明绘制电气原理图的基本规则和应注意的事项。

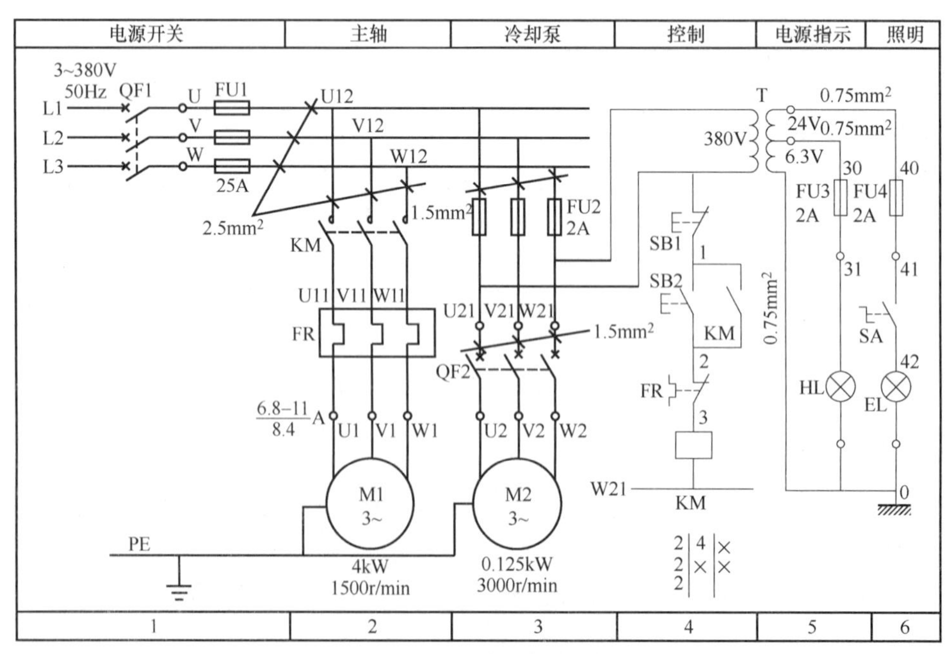

图 1-25 **CW6132 型普通车床电气原理图**

1）绘制电气原理图的基本规则。

① 电气原理图一般分主电路和辅助电路两部分画出。主电路就是从电源到电动机绕组的大电流通过的路径。辅助电路包括控制电路、信号电路及保护电路等，由继电器的线圈和触头、接触器的线圈和辅助触头、按钮、照明灯、控制变压器等电器元件组成。

② 电气原理图中，各电器元件不画实际的外形图，而采用国家规定的统一标准来画，文字符号也要符合国家标准。属于同一电器的线圈和触头，都要用同一文字符号表示。当使用相同类型电器时，可在文字符号后面加注阿拉伯数字序号来区分。

③ 电气原理图中直流电源用水平线画出，一般直流电源的正极画在上方，负极画在下方。三相交流电源线集中画在上方，相序自上而下按 L1、L2、L3 排列，中性线（N 线）和保护接地线（PE 线）排在相线之下。主电路垂直于电源线画出，控制电路与信号电路垂直在两条水平电源线之间。耗能元件（如接触器、继电器的线圈、电磁铁线圈、照明灯、信号灯等）直接与下方水平电源线相接，控制触头接在上方电源水平线与耗能元器件之间。

④ 电气原理图中，各电器元件的导电部件（如线圈和触头）的位置应根据便于阅读和发现的原则来安排，绘在它们完成作用的地方。同一电器元件的各个部件可以不画在一起。

⑤ 电气原理图中所有电器的触头，都按没有通电或没有外力作用时的开闭状态画出。如：继电器、接触器的触头，按线圈未通电时的状态画；按钮、行程开关的触头按不受外力作用时的状态画出；断路器和开关电器的触头，按断开状态画；控制器按手柄处于零位时的状态画等。当电气触头的图形符号垂直放置时，以“左开右闭”原则绘制，即垂线左侧的触头为常开触头，垂线右侧的触头为常闭触头；当符号为水平放置时，以“上闭下开”原则绘制，即在水平线上方的触头为常闭触头，水平线下方的触头为常开触头。

⑥ 电气原理图中，无论是主电路还是辅助电路，各电器元件一般应按动作顺序从上到下、从左到右依次排列，可水平布置或垂直布置。

⑦ 电气原理图中，对于需要调试和拆接的外部引线端子，采用“空心圆”表示；有直接电连接的导线连接点，用“实心圆”表示；无直接电连接的导线交叉点不画黑圆点。

2）图面区域的划分。在电气原理图上方将图分成若干图区，并标明该区电路的用途与作用。电气原理图下方的 1、2、3 等数字是图区编号，它是为便于检索电气电路、方便阅读分析设置的。

3）继电器、接触器的线圈与触头对应位置的索引。电气原理图中，在继电器、接触器线圈下方注有该继电器、接触器相应触头所在图中位置的索引代号，索引代号用图面区域号表示。对于接触器，其中左栏为常开主触头所在的图区号，中间栏为常开辅助触头的图区号，右栏为常闭辅助触头的图区号；对于继电器，左栏为常开触头的图区号，右栏为常闭触头的图区号，无论接触器还是继电器，对未使用的触头均用“×”表示，有时也可省略。

4）技术数据的标注。在电气原理图中还应标注各电器元件的技术数据，如熔断器熔体的额定电流、热继电器的动作电流范围及其整定值、导线的截面积等。

（2）电器元件布置图　电器元件布置图主要用来表示各种电气设备在机械设备上和电气控制柜中的实际安装位置，为机械电气控制设备的制造、安装、维修提供必要的资料。各电器元件的安装位置是由机床的结构和工作要求来决定的，如电动机要和被拖动的机械部件在一起，行程开关应放在要取得信号的地方，操作元件要放在操作台及悬挂操纵箱等操作方便的地方，一般电器元件应放在控制柜内。

机床电器元件布置图主要由机床电气设备布置图、控制柜及控制板电气设备布置图、操作台及悬挂操纵箱电气设备布置图等组成。在绘制电气设备布置图时，所有能见到的以及需表示清楚的电气设备均用粗实线绘制出简单的外形轮廓，其他设备（如机床）的轮廓用双点画线表示。图 1-26 为 CW6132 型普通车床电器元件布置图。

（3）电气安装接线图　电气安装接线图是为了安装电气设备和电器元件时进行配线或检查维修电气控制电路故障服务的。在图中要表示各电气设备之间的实际接线情况，并标注出外部接线所需的数据。在接线图中各电器元件的文字符号、元件连接顺序、电路号码编制都必须与电气原理图一致。图 1-27 是根据图 1-25 绘制的电气安装接线图。图中表明了该电气设备中电源进线、按钮板、照明灯、电动机与电气安装板接线端之间的关系，并标注了连接导线的根数、截面积。

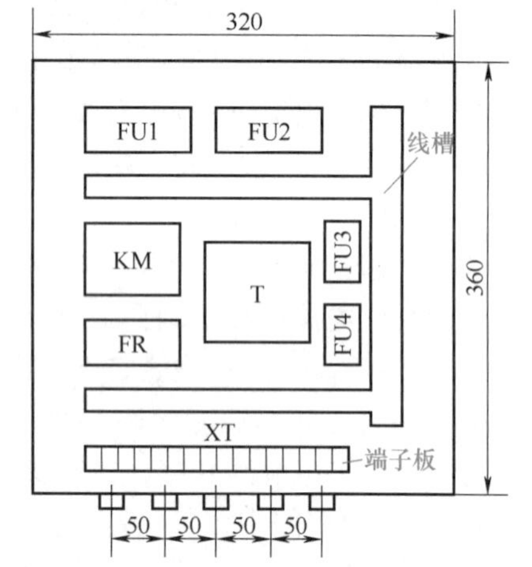

图 1-26　**CW6132 型普通车床电器元件布置图**

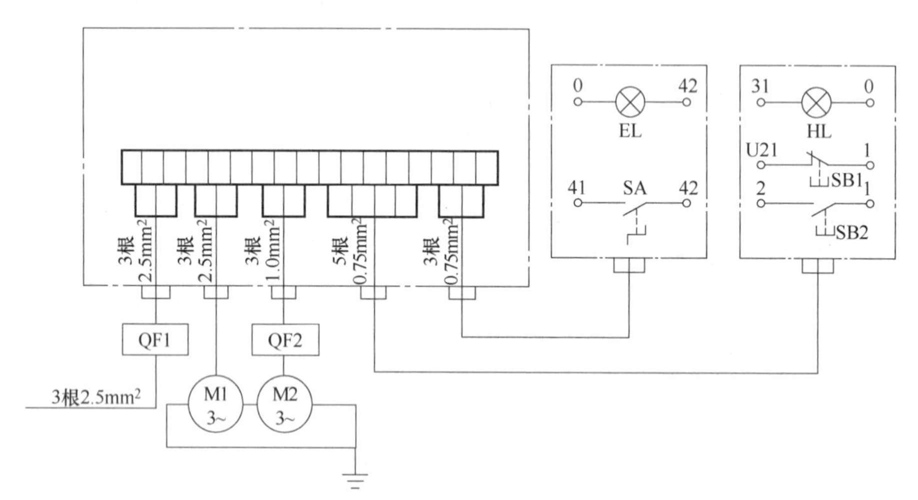

图 1-27　**CW6132 型普通车床电气安装接线图**

（八）电气控制电路安装步骤和方法

安装电动机控制电路时，必须按照有关技术文件执行，并适应安装环境的需要。电动机的控制电路包含电动机的起动、制动、反转和调速等，大部分的控制电路采用各种有触头的电器，如接触器、继电器、按钮等。控制电路可以比较简单，也可以相当复杂。因此，对不同复杂程度的控制电路，在安装时，所需要技术文件的内容也不同。对于简单的低压电器，一般可以把有关资料归在一个技术文件里（如电气原理图），但该文件应能表示低压电器的全部部件，并能实施低压电器和电网的连接。

电动机控制电路安装步骤和方法如下。

1. 按电器元件明细表配齐电气元器件，并进行检验

所有电器元件应具有制造厂的名称、商标、型号、索引号、工作电压性质和数值等标志。若工作电压标在操作线圈上，则应使装在电器元件线圈上的标志易于观察。

2. 安装控制箱（柜或板）

控制箱的尺寸应根据电器元件的安排情况决定。

（1）电器元件的安排　尽可能组装在一起，使其成为一台或几台控制装置。只有那些必须安装在特定位置上的电器元件，如按钮、手动控制开关、位置传感器、离合器、电动机等，才允许分散安装在指定的位置上。

安放发热元件时，必须使箱内所有元件的温升保持在允许的极限内。对发热很大的元件，如电动机的起动、制动电阻等，必须隔开安装，必要时可采用风冷。

（2）可接近性　所有的电器元件必须安装在便于更换、检测方便的地方。

为了便于维修和调整，箱内电器元件的部位，必须位于离地 0.4~2m。所有接线端子，必须位于离地 0.2m 处，以便装拆导线。

（3）间隔和爬电距离　安排电器元件必须符合规定的间隔和爬电距离，并应考虑有关的维修条件。

控制箱中的裸露无电弧的带电零部件与控制箱导体壁板间的间隙为：对于 250V 以下的电压，间隙应不小于 15mm；对于 250~500V 的电压，间隙应不小于 25mm。

（4）控制箱内的电器元件安排　除必须符合上述有关要求外，还应做到：

1）除了手动控制开关信号灯和测量仪器外，门上不要装任何电器元件。

2）电源电压直接供电的电器元件最好装在一起，使其与只由控制电压供电的电器元件分开。

3）电源开关最好装在箱内右上方，其操作手柄应装在控制箱前面和侧面。电源开关上方最好不安装其他电器元件，否则，应把电源开关用绝缘材料盖住，以防电击。

4）控制箱内电器元件（如接触器、继电器）应按电气原理图上的编号顺序，牢固安装在控制箱（板）上，并在醒目处贴上各元器件相应的文字符号。

5）控制箱内电器元件安装板的大小必须能自由通过控制箱的门，以便装卸。

3. 布线

（1）选用导线　导线的选用要求如下：

1）导线的类型。硬线只能用在固定安装的电元件之间，且导线的截面积应小于 0.5mm^2，若在有可能出现振动的场合或导线的截面积大于等于 0.5mm^2，必须采用软线。

电源开关的负载侧可采用裸导线，但必须是直径大于 3mm 的圆导线或者厚度大于 2mm 的扁导线，并应有预防直接接触的防护措施（如绝缘、间距、屏护等）。

2）导线的绝缘。导线必须绝缘良好并应具有抗化学腐蚀的能力。在特殊条件下工作的导线，必须同时满足使用条件的要求。

3）导线的截面积。在必须承受正常条件下流过的最大稳定电流的同时，还应考虑到电路允许的电压降、导线的机械强度和熔断器相配合。

（2）敷设方法　所有导线从一个端子到另一个端子的走线必须是连续的，中间不得有接头。有接头的地方应加接线盒。接线盒的位置应便于安装与检修，而且必须加盖，盒内导线必须留有足够长度，以便于拆线和接线。

敷线时，对明露导线必须做到平直、整齐、走线合理。

（3）接线方法　所有导线的连接必须牢固，不得松动。在任何情况下，连接器件必须与连接的导线截面积和材料性质相适应。

对于导线与端子的接线，一般一个端子只连接一根导线。有些端子不适合连接软导线时，可在导线端头上采用针形、叉形等冷压接线头。如果采用专门设计的端子，可以连接两根或多根导线，但导线的连接方式必须是工艺上成熟的各种方式，如夹紧、压接、焊接、绕接等。这些连接工艺应严格按照工序要求进行。

导线的接头除必须采用焊接方法外，所有导线应采用冷压接线头。如果低压电器在正常运行期间承受很大振动，则不允许采用焊接的接头。

（4）导线的标志

1）导线的颜色标志。保护导线（PE）必须采用黄绿双色；动力电路的中性线（N）和中间线（M）必须是浅蓝色的；交流或直流动力电路应采用黑色；交流控制电路应采用红色；直流控制电路采用蓝色；用作控制电路联锁的导线，如果是与外边控制电路连接，而且当电源开关断开仍带电时，应采用橘黄色或黄色；与保护导线连接的电路采用白色。

2）导线的线号标志。导线线号标志应与原理图和接线图相符合。在每一根连接导线的线头上必须套上标有线号的套管，位置应接近端子处。线号的编制方法如下。

主电路中各支路的线号，应从上至下，从左至右，每经过一个电器元件的线桩后，线号要递增，单台 3 相交流电动机（或设备）的 3 根引出线按相序依次编号为 U、V、W（或 U1、V1、W1），为了不致引起误解和混淆，多台电动机的引出线线号，可在字母前冠以数字来区别，如 1U、1V、1W，2U、2V、2W 等。在不产生矛盾的情况下，字母后应尽可能避免采用双数字，如单台电动机的引出线采用 U、V、W 的线号标志时，三相电源开关的引出线线号可为 U1、V1、W1。当电路线号与电动机引出线线号相同时，应三相同时跳过一个线号来避免重复。

控制电路与照明、指示电路应从上至下、从左至右，逐行用数字来依次编号，每经过一个电器元件的接线端子，线号要依次递增。线号的起始数字，除控制电路必须从阿拉伯数字 1 开始外，其他辅助电路依次递增 100 作为起始数字，如照明电路线号从 101 开始；信号电路线号从 201 开始等。

（5）配线的方法及要求

1）控制箱（板）内部配线方法：一般采用能从正面修改配线的方法，如板前线槽或板前明线配线，较少采用板后配线的方法。

采用线槽配线时，线槽装线不要超过容积的 70%，以便安装和维修。对装在可拆卸门上的导线，必须牢固固定在框架、控制箱或门上。从外部控制、信号电路进入控制箱内的导线超过 10 根时，必须接到端子板或连接器件进行过渡，但动力电路和测量电路的导线可以直接接到电器元件的端子上。

2）控制箱（板）外部配线方法：除有适当保护的电缆外，全部配线必须一律装在导线通道内，使导线有适当的机械保护，防止液体、铁屑和灰尘的侵入。

对导线通道的要求：导线通道应留有余量，允许以后增加导线。导线通道必须固定可靠，内部不得有锐边和远离设备的运动部件。

导线通道采用钢管，壁厚应不小于 1mm，如用其他材料，壁厚必须有等效壁厚为 1mm 钢管的强度，若用金属软管时，必须有适当的保护。当利用设备底座作导线通道时，无须再加预防措施，但必须能防止液体、铁屑和灰尘的侵入。

通道内导线的要求：移动部件和可调整部件上的导线必须用软线。运动的导线必须支承牢固，使得在接线点上不致产生机械拉力，又不出现急剧的弯曲。

不同电路的导线可以穿在同一线管内，或处于同一电缆之中。如果它们的工作电压不同，则所用导线的绝缘等级必须满足其中最高一级电压的要求。

为了便于修改和维护，凡安装在统一机械防护通道内的导线束，需要提供备用导线的根数为：当同一管中相同截面积导线的根数在 3~10 根时，应有一根备用导线，以后每递增 1~10

根增加 1 根。

4. 连接保护电路

低压电器的所有裸露导体零件（包括电动机、机座等）必须接到保护接地专用端子上。

（1）连续性　保护电路的连续性必须用保护导线或机床结构上的导体可靠结合来保证。为了确保保护电路的连续性，保护导线的连接不得做任何别的机械紧固用，不得出于任何原因将保护电路拆断，不得利用金属导管作保护线。

（2）可靠性　保护电路中严禁用开关和熔断器，除采用特低安全电压电路外，在接上电源电路前必须先接通保护电路；在断开电源电路后才断开保护电路。

（3）明显性　保护电路连接处应采用焊接或压接等可靠方法，连接处要便于检查。

5. 检查电器元件

安装接线前对所有的电器元件逐个进行检查，避免电器元件故障与电路错接、漏接造成的故障混在一起。对电器元件的检查主要包括以下几个方面。

1）电器元件外观是否清洁、完整，外壳有无碎裂；零部件是否齐全、有效；各接线端子及紧固件有无缺失、生锈等现象。

2）电器元件的触头有无熔焊黏结、变形、严重氧化锈蚀等现象；触头的闭合、分断动作是否灵活；触头的开距、超程是否符合标准，接触压力弹簧是否有效。

3）低压电器的电磁阀机构和传动部件的动作是否灵活；有无衔铁卡阻、吸合位置不正等现象；新产品使用前应拆开清除铁心端面的防锈油，检查衔铁复位弹簧是否正常。

4）用万用表或电桥检查所有电器元件的电磁线圈（包括继电器、接触器及电动机）的通断情况，测量它们的直流电阻并做好记录，以备检查电路和排除故障时作为参考。

5）检查有延时作用的电器元件的功能，检查热继电器的热元件和触头的动作情况。

6）核对各电器元件的规格与图样要求是否一致。

电器元件先检查、后使用，避免安装、接线后发现问题再拆换，提高电路安装的工作效率。

6. 固定电器元件

按照接线图规定的位置固定在安装底板上。元件之间的距离要适当，既要节省面板，又要方便走线和投入运行以后的检修。固定电器元件应按以下步骤进行。

1）定位：将电器元件摆放在确定好的位置，元件应排列整齐，以保证连接导线时做到横平竖直、整齐美观，同时尽量减少弯折。

2）打孔：用手钻在做好的记号处打孔，孔径应略大于固定螺钉的直径。

3）固定：安装底板上所有的安装孔均打好后，用螺钉将电器元件固定在安装底板上。

固定元件时，应注意在螺钉上加装平垫圈和弹簧垫圈，紧固螺钉时将弹簧垫圈压平即可，不要过分用力，防止用力过大将元件的安装底板压裂造成损坏。

7. 连接导线

连接导线时，必须按照电气安装接线图规定的走线方向进行。一般从电源端起按线号顺序进行，先连接主电路，然后连接辅助电路。

接线前应做好准备工作，如按照主电路、辅助电路的电流容量选好规定截面积的导线，准备适当的线号管，使用多股线时应准备焊锡工具或压接钳等。

连接导线应按以下步骤进行：

1）选择适当截面积的导线，按电气安装接线图规定的方位，在固定好的电器元件之间测量所需要的长度，截取适当长短的导线，剥去两端绝缘外皮。为保证导线与端子接触良好，要用电工刀将芯线表面的氧化物刮掉，使用多股芯线时要将线头绞紧，必要时应焊锡处理。

2）走线时应尽量避免导线交叉。先将导线校直，把同一走向的导线汇成一束，依次弯曲所需要的方向，走线应做到横平竖直、直角拐弯。走线时要用手将拐角弯成 90° 的“慢弯”，导线的弯曲半径为导线直径的 3~4 倍，不要用钳子将导线弯成“死弯”，以免损坏绝缘层和损伤线芯，走好的导线束用铝线卡（钢筋轧头）垫上绝缘物卡好。

3）将成型好的导线套上写好线号的线号管，根据接线端子的情况，将芯线弯成圆环或直线压进接线端子。

4）接线端子应紧固好，必要时加装弹簧垫圈紧固，防止电器元件动作时因振动而松脱。接线过程中注意对照图样核对，防止错接，必要时用万用表校线。同一接线端子内压接两根以上导线时，可以只套一只线号管，导线截面积不同时，应将截面积大的放在下层，截面积小的放在上层。线号要用不易褪色的墨水（可用环乙酮与甲紫调和）用印刷体工整地书写，防止检查线路时误读。

8. 检查电路和调试

连接好的控制电路必须经过认真检查后才能通电调试，以防止错接、漏接及电器故障引起的动作不正常，甚至造成短路事故。检查电路应按以下步骤进行。

（1）核对接线　对照电气原理图、电气安装接线图，从电源开始逐段核对端子接线的线号，排除漏接、错接现象，重点检查辅助电路中容易错接处的线号，还应核对同一根导线的两端是否错号。

（2）检查端子接线是否牢固　检查端子所有接线的情况，用手一一摇动，拉拔端子的接线，不允许有松动与脱落现象，避免通电调试时因虚接造成麻烦，将故障排除在通电之前。

（3）万用表导通法检查　在控制电路不通电时，用手动来模拟电器的操作动作，用万用表检查与测量线路的通断情况。根据电路控制动作来确定检查步骤和内容，根据电气原理图和电气安装接线图选择测量点。先断开辅助电路，以便检查主电路的情况，然后再断开主电路，以便检查辅助电路的情况。主要检查以下内容。

1）主电路不带负荷（电动机）时相间绝缘情况；接触器主触头接触的可靠性，正反转控制电路的电源换相电路及热继电器热元件是否良好，动作是否正常等。

2）辅助电路的各个控制环节及自锁、联锁装置的动作情况及可靠性，与设备部件联动的元件（如行程开关、速度继电器等）动作的正确性和可靠性；保护电器（如热继电器触头）动作的准确性等。

（4）调试与调整　为保证安全，通电调试必须在指导老师的监护下进行。调试前应做好准备工作，包括清点工具，清除安装底板上的线头杂物，装好接触器的灭弧罩，检查各组熔断器的熔体，分断各开关，使按钮、行程开关处于未操作前的状态，检查三相电源是否对称等。然后按下述步骤通电调试。

1）空操作试验。切除主电路（一般可断开主电路熔断器），装好辅助电路熔断器，接通三相电源，使电路不带负荷（电动机）通电操作，以检查辅助电路工作是否正常。操作各按钮检查它们对接触器、继电器的控制作用。检查接触器的自锁、联锁等控制作用。用绝缘棒操作行程开关，检查其行程控制或限位控制作用等。还要观察各电器元件操作动作的灵活性，注意有无卡住或阻滞等不正常现象。细听电器元件动作时有无过大的振动噪声。检查有无线圈过热等现象。

2）带负荷调试。控制电路经过数次空操作试验动作无误后即可切断电源，接通主电路，带负荷调试。电动机起动前应先做好停机准备，起动后要注意运行情况。如果发现电动机起动困难、发出噪声及线圈过热等异常现象，应立即停机，切断电源后进行检查。

3）有些电路的控制动作需要调整。如定时运转电路的运行和间隔时间，星形 - 三角形减压起动电路的转换时间，反接制动电路的终止速度等。应按照各电路的具体情况确定调整步骤。调试运转正常后，可投入正常运行。

（九）三相异步电动机单向连续运行控制

1. 单向点动控制电路

单向点动控制电路是用按钮、接触器来控制电动机运转的最简单的控制电路，如图 1-28 所示。

电路的工作原理如下：

起动：闭合电源断路器 QF，按下起动按钮 SB →接触器 KM 线圈得电→ KM 主触头闭合→电动机 M 起动运行。

停止：松开按钮 SB →接触器 KM 线圈失电→ KM 主触头断开→电动机 M 失电停转。

停止使用时：断开电源断路器 QF。

2. 单向连续运行控制电路

在要求电动机起动后能连续运行时，采用上述点动控制电路就不行了。因为要使电动机 M 连续运行，起动按钮 SB 就不能断开，这是不符合生产实际要求的。为实现电动机的连续运行，可采用图 1-29 所示的接触器自锁正转控制电路。

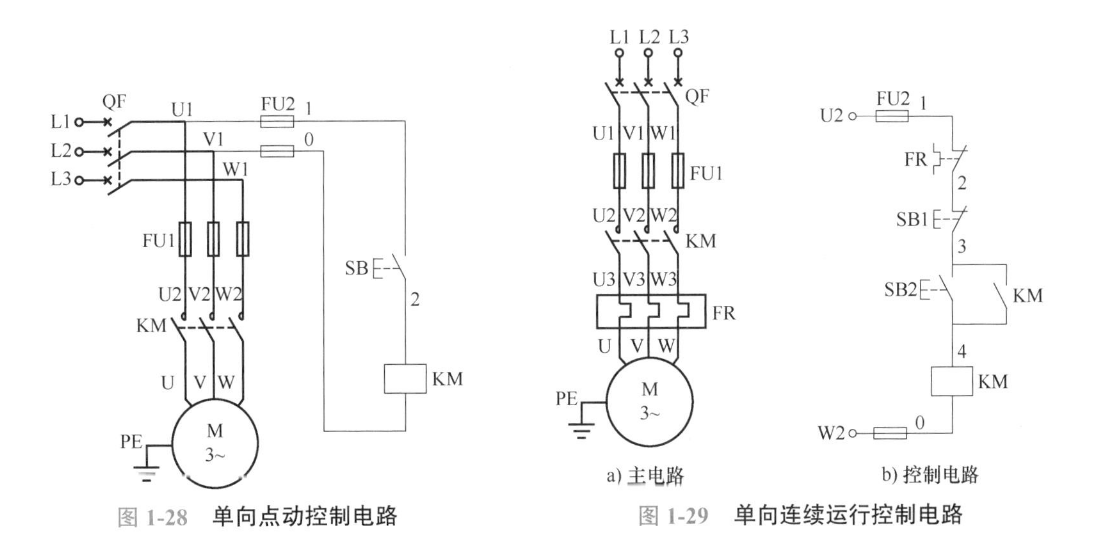

图 1-28　单向点动控制电路

图 1-29　单向连续运行控制电路

电路的工作原理如下：

起动：闭合电源断路器 QF，按下起动按钮 SB2 → KM 线圈得电 → KM 常开辅助（自锁）触头闭合。
　　　　　　　　　　　　　　　　　　　　　　　　　　　→ KM 主触头闭合→电动机 M 起动运行。

当松开 SB2，由于接触器 KM 的常开辅助触头闭合时已将 SB2 短接，控制电路仍保持接通，所以接触器 KM 继续通电，电动机 M 实现连续运转。像这种当松开起动按钮 SB2 后，接触器 KM 通过自身常开辅助触头而使线圈保持通电的作用叫作自锁（或自保持）。与起动按钮 SB2 并联起自锁作用的常开触头叫自锁触头（也称自保持触头）。

停止：按下停止按钮 SB1 → KM 线圈失电—→ KM 自锁触头断开。
→ KM 主触头断开→电动机 M 断电停转。

该电路的保护环节有短路保护、过载保护、失电压和欠电压保护。

三、任务实施

（一）任务目标

1）熟悉各电器元件结构、型号规格、工作原理、安装方法及其在电路中所起的作用。

2）练习电动机控制电路的接线步骤和安装方法。

3）加深对三相笼型异步电动机单向点动与连续运行控制电路工作原理的理解。

（二）设备与器材

本任务所需设备与器材见表 1-4。

表 1-4 所需设备与器材

序号	名称	符号	型号规格	数量	备注
1	三相异步电动机	M	YS5024，P_N=60W，U_N=380V，I_N=0.39A/0.68A，n_N=1400r/min，f_N=50Hz	1 台	表中所列设备与器材的型号规格仅供参考
2	低压断路器	QF	DZ47-60，D10，3P	1 个	
3	交流接触器	KM	CJ20-10	1 个	
4	按钮盒	SB	LA4-3H（3 个复合按钮）	1 个	
5	熔断器	FU	RL1-15，配 2A 熔体	5 个	
6	热继电器	FR	JR36-20	1 个	
7	接线端子		JF5-10A	若干	
8	塑料线槽		35mm × 30mm	若干	
9	电器安装板		500mm × 600mm × 20mm	1 块	
10	导线		BVR1.5mm^2，BVR1mm^2	若干	
11	线号管		与导线线径相符	若干	
12	常用电工工具			1 套	
13	螺钉			若干	
14	万用表		MF47 型	1 块	
15	绝缘电阻表		ZC25-3 型	1 块	

（三）内容与步骤

1）认真阅读三相异步电动机单向连续运行控制电路图，理解电路的工作原理。

2）认识和检查电器元件。认识本任务所需电器元件，了解各电器元件的工作原理和各电器元件的安装与接线，检查电器元件是否完好，熟悉各种电器元件型号、规格。

3）电路安装。

① 检查图 1-29 上标的线号。

② 根据图 1-29 画出安装接线图，如图 1-30 所示，电器元件、线槽位置摆放要合理。

③ 安装电器元件与线槽。

④ 根据安装接线图正确接线，先接主电路，后接控制电路。主电路导线截面积视电动机容量而定，控制电路导线截面积通常采用 1mm^2 的铜线，主电路与控制电路导线需采用不同颜

色进行区分。导线要走线槽，接线端需套线号管，线号要与控制电路图一致。

4）检查电路。电路接线完毕，首先清理板面杂物，进行自查，确认无误后请教师检查，得到允许方可通电试车。

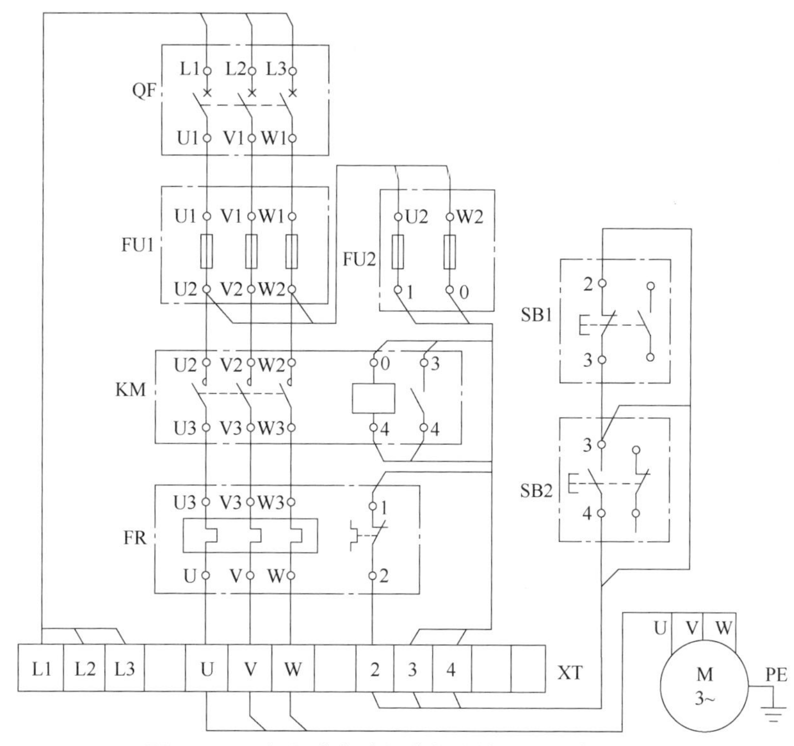

图 1-30　三相异步电动机单向连续运行安装接线图

5）通电试车。

① 闭合电源断路器 QF，接通电源，按下起动按钮 SB2，观察接触器 KM 的动作情况和电动机起动情况。

② 按下停止按钮 SB1，观察电动机的停止情况，重复按 SB2 与 SB1，观察电动机运行情况。

③ 观察电路过载保护的作用，可以采用手动的方式断开热继电器 FR 的常闭触头，进行试验。

④ 通电过程中若出现异常现象，应切断电源，分析故障现象，并报告教师。检查故障并排除后，经教师允许继续进行通电试车。

6）结束任务。任务完毕后，首先切断电源，确保在断电情况下进行拆除连接导线和电器元件，清点设备与器材，交教师检查。

（四）分析与思考

1）在图 1-29 中，按下起动按钮 SB2 电动机起动后，松开 SB2 电动机仍能继续运行，而在图 1-28 中，按下起动按钮 SB，电动机起动，若松开 SB，电动机将停止，试说明其原因。

2）在图 1-29 中，电路中已安装了熔断器，为什么还要用热继电器？是否重复？

四、任务考核

任务实施考核见表 1-5。

表 1-5 任务实施考核表

序号	考核内容	考核要求	评分标准	配分	得分
1	电气安装	（1）正确使用电工工具和仪表，熟练安装电器元件 （2）电器元件在配电板上布置合理，安装准确、紧固	（1）电器元件布置不整齐、不匀称、不合理，每只扣 4 分 （2）电器元件安装不牢固，安装电器元件时漏装螺钉，每只扣 4 分 （3）损坏电器元件，每只扣 10 分	20 分	
2	接线工艺	（1）布线美观、紧固 （2）走线应做到横平竖直，直角拐弯 （3）电源、电动机和低压电器接线要接到端子排上，进出的导线要有端子标号	（1）不按电路图接线，扣 20 分 （2）布线不美观，每处扣 4 分 （3）接点松动、接头裸线过长，压绝缘层，每处扣 2 分 （4）损伤导线绝缘或线芯，每根扣 5 分 （5）线号标记不清楚，漏标或误标，每处扣 5 分 （6）布线没有放入线槽，每根扣 1 分	35 分	
3	通电试车	安装、检查后，经教师许可通电试车，一次成功	（1）主电路、控制电路熔体装配错误，各扣 5 分 （2）第一次试车不成功，扣 10 分 （3）第二次试车不成功，扣 15 分 （4）第三次试车不成功，扣 25 分	25 分	
4	安全文明操作	确保人身和设备安全	违反安全文明操作规程，扣 10~20 分	20 分	
合计				100 分	

五、知识拓展

（一）点动与连续运行混合控制

机床设备在正常运行时，一般电动机都处于连续运行状态。但在试车或调整刀具与工件的相对位置时，又需要电动机能点动控制，实现这种控制要求的电路是点动与连续混合控制的控制电路，如图 1-31 所示。

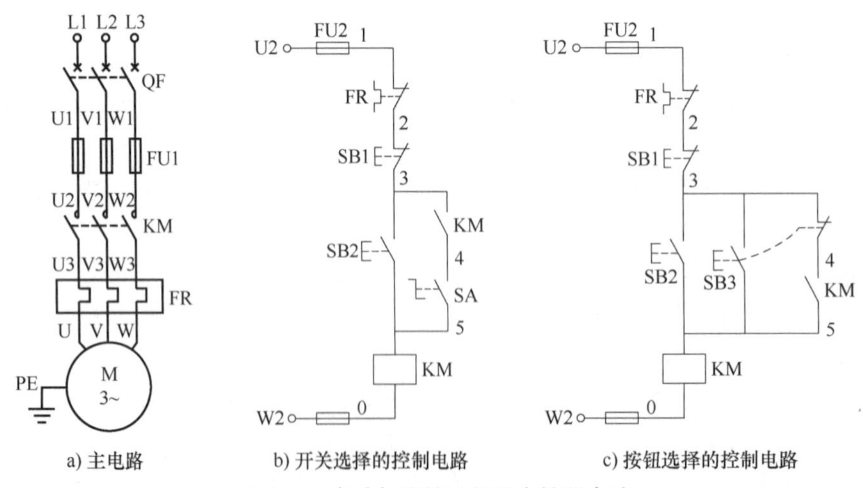

图 1-31 点动与连续运行混合控制电路

图 1-31b 为开关选择的点动与连续运行控制电路，闭合电源断路器 QF，当选择开关 SA 断开时，按下按钮 SB2 → KM 线圈得电→ KM 主触头闭合→电动机 M 实现单向点动；如果

SA 闭合，按下按钮 SB2 → KM 线圈得电并自锁→ KM 主触头闭合→电动机 M 实现单向连续运行。

图 1-31c 为按钮选择的单向点动与连续运行控制电路，在电源断路器 QF 闭合的条件下，按下 SB3，电动机 M 实现点动，按下 SB2，电动机则实现连续运行。

（二）电动机控制电路常用的保护环节

电气控制系统除了要能满足生产机械加工工艺的要求外，还应保证设备长期安全、可靠、无故障地运行，因此保护环节是所有电气控制系统不可缺少的组成部分，用来保护电动机、电网、电气控制设备及人身安全。

电气控制系统中常用的保护环节有短路保护、过电流保护、过载保护及失电压、欠电压保护等。

1. 短路保护

（1）短路及其危害　当电动机、电器元件或电路绝缘遭到损坏、负载短路、接线错误时，将产生短路故障。

短路时产生的瞬时故障电流可达额定电流的十几倍到几十倍，短路电流可能使电气设备损坏，因此要求一旦发生短路故障时，控制电路能迅速切断电源。

（2）短路保护的常用元件　短路保护要求具有瞬动特性。常用的短路保护元件有熔断器和低压断路器。

2. 过电流保护

（1）过电流及其危害　过电流是指电动机或电器元件超过其额定电流的运行状态，其电流值一般比短路电流小，不超过 6 倍额定电流。

在过电流情况下，电器元件不会马上损坏，只要在达到最大允许温升之前，电流值能恢复正常，这是允许的。但过大的冲击负载，使电动机流过过大的冲击电流，会损坏电动机。同时过大的电动机电磁转矩也会使机械的传动部件受到损坏，因此要瞬时切断电源。

（2）过电流保护的常用元件　过电流保护是区别于短路保护的一种电流型保护。过电流保护常用过电流继电器实现，通常过电流继电器与接触器配合使用。

若过电流继电器动作电流为 1.2 倍电动机起动电流，则过电流继电器亦可实现短路保护作用。

3. 过载保护

（1）过载及其危害　过载是指电动机的运行电流大于其额定电流。引起电动机过载原因很多，如负载突然增加、断相运行或电源电压降低等。

若电动机长期过载运行，其绕组的温度将超过允许值而使绝缘老化、损坏。

（2）过载保护的常用元件　过载保护是过电流保护的一种。过载保护装置要求具有反时限特性，且不受电动机短时过载冲击电流或短路电流的影响而瞬时动作，过载保护常用热继电器实现。应当指出，在使用热继电器作过载保护时，还必须装有熔断器或低压断路器等短路保护装置。

对于电动机进行断相保护，可选用带断相保护的热继电器来实现过载保护。

4. 失电压、欠电压保护

（1）失电压、欠电压及其危害　电动机在正常运行时，保护装置动作、停电或电源电压过分降低等将引起电动机失电压或欠电压。

电动机处于失电压状态下，一旦电源电压恢复，电动机有可能自行起动，自起动将造成人身事故或机械设备的损坏。电动机处于低电压状态下运行时，由于电源电压过低将引起电磁转矩下降，导致电动机绕组电流增大，从而威胁电动机绝缘的安全。

（2）失电压、欠电压保护的常用元件　为防止电压恢复电动机自起动或电动机处于低电压状态下运行而设置的保护称为失电压、欠电压保护。常用的失电压、欠电压保护元件有接触器与按钮配合、零压继电器、欠电压继电器及低压断路器。

5. 其他保护

除上述保护外，还有过电压保护、弱磁保护、超速保护、行程保护、压力保护等。这些都是在控制电路中串联一个受这些参数控制的常开或常闭触头来实现对控制电路的电源控制来实现控制要求的。保护元件有过电压继电器、欠电流继电器、离心开关、测速发电机、行程开关、压力继电器等。

六、任务总结

本任务学习了低压开关、低压断路器熔断器、热继电器、交流接触器、按钮等低压电器的结构、工作原理、符号、型号、主要技术参数及选用，电气控制系统图的基本知识，电气控制电路安装步骤和方法，三相异步电动机单向连续运行控制电路的分析，通过对电路的安装和调试的操作，学会三相异步电动机单向连续运行控制电路安装与调试的基本技能，加深对理论知识的理解。

本任务还介绍了点动与连续运行混合控制电路以及电动机控制电路常用的保护环节。

任务二　工作台自动往返控制电路的安装与调试

一、任务导入

生产中，有很多机械设备都需要往返运动。例如，平面磨床矩形工作台的往返加工运动，万能铣床工作台的左右运动、前后和上下运动，这都需要行程开关控制电动机的正反转来实现。

本任务主要讨论行程开关的结构技术参数、可逆运行控制电路分析及自动往返控制电路的安装与调试的方法。

二、知识链接

（一）行程开关

依据生产机械的行程发出命令，以控制其运动方向和行程长短的主令电器称为行程开关。若将行程开关安装于生产机械行程的终点处，用以限制其行程，则称为限位开关或终端开关。

1. 行程开关的结构

行程开关按接触方式分为机械结构的接触式行程开关和电气结构的非接触式接近开关。机械结构的接触式行程开关是依靠移动生产机械上的撞块碰撞其可动部件使常开触头闭合，常闭触头断开来实现对电路控制的。当生产机械上的撞块离开可动部件时，行程开关复位，触头恢复其原始状态。

行程开关按其结构可分为直动式、滚动式和微动式 3 种。

直动式行程开关外形及结构示意如图 1-32 所示，它的动作原理与按钮相同，其缺点是触头分合速度取决于生产机械的移动速度，当移动速度低于 0.4m/min 时，触头分断太慢，易受电弧烧蚀。此时，可采用盘形弹簧瞬时动作的滚动式行程开关，如图 1-33 所示。当滚轮 1 受到向左的外力作用时，上转臂 2 向左下方转动，推杆 4 向右转动，并压缩右边弹簧 10，同时下面的小滚轮 5 也很快沿着擒纵件 6 向右滚动，小滚轮滚动又压缩弹簧 9，当小滚轮 5 滚过擒纵件 6 的中点时，盘形弹簧 3 和弹簧 9 都使擒纵件 6 迅速转动，从而使动触头迅速地与右边静触头分开，并与左边静触头闭合，减少了电弧对触头的烧蚀，适用于低速运行的机械。

微动开关是具有瞬时动作和微小行程的灵敏开关。图 1-34 为 LX31 系列微动开关外形及结构示意图，当开关推杆 6 受机械作用压下时，弹簧片 2 产生变形，储存能量并产生位移，当达到临界点时，弹簧片连同桥式动触头瞬时动作。当外力失去后，推杆在弹簧片作用下迅速复位，动触头 5 恢复至原来状态。由于采用瞬动结构，动触头换接速度不受推杆压下速度的影响。

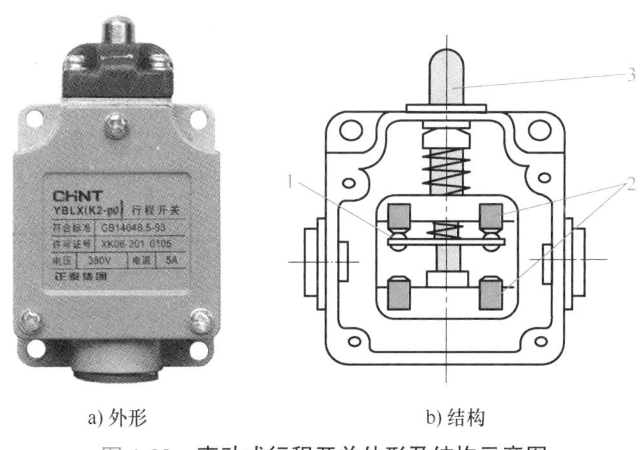

a) 外形　　b) 结构

图 1-32　直动式行程开关外形及结构示意图

1—动触头　2—静触头　3—推杆

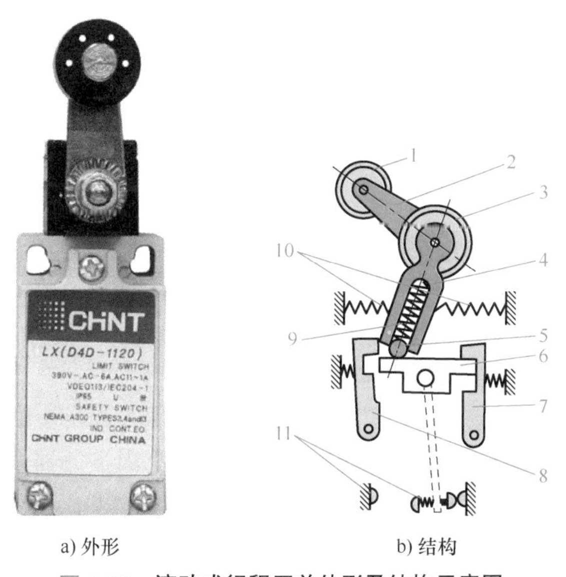

a) 外形　　b) 结构

图 1-33　滚动式行程开关外形及结构示意图

1—滚轮　2—上转臂　3—盘形弹簧　4—推杆　5—小滚轮　6—擒纵件　7、8—压板　9、10—弹簧　11—触头

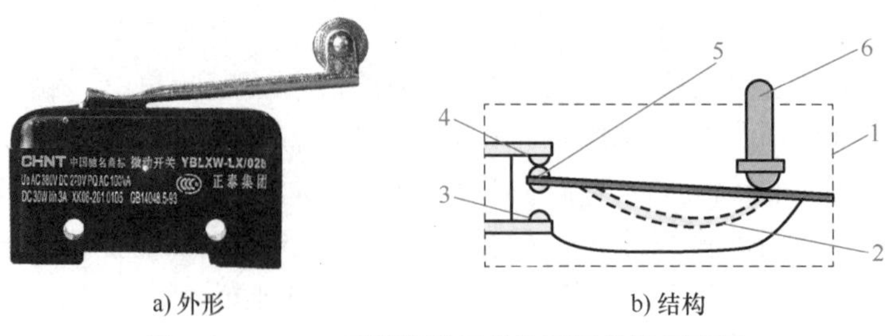

a) 外形　　b) 结构

图 1-34　**LX31 系列微动开关外形及结构示意图**

1—壳体　2—弹簧片　3—常开触头　4—常闭触头　5—动触头　6—推杆

2. 行程开关的主要技术参数

常用的行程开关有 JLXKl、X2、LX3、LX5、LX12、LX19A、LX21、LX22、LX29、LX32 系列，微动开关有 LX31 系列和 JW 型。行程开关的主要技术参数有额定工作电压 U_N、额定工作电流 I_N、触头数量、动作行程、触头转换时间、动作力等。

3. 行程开关的型号及符号

JLXK 系列行程开关含义如图 1-35 所示。

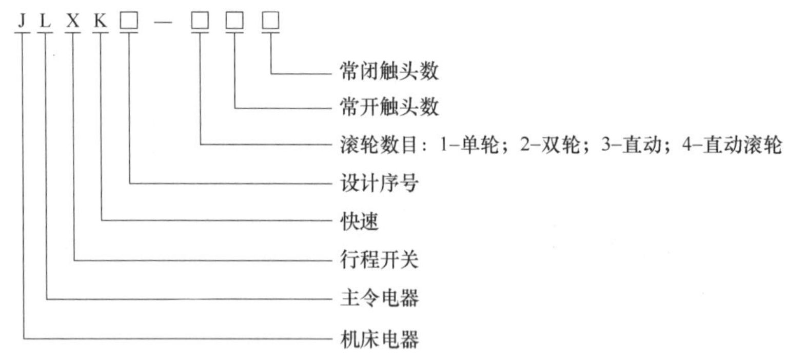

图 1-35　**JLXK 系列行程开关含义**

行程开关的电气符号如图 1-36 所示。

4. 行程开关的选用

1）根据应用场合及控制对象选择。

2）根据安装使用环境选择防护形式。

3）根据控制回路的电压和电流选择行程开关系列。

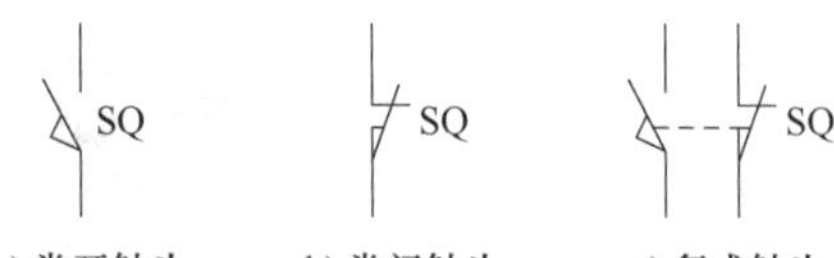

a) 常开触头　b) 常闭触头　c) 复式触头

图 1-36　**行程开关的电气符号**

4）根据运动机械与行程开关的传力和位移关系选择行程开关的头部形式。

电气结构的非接触式行程开关，是当生产机械接近它到一定距离范围内时，就发出信号，控制生产机械的位置或进行计数，故称接近开关，其内容可参考其他相关书籍。

（二）三相异步电动机可逆运行控制

各种生产机械常常要求具有上、下，左、右，前、后等相反方向的运动，这就要求电动机能够实现可逆运行。三相交流异步电动机可借助正、反向接触器改变定子绕组电压相序来实现。为避免正、反向接触器同时通电造成电源相间短路故障，正、反向接触器之间需要有一种制约关系，即联锁，保证它们不能同时工作。图 1-37 为三相异步电动机可逆运行控制电路。

（1）电气联锁控制电路　图 1-37b 是电动机“正—停—反”控制电路，利用 KM1 和 KM2

两个接触器的辅助常闭触头相互制约，即当一个接触器通电时，利用其串联在对方接触器线圈电路中的辅助常闭触头的断开来锁住对方线圈电路。这种利用两个接触器的辅助常闭触头互相控制的方法称为“电气联锁”，起联锁作用的两个触头称为联锁触头。这种只有接触器联锁的可逆控制电路在正转运行时，要想反转必先停车，否则不能反转，因此叫作“正—停—反”控制电路。

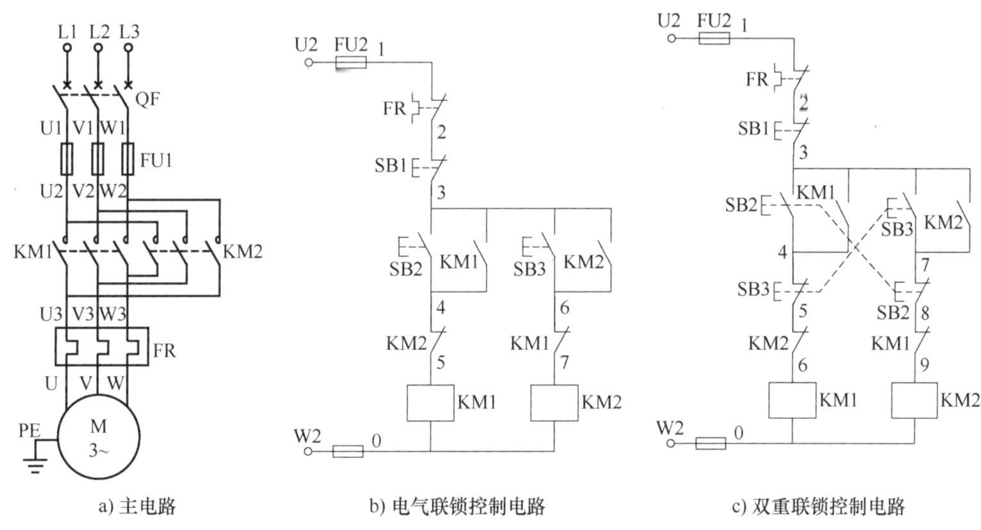

a) 主电路　　b) 电气联锁控制电路　　c) 双重联锁控制电路

图 1-37　三相异步电动机可逆运行控制电路

电路的工作原理如下：

1）起动控制。闭合电源断路器 QF。

正向起动：按下正向起动按钮 SB2 → KM1 线圈得电并自锁→其主触头闭合→电动机 M 定子绕组加正相序电压直接正向起动运行。

反向起动：按下反向起动按钮 SB3 → KM2 线圈得电并自锁→其主触头闭合→电动机 M 定子绕组加反相序电压直接反向起动运行。

2）停止控制。按下停止按钮 SB1 → KM1（或 KM2）线圈失电→其主触头断开→电动机 M 定子绕组断电停转。

（2）双重联锁控制电路　图 1-37c 是电动机“正—反—停”控制电路，采用两只复合按钮实现。在这个电路中，正向起动按钮 SB2 的常开触头用来使正转接触器 KM1 的线圈瞬时通电，其常闭触头则串联在反转接触器 KM2 线圈的电路中，用来锁住 KM2。反转起动按钮 SB3 也按 SB2 的相同方法连接。当按下 SB2 或 SB3 时，首先是常闭触头断开，然后才是常开触头闭合。这样在需要改变电动机运动方向时，就不必按停止按钮 SB1 了，可直接操作正反转起动按钮即能实现电动机可逆运转。这种将复合按钮的常闭触头串接在对方接触器线圈电路中所起的联锁作用称为按钮联锁，又称机械联锁。

电路的工作原理如下：

1）起动控制。闭合电源断路器 QF。

正向起动：按下正向起动按钮 SB2 →其常闭触头断开对 KM2 实现联锁，之后 SB2 常开触头闭合→ KM1 线圈得电→其辅助常闭触头断开对 KM2 实现联锁，之后 KM1 自锁触头闭合，同时主触头闭合→电动机 M 定子绕组加正相序电压直接正向起动运行。

反向起动：按下反向起动按钮 SB3 →其常闭触头断开对 KM1 的联锁，之后 SB3 常开触头闭合→KM2线圈得电→其辅助常闭触头断开对KM1的联锁，之后KM2自锁触头闭合，同时主触头闭合→电动机M定子绕组加反相序电压直接反向起动运行。

2）停止控制。按下停止按钮SB1→KM1（或KM2）线圈失电→其主触头断开→电动机M定子绕组断电停转。

这个电路既有接触器联锁，又有按钮联锁，称为双重联锁的可逆控制电路，为机床电气控制系统所常用。

（三）工作台自动往返控制

工作台自动往返运动示意图如图1-38所示。图中SQ1、SQ2为行程开关，用于控制工作台的自动往返，SQ3、SQ4为限位开关，用来作为终端保护，即限制工作台的行程。实现自动往返控制的电路如图1-39所示。

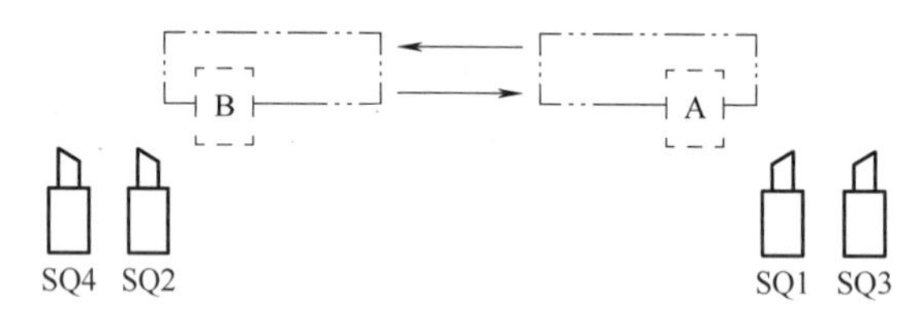

图1-38 工作台自动往返运动示意图

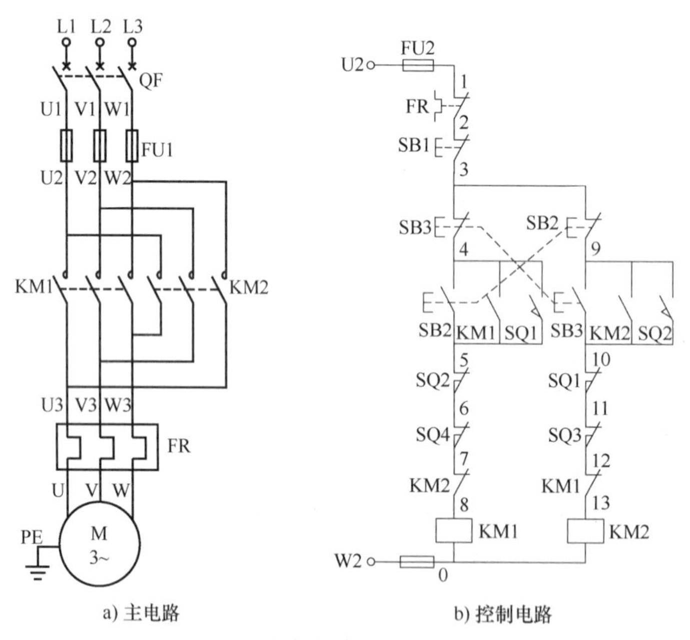

图1-39 工作台自动往返行程控制电路

在图1-39所示的电路中，工作台自动往返工作过程如下：

闭合电源断路器QF，按下起动按钮SB2→KM1线圈得电并自锁→电动机正转→工作台向左移动至左移预定位置→挡铁B压下SQ2→SQ2常闭触头断开→KM1线圈失电，随后SQ2常开触头闭合→KM2线圈得电→电动机由正转变为反转→工作台向右移动至右移预定位置→挡铁A压下SQ1→KM2线圈失电，KM1线圈得电→电动机由反转变为正转→工作台向左移动。如此周而复始地自动往返工作。

按下停止按钮SB1→KM1（或KM2）线圈失电→其主触头断开→电动机停转→工作台停

止移动。

若因行程开关SQ1、SQ2失灵，则由极限保护限位开关SQ3、SQ4实现保护，避免运动部件因超出极限位置而发生事故。

三、任务实施

（一）任务目标

1）学会工作台自动往返控制电路的安装方法。

2）理解三相异步电动机正反转控制电路电气、机械联锁的原理。

3）初步学会工作台自动往返控制电路常见故障的排除方法。

（二）设备与器材

本任务所需设备与器材见表1-6。

表1-6　所需设备与器材

序号	名称	符号	型号规格	数量	备注
1	三相异步电动机	M	YS5024，P_N=60W，U_N=380V，I_N=0.39A/0.68A，n_N=1400r/min，f_N=50Hz	1台	表中所列设备与器材的型号规格仅供参考
2	低压断路器	QF	DZ47-60，D10，3P	2个	
3	交流接触器	KM	CJ20-10	2个	
4	按钮盒	SB	LA4-3H（3个复合按钮）	1个	
5	熔断器	FU	RL1-15，配2A熔体	5个	
6	热继电器	FR	JR36-20	1个	
7	行程开关、限位开关	SQ	JLXK1-111	4个	
8	接线端子		JF5-10A	若干	
9	塑料线槽		35mm×30mm	若干	
10	电器安装板		500mm×600mm×20mm	1块	
11	导线		BVR1.5mm^2，BVR1mm^2	若干	
12	线号管		与导线线径相符	若干	
13	常用电工工具			1套	
14	螺钉			若干	
15	万用表		MF47型	1块	
16	绝缘电阻表		ZC25-3型	1块	

（三）内容与步骤

1）认真阅读工作台自动往返行程控制电路图，理解电路的工作原理。

2）检查元器件。检查各电器是否完好，查看各电器型号、规格，明确使用方法。

3）电路安装。

① 检查图1-39上标的线号。

② 根据图1-39画出电气安装接线图，如图1-40所示，电器、线槽位置摆放要合理。

③ 安装电器与线槽。

④ 根据电气安装接线图正确接线，先接主电路，后接控制电路。主电路导线截面积视电动机容量而定，控制电路导线截面积通常采用1mm^{2}的铜线，主电路与控制电路导线需采用不同颜色进行区分。导线要走线槽，接线端需套线号管，线号要与控制电路图一致。

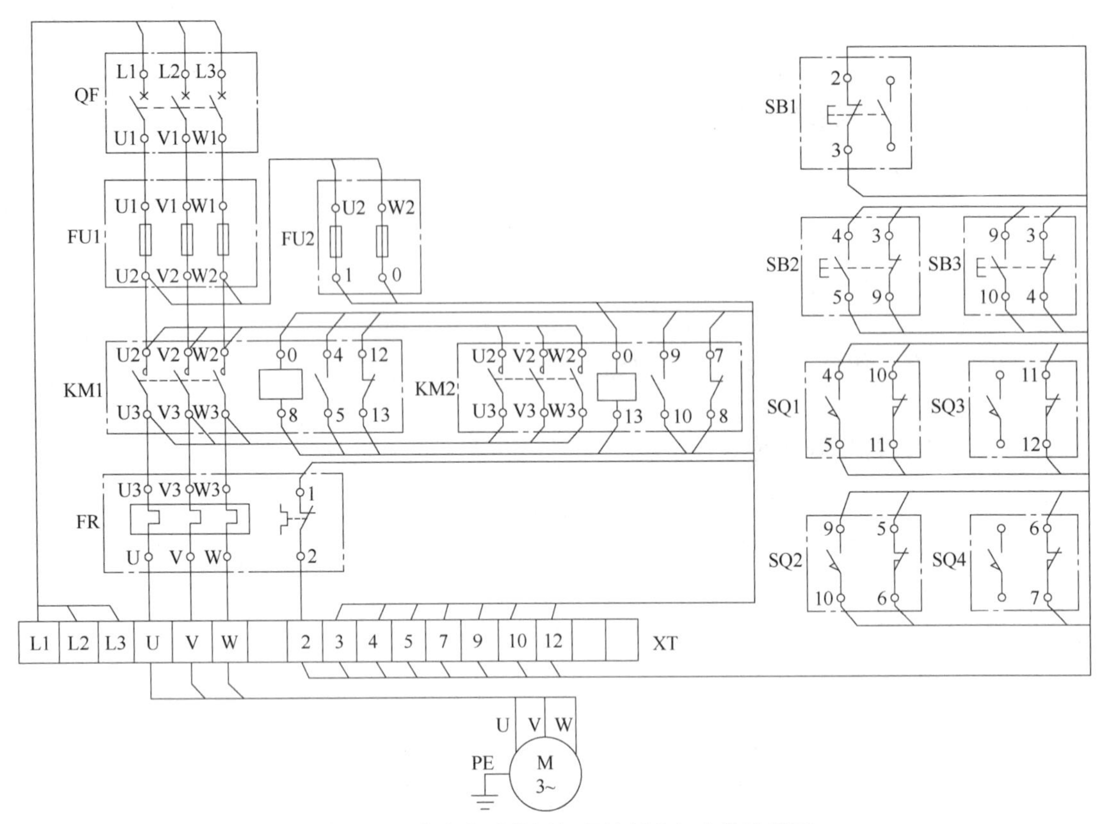

图 1-40 工作台自动往返行程控制电气安装接线图

4）检查电路。电路接线完毕，首先清理板面杂物，进行自查，确认无误后请教师检查，得到允许方可通电试车。

5）通电试车。

① 左、右移动。闭合电源断路器 QF，分别按 SB2、SB3，观察工作台左、右移动情况，按 SB1 停机。

② 电气联锁、机械联锁控制的试验。同时按下 SB2 和 SB3，接触器 KM1 和 KM2 均不能通电，电动机不转。按下正向起动按钮 SB2，电动机正向运行，再按反向起动按钮 SB3，电动机从正转变为反转。

③ 电动机不宜频繁持续由正转变为反转，反转变为正转，故不宜频繁持续操作 SB2 和 SB3。

④ SQ3、SQ4 的限位保护。工作台在左、右往返移动过程中，若行程开关 SQ1、SQ2 失灵，则由限位开关 SQ3、SQ4 实现极限限位保护，以防工作台运动超出行程而造成事故。

⑤ 通电过程中若出现异常现象，应立即切断电源，分析故障现象，并报告教师。检查故障并排除后，经教师允许方可继续通电试车。

6）结束任务。任务完成后，首先切断电源，确保在断电情况下进行拆除连接导线和电器元件，清点设备与器材，交教师检查。

（四）分析与思考

1）在本任务中，按下正、反向起动按钮，若电动机旋转方向不改变，原因可能是什么？

2）在本任务中，若频繁持续操作 SB2 和 SB3，会产生什么现象？为什么？

3）在本任务中，同时按下 SB2 和 SB3，会不会引起电源短路？为什么？

4）在本任务中，当电动机正常正向或反向运行时，轻按一下反向起动按钮 SB3 或正向起动按钮 SB2，不将按钮按到底，电动机运行状态如何？为什么？

5）在本任务中，如果行程开关 SQ1、SQ2 失灵会出现什么现象？本任务采取什么措施解决了这一问题？

四、任务考核

任务实施考核见表 1-7。

表 1-7　任务实施考核表

序号	考核内容	考核要求	评分标准	配分	得分
1	电气安装	（1）正确使用电工工具和仪表，熟练安装电器元件 （2）电器元件在配电板上布置合理，安装准确、紧固	（1）电器元件布置不整齐、不匀称、不合理，每只扣 4 分 （2）电器元件安装不牢固，安装电器元件时漏装螺钉，每只扣 4 分 （3）损坏电器元件，每只扣 10 分	20 分	
2	接线工艺	（1）布线美观、紧固 （2）走线应做到横平竖直，直角拐弯 （3）电源、电动机和低压电器接线要接到端子排上，进出的导线要有端子标号	（1）不按电路图接线，扣 20 分 （2）布线不美观，每处扣 4 分 （3）接点松动、接头裸线过长，压绝缘层，每处扣 2 分 （4）损伤导线绝缘或线芯，每根扣 5 分 （5）线号标记不清楚，漏标或误标，每处扣 5 分 （6）布线没有放入线槽，每根扣 1 分	35 分	
3	通电试车	安装、检查后，经教师许可通电试车，一次成功	（1）主电路、控制电路熔体装配错误，各扣 5 分 （2）第一次试车不成功，扣 10 分 （3）第二次试车不成功，扣 15 分 （4）第三次试车不成功，扣 25 分	25 分	
4	安全文明操作	确保人身和设备安全	违反安全文明操作规程，扣 10~20 分	20 分	
合计				100 分	

五、知识拓展——多地控制

在两地或多地控制同一台电动机的控制方式称为电动机的多地控制。在大型生产设备上，为使操作人员在不同方位均能进行起、停操作，常常要求组成多地控制电路。

图 1-41 为两地控制电路。其中 SB2、SB1 为安装在甲地的起动按钮和停止按钮，SB4、SB3 为安装在乙地的起动按钮和停止按钮。电路的特点是起动按钮并联，停止按钮串联，即分别实现逻辑或和逻辑与的关系。这样就可以分别在甲、乙两地控制同一台电动机，达到操作方便的目的。对于三地或多地控制，只要将各地的起动按钮并联、停止

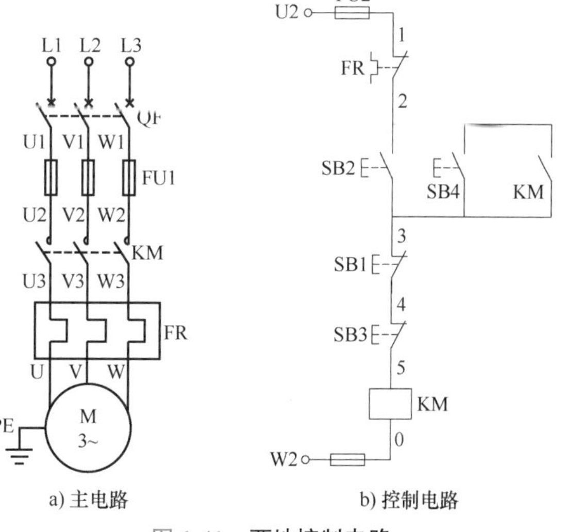

图 1-41　两地控制电路

按钮串联即可实现。

六、任务总结

本任务学习了行程开关的结构、工作原理、主要技术参数及选用，在此基础上学习了三相异步电动机可逆运行控制电路的分析及工作台自动往返控制电路分析，通过对电路的安装和调试的操作，学会工作台自动往返控制电路安装与调试的基本技能，加深对相关理论知识的理解。

任务三 三相异步电动机Y-△减压起动控制电路的安装与调试

一、任务导入

星形-三角形（Y-△）减压起动是指电动机起动时定子绕组采用星形联结，以降低起动电压、减小起动电流，待电动机起动后，转速上升至接近额定转速时，再把定子绕组改接成三角形联结，使电动机全压运行。Y-△减压起动适合正常运行时为△联结的三相笼型异步电动机轻载起动的场合，其特点是起动转矩小（仅为额定值的 1/3），转矩特性差。

本任务主要讨论相关的继电器结构、技术参数及三相异步电动机Y-△减压起动控制电路的分析、安装与调试方法。

二、知识链接

（一）电磁式继电器

继电器是一种利用各种物理量的变化，将电量或非电量信号转化为电磁力或使输出状态发生阶跃变化，从而通过其触头或突变量促使在同一电路或另一电路中的其他器件或装置动作的一种控制元件。它用于各种控制电路中进行信号传递、放大、转换、联锁等，控制主电路和辅助电路中的器件或设备按预定的动作程序进行工作，实现自动控制和保护的目的。

常用的继电器按动作原理分有电磁式继电器、磁电式继电器、感应式继电器、电动式继电器、光电式继电器、压电式继电器、热继电器与电子式继电器等；按反应的参数（动作信号）分为电压继电器、电流继电器、时间继电器、速度继电器、温度继电器、压力继电器等；按用途可分为控制继电器和保护继电器。其中电磁式继电器应用最为广泛。

1. 电磁式继电器的结构和工作原理

一般来说，继电器主要由测量环节、中间机构和执行机构三部分组成。继电器通过测量环节输入外部信号（比如电压、电流等电量或温度、压力、速度等非电量）并传递给中间机构，将它与设定值（即整定值）进行比较，当达到整定值时（过量或欠量），中间机构就使执行机构产生输出动作，从而闭合或分断电路，达到控制电路的目的。电磁式继电器是应用最早、最多的一种形式，其结构和工作原理与接触器大体相似，其结构如图 1-42 所示，由电磁系统、触头系统和释放弹簧等组成。由于继电器用于控制电路，流过触头的电流比较小（一般 5A 以下），故不需要灭弧装置。

2. 电磁式继电器的特性及主要参数

（1）电磁式继电器的特性　继电器的特性是指继电器的输出量随输入量变化的关系，即输入—输出特性。电磁式继电器的特性就是电磁机构的继电特性，如图 1-43 所示。图中 X_o 为继电器的动作值（吸合值），X_r 为继电器的复归值（释放值），这二值为继电器的动作参数。

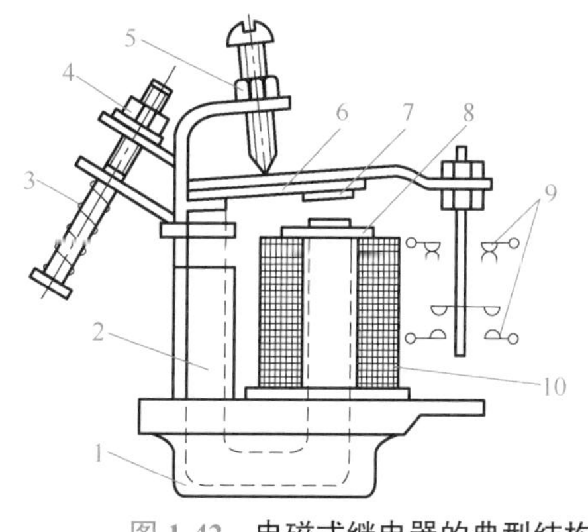

图 1-42　电磁式继电器的典型结构

1—底座　2—铁心　3—释放弹簧　4、5—调节螺母
6—衔铁　7—非磁性垫片　8—极靴　9—触头系统　10—线圈

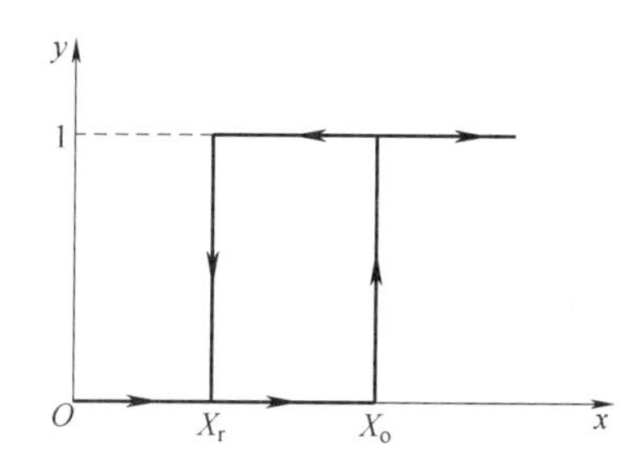

图 1-43　电磁机构的继电特性

（2）继电器的主要参数

1）额定参数：继电器的线圈和触头在正常工作时允许的电压值或电流值称为继电器的额定电压或额定电流。

2）动作参数：即继电器的吸合值与释放值。对于电压继电器，为吸合电压 U_o 与释放电压 U_r；对于电流继电器，为吸合电流 I_o 与释放电流 I_r。

3）整定值：根据控制要求，对继电器的动作参数进行人为调整的数值。

4）返回参数：指继电器的释放值与吸合值的比值，用 K 表示。K 值可通过调节释放弹簧或调节铁心与衔铁之间非磁性垫片的厚度来达到所要求的值。不同场合要求不同的 K 值，如对一般继电器要求具有低的返回系数，K 值应为 0.1~0.4，这样当继电器吸合后，输入量波动较大时不会引起误动作；欠电压继电器则要求高的返回系数，K 值应在 0.6 以上，如有一电压继电器 K=0.66，吸合电压为额定电压的 90%，则释放电压为额定电压的 60%时，继电器就释放，从而起到欠电压保护作用。返回系数反映了继电器吸力特性与反力特性配合的紧密程度，是电压和电流继电器的重要参数。

5）动作时间：有吸合时间和释放时间。吸合时间是指从线圈接收电信号起，到衔铁完全吸合止所需的时间；释放时间是从线圈断电到衔铁完全释放所需的时间。一般电磁式继电器动作时间为 0.05~0.2s，动作时间短于 0.05s 为快速动作继电器，动作时间长于 0.2s 为延时动作继电器。

（二）时间继电器

输入信号后，经一定的延时才输出信号的继电器，称为时间继电器。时间继电器种类很多，常用的有电磁式、空气阻尼式、电动机式和电子式等。按延时方式可分为通电延时型和断电延时型。对于通电延时型，当接收输入信号后延迟一定时间，输出信号才发生变化；当输入信号消失后，输出瞬时复原。对于断电延时型，当接收输入信号后，瞬时产生相应的输出信号，当输入信号消失后，延迟一定时间，输出信号才复原。这里仅介绍利用电磁原理工作的空气阻尼式时间继电器和电子式时间继电器。

1. 空气阻尼式时间继电器

空气阻尼式时间继电器由电磁机构、延时机构和触头系统三部分组成，利用空气阻尼原理达到延时的目的。其延时方式有通电延时型和断电延时型两种。其外观区别在于：当衔铁位于铁心和延时机构之间时为通电延时型；当铁心位于衔铁和延时机构之间时为断电延时型。JS7-A 系列空气阻尼式时间继电器外形及结构原理如图 1-44 所示。

通电延时型时间继电器的工作原理：当线圈 1 通电后，衔铁 3 吸合，活塞杆 6 在塔形弹簧 7 作用下带动活塞 13 及橡皮膜 9 向上移动，橡皮膜下方空气室的空气变得稀薄，形成负压，活塞杆只能缓慢移动，其移动速度由进气孔 12 气隙大小决定。经一段延时后，活塞杆通过杠杆 15 压动微动开关 14，使其触头动作，起到通电延时作用。当线圈断电时，衔铁释放，橡皮膜下方空气室内的空气通过活塞肩部所形成的单向阀迅速排出，使活塞杆、杠杆、微动开关迅速复位。由线圈通电至触头动作的一段时间即为时间继电器的延时时间，延时长短可通过调节螺钉 11 调节进气孔气隙大小来改变。微动开关 16 在线圈通电或断电时，在推板 5 的作用下都能瞬时动作，其触头为时间继电器的瞬动触头。

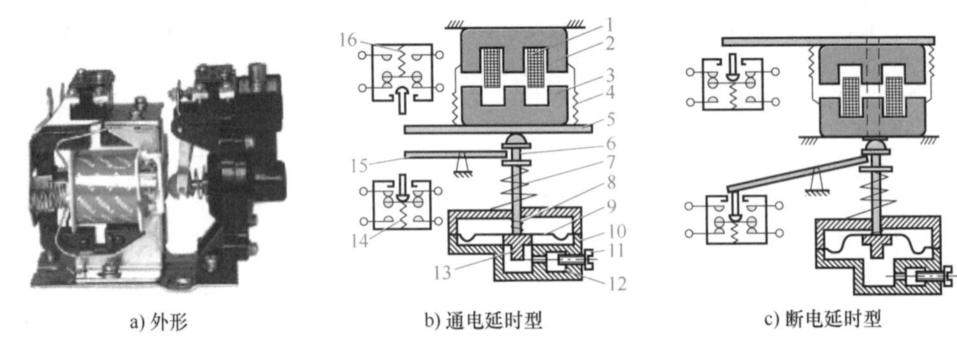

a) 外形　　b) 通电延时型　　c) 断电延时型

图 1-44　**JS7-A 系列空气阻尼式时间继电器外形及结构原理**

1—线圈　2—铁心　3—衔铁　4—反力弹簧　5—推板　6—活塞杆　7—塔形弹簧　8—弱弹簧　9—橡皮膜　10—空气室壁　11—调节螺钉　12—进气孔　13—活塞　14、16—微动开关　15—杠杆

空气阻尼式时间继电器延时时间有 0.4~180s 和 0.4~60s 两种规格，具有延时范围较宽、结构简单、价格低廉、工作可靠、寿命长等优点，是机床电气控制电路中常用的时间继电器。但其延时精度较低，只适用于延时精度要求不高的场合。

JS7-A 系列空气阻尼式时间继电器主要技术参数见表 1-8。

表 1-8　**JS7-A 系列空气阻尼式时间继电器主要技术参数**

型号	线圈电压 /V	触头额定电流 /A	触头额定电压 /V	延时范围 /s	额定操作频率 /（次 /h）	延时触头数量				瞬动触头数量	
						通电延时		断电延时			
						常开	常闭	常开	常闭	常开	常闭
JS7-1A	24，36，110，127，220，380	5	380	0.4~60 及 0.4~180	600	1	1	—	—	—	—
JS7-2A						1	1	—	—	1	1
JS7-3A						—	—	1	1	—	—
JS7-4A						—	—	1	1	1	1

注：1. 表中型号“JS7”后面的 1A~4A 区别在于通电延时或断电延时，以及是否带瞬动触头。
2. JS7-A 为改型产品，具有体积小的特点。

空气阻尼式时间继电器的典型产品有 JS7、JS23、JSK □系列。JS23 系列时间继电器以一个具有 4 个常开触头的中间继电器为主体，再加上一个延时机构组成。延时组件包括波纹状气囊及排气阀门、刻有细长环形槽的延时片、调节旋钮及动作弹簧等。

2. 电子式时间继电器

电子式时间继电器采用晶体管、集成电路或电子元器件等构成。电子式时间继电器具有体积小、质量小、延时精度高、延时范围广、抗干扰能力强、可靠性高、寿命长等特点，适用于各种要求高精度、高可靠性的自动控制场合。

电子式时间继电器按延时方式分为通电延时型、断电延时型和带瞬动触头的通电延时型。电子式时间继电器的外形如图 1-45 所示。

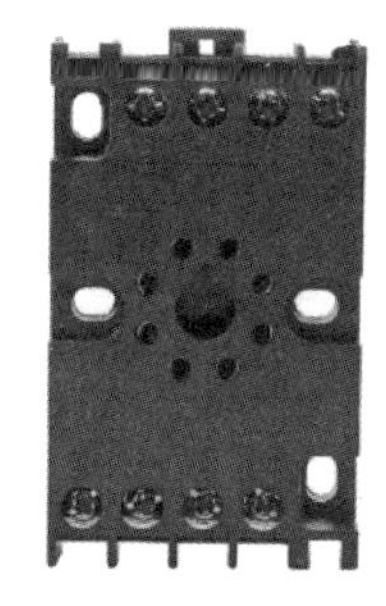

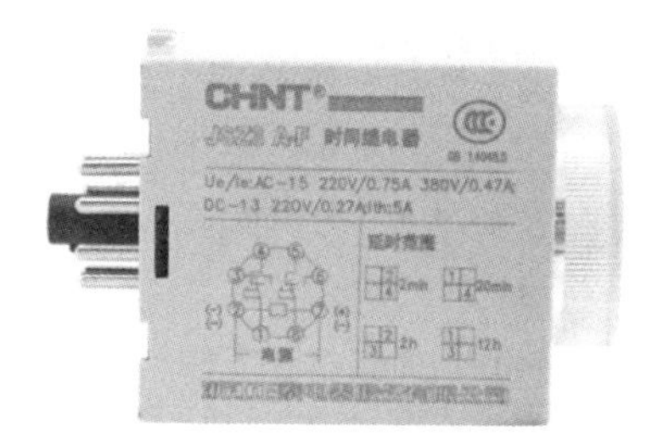

图 1-45　电子式时间继电器外形

电子式时间继电器的接线示意图如图 1-46 所示，图中②和⑦为电压输入端，①和④、⑧和⑤为常闭触头，①和③、⑧和⑥为常开触头。

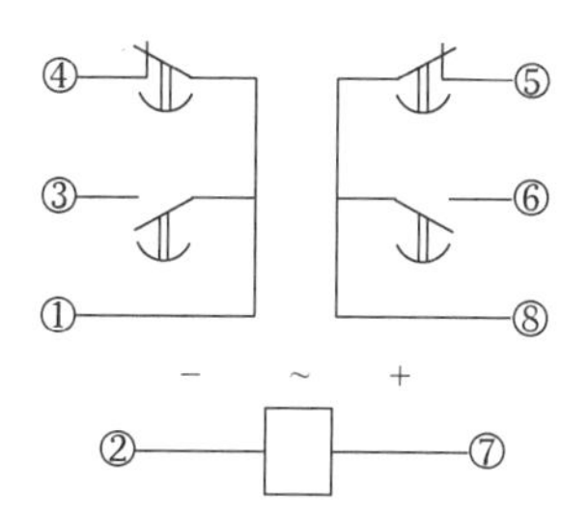

图 1-46　电子式时间继电器（通电延时型）接线示意图

时间继电器的电气符号如图 1-47 所示。

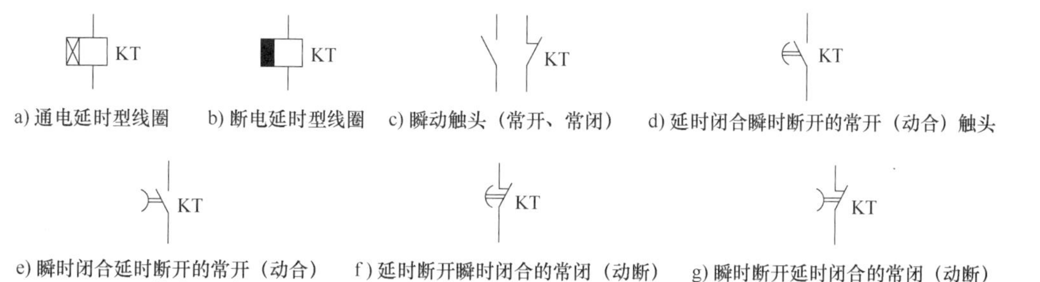

a) 通电延时型线圈　b) 断电延时型线圈　c) 瞬动触头（常开、常闭）　d) 延时闭合瞬时断开的常开（动合）触头

e) 瞬时闭合延时断开的常开（动合）触头　f) 延时断开瞬时闭合的常闭（动断）触头　g) 瞬时断开延时闭合的常闭（动断）触头

图 1-47　时间继电器的电气符号

3. 时间继电器的选用

1）根据控制电路的控制要求选择时间继电器的延时类型。

2）根据对延时精度要求不同选择时间继电器的类型。对延时精度要求不高的场合，一般选用电磁式或空气阻尼式时间继电器；对延时精度要求高的场合，应选用电子式或电动机式时间继电器。

3）应考虑环境温度变化的影响。在环境温度变化较大的场合，不宜采用电子式时间继电器。

4）应考虑电源参数变化的影响。对于电源电压波动大的场合，选用空气阻尼式比采用电子式好；而在电源频率波动大的场合，不宜采用电动机式时间继电器。

5）考虑延时触头种类、数量和瞬动触头种类、数量是否满足控制要求。

4. 时间继电器的故障及排除

（1）空气阻尼式时间继电器的故障与处理方法　空气阻尼式时间继电器的常见故障是延时不准确，其主要原因是空气室故障。

1）空气室拆开后重新装配时，未按规律操作，造成空气室密封不严、漏气，使延时不准确，严重时甚至不延时。维修时，不要随意拆开空气室，保证空气室密封。

2）空气室内部不清洁，灰尘或微粒进入空气通道，使气道阻塞，延时时间延长。应拆下继电器，在空气清洁的环境中拆开空气室，清洁灰尘、微粒，再按规定的技术要求重新装配即可排除故障。

3）安装或更换时间继电器时，安装方向不对，造成空气室工作状态改变，使延时不准确。因此，时间继电器不能倒装，也不能水平安装。

4）使用时间长，空气湿度变化，使空气室中橡皮膜变质、老化、硬度改变，造成延时不准。应及时更新橡皮膜。

（2）电子式时间继电器的故障诊断及处理方法

1）调节延时时间的电位器磨损或进入灰尘，使延时时间不准确。用少量汽油顺着电位器悬柄滴入，并转动悬柄，或对磨损严重的电位器及时更换。

2）晶体管损坏、老化，造成参数变化，导致延时不准确，甚至不延时。应拆下继电器进行检修或更换。

3）因受振动使元件焊点松动，脱离插座。应进行仔细检查或重新补焊。

（三）三相异步电动机减压起动控制

三相笼型异步电动机可采用直接起动和减压起动。异步电动机的起动电流一般可达其额定电流的 4~7 倍，过大的起动电流一方面会造成电网电压的显著下降，直接影响在同一电网工作的其他用电设备正常工作；另一方面电动机频繁起动会严重发热，加速绝缘老化，缩短电动机的寿命，因此直接起动一般只适用于较小容量电动机。当电动机容量较大（10kW 以上）时，一般采用减压起动。

所谓减压起动，是指起动时降低加在电动机定子绕组上的电压，待电动机起动后再将电压恢复到额定电压值，使之运行在额定电压下。

减压起动的目的在于减小起动电流，但起动转矩也将降低，因此减压起动只适用于空载或轻载下起动。

减压起动的方法有定子绕组串电阻减压起动、Y-△转换减压起动、自耦变压器减压起动、软起动（固态减压起动器）和延边三角形减压起动等。

（四）三相异步电动机 Y-△减压起动控制

三相异步电动机Y-△减压起动控制电路如图 1-48 所示。

工作原理为：闭合电源断路器 QF，按下起动按钮 SB2→KM1、KM3、KT 线圈同时得电吸合并自锁，KT 开始延时→KM1、KM3 的主触头闭合→电动机定子绕组以星形联结减压起动→当电动机转速上升至接近额定转速时，延时时间到→KT 延时断开的常闭触头断开→KM3 线圈断电释放→其联锁触头复位，主触头断开→电动机 M 失电解除星形联结。同时，KT 延时闭合的常开触头闭合→KM2 线圈通电吸合并自锁→电动机定子绕组接成三角形联结全压运行。

运行过程中，按下停止按钮 SB1 → KM1、KM2 线圈失电→其主触头断开→电动机定子绕组断电停转。

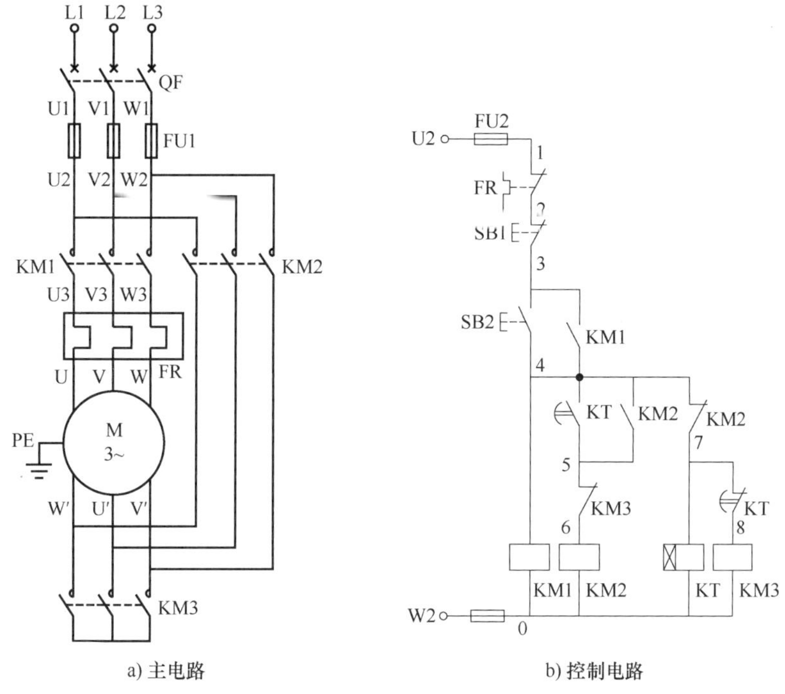

a) 主电路　　　　b) 控制电路

图 1-48　三相异步电动机Y - △减压起动控制电路

KM2、KM3 辅助常闭触头为联锁触头，以防电动机定子绕组同时接成星形和三角形，造成主电路电源相间短路。

三、任务实施

（一）任务目标

1）了解时间继电器的结构、工作原理及使用方法。

2）掌握三相笼型异步电动机Y - △减压起动控制电路的联结方法，从而进一步理解电路的工作原理和特点。

3）进一步熟悉电路的安装接线工艺。

4）熟悉三相笼型异步电动机Y - △减压起动控制电路的调试及常见故障的排除方法。

（二）设备与器材

本任务所需设备与器材见表 1-9。

表 1-9　所需设备与器材

序号	名称	符号	型号规格	数量	备注
1	三相异步电动机	M	YS5024，P_N=60W，U_N=380V，I_N=0.39A/0.68A，n_N=1400r/min，f_N=50Hz	1 台	表中所列设备与器材的型号规格仅供参考
2	低压断路器	QF	DZ47-60，D10，3P	1 个	
3	交流接触器	KM	CJ20-16（线圈电压 380V）	3 个	
4	按钮盒	SB	LA4-3H（3 个复合按钮）	1 个	
5	熔断器	FU1	RL6-25，配 20A 熔体	3 个	
6	熔断器	FU2	RL1-15，配 2A 熔体	2 个	

（续）

序号	名称	符号	型号规格	数量	备注
7	热继电器	FR	JR16-20/3D	1 个	表中所列设备与器材的型号规格仅供参考
8	时间继电器	KT	JSZ3A/380V，CZF08/380V（底座）	1 个	
9	接线端子		JF5-10A	若干	
10	塑料线槽		35mm × 30mm	若干	
11	电器安装板		500mm × 600mm × 20mm	1 块	
12	导线		BVR1.5mm²、BVR1mm²	若干	
13	线号管		与导线线径相符	若干	
14	常用电工工具			1 套	
15	螺钉			若干	
16	万用表		MF47 型	1 块	
17	绝缘电阻表		ZC25-3 型	1 块	

（三）内容与步骤

1）认真阅读Y - △减压起动控制电路图，理解电路的工作原理。

2）检查电器元件。检查各电器元件是否完好，查看各电器元件型号、规格，明确使用方法。

3）电路安装。

① 检查图 1-48 上标的线号。

② 根据图 1-48 画出安装接线图，如图 1-49 所示，电器元件、线槽位置摆放要合理。

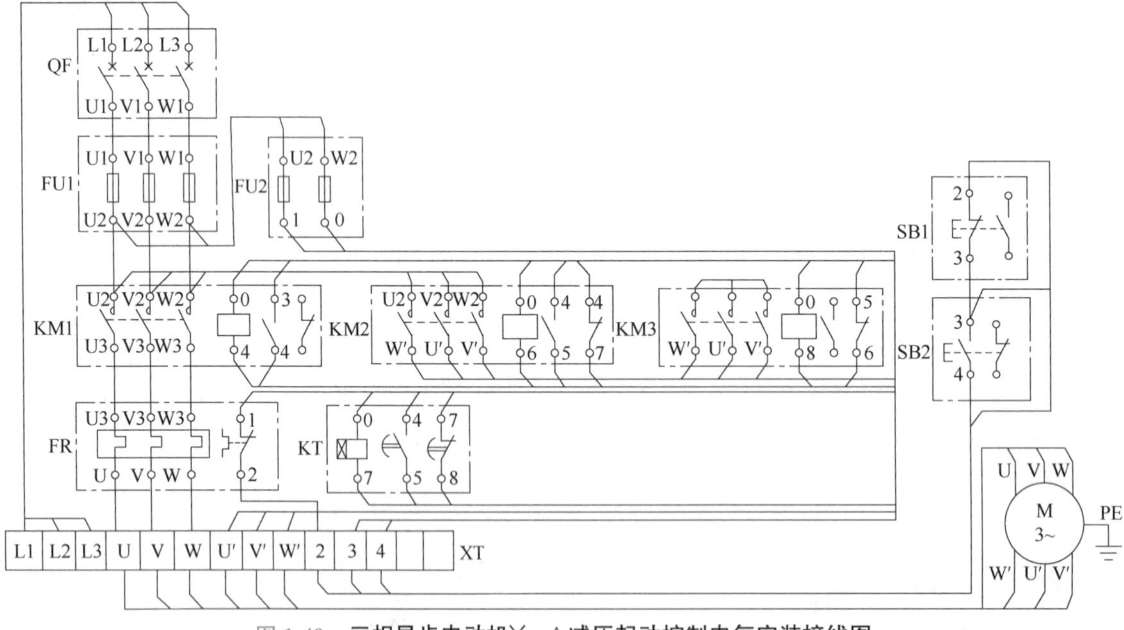

图 1-49　三相异步电动机Y - △减压起动控制电气安装接线图

③ 安装电器元件与线槽。

④ 根据电气安装接线图正确接线，先接主电路，后接控制电路。主电路导线截面积视电动机容量而定，控制电路导线截面积通常采用 1mm² 的铜线，主电路与控制电路导线需采用不同颜色进行区分。导线要走线槽，接线端需套线号管，线号要与控制电路图一致。

4）检查电路。电路接线完毕，首先清理板面杂物，进行自查，确认无误后请教师检查，得到允许方可通电试车。

5）通电试车。

① 闭合电源断路器 QF，按下起动按钮 SB2，观察接触器动作顺序及电动机减压起动的过程。起动结束后，按下停止按钮 SB1 电动机停转。

② 调整时间继电器 KT 的延时时间，观察电动机起动过程的变化。

③ 通电过程中若出现异常情况，应立即切断电源，分析故障现象，并报告教师。检查故障并排除后，经教师允许方可继续进行通电试车。

6）结束任务。任务完成后，首先切断电源，确保在断电情况下进行拆除连接导线和电气元器件，清点设备与器材，交教师检查。

（四）分析与思考

1）在Y-△减压起动控制过程中，如果接触器 KM2、KM3 同时得电，会产生什么现象？为防止此现象出现，控制电路中采取了何种措施？

2）在图 1-48 所示电路中，时间继电器的作用是什么？试设计一个断电延时继电器控制Y-△减压起动控制的电路。

3）在图 1-48 所示电路中，若起动过程电动机不能从Y联结切换到△联结，电动机始终处在Y联结下运行，试分析其原因。

四、任务考核

任务实施考核见表 1-10。

表 1-10 任务实施考核表

序号	考核内容	考核要求	评分标准	配分	得分
1	电气安装	（1）正确使用电工工具和仪表，熟练安装电器元件 （2）电器元件在配电板上布置合理，安装准确、紧固	（1）电器元件布置不整齐、不匀称、不合理，每只扣 4 分 （2）电器元件安装不牢固，安装电器元件时漏装螺钉，每只扣 4 分 （3）损坏电器元件，每只扣 10 分	20 分	
2	接线工艺	（1）布线美观、紧固 （2）走线应做到横平竖直，直角拐弯 （3）电源、电动机和低压电器接线要接到端子排上，进出的导线要有端子标号	（1）不按电路图接线，扣 20 分 （2）布线不美观，每处扣 4 分 （3）接点松动、接头裸线过长，压绝缘层，每处扣 2 分 （4）损伤导线绝缘或线芯，每根扣 5 分 （5）线号标记不清楚，漏标或误标，每处扣 5 分 （6）布线没有放入线槽，每根扣 1 分	35 分	
3	通电试车	安装、检查后，经教师许可通电试车，一次成功	（1）主电路、控制电路熔体装配错误，各扣 5 分 （2）第一次试车不成功，扣 10 分 （3）第二次试车不成功，扣 15 分 （4）第三次试车不成功，扣 25 分	25 分	
4	安全文明操作	确保人身和设备安全	违反安全文明操作规程，扣 10~20 分	20 分	
合计				100 分	

五、知识拓展——三相异步电动机其他减压起动控制

（一）定子绕组串电阻减压起动控制

定子绕组串电阻减压起动控制是起动时在电动机定子绕组中串接电阻，通过电阻的分电压作用，使电动机定子绕组上的电压减小；待电动机转速上升至接近额定转速时，将电阻切除，使电动机在额定电压（全压）下正常运行。这种起动方法适用电动机容量不大，起动不频繁且平稳的场合，其特点是起动转矩小，加速平滑，但电阻上的能量损耗大。图 1-50 为三相异步电动机定子绕组串电阻减压起动控制电路。

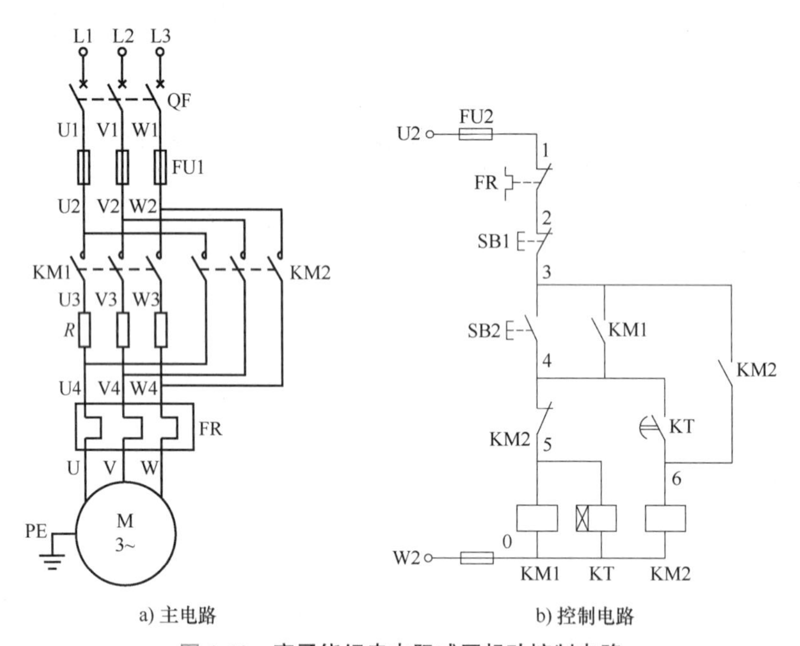

图 1-50　定子绕组串电阻减压起动控制电路

图 1-50 中 SB2 为起动按钮，SB1 为停止按钮，*R* 为起动电阻，KM1 为电源接触器，KM2 为切除起动电阻用接触器，KT 为控制起动过程的时间继电器。

电路工作原理：闭合电源断路器 QF，按下起动按钮 SB2 → KM1 得电并自锁→电动机定子绕组串入电阻 *R* 减压起动，同时 KT 得电→经延时后 KT 常开触头闭合→ KM2 得电并自锁→ KM2 辅助常闭触头断开→ KM1、KT 失电；KM2 主触头闭合将起动电阻 *R* 短接→电动机进入全压正常运行。

（二）自耦变压器减压起动控制

自耦变压器减压起动控制是电动机起动时利用自耦变压器来降低加在电动机定子绕组上的起动电压，当电动机转速上升至接近额定转速时，将自耦变压器切除，电动机定子绕组直接加电源电压，进入全压运行。这种起动方法适用于电动机容量较大、正常工作时为Y或△联结的电动机，起动转矩可以通过改变抽头的连接位置来改变。它的缺点是自耦变压器价格较贵，而且不允许频繁起动。

图 1-51 为自耦变压器减压起动控制电路。图 1-51 中，KM1 为减压起动接触器，KM2 为全压运行接触器，KA 为中间继电器，KT 为减压起动控制时间继电器。

电路工作原理：闭合电源断路器 QF，按下起动按钮 SB2 → KM1、KT 线圈同时得电。KM1 线圈得电吸合并自锁→将自耦变压器接入→电动机由自耦变压器二次电压供电减压起动。

当电动机转速接近额定转速时→时间继电器 KT 延时时间到→其延时闭合触头闭合→ KA 线圈得电并自锁→其常闭触头断开 KM1 线圈电路→ KM1 线圈失电，主触头断开→自耦变压器从电源切除，同时 KA 的常开触头闭合→ KM2 线圈得电吸合→其主触头闭合→电动机定子绕组加全电压进入正常运行。

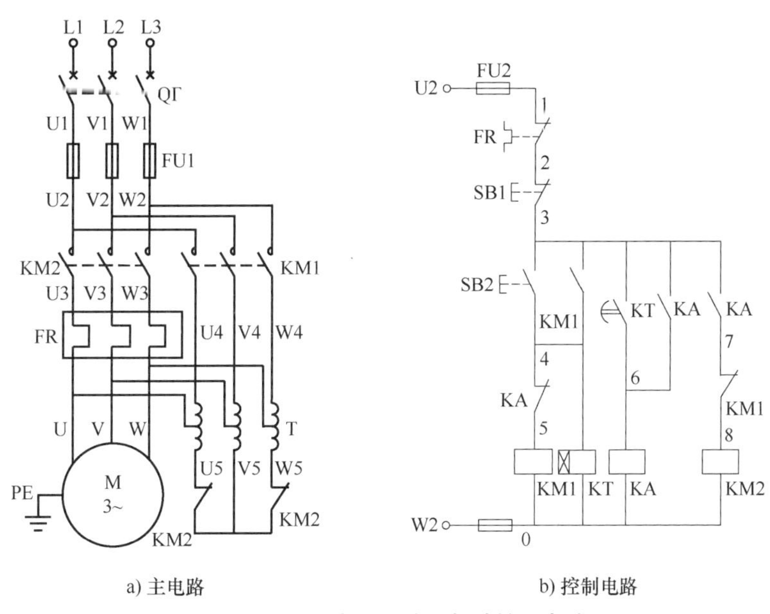

图 1-51　自耦变压器减压起动控制电路

六、任务总结

本任务学习了电磁式继电器的基本知识和时间继电器的结构、工作原理、常用型号及符号、选用，在此基础上学习了三相异步电动机Y - △减压起动控制电路的分析，通过对电路的安装和调试的操作，学会三相异步电动机Y - △减压起动控制电路安装与调试的基本技能，加深对相关理论知识的理解。

本任务还介绍了三相异步电动机定子绕组串电阻减压起动和自耦变压器减压起动控制电路的组成，并对它们的工作过程做了详细分析。

任务四　三相异步电动机能耗制动控制电路的安装与调试

一、任务导入

电动机制动控制方法有机械制动和电气制动。常用的电气制动有反接制动和能耗制动等。能耗制动是指在电动机脱离三相交流电源后，向定子绕组内通入直流电源，建立静止磁场，转子以惯性旋转，转子导体切割定子恒定磁场产生转子感应电动势，利用转子感应电流与静止磁场的作用产生制动的电磁转矩，达到制动的目的。在制动过程中，电流、转速、时间三个参数都在变化，可任取一个作为控制信号，按时间作为控制参数，控制电路简单，实际应用较多。

本任务主要讨论相关的速度继电器结构、技术参数，能耗制动控制电路原理分析及电路安装与调试的方法。

二、知识链接

（一）速度继电器

速度继电器是利用电磁感应原理将电动机的转速信号用来控制触头动作的低压电器。它主要用于将转速快慢转换成电路通断信号，与接触器配合完成电动机反接制动控制，亦称为反接制动继电器。其结构主要由定子、转子和触头系统三部分组成，定子是一个笼型空心圆环，由硅钢片叠成，并嵌有笼型导条；转子是一个圆柱形永久磁铁；触头系统有正向运转时动作的和反向运转时动作的触头各一组，每组又各有一对常闭、一对常开触头，如图 1-52 所示。

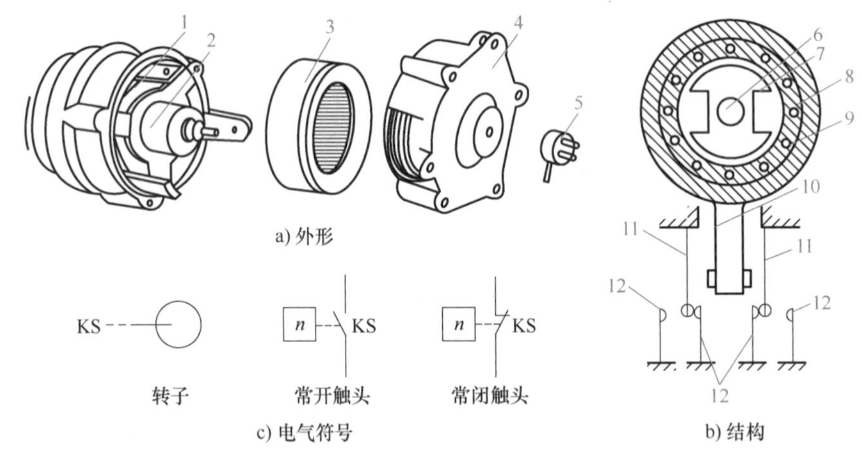

图 1-52 JY1 型速度继电器外形、结构和电气符号

1—可动支架 2—转子 3、8—定子 4—端盖 5—连接头 6—电动机轴 7—转子（永久磁铁） 9—定子绕组 10—胶木摆杆 11—簧片（动触头） 12—静触头

使用时，速度继电器转子的轴与电动机轴相连接，定子空套在转子外围。当电动机起动旋转时，速度继电器的转子 2 随着转动，永久磁铁 7 的静止磁场就成了旋转磁场。定子 8 内的定子绕组 9 因切割磁场而产生感应电动势，形成感应电流，并在磁场作用下产生电磁转矩，使定子随转子旋转方向转动，但因有簧片 11 挡住，故定子只能随转子旋转方向做一偏转。当定子偏转到一定角度时，在簧片的作用下使常闭触头断开而常开触头闭合。推动触头的同时也压缩相应的反力弹簧，其反作用力阻止定子偏转。当电动机转速下降时，速度继电器转子转速也随之下降，定子导条中的感应电动势、感应电流、电磁转矩均减小。当速度继电器转子转速下降到一定值时，电磁转矩小于反力弹簧的反作用力矩时，定子返回原位，速度继电器触头恢复到原来状态。调节螺钉的松紧，可调节反力弹簧的反作用力大小，也就调节了触头动作所需的转子转速。一般速度继电器触头的动作转速为 140r/min 左右，触头的复位转速为 100r/min。当电动机正向运转时，定子偏转使正向常闭触头断开、常开触头闭合，同时接通和断开与它们相连的电路；当正向旋转速度接近零时，定子复位，使常开触头断开，常闭触头闭合，同时与其相连的电路也改变状态。当电动机反向运转时，定子向反方向偏转，使反向动作触头动作，情况与正向时相同。

常用的速度继电器有 JY1 和 JFZ0 系列。JY1 系列可在 700~3600r/min 范围内可靠地工作。JFZ0-1 型适用于 300~1000r/min，JFZ0-2 型适用于 1000~3600r/min，它们具有两对常开、常闭触头，触头额定电压为 380V，额定电流为 2A。常用速度继电器的技术参数见表 1-11。

表 1-11　JY1、JFZ0 系列速度继电器技术参数

型号	触头额定电压/V	触头额定电流/A	触头数量		额定工作转速/(r/min)	允许操作频率/(次/h)
			正转时动作	反转时动作		
JY1	380	2	1 组转换触头	1 组转换触头	700~3600	<30
JFZ0					300~3600	

速度继电器主要根据电动机的额定转速、控制要求来选择。

常见速度继电器的故障是电动机停车时不能制动停转，其原因可能是触头接触不良或杠杆断裂，导致无论转子怎样转动触头都不动作。此时，更换杠杆或触头即可。

三相异步电动机从切除电源到完全停转，由于惯性，停车时间较长，这往往不能满足生产机械迅速停车的要求，影响生产效率，并造成停车位置不准确，工作不安全。因此应对电动机进行制动控制。

（二）三相异步电动机能耗制动控制

1. 三相异步电动机单向运行能耗制动控制

（1）电路的组成　时间原则控制的三相异步电动机单向运行能耗制动控制电路如图 1-53 所示。图 1-53 中 KM1 为单向运行控制接触器，KM2 为能耗制动控制接触器，KT 为控制能耗制动的通电延时型时间继电器。

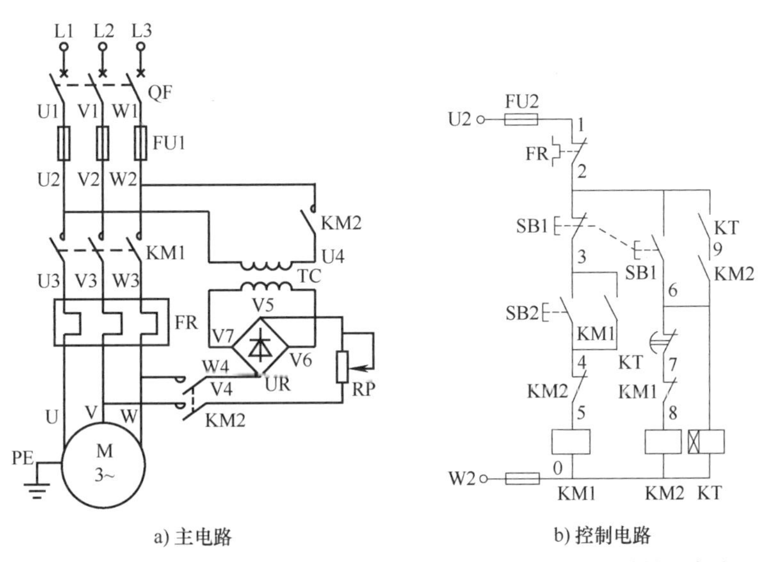

图 1-53　时间原则控制的三相异步电动机单向运行能耗制动控制电路

（2）电路的工作原理

1）起动控制。闭合电源断路器 QF，按下起动按钮 SB2→KM1 线圈得电并自锁→KM1 主触头闭合→电动机实现全压起动并运行，同时 KM1 辅助常闭触头断开，对能耗制动控制接触器 KM2 实现联锁。

2）制动控制。在电动机单向运行需要停车时，按下停止按钮 SB1，SB1 常闭触头断开→KM1

线圈失电→ KM1 主触头断开，切断电动机三相交流电源。SB1 常开触头闭合→ KM2 线圈、KT 线圈同时得电并自锁，其主触头闭合→电动机定子绕组接入直流电源进行能耗制动。电动机转速迅速下降，当转速接近零时，KT 延时时间到→ KT 延时断开的常闭触头断开→ KM2、KT 相继失电返回，能耗制动结束。

图 1-53 中 KT 的瞬动常开触头与 KM2 的辅助常开触头串联，其作用是：当发生 KT 线圈断线或机械卡住故障，致使 KT 延时断开的常闭触头断不开，常开触头也闭合不上时，按下停止按钮 SB1，成为点动能耗制动。若无 KT 的常开瞬动触头串接 KM2 辅助常开触头，在发生上述故障时，按下停止按钮 SB1 后，将使 KM2 线圈长期得电吸合，使电动机两相定子绕组长期接入直流电源。

2. 三相异步电动机可逆运行能耗制动控制

（1）电路的组成　图 1-54 为速度原则控制的三相异步电动机可逆运行能耗制动电路。图 1-54 中，KM1、KM2 为电动机正、反转接触器，KM3 为能耗制动接触器，KS 为速度继电器，其中 KS-1 为速度继电器正向常开触头，KS-2 为速度继电器反向常开触头。

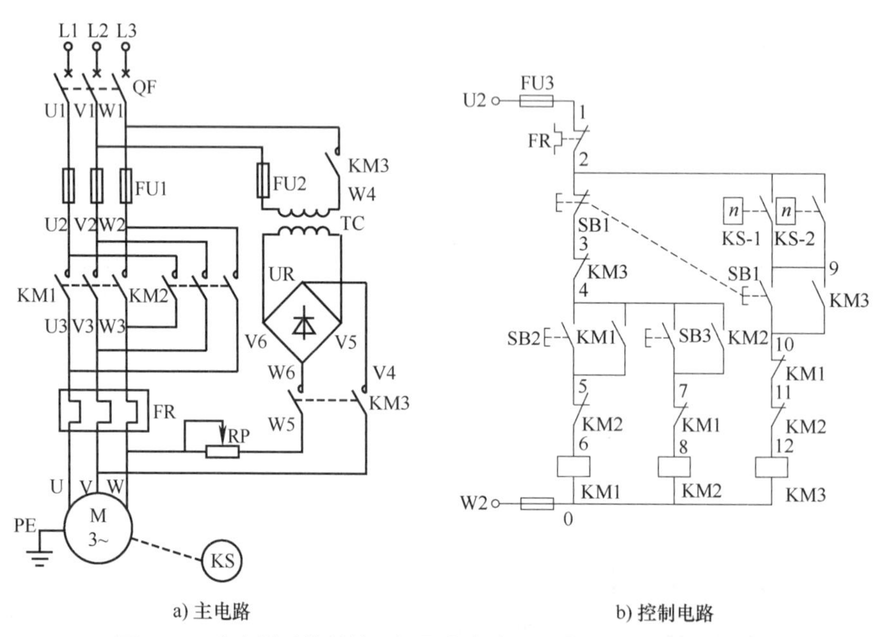

a) 主电路　　b) 控制电路

图 1-54　速度原则控制的三相异步电动机可逆运行能耗制动电路

（2）电路的工作原理

1）起动控制。闭合电源断路器 QF，按下起动按钮 SB2（或 SB3）→ KM1（或 KM2）线圈得电吸合并自锁→其主触头闭合，电动机实现正向（或反向）全压起动并运行。当电动机的转速上升至 140r/min 时，KS 的 KS-1（或 KS-2）闭合，为耗能制动做准备。

2）制动控制。停车时，按下停止按钮 SB1 →其常闭触头断开→ KM1（或 KM2）线圈失电→其主触头断开→切除电动机定子绕组三相电源。当 SB1 常开触头闭合时→ KM3 线圈得电并自锁→其主触头闭合→电动机定子绕组加直流电源进行能耗制动，电动机转速迅速下降，当转速下降至 100r/min 时，KS 返回→ KS-1（或 KS-2）复位断开→ KM3 线圈失电返回→其主触头断开切除电动机的直流电源，能耗制动结束。

电动机可逆运行能耗制动也可采用时间原则，用时间继电器取代速度继电器，同样能达到制动的目的。

对于负载转矩较为稳定的电动机，能耗制动时采用时间原则控制为宜。能够通过传动机构来反映电动机转速时，采用速度原则控制较为合适。

3. 三相异步电动机无变压器单管能耗制动控制

（1）电路的组成　上述能耗制动电路均需一套整流装置和整流变压器，为简化能耗制动电路，减少附加设备，在制动要求不高、电动机功率在 10kW 以下时，可采用无变压器的单管能耗制动电路。它是采用无变压器的单管半波整流电路产生能耗直流电源，这种电源体积小、成本低，其电路如图 1-55 所示。其整流电源电压为 220V，它由制动接触器 KM2 主触头接至电动机定子两相绕组，并由另一相绕组经整流二极管 VD 和电阻 *R* 接到中性线，构成回路。

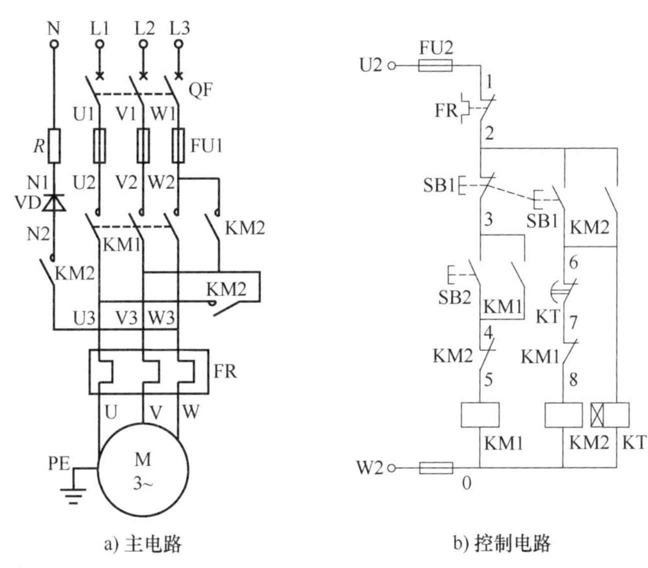

图 1-55　三相异步电动机无变压器单管能耗制动电路

（2）电路的工作原理

1）起动控制。闭合电源断路器 QF，按下起动按钮 SB2 → KM1 线圈得电吸合并自锁→其主触头闭合电动机实现全压起动并运行。

2）制动控制。在电动机正常运行时，当需要停车时，按下停止按钮 SB1 → SB1 常闭触头断开→ KM1 线圈失电→ KM1 主触头断开→切断电动机定子绕组三相交流电源。SB1 常开触头闭合→ KM2 线圈、KT 线圈同时得电并自锁，其主触头闭合→电动机定子绕组接入单向脉动直流电流进入能耗制动状态。电动机转速迅速下降，当电动机转速接近零时，KT 延时时间到→ KT 延时断开的常闭触头断开→ KM2、KT 相继失电返回，能耗制动结束。

三、任务实施

（一）任务目标

1）掌握三相笼型异步电动机能耗制动控制电路的连接方法，从而进一步理解电路的工作原理和特点。

2）熟悉三相笼型异步电动机能耗制动控制电路的调试和常见故障的排除。

（二）设备与器材

本任务所需设备与器材见表 1-12。

表 1-12　所需设备与器材

序号	名称	符号	型号规格	数量	备注
1	三相笼型异步电动机	M	YS5024，P_N=60W，U_N=380V，I_N=0.39A/0.68A，n_N=1400r/min，f_N=50Hz	1 台	表中所列设备与器材的型号规格仅供参考
2	变压器	TC	BK150-380V，110V	1 台	
3	电位器	RP	50Ω，2A	1 个	
4	二极管	VD	2CZ，5A，500V	4 个	
5	低压断路器	QF	DZ47-60，D10，3P	1 个	
6	交流接触器	KM	CJ20-10（线圈电压 380V）	2 个	
7	按钮盒	SB	LA4-3H（2 个复合按钮）	1 个	
8	熔断器	FU	RL1-15，配 2A 熔体	5 个	
9	热继电器	FR	JR36-20	1 个	
10	时间继电器	KT	JSZ3A/380V，CZF08/380V（底座）	1 个	
11	接线端子		JF5-10A	若干	
12	塑料线槽		35mm × 30mm	若干	
13	电器安装板		500mm × 600mm × 20mm	1 块	
14	导线		BVR1.5mm^2，BVR1mm^2	若干	
15	线号管		与导线线径相符	若干	
16	常用电工工具			1 套	
17	螺钉			若干	
18	万用表		MF47 型	1 块	
19	绝缘电阻表		ZC25-3 型	1 块	

（三）内容与步骤

1）认真阅读三相异步电动机单向运行能耗制动控制电路图，理解电路的工作原理。

2）检查电器元件。检查各电器元件是否完好，查看各电器元件型号、规格，明确使用方法。

3）电路安装。

① 检查图 1-53 上标的线号。

② 根据图 1-53 画出安装接线图，如图 1-56 所示，电器元件、线槽位置摆放要合理。

③ 安装电器元件与线槽。

④ 根据电气安装接线图正确接线，先接主电路，后接控制电路。主电路导线截面积视电动机容量而定，控制电路导线通常采用 1mm^2 截面积的铜线，主电路与控制电路导线需采用不同颜色进行区分。接线时要分清二极管的正负极和二极管的安装接线方式。导线要走线槽，接线端需套线号管，线号要与控制电路图一致。

4）检查电路。电路接线完毕，首先清理板面杂物，进行自查，确认无误后请教师检查，得到允许方可通电试车。

5）通电试车。

① 闭合电源断路器 QF，按下 SB2，使电动机起动并进入正常运行状态。

② 按下停止按钮 SB1，观察电动机制动效果。调节时间继电器的延时，使电动机在停机后能及时切断制动电源。

③ 减小和增大时间继电器的延时时间，观察电路在制动时会出现什么情况；减小和增大变阻器的阻值，同样观察电路在制动时出现的情况。

④ 通电过程中若出现异常情况，应立即切断电源，分析故障现象，并报告教师。检查故障并排除后，经教师允许方可继续进行通电试车。

6）结束任务。任务完成后，首先切断电源，确保在断电情况下进行拆除连接导线和电器元件，清点设备与器材，交教师检查。

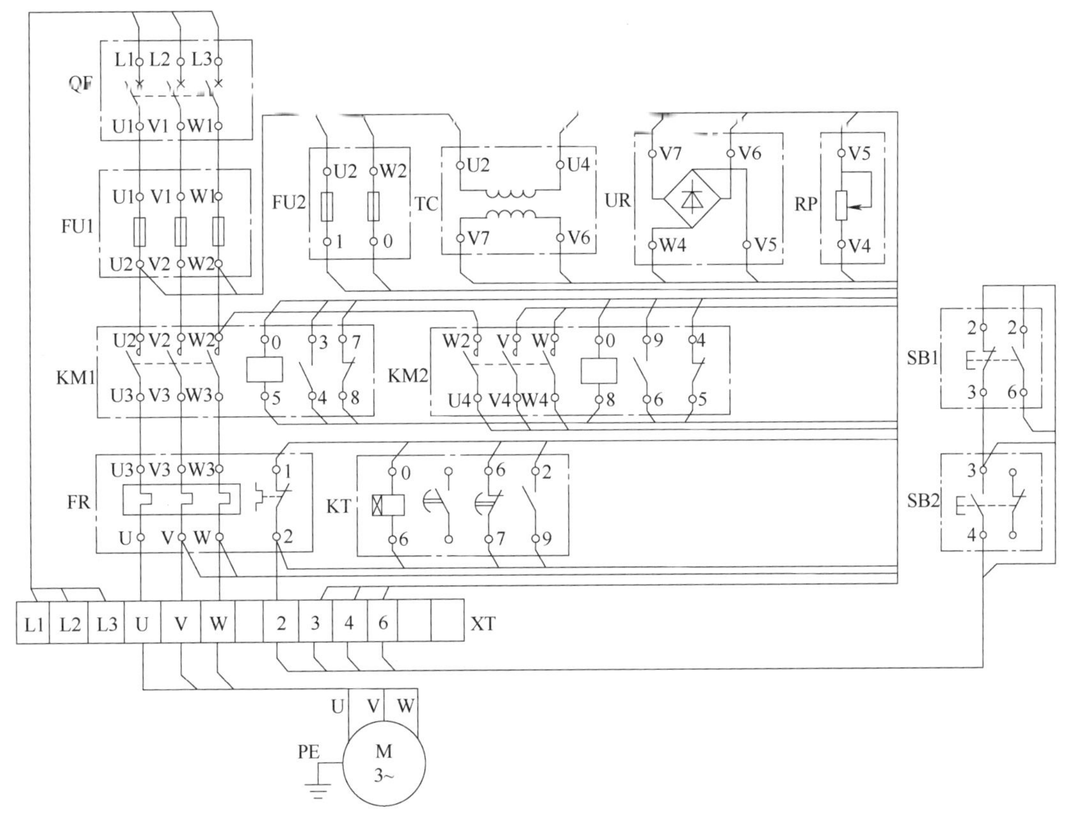

图 1-56　时间原则控制三相异步电动机单向运行能耗制动控制电气安装接线图

（四）分析与思考

1）在图 1-53b 中，KM2 自锁支路采用 KT 瞬动常开触头与 KM2 辅助常开触头串联，其作用是什么？

2）在图 1-53 中，时间继电器延时时间的改变对制动效果有什么影响？为什么？

3）能耗制动与反接制动比较，各有什么特点？

四、任务考核

任务实施考核见表 1-13。

表 1-13　任务实施考核表

序号	考核内容	考核要求	评分标准	配分	得分
1	电气安装	（1）正确使用电工工具和仪表，熟练安装电器元件 （2）电器元件在配电板上布置合理，安装准确、紧固	（1）电器元件布置不整齐、不匀称、不合理，每只扣 4 分 （2）电器元件安装不牢固，安装电器元件时漏装螺钉，每只扣 4 分 （3）损坏电器元件，每只扣 10 分	20 分	

（续）

序号	考核内容	考核要求	评分标准	配分	得分
2	接线工艺	（1）布线美观、紧固 （2）走线应做到横平竖直，直角拐弯 （3）电源、电动机和低压电器接线要接到端子排上，进出的导线要有端子标号	（1）不按电路图接线，扣 20 分 （2）布线不美观，每处扣 4 分 （3）接点松动、接头裸线过长，压绝缘层，每处扣 2 分 （4）损伤导线绝缘或线芯，每根扣 5 分 （5）线号标记不清楚，漏标或误标，每处扣 5 分 （6）布线没有放入线槽，每根扣 1 分	35 分	
3	通电试车	安装、检查后，经教师许可通电试车，一次成功	（1）主电路、控制电路熔体装配错误，各扣 5 分 （2）第一次试车不成功，扣 10 分 （3）第二次试车不成功，扣 15 分 （4）第三次试车不成功，扣 25 分	25 分	
4	安全文明操作	确保人身和设备安全	违反安全文明操作规程，扣 10~20 分	20 分	
合计				100 分	

五、知识拓展——反接制动控制

反接制动是通过改变电动机电源的相序，使定子绕组产生相反方向的旋转磁场，从而产生制动转矩的制动方法。反接制动常用转速为变量进行控制。由于反接制动时，转子与旋转磁场的相对速度接近于同步转速的 2 倍，所以定子绕组中流过的反接制动电流相当于全压直接起动时电流的 2 倍，因此反接制动特点之一是制动迅速、效果好、冲击大，通常仅适用于 10kW 以下的小容量电动机。为了减小冲击电流，通常要求在电动机主电路中串接限流电阻。

1. 三相异步电动机单向反接制动控制

（1）电路的组成　图 1-57 为三相异步电动机单向反接制动控制电路。图 1-57 中 KM1 为单向运行接触器，KM2 为反接制动接触器，KS 为速度继电器，*R* 为反接制动电阻。

（2）电路的工作原理

1）起动控制。闭合电源断路器 QF，按下起动按钮 SB2 → KM1 线圈得电并自锁→其主触头闭合，电动机全压起动。当电动机转速达到 140r/min 时→速度继电器 KS 动作→其常开触头闭合，为反接制动做准备。

2）制动控制。按下停止按钮 SB1 → SB1 常闭触头断开→ KM1 线圈失电返回→ KM1 主触头断开→切断电动机原相序三相交流电源，但电动机仍以惯性高速旋转。当 SB1 按到底时→其常开触头闭合→ KM2 线圈得电并自锁→其主触头闭合→电动机定子绕组串入三相对称电阻接入反相序三相交流电源进行反接制动，电动机转速迅速下降。当电动机转速下降到 100r/min 时→ KS 返回→其常开触头复位→ KM2 线圈失电返回→其主触头断开电动机反相序交流电源，反接制动结束，电动机自然停车。

2. 三相异步电动机可逆运行反接制动控制

（1）电路的组成　图 1-58 为三相异步电动机可逆运行反接制动控制电路。图 1-58 中，KM1、KM2 为电动机正、反向运行接触器，KM3 为短接制动电阻接触器，KA1~KA4 为中间接触器，KS 为速度继电器，其中 KS-1 为速度继电器正向常开触头，KS-2 为速度继电器反向常开触头。电阻 R 起动时起定子串电阻减压起动作用，停车时又作为反接制动电阻。

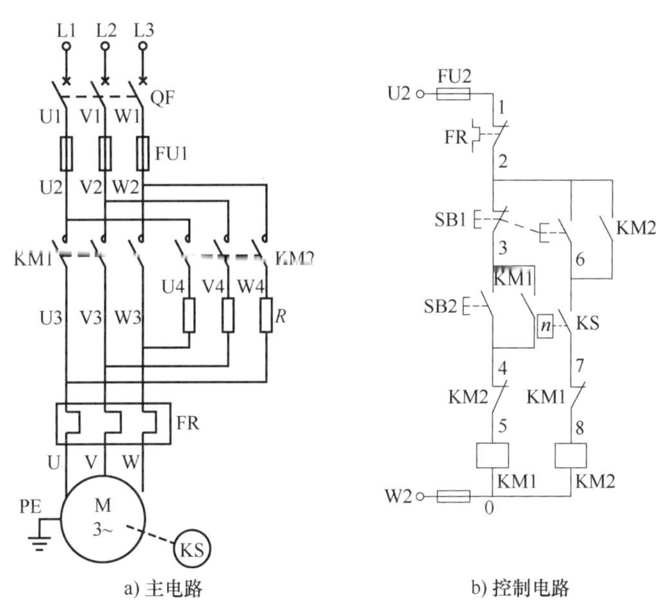

a) 主电路　　b) 控制电路

图 1-57　三相异步电动机单向反接制动控制电路

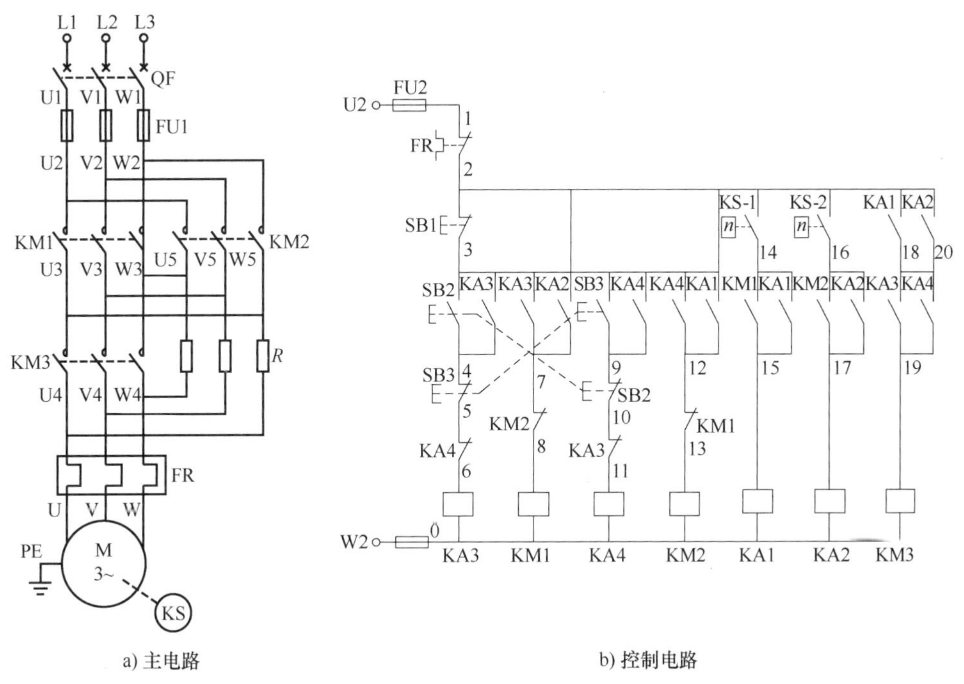

a) 主电路　　b) 控制电路

图 1-58　三相异步电动机可逆运行反接制动控制电路

（2）电路的工作原理

1）起动控制。正向起动：闭合电源断路器 QF，按下正向起动按钮 SB2→正转中间继电器 KA3 线圈得电并自锁→其常闭触头断开，联锁了反转中间继电器 KA4。KA3 常开触头闭合→ KM1 线圈得电→其主触头闭合→电动机定子绕组经电阻 R 接通正序三相交流电源→电动机开始正向减压起动。当电动机转速上升到 140r/min 时→ KS 正转常开触头 KS-1 闭合→中间继电器 KA1 线圈得电并自锁。这时由于 KA1、KA3 的常开触头闭合，KM3 线圈得电→其主触头闭合→短接电阻 R→电动机进入全压运行。

反向起动：按下反向起动按钮 SB3→KA4、KM2 线圈相继得电→电动机实现定子绕组串电阻反向减压起动。当电动机反向转速上升到 140r/min 时→KS 反转常开触头 KS-2 闭合→KA2 线圈得电并自锁→KM3 线圈得电→电动机进入反向全压运行。

2）制动控制。如电动机处于正向运行状态须停车时，可按下 SB1→KA3、KM1、KM3 线圈相继失电返回，此时 KS-1 仍处于闭合状态，KA1 仍处于吸合状态，当 KM1 辅助常闭触头复位后，KM2 线圈得电吸合→电动机定子绕组串 R 加反相序电源实现反接制动，电动机的转速迅速下降，当电动机的转速下降至 100r/min 时，KS-1 复位→KA1 线圈失电→KM2 线圈失电返回，反接制动结束。

反向运行的制动控制与上述类似，请读者自行分析。

六、任务总结

本任务学习了速度继电器的结构、工作原理、常用型号及符号、选用，在此基础上学习了能耗制动控制电路的分析，通过对电路的安装和调试的操作，学会三相异步电动机能耗制动控制电路安装与调试的基本技能，加深对相关理论知识的理解。

本任务还介绍了反接制动控制电路的组成，并对反接制动控制电路的工作过程进行了分析。

任务五 双速异步电动机变极调速控制电路的安装与调试

一、任务导入

生产机械在生产过程中，根据加工工艺的要求往往需要改变电动机的转速。三相异步电动机调速方法有变磁极对数调速（变极调速）、变转差率调速和变频调速三种。变极调速是通过接触器主触头来改变电动机定子绕组的接线方式，以获得不同的磁极对数来达到调速的目的。变极电动机一般有双速、三速、四速之分。

本任务主要讨论变极调速异步电动机定子绕组的接线方式及双速异步电动机变极调速控制电路分析与安装调试的方法。

二、知识链接

（一）变极调速异步电动机定子绕组的接线方式

变极调速异步电动机是通过改变半相绕组的电流方向来改变磁极对数。图 1-59、图 1-60 为常用的两种接线方式，即△-YY和Y-YY。

1. △-YY联结

如图 1-59 所示，双速异步电动机三相绕组为△联结时，U、V、W 端接电源，U″、V″、W″ 端悬空；为YY联结时，U、V、W 端连接在一起，U″、V″、W″ 端接电源。

2. Y-YY联结

如图 1-60 所示，双速异步电动机三相绕组为Y联结时，U、V、W 端接电源，U″、V″、

W″端悬空；为YY联结时，U、V、W 端连接在一起，U″、V″、W″端接电源。

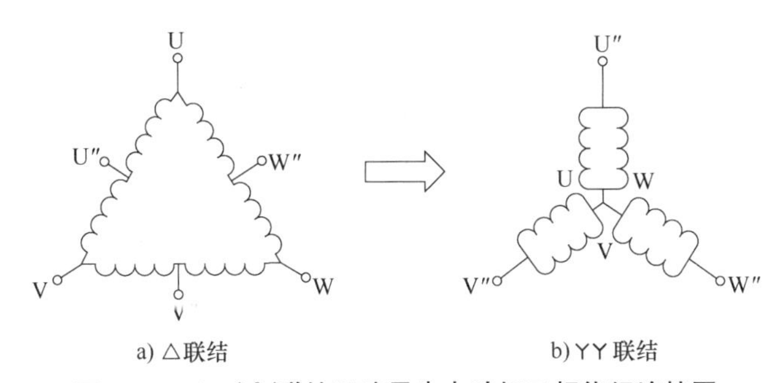

a) △联结　　b) YY联结

图 1-59　△-YY联结双速异步电动机三相绕组连接图

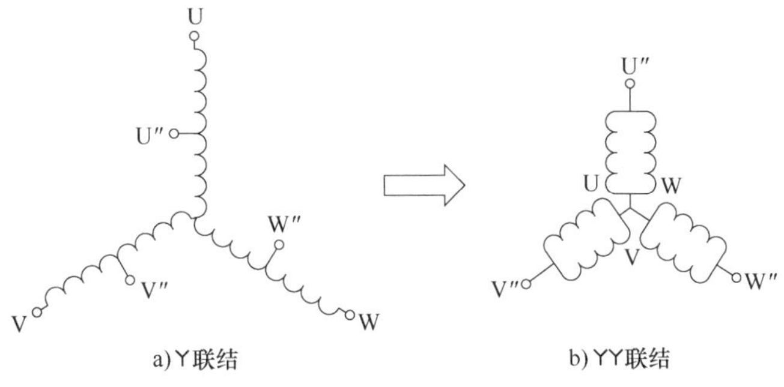

a) Y联结　　b) YY联结

图 1-60　Y-YY联结双速异步电动机三相绕组连接图

（二）双速异步电动机变极调速控制电路分析

（1）电路的组成　双速异步电动机变极调速控制电路如图 1-61 所示。图中 SB2 为低速起动按钮，SB3 为高速起动按钮，KM1 为电动机△联结接触器，KM2、KM3 为电动机YY联结接触器，KT 为电动机低速切换高速控制的时间继电器。

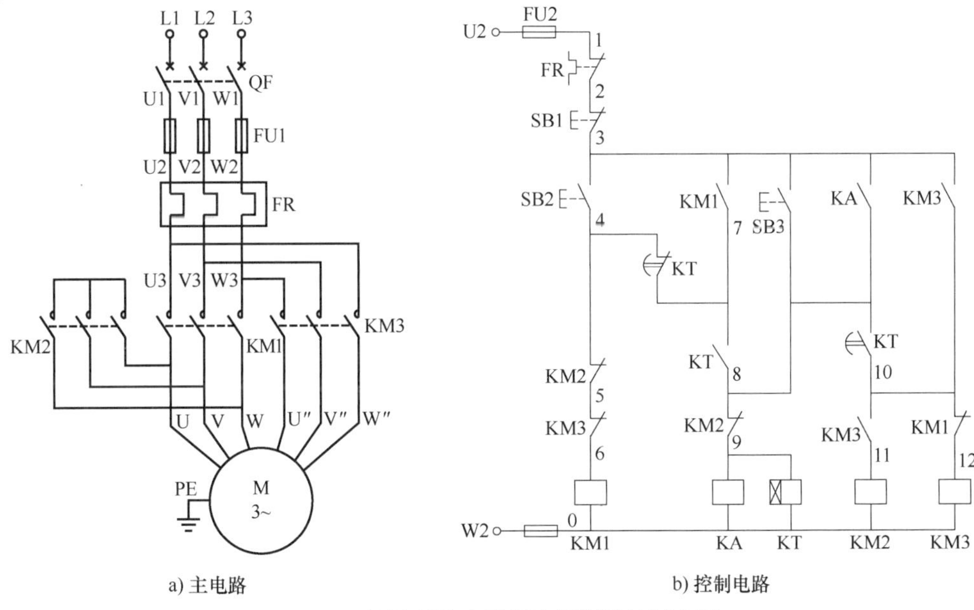

a) 主电路　　b) 控制电路

图 1-61　双速异步电动机变极调速控制电路

（2）电路的工作原理　闭合电源断路器 QF，电动机低速起动时，按下 SB2→KM1 线圈得电→其主触头闭合→电动机定子绕组接成△联结低速起动并运行。如果高速起动，则按下 SB3→中间继电器 KA 和通电延时型时间继电器 KT 线圈同时得电并自锁，此时 KT 瞬动触头闭合→KM1 线圈得电→其联锁触头断开，主触头闭合→电动机定子绕组接成△联结低速起动；当 KT 延时时间到→其延时断开的常闭触头断开，延时闭合的常开触头闭合→KM1 线圈失电→其主触头断开→电动机定子绕组短时断电→KM1 联锁触头闭合→KM3、KM2 线圈相继得电→其联锁触头断开后，主触头闭合→电动机定子绕组接成YY联结并接入三相电源高速运行，即电动机实现低速起动高速运行。

注意：△-YY联结的双速异步电动机，起动时只能在△联结下低速起动，而不能在YY联结下高速起动。另外为保证电动机运行方向不变，转化成YY联结时应使电源调相，否则电动机将反转。图 1-61 中电动机引出线时已做调整。

三、任务实施

（一）任务目标

1）熟悉双速异步电动机的触头位置，学会双速异步电动机的接线方法。

2）掌握双速异步电动机变极调速控制电路的连接，从而进一步理解电路的工作原理和特点。

3）了解双速异步电动机变极调速控制电路的调试方法和常见故障的排除。

（二）设备与器材

本任务所需设备与器材见表 1-14。

表 1-14　所需设备与器材

序号	名称	符号	型号规格	数量	备注
1	双速三相笼型异步电动机	M	YS502/4，P_N=40W/25W，U_N=380V，I_N=0.25A/0.2A，n_N=2800r/min/1400r/min，f_N=50Hz	1 台	表中所列设备与器材的型号规格仅供参考
2	低压断路器	QF	DZ47-60，D10，3P	1 个	
3	交流接触器	KM	CJ20-10（线圈电压 380V）	3 个	
4	按钮盒	SB	LA4-3H（2 个复合按钮）	1 个	
5	熔断器	FU	RL1-15，配 2A 熔体	5 个	
6	热继电器	FR	JR36	1 个	
7	中间继电器	KA	JZ14-44J	1 个	
8	时间继电器	KT	JSZ3C/380V，CZF08/380V（底座）	1 个	
9	接线端子		JF5-10A	若干	
10	塑料线槽		35mm × 30mm	若干	
11	电器安装板		500mm × 600mm × 20mm	1 块	
12	导线		BVR1.5mm^2，BVR1mm^2	若干	
13	线号管		与导线线径相符	若干	
14	万用表		MF47 型	1 块	
15	绝缘电阻表		ZC25-3 型	1 块	
16	常用电工工具			1 套	
17	螺钉			若干	

（三）内容与步骤

1）认真阅读双速异步电动机变极调速控制电路图，理解电路的工作原理。

2）检查电器元件。检查各电器元件是否完好，查看各电器元件型号、规格，明确使用方法。特别要明确双速异步电动机的△联结与YY联结。

3）电路安装。

① 检查图 1-61 上标的线号。

② 根据图 1-61 画出电气安装接线图，如图 1-62 所示，电器、线槽位置摆放要合理。

③ 安装电器与线槽。

④ 根据安装接线图正确接线，先接主电路，后接控制电路。主电路导线截面积视电动机容量而定，控制电路导线截面积通常采用 $1mm^2$ 的铜线，主电路与控制电路导线需采用不同颜色进行区分。接线时要分清时间继电器的瞬动触头和延时触头。导线要走线槽，接线端需套号码管，线号要与控制电路图一致。

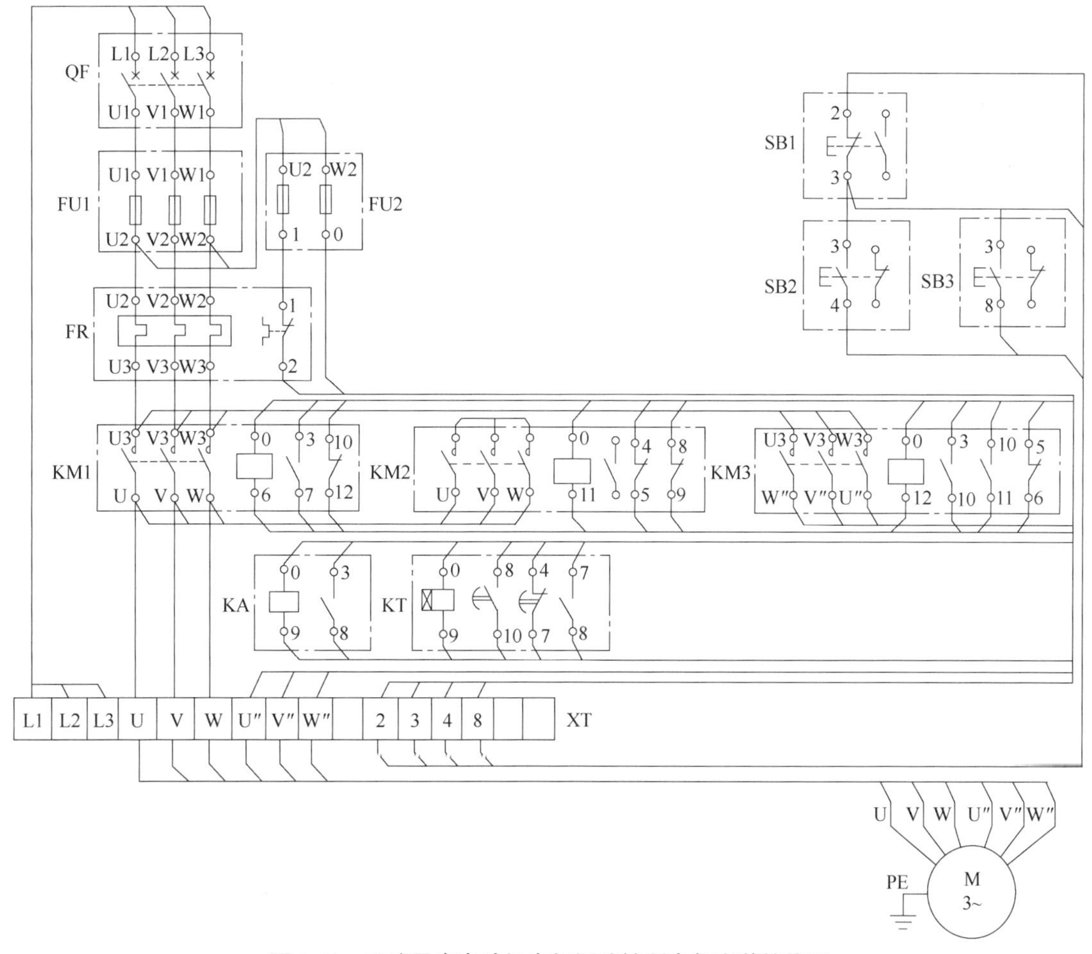

图 1-62　双速异步电动机变极调速控制电气安装接线图

注意：接线时需注意电动机 6 个接线端（U、V、W 及 U″、V″、W″）的正确连接。

4）检查电路。电路接线完毕，首先清理板面杂物，进行自查，确认无误后请教师检查，得到允许方可通电试车。

5）通电试车。闭合电源断路器 QF。

① 按下低速起动按钮 SB2，电动机 M 作△联结，开始低速起动并运行。

② 按下高速起动按钮 SB3，则电动机 M 首先作△联结低速起动，当 KT 延时时间到，则切换为YY联结高速运行。

③ 按下停止按钮 SB1，电动机 M 定子绕组断电并减速停车。

④ 通电过程中若出现异常情况，应立即切断电源，分析故障现象，并报告教师。检查故障并排除后，经教师允许方可继续进行通电试车。

6）结束任务。任务完成后，首先切断电源，确保在断电情况下进行拆除连接导线和电器元件，清点设备与器材交教师检查。

（四）分析与思考

1）在图 1-61 中，KA、KT 的作用是什么？

2）在任务实施中，如果将双速异步电动机的接线端 U″ 和 V″ 接反，结果会怎么样？为什么？

四、任务考核

任务实施考核见表 1-15。

表 1-15 任务实施考核表

序号	考核内容	考核要求	评分标准	配分	得分
1	电气安装	（1）正确使用电工工具和仪表，熟练安装电器元件 （2）电器元件在配电板上布置合理，安装准确、紧固	（1）电器元件布置不整齐、不匀称、不合理，每只扣 4 分 （2）电器元件安装不牢固，安装电器元件时漏装螺钉，每只扣 4 分 （3）损坏电器元件，每只扣 10 分	20 分	
2	接线工艺	（1）布线美观、紧固 （2）走线应做到横平竖直，直角拐弯 （3）电源、电动机和低压电器接线要接到端子排上，进出的导线要有端子标号	（1）不按电路图接线，扣 20 分 （2）布线不美观，每处扣 4 分 （3）接点松动、接头裸线过长，压绝缘层，每处扣 2 分 （4）损伤导线绝缘或线芯，每根扣 5 分 （5）线号标记不清楚，漏标或误标，每处扣 5 分 （6）布线没有放入线槽，每根扣 1 分	35 分	
3	通电试车	安装、检查后，经教师许可通电试车，一次成功	（1）主电路、控制电路熔体装配错误，各扣 5 分 （2）第一次试车不成功，扣 10 分 （3）第二次试车不成功，扣 15 分 （4）第三次试车不成功，扣 25 分	25 分	
4	安全文明操作	确保人身和设备安全	违反安全文明操作规程，扣 10~20 分	20 分	
合计				100 分	

五、知识拓展——三相异步电动机变频调速控制

（一）变频调速

交流电动机变频调速是近 50 年来发展起来的新技术，随着电力电子技术和微电子技术的迅速发展，交流调速系统已实用化、系统化，采用变频器的变频装置已获得广泛应用。

由三相异步电动机转速公式 $n=(1-s)60f_1/p$ 可知，只要连续改变电动机交流电源的频率 f_1，就可实现连续调速。交流电源的额定频率 f_{1N}=50Hz，所以变频调速有额定频率以下调速和额定频率以上调速两种。

1. 额定频率以下调速

当电源频率 f_1 在额定频率以下调速时，电动机转速下降，但在调节电源频率的同时，必须同时调节电动机的定子电压 U_1，且始终保持 U_1/f_1= 常数，否则电动机无法正常工作。这是因为三相异步电动机定子绕组相电压 $U_1 \approx E_1 = 4.44 f_1 N_1 K_1 \Phi_m$，当 f_1 下降时，若 U_1 不变，则必使电动机每极磁通 Φ_m 增加，在电动机设计时，Φ_m 位于磁路磁化曲线的膝部，Φ_m 的增加将进入磁化曲线饱和段，使磁路饱和，电动机空载电流剧增，使电动机负载能力变小而无法正常工作。所以，在频率下调的同时应使电动机定子相电压随之下降，并使 $U_1/f_1 = U_{1N}/f_{1N}$= 常数。可见，由于 Φ_m 不变，调速过程中电磁转矩 $T = C_1 \Phi_m I_{2S} \cos\varphi_2$ 不变，电动机额定频率以下调速属于恒磁通调速。

2. 额定频率以上调速

当电源频率 f_1 在额定频率以上调速时，电动机的定子相电压是不允许在额定相电压以上调节的，否则会危及电动机的绝缘。所以，电源频率上调时，只能维持电动机定子额定相电压 U_{1N} 不变。于是，随着 f_1 升高，Φ_m 下降但 n 上升，故额定频率以上的调速属于恒功率调速。

（二）变频器控制电动机正反转的实现

1. 西门子 G120C 变频器的安装和接线

拆下变频器操作面板，打开正面门盖，可以看到变频器的控制接口，如图 1-63 所示。与图 1-63 对应的 G120C USS/MB 型变频器各部分的说明见表 1-16。

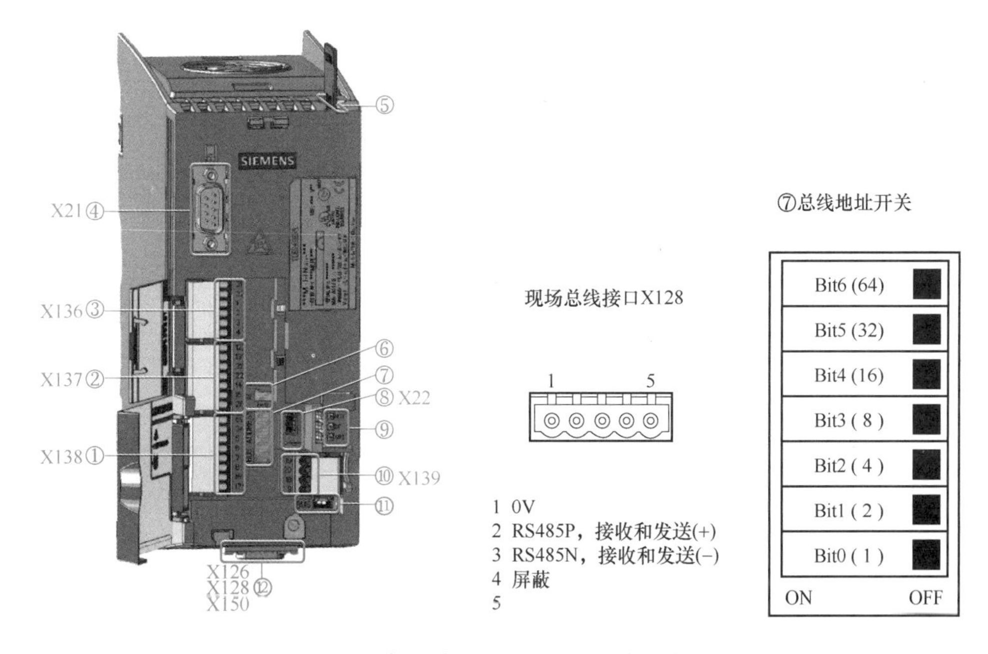

图 1-63　变频器 G120C USS/MB 控制接口

表 1-16　G120C USS/MB 型变频器各部分说明

序号	说明	序号	说明
①	端子排 X138	⑦	总线地址开关
②	端子排 X137	⑧	USB 接口 X22，可用于连接 PC
③	端子排 X136	⑨	状态 LED
④	操作面板接口 X21	⑩	端子排 X139
⑤	存储卡插槽	⑪	总线终端开关
⑥	AI0 的开关（1：电流输入；0：电压输入）	⑫	现场总线接口 X128（位于变频器底部）

（1）主回路接口及接线　在变频器的底部布有电源、电动机和制动电阻的接口，如图 1-64 所示。其中，L1、L2、L3、PE 接三相电源，U、V、W、PE 接三相异步电动机，R1、R2 接制动电阻。

图 1-64　**G120C 变频器主电路接线参考**

（2）控制回路接口及接线　X136~X139 各数字量端子接线时，可以使用变频器内部电源，也可以使用外部电源；可以接源型触头，也可以接漏型触头。使用变频器内部 24V 电源，接源型触头的布线如图 1-65 所示，端子排各引脚说明见表 1-17。

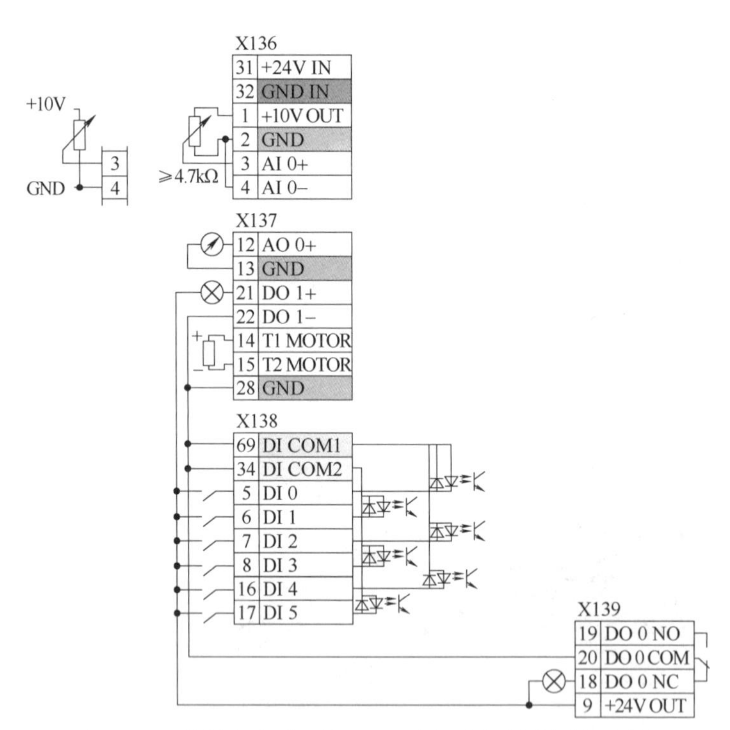

图 1-65　**使用变频器内部 24V 电源、接源型触头的布线**

表 1-17　端子排各引脚说明

端子排	引脚号	引脚名称	接线说明
X136	31	+24V IN	可选的 24V 电源输入连接
	32	GND IN	
	1	+10V OUT	10V 输出，相对于 GND，最大输出电流为 10mA
	2	GND	总参考电位（基于端子 1、9、12）
	3	AI 0+	模拟量输入 0（−10~10V，0~20mA，4~20mA，−20~20mA）
	4	AI 0−	模拟量输入 0 的参考电位

（续）

端子排	引脚号	引脚名称	接线说明
X137	12	AO 0+	模拟量输出 0（0~10V，0~20mA）
	13	GND	总参考电位（基于端子 1、9、12）
	21	DO 1+	数字量输出 1，最大为 0.5A，DC 30V
	22	DO 1−	
	14	T1 MOTOR	温度传感器（PTC、KTY84、Pt1000、双金属片）
	15	T2 MOTOR	
	28	GND	总参考电位（基于端子 1、9、12）
X138	69	DI COM1	数字量输入 0、2 和 4 的参考电位（基于端子 5、7、16）
	34	DI COM2	数字量输入 1、3 和 5 的参考电位（基于端子 6、8、17）
	5	DI 0	数字量输入 0
	6	DI 1	数字量输入 1
	7	DI 2	数字量输入 2
	8	DI 3	数字量输入 3
	16	DI 4	数字量输入 4
	17	DI 5	数字量输入 5
X139	19	DO 0 NO	数字量输出 0，最大输出电流为 0.5A，输出电压为 DC 30V
	20	DO 0 COM	
	18	DO 0 NC	
	9	+24V OUT	24V 输出，最大输出电流为 100mA

2. BOP-2 操作面板

BOP-2 操作面板（简称 BOP-2）通过一个 RS232 接口连接到变频器，能自动识别 SINAMICS G120C 变频器，如图 1-66 所示。

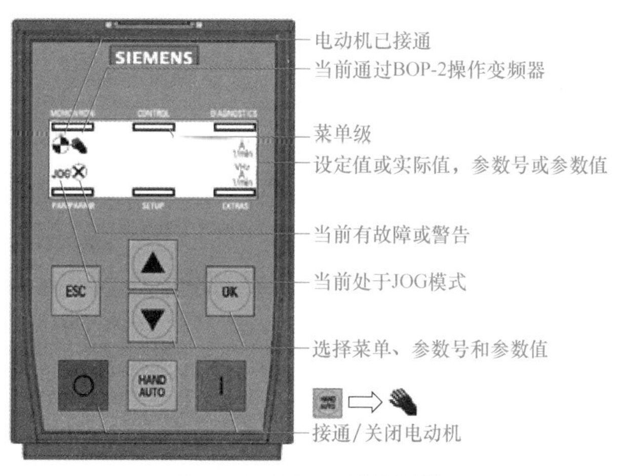

图 1-66　**BOP-2 操作面板**

（1）BOP-2 按键功能　BOP-2 按键的具体功能见表 1-18。

表 1-18 BOP-2 按键功能

按键	名称	功能
OK	OK 键	浏览菜单时，按 OK 键确定一个菜单项 进行参数操作时，按 OK 键允许修改参数，再次按 OK 键，确定输入的值并返回上一页，在故障屏幕清除故障
▲	向上键	当浏览菜单时，按该键将光标移至向上选择当前菜单下的显示列表 当编辑参数值时，按该键增大数值 如果激活 HAND 模式和点动功能，同时长按向上键和向下键有以下作用：当反向功能开启时，关闭反向功能；当反向功能关闭时，开启反向功能
▼	向下键	当浏览菜单时，按该键将光标移至向下选择当前菜单下的显示列表 当编辑参数值时，按该键减小数值
ESC	ESC 键	如果按下时间不超过 2s，则返回上一页。如果正在编辑数值，新数值不会被保存 如果按下时间不超过 3s，则返回状态屏幕 在参数编辑模式下使用 ESC 键时，除非先按 OK 键，否则数据不能被保存
I	开机键	在 AUTO（自动）模式下，开机键未被激活，即使按下它也会被忽略 在 HAND（手动）模式下，变频器起动电动机，操作面板屏幕显示驱动运行图标
O	关机键	在 AUTO 模式下，关机键不起作用，即使按下它也会被忽略 如果按下时间超过 2s，变频器将执行 OFF2 命令，电动机将停机 如果按下时间不超过 3s，变频器将执行以下操作：两次按关机键不超过 2s，将执行 OFF2 命令；在 HAND 模式下，变频器将执行 OFF1 命令，电动机将在参数 p1121 中设置的减速时间内停机
HAND AUTO	HAND/AUTO 键	切换 BOP-2（HAND）和现场总线（AUTO）之间的命令源：在 HAND 模式下，按 HAND/AUTO 键将变频器切换到 AUTO 模式，并禁用开机键和关机键；在 AUTO 模式下，按 HAND/AUTO 键将变频器切换到 HAND 模式，并禁用开机键和关机键 在电动机运行时也可切换 HAND 模式和 AUTO 模式

（2）BOP-2 面板图标　BOP-2 在显示屏的左侧显示很多表示变频器当前状态的图标，这些图标的说明见表 1-19。

表 1-19 BOP-2 的面板图标说明

图标	功能	状态	描述
	命令源	手动模式	当 HAND 模式启用时，显示该图标；当 AUTO 模式启用时，无图标显示
	变频器状态	运行状态	表示变频器和电动机处于运行状态
JOG	点动	点动功能激活	变频器和电动机处于点动模式
⊗	故障 / 报警	故障或报警等待 闪烁的符号 = 故障 稳定的符号 = 报警	如果检测到故障，变频器将停止，用户必须采取必要的纠正措施，以清除故障。报警是一种状态（例如过热），并不会停止变频器运行

（3）BOP-2 菜单结构　BOP-2 是一个菜单驱动设备，菜单结构如图 1-67 所示，具体功能描述见表 1-20。

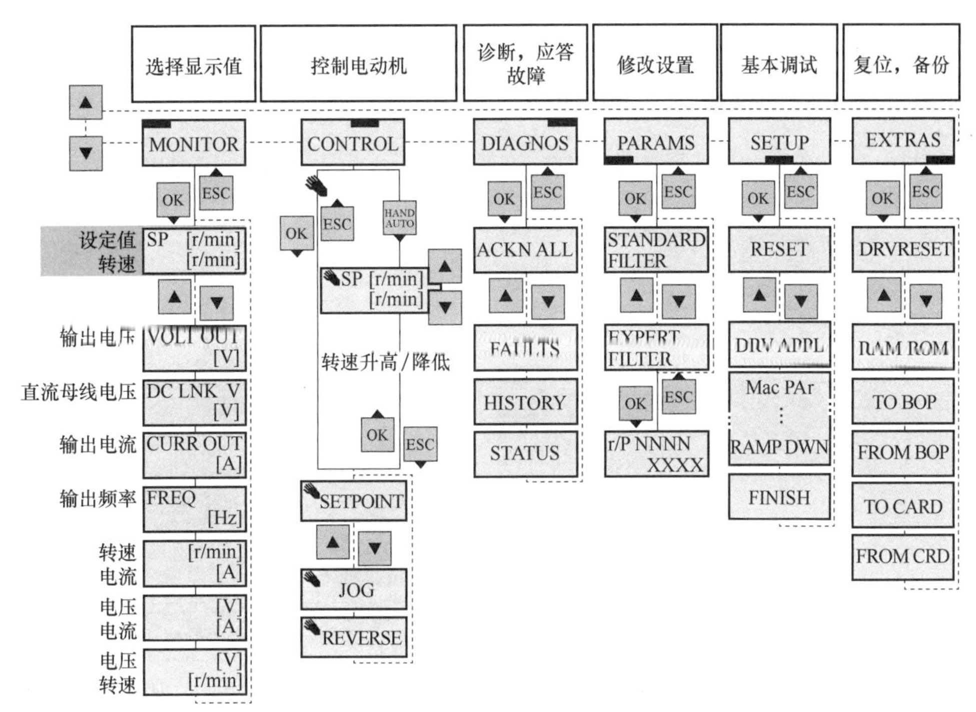

图 1-67　**BOP-2 的菜单结构**

表 1-20　BOP-2 菜单功能描述

菜单	功能描述
MONITOR	显示变频器 / 电动机系统的实际状态，如运行速度、电压和电流值等
CONTROL	使用 BOP-2 面板控制变频器，可以激活设定值、点动和反向模式
DIAGNOS	故障报警和控制字、状态字的显示
PARAMS	查看并修改参数
SETUP	调试向导，可以对变频器执行快速调试
EXTRAS	执行附加功能，如设备的工厂复位和数据备份

（4）BOP-2 常用操作

1）参数过滤。参数菜单 PARAMS 允许用户查看和更改变频器参数。用于设置读写参数的权限的参数为 P0003，3 为专家级，4 为维修级。此外，BOP-2 参数菜单中，也有两个过滤器可用于协助选择和搜索所有变频器参数，它们分别是标准过滤器和专家过滤器。

① 标准过滤器（Standard Filter）：可以访问安装 BOP-2 的特定类型控制单元最常用的参数。

② 专家过滤器（Expert Filter）：可以访问所有变频器参数。

2）参数的编辑和修改。G120C 变频器的参数中，前置“r”表示该参数是显示参数（只读）；前置“p”表示该参数是可调参数（可读写）。例如，p0918 表示可调参数 918；r0944 表示显示参数 944。而 p1070［1］则表示可调参数 1070，下标为 1；p2051［0，⋯，13］表示可调参数 2051，下标是 0~13。

在参数菜单 PARAMS 中，编辑和修改可调参数有两种方法：滚动编辑（方法 1）和单位数编辑（方法 2），具体如图 1-68 所示。滚动编辑：当某参数号或参数值闪烁时，通过

按 ▲ 和 ▼ 键滚动显示找到所需的参数号或参数值，修改编辑完成后，按 OK 键确定退出。单位数编辑：当某参数号或参数值闪烁时，长按 OK 键（大于 2s），对参数号或参数值的每一位通过按 ▲ 和 ▼ 键进行参数修改，修改完成后，按 OK 键确定退出。

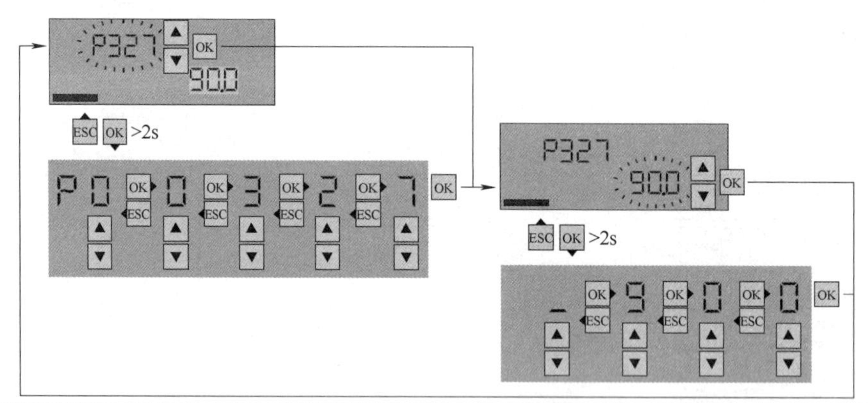

选择参数号		修改参数值	
当显示屏上的参数号闪烁时，有两种方法可以修改参数号		当显示屏上的参数值闪烁时，有两种方法可以修改参数值	
方法 1	方法 2	方法 1	方法 2
按 ▲ 键或 ▼ 键增加或减小参数号，直到出现所需参数号	按 OK 键，保持 2s，然后依次输入参数号	按 ▲ 键或 ▼ 键增加或减小参数值，直到出现所需参数值	按 OK 键，保持 2s，然后依次输入参数值
按 OK 键，传送参数号		按 OK 键，传送参数值	

图 1-68　参数选择和修改

3. 用 BOP-2 对 G120C 变频器进行基本调试

（1）恢复出厂设置　初次使用 G120C 变频器、在调试过程中出现异常或使用过的变频器需要重新调试时，都需要将变频器恢复为出厂设置。通过 BOP-2 恢复出厂设置有两种方法：一种是通过“EXTRAS”菜单项的“DRVRESET”实现；另一种是通过基本调试“SETUP”菜单项中集成的“RESET”实现。

此外，也可以通过设置参数 p0010 和 p0970 实现变频器全部参数的复位。操作步骤：①设定 p0010=30；②设定 p0970=1。

p0010：驱动调试参数筛选。p0010 常用设定值为：0（就绪）、1（快速调试）、2（功率单元调试）、3（电动机调试）、30（参数复位），出厂默认设置值为 1。

p0970：驱动变频器参数复位。p0970 常用设定值为：0（当前无效）、1（启动参数复位）、3（从 RAM 载入易失保存的参数）、5（启动安全参数的复位），出厂默认设置值为 0。

（2）快速调试　切换顶层菜单至“SETUP”，按 OK 键进入，执行完复位出厂设置后，启动快速调试。快速调试按固定顺序进行，从而允许用户执行变频器的标准调试、基本调试。标准调试过程中要求输入与变频器相连的电动机具体数据，可从电动机的铭牌上获取。具体操作按图 1-69 所示的步骤依次进行即可。

（3）预设置接口宏　G120C 变频器为满足不同的接口定义，提供了 17 种预设置接口宏：预设置1、2、3、4、5、7、8、9、12、13、14、15、17、18、19、20、21。利用预设置接口宏可以方便地设置变频器命令源和设定值源。可以通过参数p0015修改宏，但只有在p0010=1时才能修改。所以，修改p0015步骤：①设置p0010=1；②修改参数p0015；③设置p0010=0。

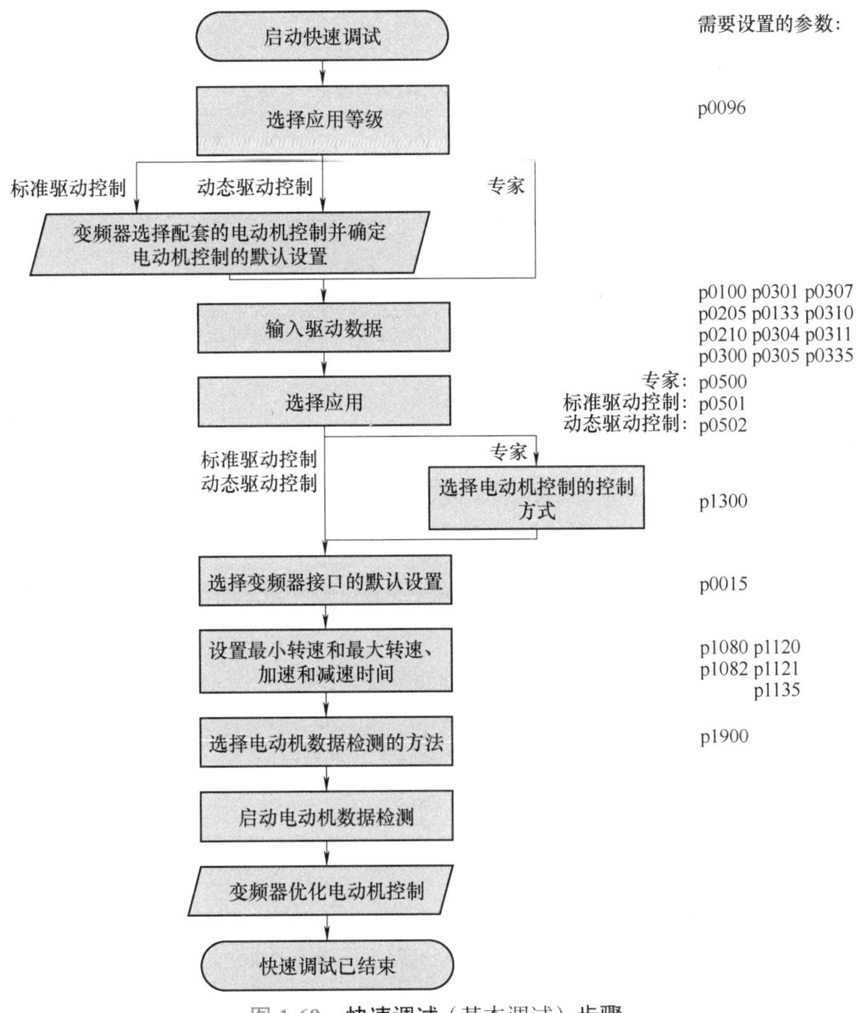

图1-69　**快速调试（基本调试）步骤**

在选用宏功能时需注意：如果其中一种宏定义的接口方式完全符合现场应用，那么按照该宏的接线方式设计原理图，并在调试时选择相应宏的功能，即可方便地实现控制要求。如果所有宏定义的接口方式都不完全符合现场应用，那么需要选择与实际布线比较接近的接口宏，然后根据需要调试输入/输出的配置。

（4）二段速调试　按图1-70所示接线，将变频器接通电源后，切换到设置菜单“SETUP”，按 OK 键，显示“RESET”，按下“YES”按钮后，显示“DRV APPL p96”，然后依次按表1-21设置参数，当设置完最后一个参数p1900时，出现“FINISH”，按 OK 键，然后按 ▼ 键，按“YES”按钮后，再次按 OK 键退出。

然后返回顶层菜单“PARAMS”设置：p1003=1200（固定转速3）；p1004=1300（固定转速4）。

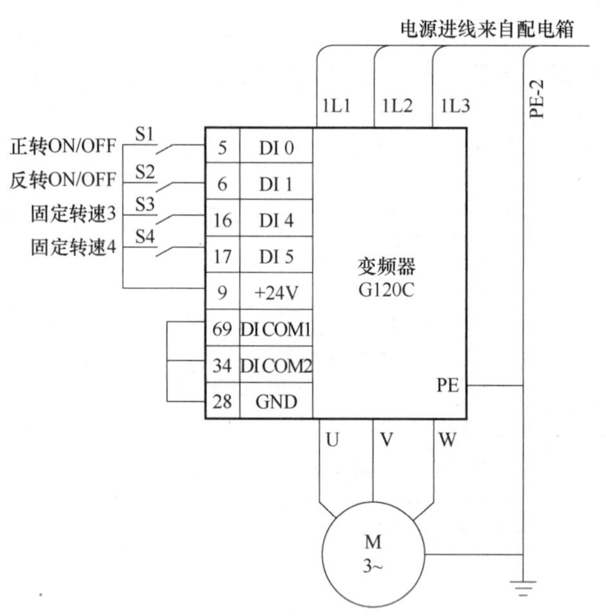

图 1-70 变频器两个固定转速正、反转的接线

闭合开关 S1，选择固定转速 3（闭合开关 S3）或固定转速 4（闭合开关 S4），变频器驱动三相异步电动机以 1200r/min 或 1300r/min 的转速正向运行；若要实现电动机反向调速运行，只需断开 S1、闭合 S2 即可实现。

需要注意的是：S1、S2 不能同时闭合。

表 1-21 基本调试参数设置

序号	参数	默认值	设置值	说明
1	p96	0	1	选择应用等级——标准驱动控制 SDC（变频器选择配套的电动机控制）
2	p100	0	0	电动机标准（选择 IEC 电动机，50Hz，英制单位）
3	p210	400	380	变频器输入电压，单位为 V
4	p300	1	1	选择电动机类型（异步电动机）
5	87Hz？	no	no	电动机 87Hz 运行。只有选择了 IEC 作为电动机标准，BOP-2 才会显示该步骤
6	p304	400	380	电动机额定电压，单位为 V
7	p305	1.70	0.18	电动机额定电流，单位为 A
8	p307	0.55	0.03	电动机额定功率，单位为 kW
9	p310	50	50	电动机额定频率，单位为 Hz
10	p311	1395	1300	电动机额定转速，单位为 r/min
11	p335	0	0	SELF 自冷方式
12	p501	0	0	工艺应用：恒定负载
13	p15	7	1	宏程序选择
14	p1080	0	0	最小转速，单位为 r/min

（续）

序号	参数	默认值	设置值	说明
15	p1082	1500	1500	最大转速，单位为 r/min
16	p1120	10	1.0	加速时间，单位为 s
17	p1121	10	1.0	减速时间，单位为 s
18	p1135	0	0	符合 OFF3 指令的斜降时间
19	p1900	0	0	OFF 无电动机数据监测

六、任务总结

本任务学习了变极调速异步电动机定子绕组接线方式的知识，在此基础上学习了双速异步电动机变极调速控制电路的分析。通过对电路的安装和调试的操作，学会双速异步电动机变极调速控制电路安装与调试的基本技能，加深对相关理论知识的理解。

本任务还简单介绍了变频调速的有关知识及变频器控制的三相异步电动机正、反转调速。

梳理与总结

本项目以三相异步电动机单向连续运行控制电路的安装与调试、工作台自动往返控制电路的安装与调试、三相异步电动机Y - △减压起动控制电路的安装与调试、三相异步电动机能耗制动控制电路的安装与调试、双速异步电动机变极调速控制电路的安装与调试五个任务为载体，以达成电动机基本控制电路的安装与调试基本技能为目标，介绍了按钮、行程开关、低压断路器、交流接触器、热继电器、时间继电器等低压电器的结构、符号、工作原理和主要技术参数，电气系统图及电气符号的有关知识，电气控制电路安装的方法和步骤，重点讲述了电气控制的基本规律和三相异步电动机的起动、制动、调速等控制电路，这是电气控制的基础，应熟练掌握。

（1）认识符号　电气原理图由图形符号和文字符号组成，认识图形符号和文字符号是分析电气原理图和正确进行安装接线的基础。

（2）电气控制的基本规律　点动与连续运行控制、可逆运行控制、多地联锁控制、自动往返控制。

（3）电气控制系统中的保护环节　在控制电路中常用的联锁保护有电气联锁和机械联锁，常用的联锁环节有多地联锁、顺序联锁等。

电动机常用的保护环节有短路保护、过电流保护、过载保护、失电压和欠电压保护及其他保护等。

（4）三相笼型异步电动机的起动控制　三相笼型异步电动机起动方法：直接起动、定子绕组串电阻减压起动、Y - △减压起动等。

（5）三相笼型异步电动机的制动控制　三相笼型异步电动机的制动方法：能耗制动、反接制动等。

电力拖动控制系统中常用的制动控制原则：时间原则、速度原则、电流原则等。

（6）三相笼型异步电动机的调速控制　三相异步电动机调速的方法：变极调速、变转差率调速和变频调速三种。

复习与提高

一、填空题

1. 刀开关在安装时，手柄要________，不得________，避免由于重力自动下落，引起误动合闸，接线时应将________接在刀开关上端（即静触头），________接在刀开关下端（即动触头）。

2. 螺旋式熔断器在装接使用时，________应当接在下接线端，________接到上接线端。

3. 断路器又称________，其热脱扣器作________保护用，电磁脱扣机构作________保护用，欠电压脱扣器作________保护用。

4. 交流接触器由________、________、________及其他部件 4 部分组成。

5. 交流接触器可用于频繁通断________电路，又具有________保护作用。其触头分为主触头和辅助触头，主触头用于控制大电流的________，辅助触头用于控制小电流的________。

6. 热继电器是利用电流的________效应而动作的，它的发热元件应________于电动机电源回路中。

7. 三相异步电动机的控制电路一般由________、________、________组成。

8. 利用接触器自身的辅助触头保持其线圈通电的电路称为________电路，起到这种作用的辅助常开触头称为________。

9. 多地控制是利用多组________、________来进行控制的，就是把各起动按钮的常开触头________连接，各停止按钮的常闭触头________连接。

10. 三相异步电动机常用的减压起动有________、________、________、________。

11. 三相异步电动机Y-△减压起动是指电动机起动时，将定子绕组接成________，以降低起动电压，限制起动电流，待电动机转速上升至接近________时，再将定子绕组接成________，电动机进入全压下的正常运行状态。

12. 反接制动是靠改变定子绕组中三相电源的相序，产生一个与________方向相反的电磁转矩，使电动机迅速停下来，制动到接近________时，再将反序电源切除。

13. 三相异步电动机调速的方法有________、________、________三种。

14. 西门子 G120C 变频器数字量输入端子中控制变频器正转、反转运行的端子是________和________端子。

15. 西门子 G120C 变频器为满足不同的接口定义，提供了________种预设置接口宏。利用预设置接口宏可以方便地设置________和________。可以通过变频器参数________修改宏，但只有在 p0010________时才能修改。

二、判断题

1. 两个接触器的电压线圈可以串联在一起使用。(　　)

2. 热继电器可以用作线路中的短路保护。(　　)

3. 一只额定电压为 220V 的交流接触器在交流 220V 和直流 220V 的电源上均可使用。(　　)

4. 交流接触器铁心端面嵌有短路铜环的目的是保证动、静铁心吸合严密，不发生振动与噪声。(　　)

5. 低压断路器又称为空气开关。(　　)

6. 一个额定电流等级的熔断器只能配一个额定电流等级的熔体。(　　)

7. 一定规格的热继电器，其所装的热元件规格可能是不同的。(　　)

8. 常用的低压断路器有塑壳式和框架式两种。(　　)

9. 行程开关、限位开关、终端开关是同一开关。(　　)

10. 万能转换开关本身带有各种保护。(　　)

11. 三相异步电动机的电气控制电路，如果使用热继电器作为过载保护，就不必再装熔断器作短路保护。(　　)

12. 在反接制动控制电路中，必须采用以时间为变化参数进行控制。(　　)

13. 失电压保护的目的是防止电压恢复使电动机自起动。(　　)

14. 接触器不具有欠电压保护的功能。(　　)

15. 现有四只按钮，欲使它们都能控制交流接触器 KM 通电，则它们的常开触头应串联到 KM 的线圈电路中。(　　)

16. 点动是指按下起动按钮，三相异步电动机起动运行，松开按钮时，电动机停止运行。(　　)

17. 利用交流接触器自身的辅助常开触头，可实现三相异步电动机正、反转控制的联锁控制。(　　)

18. 电动机采用制动措施的目的是为了停车平稳。(　　)

19. 自耦变压器减压起动的方法适用于频繁起动的场合。(　　)

20. 能耗制动是指三相异步电动机电源改变定子绕组上三相电源的相序，使定子产生反向旋转磁场作用于转子而产生制动力矩。(　　)

21. 三相异步电动机正反转控制电路采用电气联锁最可靠。(　　)

22. 行程开关是一种将电信号转换为机械信号，以控制运动部件的位置和行程的手动电器。(　　)

23. 为了使三相异步电动机能采用Y-△减压起动，电动机在正常运行时，必须是三角形联结。(　　)

24. 反接制动由于制动时对电动机产生的冲击较大，因此应串入限流电阻，而且仅限于小功率的异步电动机。(　　)

25. 电动机常用的制动方法有机械制动和电气制动两种。(　　)

三、选择题

1. 在低压电器中，用于短路保护的电器是(　　)。

A. 过电流继电器　　B. 熔断器　　C. 热继电器　　D. 时间继电器

2. 在电气控制电路中，若对电动机进行过载保护，则选用的低压电器是(　　)。

A. 过电压继电器　　B. 熔断器　　C. 热继电器　　D. 时间继电器

3. 下列不属于主令电器的是(　　)。

A. 按钮　　B. 行程开关　　C. 主令控制器　　D. 刀开关

4. 用于频繁地接通和分断交流主电路和大容量控制电路的低压电器是(　　)。

A. 按钮　　B. 交流接触器

C. 主令控制器　　D. 断路器

5. 下列不属于机械设备的电气工程图是(　　)。

A. 电气原理图　　B. 电器元件布置图

C. 安装接线图　　D. 电气结构图

6. 低压电器是指工作在交流额定电压（　　）V、直流额定电压（　　）V 及以下的电气设备。

A. 1500　B. 1200　C. 1000　D. 2000

7. 在控制电路中，熔断器所起到的保护是（　　）。

A. 过电流保护　B. 过电压保护
C. 过载保护　D. 短路保护

8. 下列低压电器中，能起到过电流保护、短路保护、失电压和零电压保护的是（　　）。

A. 熔断器　B. 速度继电器
C. 低压断路器　D. 时间继电器

9. 低压断路器的过电流脱扣器的作用是（　　）。

A. 短路保护　B. 过载保护
C. 漏电保护　D. 欠电压保护

10. 断电延时型时间继电器的常开触头是（　　）。

A. 延时闭合的常开触头　B. 瞬动常开触头
C. 瞬时闭合延时断开的常开触头　D. 延时闭合延时断开的常开触头

11. 在控制电路中，速度继电器所起到的作用是（　　）。

A. 过载保护　B. 过电压保护　C. 欠电压保护　D. 速度检测

12. 下列低压电器中不能实现短路保护的是（　　）。

A. 熔断器　B. 热继电器　C. 过电流继电　D. 空气开关

13. 同一低压电器的各个不同部分在图中可以不画在一起的图是（　　）。

A. 电气原理图　B. 电器元件布置图
C. 电气安装接线图　D. 电气系统图

14. 在Y-△减压起动控制电路中起动电流是正常工作电流的（　　）。

A. 1/3　B. $1/\sqrt{3}$　C. 2/3　D. $2/\sqrt{3}$

15. 用两只交流接触器控制三相异步电动机的正反转控制电路，为防止电源短路，必须采用（　　）控制。

A. 顺序　B. 自锁　C. 联锁　D. 安装熔断器

16. 熔断器的额定电流应（　　）所装熔体的额定电流。

A. 大于　B. 大于或等于　C. 小于　D. 小于等于

17. 在实际使用时，停止按钮应优先选用（　　）。

A. 蓝色　B. 绿色　C. 红色　D. 黄色

18. 当一台电动机采用多地控制时，多地控制的起动按钮应（　　），停止按钮应（　　）。

A. 并联　B. 混联
C. 串联　D. 既有串联又有并联

19. 在三相异步电动机的控制电路中，接触器的自锁触头是一对（　　）。

A. 常闭主触头　B. 辅助常开触头
C. 常开主触头　D. 辅助常闭触头

20. 三相异步电动机正反转控制的关键是改变（　　）。

A. 负载大小　B. 电压大小　C. 电流大小　D. 电源相序

21. 工作台自动往返控制电路中，起限位保护作用的低压电器元件是（　　）。

A. 熔断器　B. 热继电器　C. 速度继电器　D. 行程开关

22. 电动机反接制动时，旋转磁场反向转动，与电动机的旋转方向（　　）。

A. 相同　　B. 垂直　　C. 无法确定　　D. 相反

23. 三相异步电动机的能耗制动是指在切断电源后，向三相异步电动机定子绕组通入（　　）电。

A. 单向交流　　B. 直流　　C. 三相交流　　D. 反相序三相交流

24. 交流接触器的反作用弹簧的作用是（　　）。

A. 缓冲　　B. 使衔铁、动触头复位

C. 使铁心和衔铁吸合得更紧　　D. 都不正确

25. 适用于三相异步电动机容量较大且不允许频繁起动的减压起动方法是（　　）减压起动。

A. 定子串电阻　　B. 延边三角形　　C. Y-△　　D. 自耦变压器

26. 4/2 极双速异步电动机的出线端分别为 U、V、W 和 U″、V″、W″。它为 4 极时与电源的接线为 U-L1、V-L2、W-L3；为 2 极时为了保护电动机的转向不变，接线为（　　）。

A. U″-L1、V″-L2、W″ -L3　　B. U″-L3、V″-L2、W″-L1

C. U″-L2、V″-L3、W″ -L1　　D. U″-L1、V″-L3、W″-L2

27. 西门子 G120C 变频器额定转速的参数号是（　　）。

A. p305　　B. p307　　C. p310　　D. p311

四、简答题

1. 何为低压电器？何为低压控制电器？

2. 熔断器有哪几种类型？它在电路的作用是什么？

3. 熔断器有哪些主要参数？熔断器的额定电流与熔体的额定电流是不是同一电流？

4. 熔断器与热继电器用于保护交流三相异步电动机时，能不能互相取代？为什么？

5. 交流接触器主要由哪几部分组成？简述其工作原理。

6. 交流接触器频繁操作后线圈为什么会发热？其衔铁卡住后会出现什么后果？

7. 交流接触器能否串联使用？为什么？

8. 三角形联结的三相异步电动机为什么要选用带断相保护的热继电器作为过载保护？

9. 三相异步电动机主电路中装有熔断器作为短路保护，能否同时起到过载保护作用？可以不装热继电器吗？为什么？

10. 低压断路器在电路中的作用是什么？它有哪些脱扣器，各起什么作用？

11. 继电器与接触器主要区别是什么？

12. 画出下列低压电器的图形符号，标出其文字符号，并说明其功能。

1）熔断器；2）热继电器；3）接触器；4）低压断路器。

13. 在电气控制电路中采用低压断路器为电源引入开关，电源电路是否还要用熔断器作短路保护？控制电路是否还要用熔断器作为短路保护？

14. 三相异步电动机的点动控制与连续运行控制在控制电路上有何不同？其关键控制环节是什么？其主电路又有何区别？（从电动机保护环节设置上分析）

15. QS、FU、KM、KA、FR、SB、SQ、QF 分别是什么电器元件的文字符号，它们各有何功能？

16. 何为联锁控制？实现电动机正反转联锁的方法有哪两种？它们有何区别？

17. 在接触器正反转控制电路中，若正、反向控制的接触器同时通电，会发生什么现象？

18. 三相异步电动机在什么情况下应采用减压起动？定子绕组为Y联结的三相异步电动机

能否用Y-△减压起动？为什么？

19. 在图 1-48 所示的Y-△减压起动控制电路中，时间继电器 KT 起什么作用？如果 KT 的延时时间为零，会出现什么问题？

20. 试分析图 1-48b 所示电路中，若时间继电器 KT 延时时间太短或延时闭合与延时断开的触头接反，电路将出现什么现象？

21. 电动机控制常用的保护环节有哪些？各采用什么电器元件？

22. 图 1-71 所示电路可使一个工作机构向前移动到指定位置上停一段时间，再自动返回原位。试分析其工作原理并指出行程开关 SQ1、SQ2 的作用。

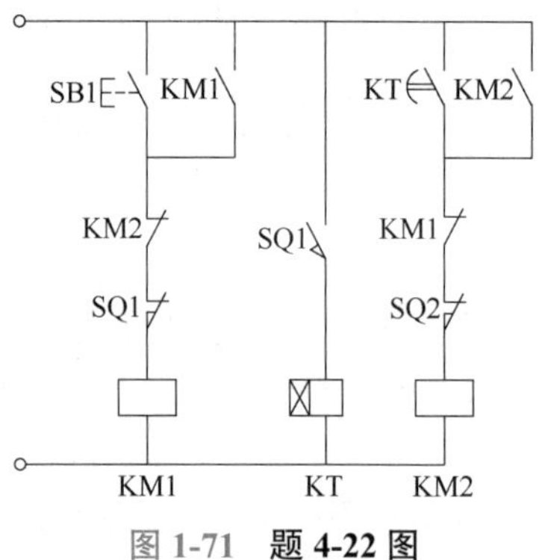

图 1-71 题 4-22 图

五、改错题

1. 分析图 1-72 中各控制电路正常操作时会出现什么现象？若不能正常工作加以改进。

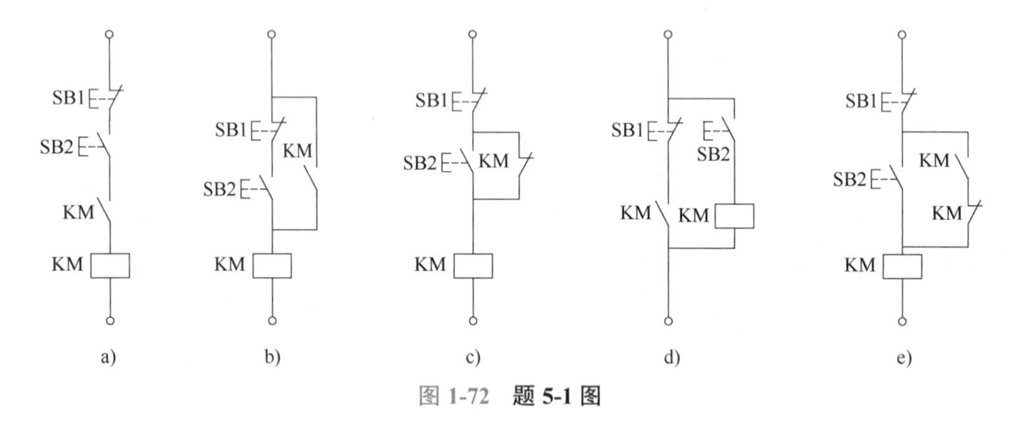

图 1-72 题 5-1 图

2. 指出图 1-73 所示的Y-△减压起动控制电路中的错误，并画出正确的电路。

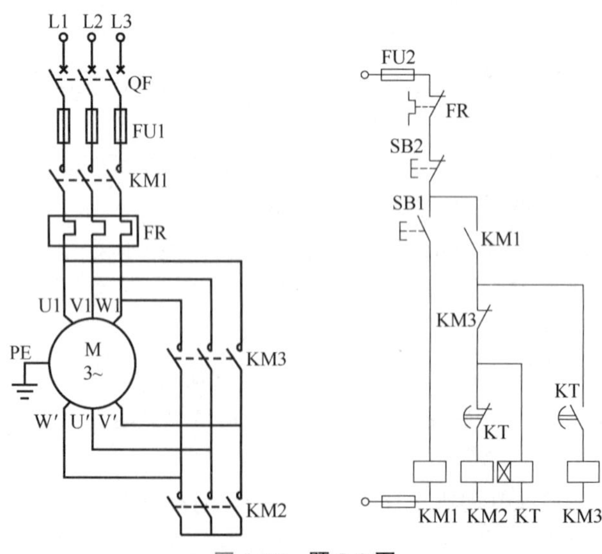

图 1-73 题 5-2 图

六、连线绘图题

1. 试根据图 1-55 完成图 1-74 的连线。
2. 试根据图 1-75 完成图 1-76 的连线。

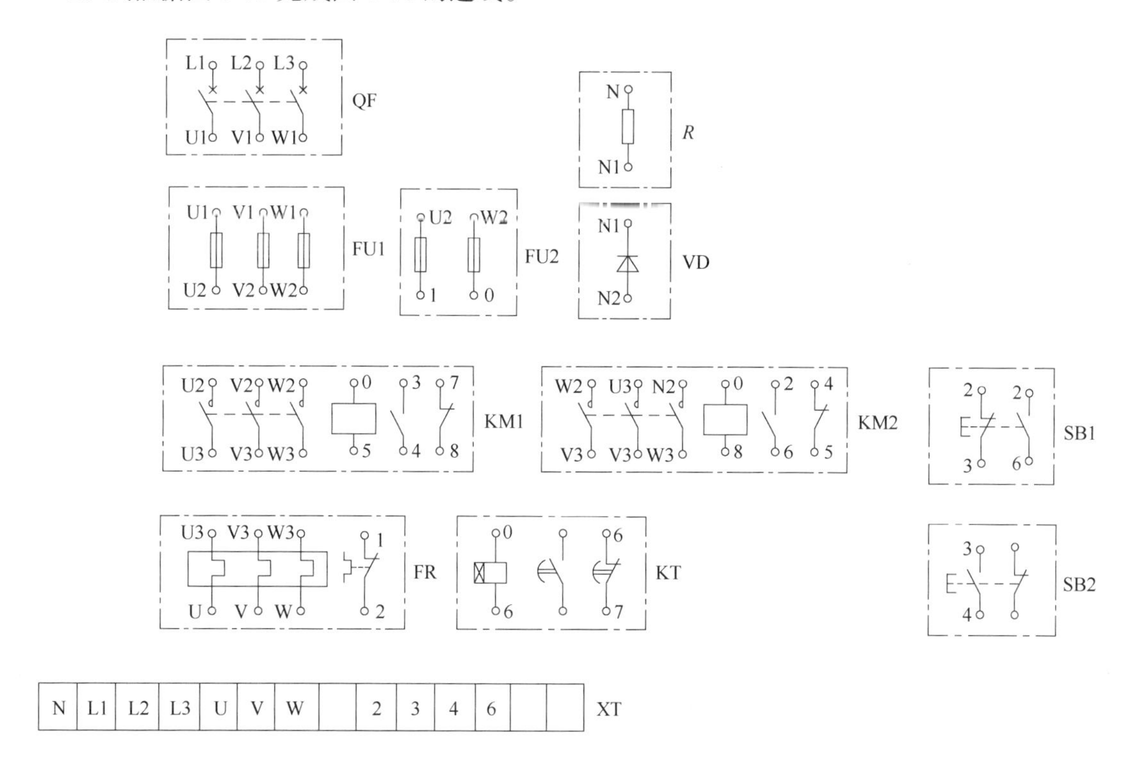

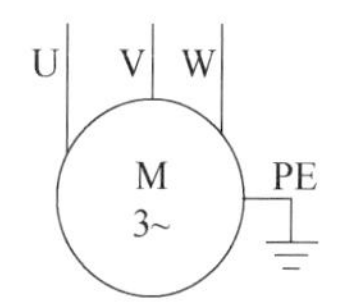

图 1-74　三相异步电动机无变压器单管能耗制动控制电气安装接线图

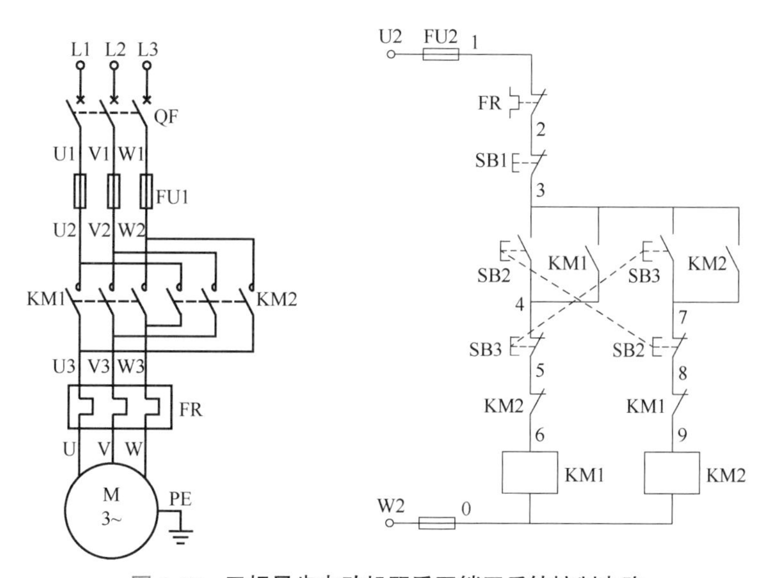

图 1-75　三相异步电动机双重互锁正反转控制电路

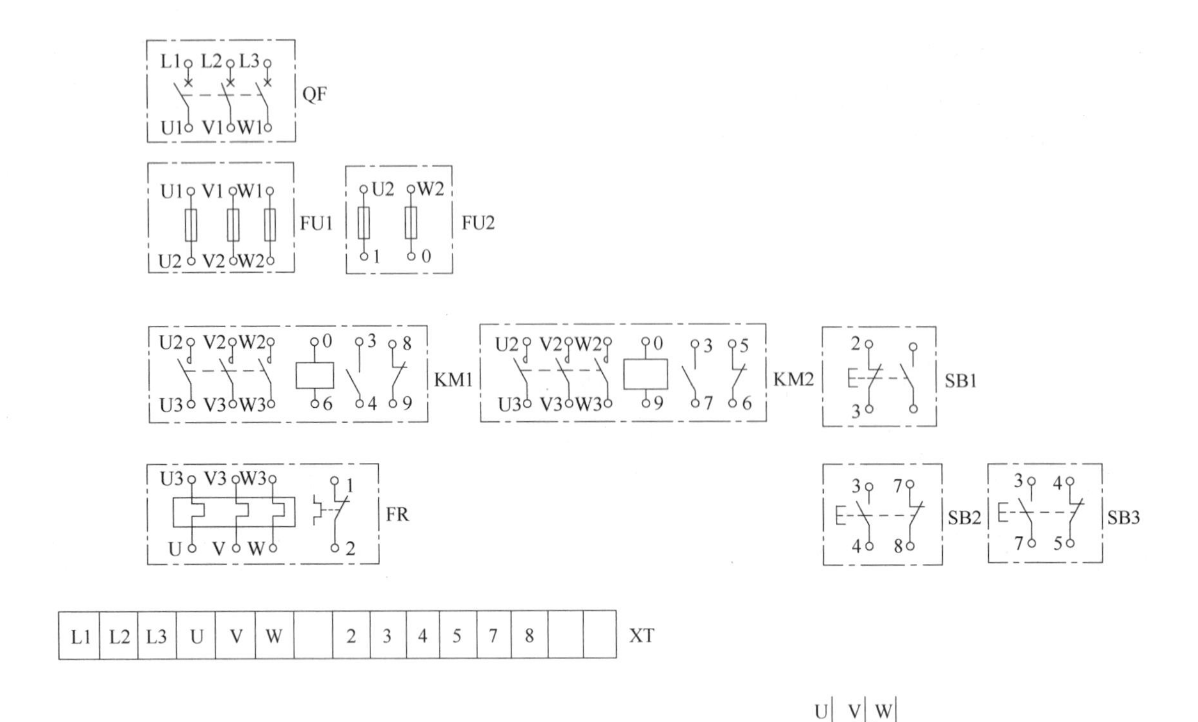

图 1-76 三相异步电动机双重互锁正反转控制电气安装接线图

七、设计题

1. 试画出能满足以下控制要求的三相异步电动机电气原理图。

1）可正、反转；2）可正向点动；3）可两地起停。

2. 两台三相异步电动机 M1、M2，要求 M1 先起动，在 M1 起动 15s 后才可以起动 M2，停止时 M1、M2 同时停止。试画出其电气原理图。

3. 两台三相异步电动机 M1、M2，要求既可实现 M1、M2 的分别起动和停止，又可实现两台电动机的同时起动和停止。试画出其电气原理图。

4. 三台三相异步电动机 M1、M2、M3，要求按起动按钮 SB1 时，按下列顺序起动：M1 → M2 → M3。按下停止按钮 SB2，则按相反的顺序停止，即 M3 → M2 → M1。试画出其电气原理图。

5. 某水泵由一台三相异步电动机拖动，按下列要求设计电气控制电路：

1）采用Y-△减压起动；

2）可以在三地控制电动机的起动和停止；

3）有短路、过载、欠电压保护。

6. 某机床有主轴电动机 M1、液压泵电动机 M2，均采用直接起动，生产工艺要求：主轴必须在液压泵起动后方可起动；主轴要求正、反转，但为调试方便，要求能实现正、反向点动；主轴停止后，才允许液压泵电动机停止；电路具有短路、过载、失电压保护。试设计电气控制电路。

项目二

认识 S7-1200 PLC

教学目标	知识目标	1. 熟悉 PLC 的结构及工作过程 2. 了解 PLC 的工作原理 3. 掌握 S7-1200 PLC 安装与接线的方法 4. 掌握博途软件的使用方法
	能力目标	1. 能正确安装 PLC，并完成电源及信号的接线 2. 会使用博途编程软件进行设备组态并编译下载
	素质目标	1. 了解国内外 PLC 发展历史，增强为国效力信念和民族自豪感 2. 培养认真负责的工作态度，增强责任担当，有大局意识和核心意识，遵守职业道德和职业规范 3. 培养严谨认真的学习态度和勇于创新发现的探究精神
教学重点		PLC 的安装与接线、博途软件的使用
教学难点		PLC 的工作原理
参考学时		8 学时

任务一 S7-1200 PLC 安装与接线

一、任务导入

西门子 S7-1200 小型 PLC 集成 PROFINET 接口、具有强大的集成工艺功能和灵活的可扩展性，为各种工艺任务提供了简单的通信，被广泛地应用于汽车、电子、电池、物流、包装、暖通、智能楼宇和水处理等行业。

本任务围绕 S7-1200 PLC 安装与接线，介绍 PLC 的产生、定义、应用领域、特点、硬件组成、工作原理及安装与接线。

二、知识链接

（一）认识 PLC

1. PLC 的产生与发展

（1）PLC 的产生　在可编程序控制器出现之前，在工业电气控制领域中，继电器控制占主导地位，应用广泛。但是传统的继电器控制存在体积大、可靠性低、查找和排除故障困难等缺点，特别是其接线复杂、不易更改，对生产工艺变化的适应性差。

1968 年美国通用汽车公司（GM）为了适应汽车型号不断更新、生产工艺不断变化的需要，为实现小批量、多品种生产，希望能有一种新型工业控制器，它能做到尽可能减少重新设计和更新电气控制系统及接线，以降低成本，缩短周期。于是就设想将计算机功能强大、灵活、通用性好等优点与继电 - 接触器控制系统简单易懂、价格便宜等优点结合起来，制成一种通用控制装置，而且这种装置采用面向控制过程、面向问题的“自然语言”进行编程，使不熟悉计算机的电气控制人员也能很快掌握使用。

当时，GM 公司提出以下十项设计标准：

① 编程简单，可在现场修改程序。

② 维护方便，采用插入式模块结构。

③ 可靠性高于继电 - 接触器控制装置。

④ 体积小于继电 - 接触器控制装置。

⑤ 成本可与继电 - 接触器控制装置竞争。

⑥ 可将数据直接送入管理计算机。

⑦ 可直接用 115V 交流电压输入。

⑧ 输出为交流 115V、2A 以上，能直接驱动电磁阀、接触器等。

⑨ 通用性强，扩展方便。

⑩ 能存储程序，存储器容量可以扩展到 4KB。

1969 年，美国数字设备公司（DEC）研制出第一台 PLC PDP-14，并在美国通用汽车自动装配线上试用，获得成功。这种新型的电控装置由于优点多、缺点少，很快就在美国得到了推广应用。1971 年日本从美国引进这项技术并研制出日本第一台 PLC，1973 年德国西门子公司研制出欧洲第一台 PLC，我国 1974 年开始研制，1977 年开始工业应用。

（2）PLC 的发展　经过了几十年的更新发展，PLC 越来越被工业控制领域的企业和专家所认识和接受。在美国、德国、日本等工业发达国家已经成为重要的产业之一。生产厂家不断涌现，品牌不断翻新，产量产值大幅上升，而价格则不断下降，使得 PLC 的应用范围持续扩大，从单机自动化到工厂自动化，从机器人、柔性制造系统到工业局部网络，PLC 正以迅猛的发展势头渗透到工业控制的各个领域。从 1969 年第一台 PLC 问世至今，它的发展大致可以分为以下几个阶段：

1970—1980 年：PLC 的结构定型阶段。在这一阶段，由于 PLC 刚诞生，各种类型的顺序控制器不断出现（如逻辑电路型、1 位机型、通用计算机型、单板机型等），但迅速被淘汰。最终以微处理器为核心的现有 PLC 结构形成，取得了市场的认可，得以迅速发展推广。PLC 的原理、结构、软件、硬件趋向统一与成熟，PLC 的应用领域由最初的小范围、有选择使用，逐步向机床、生产线扩展。

1980—1990 年：PLC 的普及阶段。在这一阶段，PLC 的生产规模日益扩大，价格不断下降，PLC 被迅速普及。各 PLC 生产厂家产品的价格、品种开始系列化，并且形成了 I/O 点型、基本单元加扩展块型、模块化结构型这三种延续至今的基本结构模型。PLC 的应用范围开始向顺序控制的全部领域扩展。

1990—2000 年：PLC 的高性能与小型化阶段。在这一阶段，随着微电子技术的进步，PLC 的功能日益增强，PLC 的 CPU 运算速度大幅度上升、位数不断增加，使得适用于各种特殊控制的功能模块不断被开发，PLC 的应用范围由单一的顺序控制向现场控制拓展。此外，PLC 的体积大幅度缩小，出现了各类微型化 PLC。

2000年至今：PLC的高性能与网络化阶段。在本阶段，为了适应信息技术的发展与工厂自动化的需要，PLC的各种功能不断进步。一方面，PLC在继续提高CPU运算速度、位数的同时，开发了适用于过程控制、运动控制的特殊功能与模块，使PLC的应用范围开始涉及工业自动化的全部领域。另一方面，PLC的网络与通信功能得到迅速发展，PLC不仅可以连接传统的编程与输入/输出设备，还可以通过各种总线构成网络，为工厂自动化奠定了基础。

国内PLC应用市场仍然以国外产品为主，如：西门子的S7-200SMART系列、S7-1200系列、S7-1500系列、300系列、400系列，三菱的FX_{3S}、FX_{3G}、FX_{3U}、FX_{5U}系列、Q系列，欧姆龙的CP1、CJ1、CJ2、CS1、C200H系列等。

国产PLC主要为中小型，代表性企业的产品有：无锡信捷电气有限公司生产的XC、XD、XG及XL系列，深圳市矩形科技有限公司生产的N80、N90及CMPAC系列，南大傲拓科技江苏股份有限公司生产的NJ200小型PLC、NJ300中型PLC、NJ400中大型PLC、NA2000智能型PLC等，深圳市汇川技术股份有限公司生产的HU系列小型PLC（H2U系列、H3U系列、H5U系列）、AM600系列中型PLC等，多种产品已具备了一定的规模并在工业产品中获得了应用。

目前，PLC的发展趋势主要体现在规模化、高性能、多功能、模块智能化、网络化、标准化等几个方面。

1）产品规模向大、小两个方向发展。大型化是指大中型PLC向大容量、智能化和网络化发展，使之能与计算机组成集成控制系统，对大规模、复杂系统进行综合性自动控制。现已有I/O点数达14336点的超级型PLC，它使用32位微处理器，多CPU并行工作，具有大容量存储器，功能强。小型PLC由整体结构向小型模块化结构发展，使配置更加灵活，为了市场需要已经开发了各种简易、经济的超小型微型PLC，最小配置的I/O点数为8~16点，以适应单机或小型自动控制系统的需要。

2）向高性能、高速度、大容量方向发展。PLC的扫描速度是衡量PLC性能的一个重要指标。为了提高PLC的处理能力，要求PLC具有更好的响应速度和更大的存储容量。目前，有的PLC的扫描速度可达每千步程序用时0.1ms左右。在存储容量方面，有的PLC最高可达几十兆字节。为了扩大存储容量，有的公司已使用了磁泡存储器或硬盘。

3）向模块智能化方向发展。分级控制、分布控制是增强PLC控制功能、提高处理速度的一个有效手段。智能模块是以微处理器和存储器为基础的功能部件，它们可独立于主机CPU工作，分担主CPU的处理任务，主机CPU可随时访问智能模块、修改控制参数，这样有利于提高PLC的控制速度和效率，简化设计、编程工作量，提高动作可靠性、实时性，满足复杂的控制要求。为满足各种控制系统的要求，目前已开发出许多功能模块，如高速计数模块、模拟量调节（PID控制）模块、运动控制（步进、伺服、凸轮控制等）模块、远程I/O模块、通信和人机接口模块等。

4）向网络化方向发展。加强PLC的联网能力是实现分布式控制、适应工业自动化控制和计算机集成控制系统发展的需要。PLC的联网与通信主要包括PLC与PLC之间、PLC与计算机之间以及PLC与远程I/O之间的信息交换。随着PLC和其他工业控制计算机组网构成大型控制系统以及现场总线的发展，PLC将向网络化和通信的简便化方向发展。

5）向标准化方向发展。生产过程自动化要求在不断提高，PLC的能力也在不断增强，过去不开放的、各品牌自成一体的结构显然不适合，为提高兼容性，在通信协议、总线结构、编程语言等方面需要一个统一的标准。国际电工委员会为此制定了国际标准IEC 61131。该标准由通用信息、装置要求和试验、程序设计语言、用户指南、通信、功能安全、模糊控制编程、编程语言的执行和应用指南等部分组成。几乎所有的 PLC 生产厂家都支持 IEC 61131 标准，并向该标准靠拢。

2. PLC 的定义

随着微处理器、计算机和数字通信技术的飞速发展，计算机控制已扩展到了几乎所有的工业领域。现代社会要求制造业对市场需求做出迅速的反应，生产出小批量、多品种、多规格、低成本和高质量的产品，为了满足这一要求，生产设备和自动生产线的控制系统必须具有极高的可靠性和灵活性，可编程序控制器（Programmable Logic Controller，PLC）正是顺应这一要求出现的，它是以微处理器为基础的通用工业控制装置。

PLC 是一种工业控制装置。PLC 是在电气控制技术和计算机技术的基础上开发出来的，并逐渐发展成为以微处理器为核心，将自动化技术、计算机技术、通信技术融为一体的新型工业控制装置。PLC 的应用面广、功能强大、使用方便，已经成为当代工业自动化的主要装置之一，在工业生产的所有领域得到了广泛的使用，在其他领域（例如民用和家庭自动化）的应用也得到了迅速的发展。

国际电工委员会（IEC）在 1987 年的 PLC 标准草案（第 3 稿）中，对 PLC 有如下定义：

可编程序控制器是一种数字运算操作的电子系统，专为在工业环境下应用而设计。它采用可编程序的存储器，用来在其内部存储执行逻辑运算、顺序控制、定时、计数和算术运算等操作的指令，并通过数字式、模拟式的输入和输出，控制各种类型的机械或生产过程。可编程序控制器及其有关设备，都应按易于使工业控制系统形成一个整体，易于扩充其功能的原则设计。

3. PLC 的特点

PLC 技术之所以高速发展，除了工业自动化的客观需要外，主要是因为它具有许多独特的优点。它较好地解决了工业领域中普遍关心的可靠、安全、灵活、方便、经济等问题。它主要有以下特点：

（1）可靠性高、抗干扰能力强　传统的继电 - 接触器控制系统使用了大量的中间继电器、时间继电器。由于触头接触不良，容易出现故障，PLC 控制用程序代替大量的中间继电器、时间继电器，PLC 外部只有和输入、输出有关的少量硬件元器件，因接触不良造成的故障大为减少。

（2）编程简单、使用方便　目前，大多数 PLC 采用的编程语言是梯形图语言，它是一种面向生产、面向用户的编程语言。梯形图与继电器控制电路相似，形象、直观，不需要掌握计算机知识，很容易让广大工程技术人员掌握。当生产流程需要改变时，可以现场改变程序，使用方便、灵活。同时，PLC 的编程器操作和使用也很简单。这也是 PLC 获得普及和推广的主要原因之一。

许多 PLC 还针对具体问题，设计了各种专用编程指令及编程方法，进一步简化了编程。

（3）功能完善、通用性强　现代 PLC 不仅具有逻辑运算、定时、计数、顺序控制等功能，还具有 A/D 和 D/A 转换、数值运算、数据处理、PID 控制、通信联网等功能。同时，由于 PLC 产品的系列化、模块化，有品种齐全的各种硬件装置供用户选用，可以组成满足各种要求的控制系统。

（4）设计安装简单、维护方便　由于 PLC 用软件代替了传统电气控制系统的硬件，控制柜的设计、安装接线工作量大为减少。PLC 的用户程序大部分可在实验室模拟调试，缩短了应用设计和调试周期。在维修方面，由于 PLC 故障率极低，维修工作量很小，而且 PLC 具有很强的自诊断功能，如果出现故障，可根据 PLC 上的指示或编程软件（在线监视）上提供的故障信息，迅速查明原因，维修极为方便。

（5）体积小、重量轻、能耗低，易于实现机电一体化　复杂的控制系统使用 PLC 后，可以减少大量的中间继电器和时间继电器，PLC 的体积较小，且结构紧凑、重量轻、功能低。由于 PLC 的抗干扰能力强，易于装入设备内部，是实现机电一体化的理想控制设备。

4. PLC 的应用领域

目前，PLC 已广泛应用冶金、石油、化工、建材、机械制造、电子、汽车、轻工、环保及文化娱乐等各种行业，随着 PLC 性价比的不断提高，其应用领域不断扩大。从应用类型看，PLC 的应用大致可归纳为以下几个方面：

（1）开关量逻辑控制　利用 PLC 最基本的逻辑运算、定时、计数等功能实现逻辑控制，可以取代传统的继电器控制，应用于单机控制、多机群控制、生产自动线控制等，例如：机床、注塑机、印刷机械、装配生产线、电镀流水线及电梯的控制等。这是 PLC 最基本的应用领域，也是 PLC 最广泛的应用领域。

（2）运动控制　大多数 PLC 都有拖动步进电动机或伺服电动机的单轴或多轴位置控制模块，这一功能广泛应用于各种机械设备，如对各种机床、装配机械、机器人等进行运动控制。

（3）模拟量过程控制　过程控制是指对温度、压力、流量等连续变化的模拟量的闭环控制。大、中型 PLC 都具有多路模拟量 I/O 模块和 PID 控制功能，有的小型的 PLC 也有模拟量 I/O 模块。所以 PLC 可实现模拟量控制，而且具有 PID 控制功能的 PLC 可构成闭环控制，用于过程控制。这一功能已广泛应用于锅炉、反应堆、酿酒等过程控制以及闭环位置控制和速度控制等方面。

（4）现场数据处理　现代 PLC 都具有数学运算、数据传输、转换、排序和查表等功能，可进行数据的采集、分析和处理，同时可通过通信接口将这些数据传输给其他智能装置，如计算机数值控制（Computerized Numerical Control，CNC）设备，进行处理。

（5）通信联网多级控制　PLC 的通信包括 PLC 与 PLC、PLC 与上位计算机、PLC 与其他智能设备（如变频器、触摸屏等）之间的通信，PLC 系统与通用计算机可直接或通过通信处理单元、通信转换单元相连构成网络，以实现信息的交换，并可构成“集中管理、分散控制”的多级分散式控制系统，满足工厂自动化（Factory Automation，FA）系统发展的需要。

5. PLC 的分类

（1）按结构形式分　可分为整体式 PLC、模块式 PLC、叠装式 PLC。

1）整体式 PLC。整体式 PLC 是把电源、CPU、存储器、I/O 系统都集成在一个单元内，该单元叫作基本单元。一个基本单元就是一台完整的 PLC。

控制点数不符合需要时，可再接扩展单元。整体式结构的特点是非常紧凑、体积小、成本低、安装方便。

2）模块式（组合式）PLC。模块式 PLC 是把 PLC 系统的各个组成部分按功能分成若干个模块，如 CPU 模块、输入模块、输出模块、电源模块等。其中各模块功能比较单一，模块的种类却日趋丰富。比如，一些 PLC 除了一些基本的 I/O 模块外，还有一些特殊功能模块，如温度检测模块、位置检测模块、PID 控制模块、通信模块等。模块式 PLC 特点是各模块彼此独立，模块尺寸统一、安装整齐，I/O 点选型自由，安装调试、扩展、维修方便。

3）叠装式 PLC。叠装式 PLC 集整体式结构的紧凑、体积小、安装方便和模块式结构的 I/O 点搭配灵活、安装整齐的优点于一身。它也由各个单元的组合构成。其特点是 CPU 自成独立的基本单元（由 CPU 和一定的 I/O 点组成），其他 I/O 模块为扩展单元。在安装时不用基板，仅用电缆进行单元间的连接，各个单元可以一个个地叠装，配置灵活、体积小巧。

（2）按功能分　可分为低档 PLC、中档 PLC、高档 PLC。

1）低档 PLC：具有逻辑运算、定时、计数、移位以及自诊断、监控等基本功能，还可有少量模拟量输入 / 输出、算术运算、数据传送和比较、通信等功能；主要用于逻辑控制、顺序控制或少量模拟量控制的单机控制系统。

2）中档 PLC：除具有低档 PLC 的功能外，还具有较强的模拟量输入 / 输出、算术运算、数据传送和比较、数制转换、远程 I/O、子程序调用、通信联网等功能；有些还可增设中断控制、PID 控制等功能，适用于复杂的控制系统。

3）高档 PLC：除具有中档 PLC 的功能外，还增加了带符号算术运算、矩阵运算、位逻辑运算、二次方根运算及其他特殊功能函数的运算、制表及表格传送功能等。高档 PLC 具有更强的通信联网功能，可用于大规模过程控制或构成分布式网络控制系统，实现工厂自动化。

（3）按 I/O 点数分　可分为小型 PLC、中型 PLC、大型 PLC。

1）小型 PLC。I/O 点数为 256 点以下，存储器容量为 4KB 左右的为小型 PLC。

2）中型 PLC。I/O 点数为 256~2048 点，存储器容量 4~8KB 的为中型 PLC。

3）大型 PLC。I/O 点数为 2048 点以上，存储器容量 8~16KB 的为大型 PLC。

在实际中，一般 PLC 功能的强弱与其 I/O 点数的多少是相互关联的，即 PLC 的功能越强，其可配置的 I/O 点数越多。因此，通常我们所说的小型、中型、大型 PLC，除指其 I/O 点数不同外，同时也表示其对应功能的低档、中档、高档。

（二）S7-1200 PLC 的基本组成与工作原理

1. PLC 的硬件组成

PLC 的硬件主要由中央处理器（CPU）、存储器、输入 / 输出（I/O）接口、电源、通信接口、扩展接口等部分组成，如图 2-1 所示。

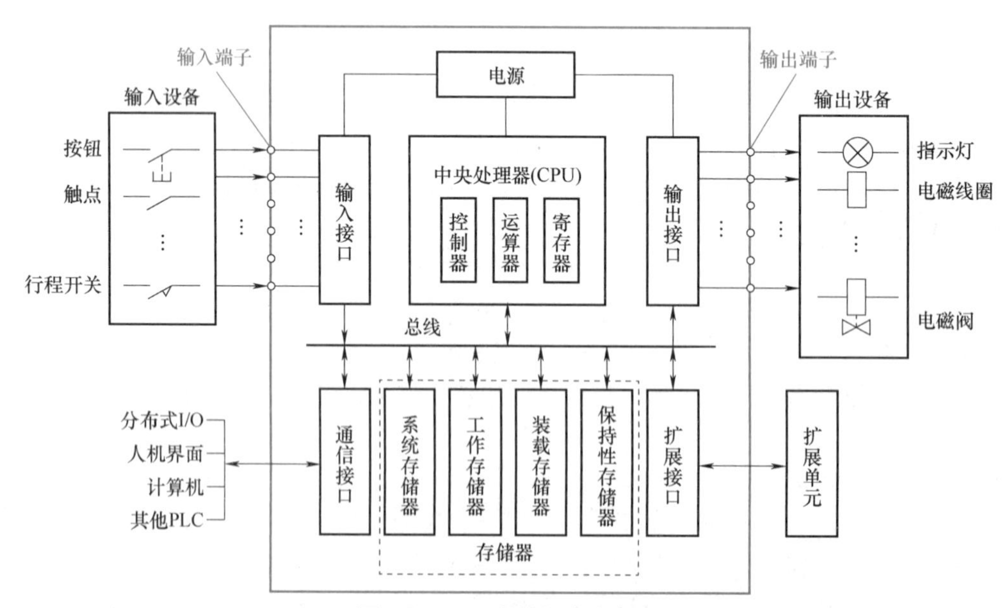

图 2-1　**PLC 硬件组成示意图**

（1）中央处理器（CPU）　CPU 是 PLC 的核心，主要由控制器、运算器、寄存器及实现它们之间的地址总线、数据总线和控制总线构成。此外，还有外围芯片、总线接口及有关电路。

CPU 中的控制器控制 PLC 工作，由它读取指令，解释并执行命令。工作的时序（节奏）则由振荡信号控制。

CPU 中的运算器用于完成算术或逻辑运算，在控制器的指挥下工作。

CPU 中的寄存器参与运算，并存储运算的中间结果。它也是在控制器的指挥下工作。

CPU 按系统程序赋予的功能，指挥 PLC 有条不紊地进行工作，归纳起来主要有以下几个方面：

① 接收并存储从编程器或计算机输入的用户程序和数据。

② 诊断电源、PLC 内部电路的工作故障和编程中的语法错误等。

③ 通过输入接口接收现场的状态和数据，并存入输入映像寄存器或数据寄存器中。

④ 从存储器逐条读取用户程序，经过解释后执行。

⑤ 根据执行的结果，更新有关标志位的状态和输出映像寄存器的内容，通过输出单元实现输出控制。

⑥ 响应中断和各种外围设备（如编程器、打印机等）的任务处理请求。

（2）存储器　PLC 的内部存储器分为系统程序存储器和用户程序及数据存储器。系统程序存储器用于存放系统工作程序（或监控程序）、调用管理程序以及各种系统参数等。系统程序相当于个人计算机的操作系统，能够完成 PLC 设计者规定的各种工作。系统程序由 PLC 的生产厂家设计并固化在 ROM（只读存储器）中，用户不能读取。用户程序及数据存储器主要存放用户编制的应用程序及各种暂存数据和中间结果，使 PLC 完成用户要求的特定功能。

PLC 使用以下三种物理存储器：

① 随机存储器（RAM）。用户可以用可编程序装置读出 RAM 中的内容，也可以将用户程序写入 RAM，因此 RAM 又叫读 / 写存储器。它是易失性的存储器，电源中断后，储存的信息将会丢失。

RAM 的工作速度高，价格便宜，改写方便。在关断 PLC 的外部电源后，可用锂电池保存 RAM 中的用户程序或某些数据。锂电池可用 2~5 年。需要更换锂电池时，由 PLC 发出信号，通知用户。现在仍有部分 PLC 采用 RAM 来存储用户程序。

② 只读存储器（ROM）。ROM 的内容只能读出，不能写入。它是非易失性的，它的电源消失后，仍能保存储存的内容。ROM 一般用来存放 PLC 的系统程序。

③ 电擦除可编程只读存储器（EEPROM）。它是非易失性的，但是可以用编程装置对它编程，兼有 ROM 的非易失性和 RAM 的随机存取等优点，但是将信息写入它所需的时间比 RAM 长得多。EEPROM 用来存放用户程序以及需要长期保存的重要数据。

用户程序是随 PLC 的控制对象而定的，由用户根据被控对象生产工艺的要求而编写的应用程序。为了便于读出、检查和修改，用户程序一般存于 CMOS 静态 RAM 中，用锂电池作为后备电源，以保证系统掉电时不会丢失信息。为了防止干扰对 RAM 中程序的破坏，当用户程序经过运行调试，确认正确后，不需要改变，可将其固化在 EPROM 中，现在也有许多 PLC 直接采用 EEPROM 作为用户存储器。

（3）输入 / 输出（I/O）接口　输入 / 输出接口是 PLC 与被控对象（机械设备或生产过程）联系的桥梁。现场信号经输入接口传送给 CPU，CPU 的运算结果、发出的命令经输出接口送到有关设备或现场。输入 / 输出信号分为数字量、模拟量，这里仅对数字量进行介绍。

① 数字量输入接口电路。数字量输入接口是连接外部开关量输入器件的接口，数字量输入器件包括按钮、选择开关、数字拨码开关、行程开关、接近开关、光电开关、继电器触点和传

感器等。输入接口的作用是把现场数字量（高、低电平）信号变成 PLC 内部处理的标准信号。

S7-1200 CPU 输入端采用直流输入，其直流输入接口电路如图 2-2 所示，图中只画出了一路输入信号电路，输入电流为毫安级，1M 是输入点各个内部输入电路的公共端。

当图 2-2 中的外部触点接通时，光电耦合器中两个反并联的发光二极管中的一个亮，光电晶体管饱和导通；外部触点断开时，光电耦合器中的发光二极管熄灭，光电晶体管截止，信号经内部电路传送给 CPU 模块。图 2-2 中电流从输入端流入，称为漏型输入；若将图中的电源反接，电流从输入端流出，则称为源型输入。

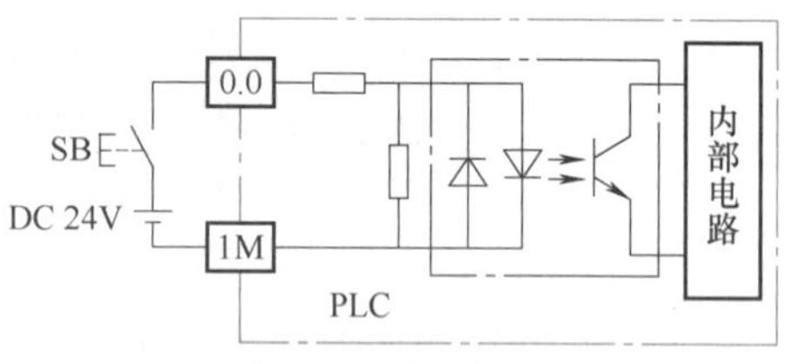

图 2-2　直流输入接口电路（漏型）

② 数字量输出接口电路。数字量输出接口是 PLC 控制执行机构动作的接口，数字量输出执行机构包括接触器线圈、电磁阀、电磁铁、指示灯和智能装置等设备。数字量输出接口的作用是将 PLC 内部的标准状态信号转换为现场执行机构所需的数字量信号。

S7-1200 CPU 的数字量输出接口电路的功率元件有驱动直流负载的场效应晶体管型（MOSFET），以及既可以驱动交流负载又可以驱动直流负载的继电器型，负载电源由外部提供。输出电路一般分为若干组，对每一组的总电流也有限制。

图 2-3a 是继电器输出接口电路，继电器同时起隔离和功率放大作用，每一路只给用户提供一对常开触头。继电器输出电路的可用电压范围广、导通压降小，承受瞬时过电压和瞬时过电流的能力较强，但是动作速度较慢。如果系统输出量的变化不是很频繁，建议优先选用继电器输出型的 CPU 或输出模块。普通的白炽灯的工作温度在千摄氏度以上，冷态电阻比工作时的电阻小得多，其浪涌电流是工作电流的十多倍。因此可以驱动 AC 220V、2A 电阻负载的继电器输出点只能驱动 200W 的白炽灯。频繁切换的灯负载应使用浪涌抑制器。

图 2-3b 是场效应晶体管输出接口电路。输出信号送给内部电路中的输出锁存器，再经光电耦合器送给场效应晶体管，后者的饱和导通状态和截止状态相当于触头的接通和断开。图中的稳压管用来抑制关断过电压和外部的浪涌电压，以保护场效应晶体管，场效应晶体管输出电路的工作频率可达 100kHz。图中电流从输出端流出，称为源型输出。场效应晶体管输出电路用于直流负载，它的反应速度快、寿命长，过载能力稍差。

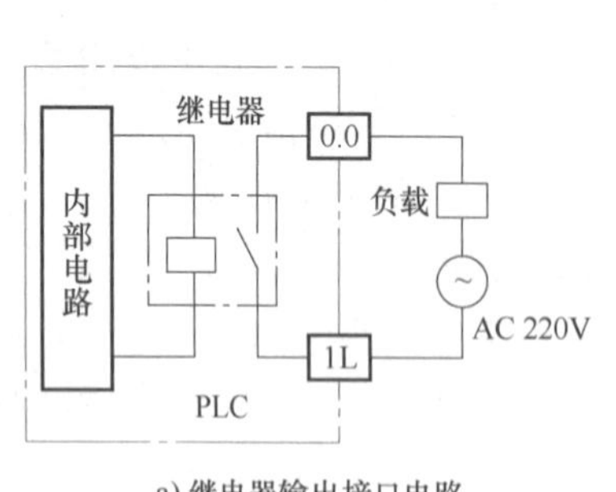

a) 继电器输出接口电路　　b) 场效应晶体管输出接口电路

图 2-3　数字量输出接口电路

PLC 的 I/O 接口所能接收输入信号个数和输出信号的个数称为 PLC 输入 / 输出（I/O）点数。I/O 点数是选择 PLC 的重要依据之一。当 I/O 点数不够时，可通过 PLC 的 I/O 扩展接口对系统进行扩展。

（4）电源　PLC 使用 220V 单相交流电源或 24V 直流电源。内部开关电源为各模块提供

5V、12V、24V 等直流电源。对于小型整体式 PLC，此电源一方面可为 CPU、I/O 单元及扩展单元提供直流 5V 工作电源；另一方面可为外部输入元件提供直流 24V 电源，驱动 PLC 负载的直流电源一般由用户提供。模块式 PLC 通常采用单独的电源模块供电。

（5）通信接口　PLC 配有各种通信接口，这些通信接口一般带有通信处理器。PLC 通过这些通信接口可与监视器、打印机、其他 PLC、计算机、变频器等设备实现通信。PLC 与监视器连接，可将控制过程图像显示出来；与打印机连接，可将过程信息、系统参数等输出打印；与其他 PLC 连接，可组成多机系统或连成网络，实现更大规模的控制；与计算机连接，可组成多级分布式控制系统，实现控制与管理相结合。

（6）扩展接口　扩展接口用于系统扩展输入、输出点数及串行通信功能，这种扩展接口实际为总线形式，可配接信号模块、通信模块等。

2. PLC 的软件组成

PLC 的软件由系统程序和用户程序组成。

系统程序由 PLC 制造厂商设计编写，并存入 PLC 的系统存储器中，用户不能直接读写与更改。系统程序相当于 PLC 的操作系统，主要功能是时序管理、存储空间分配、系统自检和用户程序编译等。

用户程序是用户根据控制要求，按系统程序允许的编程规则，用厂家提供的编程语言编写的程序。

PLC 编程语言是多种多样的，不同生产厂家、不同系列的 PLC 产品采用的编程语言的表达方式也不相同，但基本上可归纳为两种类型：一是采用字符表达方式的编程语言，如指令表等；二是采用图形符号表达方式的编程语言，如梯形图等。

1994 年 5 月，国际电工委员会（IEC）在 IEC 1131-3 标准中公布了 PLC 的 5 种编程语言：梯形图（Ladder Diagram，LAD）、指令表（Instruction List，IL）、顺序功能图（Sequential Function Chart，SFC）、功能块图（Function Block Diagram，FBD）及结构化文本（Structured Text，ST）。

S7-1200 PLC 使用的编程语言有梯形图、功能块图和结构化控制语言三种。

（1）梯形图（LAD）　梯形图是一种图形编程语言，它使用基于电路图的表示法，是目前使用最多的 PLC 编程语言。梯形图是在继电 - 接触器控制系统电路图的基础上发展而来的，它是借助类似于继电器的常开触点、常闭触点、线圈及串联、并联等术语和符号，根据控制要求连接而成的表示 PLC 输入 / 输出之间逻辑关系的图形，在简化的同时还增加了许多功能强大、使用灵活的基本指令和扩展指令等，同时结合计算机的特点，使编程更加容易，但实现的功能却大大超过传统继电 - 接触器控制系统。梯形图示例如图 2-4 所示，具有以下特点：

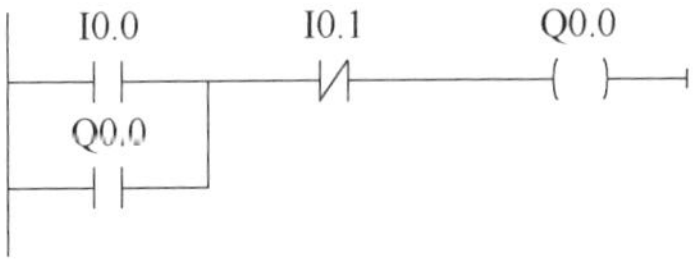

I0.0　I0.1　Q0.0
Q0.0

图 2-4　梯形图示例

1）梯形图由触点、线圈和用方框表示的指令框组成。触点代表逻辑输入条件，例如外部的开关、按钮和内部条件等。线圈通常代表逻辑运算的结果，常用来控制外部的负载和内部的标志位。指令框用来表示定时器、计数器或者通信等指令。

2）梯形图中触点只有常开和常闭，触点可以是 PLC 输入端子连接的按钮、开关等过程映像输入的触点，也可以是 PLC 内部位存储器的触点或定时器、计数器等的状态。

3）梯形图中触点可以任意串、并联。

4）内部位存储器、寄存器等均不能直接驱动外部负载，只能作为中间运算结果。

5）PLC 是按循环扫描事件，沿梯形图先后顺序执行，在同一扫描周期内的结果保存在输出状态寄存器中，所以输出点的值在用户程序中可以作为条件使用。

（2）功能块图（FBD） 功能块图也是一种图形编程语言。逻辑表示法以布尔代数中使用的图形逻辑符号为基础。功能块图使用类似于数字电路的图形逻辑符号来表示控制逻辑，国内很少有人使用功能块图语言。图 2-5 是图 2-4 中梯形图对应的功能块图。功能块图中，用类似于与门（带有逻辑符号“&”）、或门（带有符号“>=1”）的方框来表示逻辑关系，方框的左边为逻辑运算的输入变量，右边为输出变量，输入、输出的小圆圈表示“非”运算，方框被“导线”连接在一起，信号自左向右流动。指令框用来表示一些复杂的功能，例如数学运算等。

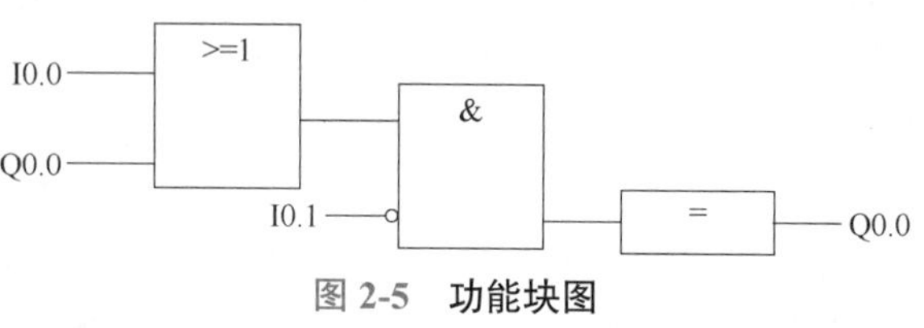

图 2-5 功能块图

（3）结构化控制语言（Structured Control Language，SCL） 结构化控制语言是一种基于 PASCAL 的高级编程语言。这种语言基于 IEC 1131-3 标准。该语言除了包括 PLC 的典型元素（例如输入、输出、定时器或存储器位）外，还包括高级编程语言中的表达式、赋值运算和运算符。SCL 提供了简便的指令进行程序控制，例如创建程序分支、循环或跳转。SCL 尤其适用于数据管理、过程优化、配方管理和数学计算、统计任务等领域。

3. S7-1200 PLC 的工作原理

S7-1200 CPU 中运行着操作系统和用户程序。操作系统处理底层系统级任务，并执行用户程序的周期调用，其固化在 CPU 模块中，用于执行与用户程序无关的 CPU 功能，以及组织 CPU 所有任务的执行顺序。操作系统的任务包括：

1）启动。

2）更新过程映像输入和过程映像输出。

3）调用用户程序。

4）检查中断并调用中断 OB（组织块）。

5）检测并处理错误。

6）管理存储区。

7）与编程设备和其他设备通信。

用户程序工作在操作系统平台，完成特定的自动化任务。用户程序是下载到 CPU 的数据块和程序块。用户程序的任务包括：

1）启动的初始化工作。

2）进行数据处理、I/O 数据交换和工艺相关的控制。

3）对中断的响应。

4）对异常和错误的处理。

（1）CPU 的工作模式 S7-1200 CPU 有三种工作模式，即停止（STOP）模式、启动（STARTUP）模式和运行（RUN）模式。

在停止（STOP）模式下，CPU 处理所有通信请求（如果有的话）并执行自诊断，但不执行用户程序，过程映像也不会自动更新。只有在 CPU 处于停止模式时，才能下载程序。

在启动（STARTUP）模式下，执行一次启动组织块（如果存在的话），在运行模式的启动阶段，不处理任何中断事件。

在运行（RUN）模式下，周期循环扫描执行用户程序，即重复执行程序循环组织块 OB1。中断事件可能会在程序循环阶段的任何点发生并处理。处于运行模式下时，无法下载任何项目。

在 CPU 内部的存储器中，设置了一片区域来存放输入信号和输出信号的状态，它们被称为过程映像输入区和过程映像输出区。CPU 从 STOP 模式切换到 RUN 模式时，CPU 先进入 STARTUP 模式，将执行下列操作（各阶段的序号见图 2-6）。

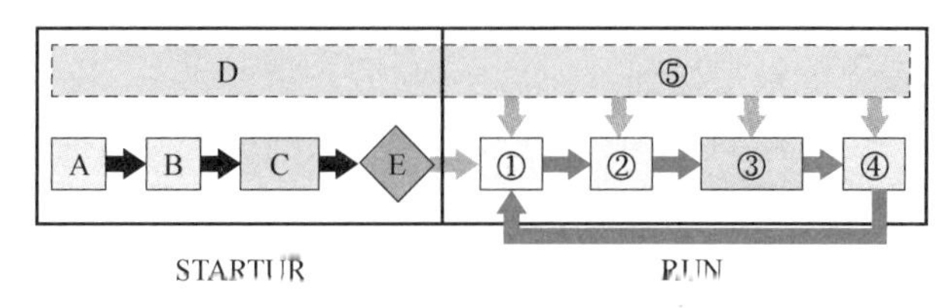

图 2-6　**S7-1200 CPU 启动和运行机制示意图**

阶段 A：将物理输入的状态复制到过程映像输入区（I）。

阶段 B：将过程映像输出区（Q）初始化为零、上一值或替换值，将 PB（Profibus）、PN（Profinet）和 AS-i（Actuator sensor interface）输出设为零。

阶段 C：将非保持性 M 存储器和数据块初始化为其初始值，并启用组态的循环中断事件和时钟事件，执行启动 OB。

阶段 D：（整个启动阶段）将中断事件保存到中断队列，以便在 RUN 模式进行处理。

阶段 E：启用过程映像输出区（Q）到物理输出的写入操作。

启动阶段结束后，CPU 进入 RUN 模式，为了使 PLC 的输出及时响应各种输入信号，CPU 反复地分阶段处理各种不同的任务。CPU 在 RUN 模式时执行以下任务（各阶段的序号见图 2-6）。

① 将过程映像输出区（Q）写入物理输出。

② 将物理输入的状态复制到过程映像输入区（I）。

③ 执行程序循环 OB。

④ 执行自检诊断。

⑤ 在扫描周期的任何阶段处理中断和通信。

S7-1200 CPU 模块上没有切换工作模式的选择开关，只能通过博途 STEP7 编程软件菜单栏“在线”命令下的“启动 CPU”“停止 CPU”的选项或工具栏上的“启动 CPU”图标 “停止 CPU”图标 ，来更改当前 CPU 的工作模式，也可以在程序中包含退出程序（STP）指令，以使 CPU 切换到 STOP 模式，这样就可根据程序逻辑停止程序的执行。

（2）PLC 的工作过程　PLC 执行程序的过程分为三个阶段，即输入采样阶段、程序执行阶段、输出刷新阶段，如图 2-7 所示。

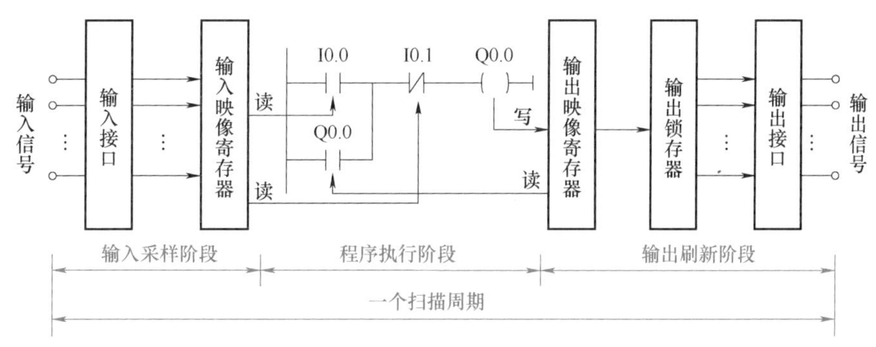

图 2-7　**PLC 的工作过程**

1）输入采样阶段。PLC 在输入采样阶段，以扫描工作方式按顺序对所有输入端的输入状态进行采样，并将各输入状态存入过程映像输入区中的相应单元（输入映像寄存器）内，此时过程映像输入区被刷新。输入采样结束后，进入程序执行和输出。刷新阶段，在这两个阶段，即使输入状态发生变化，过程映像输入区的内容也不会改变，输入状态的变化只有在下一个扫描周期的输入处理阶段才能被采样到。

2）程序执行阶段。在程序执行阶段，PLC 对程序按顺序进行扫描执行。若程序用梯形图表示，PLC 将按照从左到右、从上至下的顺序逐点扫描，并分别从过程映像输入区和过程映像输出区中读出输入、输出的状态（0 或 1），运算、处理用户程序，再将运算的结果存入过程映像输出区。对于过程映像输出区来说，其内容会随程序执行的过程而变化。

3）输出刷新阶段。当所有程序执行完毕后，进入输出刷新阶段。在这一阶段，PLC 将过程映像输出区中所有输出继电器的状态（接通 / 断开）转存到输出锁存器中，并通过一定方式输出，驱动外部负载。

因此，PLC 在一个扫描周期内，对输入状态的采样只在输入采样阶段。当 PLC 进入程序执行阶段后输入端将被封锁，直到下一个扫描周期的输入采样阶段才对输入状态进行重新采样。这种方式称为集中采样，即在一个扫描周期内，集中一段时间对输入状态进行采样。

在用户程序中，如果对输出结果多次赋值，则最后一次有效。在一个扫描周期内，只在输出刷新阶段才对输出状态从输出锁存器中输出，对输出接口进行刷新。在其他阶段里输出状态一直保持在输出锁存器中，这种方式称为集中输出。对于小型 PLC，其 I/O 点数较少，用户程序较短，一般采用集中采样、集中输出的工作方式，虽然在一定程度上降低了系统的响应速度，但使 PLC 工作时大多数时间与外部输入 / 输出设备隔离，从根本上提高了系统的抗干扰能力，增强了系统的可靠性。

而大中型 PLC，其 I/O 点数较多，控制功能强，用户程序较长，为提高系统响应速度，可以采用定期采样、定期输出方式，或中断输入、输出方式以及智能 I/O 接口等多种方式。从上述分析可知，从 PLC 的输入端输入信号发生变化到 PLC 输出端对该输入变化做出反应，需要一段时间，这种现象称为 PLC 输入 / 输出响应滞后。对一般的工业控制，这种滞后是完全允许的。应该注意的是，这种响应滞后不仅是由于 PLC 扫描工作方式造成，更主要是 PLC 输入接口的滤波环节带来的输入延迟，以及输出接口中驱动期间的动作时间带来输出延迟，同时还与程序设计有关。滞后时间是设计 PLC 应用系统时应注意把握的一个参数。

PLC 的工作方式是一个不断循环的顺序扫描工作方式，每一次扫描所用的时间称为扫描周期。CPU 从第一条指令开始，按顺序逐条地执行用户程序直到用户程序结束，然后返回第一条指令开始新的一轮扫描。PLC 就是这样重复上述循环扫描工作的。

（三）西门子 S7-1200 PLC 基础

1. S7-1200 PLC 的硬件系统

S7-1200 PLC 硬件系统主要由 CPU 模块、信号板、信号模块、通信模块构成，如图 2-8 所示。

S7-1200 PLC 提供了各种模块和插入式板，用于通过附加 I/O 或其他通信协议来扩展 CPU 的功能。

（1）CPU 模块　S7-1200 PLC 的 CPU 模块将微处理器、电源、数字量输入 / 输出电路、模拟量输入 / 输出电路、PROFINET 以太网接口、高速运动控制功能组合到一个设计紧凑的外壳中。每个 CPU 内可以安装一块信号板或一块通信板或一块电池板，安装后不会改变 CPU 的外形和体积。

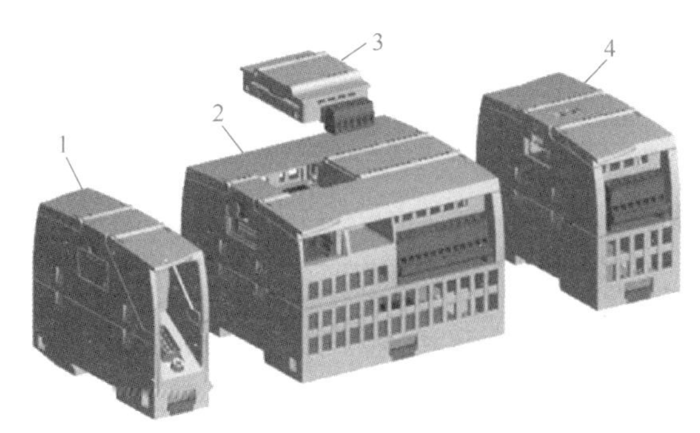

图 2-8 S7-1200 PLC 硬件系统构成

1—通信模块（CM）或通信处理器（CP） 2—CPU 模块 3—信号板（SB）、通信板（CB）或电池板（BB） 4—信号模块（SM）

微处理器相当于人的大脑，它不断采集输入信号，执行用户程序，刷新系统的输出。

S7-1200 PLC 集成的 PROFINET 以太网接口用于与编程计算机、HMI（人机界面）、其他 PLC 或其他设备通信。此外它还通过开放的以太网协议支持与第三方设备的通信。

S7-1200 PLC 目前有 7 种型号 CPU 模块，分别为 CPU 1211C、CPU 1212C、CPU 1214C、CPU 1215C、CPU 1217C、CPU 1214FC、CPU 1215FC。

1）CPU 面板。S7-1200 PLC 的 CPU 外形及结构（已拆卸上、下盖板）如图 2-9 所示。这里以 CPU1214C 为例进行介绍，CPU 有 3 个运行状态指示灯，用于提供 CPU 模块的运行状态信息。

① STOP/RUN 指示灯。该指示灯的颜色为纯橙色时，指示 PLC 处于 STOP 模式；纯绿色时，指示 PLC 处于 RUN 模式；绿色和橙色交替闪烁指示 CPU 正在起动。

② ERROR 指示灯。该指示灯为红色闪烁状态时指示有错误，如 CPU 内部错误、存储卡错误或组态错误（模块不匹配）等，纯红色时指示硬件出现故障。

③ MAINT 指示灯。该指示灯在每次插入存储器时闪烁。

CPU 模块上的 I/O 状态指示灯用来指示各输入或输出的信号状态。

CPU 模块上提供了一个以太网接口用于实现以太网通信，还提供了两个指示以太网通信状态的指示灯。其中“Link”（绿色）点亮表示连接成功，“Rx/Tx”（黄色）点亮指示传输活动。

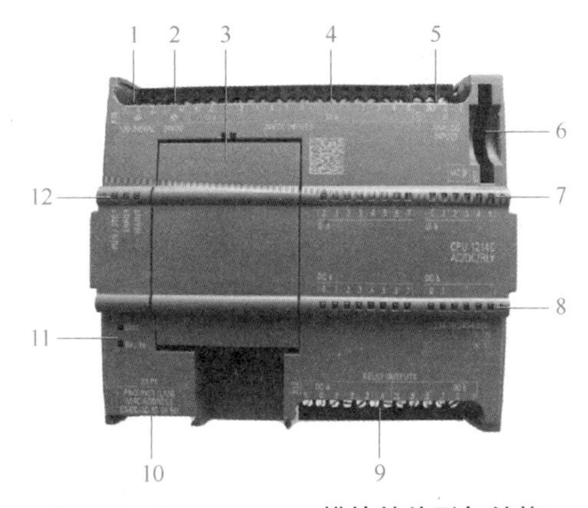

图 2-9 S7-1200 CPU 模块的外形与结构

1—电源端子 2—传感器电源端子 3—信号板盖板（此处用于安装信号板，安装时拆除盖板） 4—数字量输入端子 5—模拟量输入端子 6—存储卡插槽 7—输入状态 LED 指示灯 8—输出状态 LED 指示灯 9—数字量输出端子 10—PROFINET（LAN）接口 11—网络状态 LED 指示灯 12—CPU 运行状态 LED 指示灯

2）CPU 技术性能指标。S7-1200 PLC 是西门子公司 2009 年推出的面向离散自动化系统和独立自动化系统的紧凑型自动化产品，定位在原有的 S7-200 PLC、S7-300 PLC 产品之间。表 2-1 为目前 S7-1200 PLC 系列不同型号的 CPU 性能指标。

表 2-1　S7-1200 PLC 系列不同型号的 CPU 性能指标

<table>
<tr><th colspan="2">型号</th><th>CPU 1211C</th><th>CPU 1212C</th><th>CPU 1214C</th><th>CPU 1215C</th><th>CPU 1217C</th></tr>
<tr><td colspan="2">CPU</td><td colspan="4">DC/DC/DC，AC/DC/Rly，DC/DC/Rly</td><td>DC/DC/DC</td></tr>
<tr><td colspan="2">物理尺寸 /（mm × mm × mm）</td><td colspan="2">90 × 100 × 75</td><td>110 × 100 × 75</td><td>130 × 100 × 75</td><td>150 × 100 × 75</td></tr>
<tr><td rowspan="3">用户存储器</td><td>工作存储器</td><td>50KB</td><td>75KB</td><td>100KB</td><td>125KB</td><td>150KB</td></tr>
<tr><td>装载存储器</td><td colspan="2">1MB</td><td colspan="3">4MB</td></tr>
<tr><td>保持性存储器</td><td colspan="5">10KB</td></tr>
<tr><td rowspan="2">本机集成 I/O</td><td>数字量</td><td>6 输入 /4 输出</td><td>8 输入 /6 输出</td><td>14 输入 /10 输出</td><td colspan="2">14 输入 /10 输出</td></tr>
<tr><td>模拟量</td><td>2 路输入</td><td>2 路输入</td><td>2 路输入</td><td colspan="2">2 路输入 /2 路输出</td></tr>
<tr><td colspan="2">过程映像大小</td><td colspan="5">1024B 输入（I）/1024B 输出（Q）</td></tr>
<tr><td colspan="2">位存储器（M）</td><td colspan="2">4096B</td><td colspan="3">8192B</td></tr>
<tr><td colspan="2">信号模块扩展</td><td>无</td><td>最多 2 个（右侧）</td><td colspan="3">最多 8 个（右侧）</td></tr>
<tr><td colspan="2">信号板</td><td colspan="5">最多 1 块</td></tr>
<tr><td colspan="2">通信模块扩展</td><td colspan="5">最多 3 个（左侧）</td></tr>
<tr><td colspan="2" rowspan="3">高速计数器</td><td>3 路</td><td>5 路</td><td colspan="2">6 路</td><td>6 路</td></tr>
<tr><td>单相：3 个 100kHz</td><td>单相：3 个 100kHz、1 个 30kHz</td><td colspan="2">单相：3 个 100kHz、3 个 30kHz</td><td>单相：4 个 1MHz、2 个 100kHz</td></tr>
<tr><td>正交相位：3 个 80kHz</td><td>正交相位：3 个 80kHz、1 个 20kHz</td><td colspan="2">正交相位：3 个 80kHz、3 个 20kHz、</td><td>正交相位：4 个 1MHz、2 个 100kHz</td></tr>
<tr><td colspan="2">脉冲输出</td><td colspan="5">最多 4 路，CPU 本体 100Hz，通过信号板可输出 200Hz（CPU 1217C 最多支持 1MHz）</td></tr>
<tr><td rowspan="2">最大本地 I/O</td><td>数字量</td><td>14</td><td>82</td><td colspan="3">284</td></tr>
<tr><td>模拟量</td><td>3</td><td>19</td><td>67</td><td colspan="2">69</td></tr>
<tr><td colspan="2">存储卡</td><td colspan="5">SIMATIC 存储卡（选件）</td></tr>
<tr><td colspan="2">实时时间保持时间</td><td colspan="5">通常为 20 天，40℃时最少 12 天</td></tr>
<tr><td colspan="2">PROFINET</td><td colspan="3">1 个以太网通信接口</td><td colspan="2">2 个以太网通信接口</td></tr>
<tr><td colspan="2">布尔运算执行速度</td><td colspan="5">0.08μs/ 指令</td></tr>
<tr><td colspan="2">移动字执行速度</td><td colspan="5">1.7μs/ 指令</td></tr>
<tr><td colspan="2">实数数学运算执行速度</td><td colspan="5">2.3μs/ 指令</td></tr>
</table>

CPU 1211C、CPU 1212C、CPU 1214C、CPU 1215C 四种型号 CPU 根据其电源电压、输入电压和输出电压的不同类型，又分为 DC/DC/DC、AC/DC/Rly、DC/DC/Rly 三种版本，其中 DC 表示直流，AC 表示交流，Rly（Relay）表示继电器，见表 2-2。

表 2-2　S7-1200 CPU 的 3 种版本

版本	电源电压	DI 输入电压	DQ 输出电压	DQ 输出电流
DC/DC/DC	DC 24V	DC 24V	DC 24V	0. 5A，MOSFET
DC/DC/Rly	DC 24V	DC 24V	DC 5~30V　AC 5~250V	2A，DC 30W/AC 200W
AC/DC/Rly	AC 85V~264V	DC 24V	DC 5~30V　AC 5~250V	2A，DC 30W/AC 200W

（2）信号板与通信板　信号板与通信板如图 2-10 所示，它们可以在不增加空间的前提下给 CPU 增加数字量或模拟量的 I/O 点数及串行通信接口。安装信号板或通信板时，首先取下 CPU 模块面板上的盖板，然后将信号板或通信板直接插入 S7-1200 PLC 的 CPU 正面的槽内，如图 2-11 所示。信号板或通信板有可拆卸的端子，因此可以很容易地更换信号板或通信板。S7-1200 PLC 使用的几种信号板与通信板见表 2-3。

a) 信号板

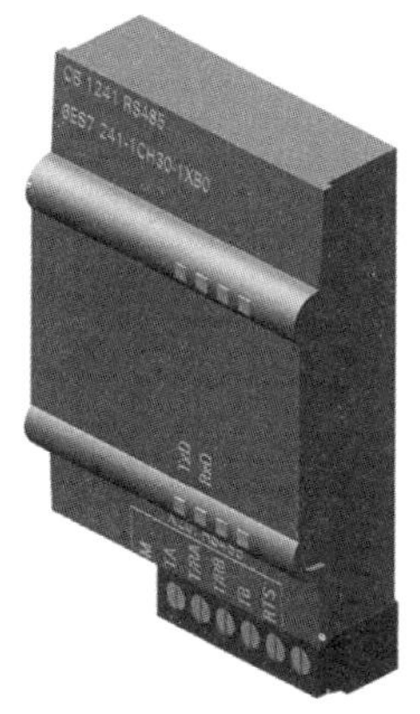

b)通信板

图 2-10　信号板与通信板

图 2-11　安装信号板或通信板

表 2-3　S7-1200 PLC 的信号板与通信板

型号（名称）	规格	型号（名称）	规格
SB 1221（数字量输入信号板）	4 点输入，最高计数频率为 200Hz，DI 4 × DC 24V，DI 4 × DC 5V	SB 1231（模拟量输入信号板）	有一路 12 位（11 位 + 符号位）的输入，可测量电压或电流（±10V，±5V，±2.5V 或 0~20mA），满量程范围（数据字）：-27648~27648
SB 1222（数字量输出信号板）	4 点输出，最高计数频率为 200Hz，DQ 4 × DC 24V，DQ 4 × DC 5V	SB 1232（模拟量输出信号板）	一路输出，电压（±10V）或电流（0~20mA）可输出分辨率为 12 位的电压和 11 位的电流，满量程范围（数据字），电压：-27648~27648；电流：0~27648
SB 1223（数字量输入 / 输出信号板）	2 点数字量输入和 2 点数字量输出，最高计数频率均为 200Hz，DI 2 × DC 24V/DQ 2 × DC 24V，DI 2 × DC 5V/DQ 2 × DC 5V	CB 1241（RS485 通信板）	提供一个 RS485 接口
SB 1231（热电偶信号板和热电阻信号板）	分辨率为 0.1℃/0.1℉，15 位 + 符号位，它们可选多种量程的传感器		

（3）信号模块　相对于信号板，信号模块可以为 CPU 模块扩展更多的 I/O 点数。信号模

块包括数字量（又称为开关量）输入模块（DI 模块）、数字量输出模块（DQ 模块）、数字量输入 / 输出模块（DI/DQ 模块）、模拟量输入模块（AI 模块）、模拟量输出模块（AQ 模块）和模拟量输入 / 输出模块（AI/AQ 模块），它们简称为 SM。信号模块如图 2-12 所示，其性能参数见表 2-4。

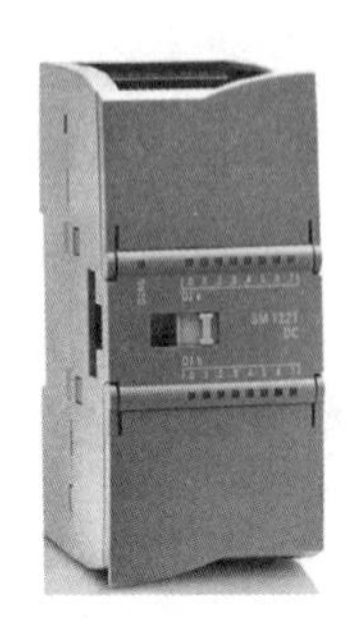

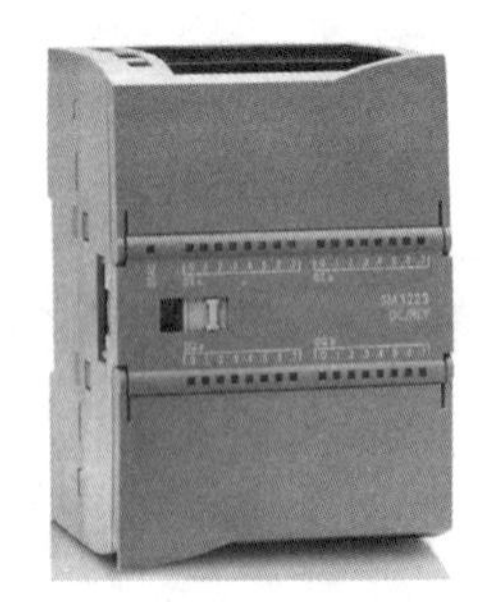

图 2-12　信号模块

表 2-4　S7-1200 PLC 信号模块

信号模块	型号	SM 1221 DC	SM 1221 DC		
	订货号	6ES7 221-1BF32-0XB0	6ES7 221-1BH32-0XB0		
数字量输入		DI 8 × DC 24V	DI 16 × DC 24V		
信号模块	型号	SM 1222 DC	SM 1222 DC	SM 1222 Rly	SM 1222 Rly
	订货号	6ES7 222-1BF32-0XB0	6ES7 222-1BH32-0XB0	6ES7 222-1HF32-0XB0	6ES7 222-1HH32-0XB0
数字量输出		DQ 8 × DC 24V 0.5A	DQ 16 × DC 24V 0.5A	DQ 8 × Rly DC 30V/AC 250V 2A	DQ 16 × Rly DC 30V/AC 250V 2A
信号模块	型号	SM 1223 DC/DC	SM 1223 DC/DC	SM 1223 DC/Rly	SM 1223 DC/Rly
	订货号	6ES7 223-1BH32-0XB0	6ES7 223-1BL32-0XB0	6ES7 223-1PH32-0XB0	6ES7 223-1PL32-0XB0
数字量输入 / 输出		DI 8 × DC 24V/DQ 8 × DC 24V 0.5A	DI 16 × DC 24V/DQ 16 × DC 24V 0.5A	DI 8 × DC 24V/DQ 8 × Rly DC 30V/AC 250V 2A	DI 16 × DC 24V/DQ 16 × Rly DC 30V/AC 250V 2A
信号模块	型号	SM 1231 AI	SM 1231 AI	SM 1231 AI	
	订货号	6ES7 231-4HD32-0XB0	6ES7 231-5ND32-0XB0	6ES7 231-4HF32-0XB0	
模拟量输入		AI 4 × 13bit ± 10V、± 5V、± 2.5V/0~20mA	AI 4 × 16bit ± 10V、± 5V、± 2.5V、± 1.25V/0~20mA、4~20mA	AI 8 × 13bit ± 10V、± 5V、± 2.5V/0~20mA	
信号模块	型号	SM 1232 AQ	SM 1232 AQ		
	订货号	6ES7 232-4HB32-0XB0	6ES7 232-4HD32-0XB0		
模拟量输出		AQ 2 × 14bit ± 10V/0~20mA 精度：电压 14bit，电流 13bit	AQ 4 × 14bit ± 10V/0~20mA 精度：电压 14bit，电流 13bit		

（续）

信号模块	型号	SM 1231 AI			
	订货号	6ES7 231-5QD32-0XB0	6ES7 231-5QF32-0XB0	6ES7 231-5PD32-0XB0	6ES7 231-5PF32-0XB0
热电偶和热电阻模拟量输入		AI 4 × 16bit 热电偶 0.1℃/0.1℉ 15 位 + 符号位	AI 8 × 16bit 热电偶 0.1℃/0.1℉ 15 位 + 符号位	AI 4 × 16bit 热电阻 0.1℃/0.1℉ 15 位 + 符号位	AI 8 × 16bit 热电阻 0.1℃/0.1℉ 15 位 + 符号位
信号模块	型号	SM 1234 AI/AQ			
	订货号	6ES7 234-4HE32-0XB0			
模拟量输入 / 输出		AI 4 × 13bit ± 10V/0~20mA AQ 2 × 14bit ± 10V/0~20mA			

信号模块安装在 CPU 模块的右边，扩展能力最强的 CPU 可以扩展 8 块信号模块，以增加数字量和模拟量输入 / 输出点。

（4）通信模块　S7-1200 PLC 最多可以扩展 3 个通信模块和 1 个通信板，如 CM 1241 RS232、CM 1241 RS485、CB 1241 RS485，它们安装在 CPU 模块的左侧和 CPU 模块的面板上，通信模块如图 2-13 所示。

RS232 和 RS485 通信模块为点对点（PtP）的串行通信提供连接。STEP7 工程组态系统提供了扩展指令或库功能、USS 驱动协议、Modbus RTU 主站协议和 Modbus RTU 从站协议，用于串行通信的组态和编程。

图 2-13　通信模块

2. S7-1200 PLC 的安装和拆卸

S7-1200 PLC 尺寸较小，易于安装，可以有效地节省空间。S7-1200 PLC 安装时应注意以下几点：

1）可以将 S7-1200 PLC 水平或垂直安装在面板或标准导轨上。

2）S7-1200 PLC 采用自然冷却方式，因此要确保其安装位置的上、下部分与邻近设备之间至少留出 25mm 的空间，并且 S7-1200 PLC 与控制柜外壳之间的距离至少为 25mm（安装深度）。

3）当采用垂直安装方式时，其允许的最大环境温度要比水平安装方式降低 10℃，此时要确保 CPU 被安装在最下面。

（1）安装和拆卸 CPU　通过导轨卡夹可以很方便地将 CPU 安装到标准导轨或面板上。安装 CPU 模块如图 2-14 所示。首先要将全部通信模块连接到 CPU 上，然后将它们作为一个单元来安装。将 CPU 安装到 DIN 导轨上的步骤如下。

1）安装 DIN 导轨，将导轨按照每隔 75mm 的距离分别固定到安装板上。

2）将 CPU 挂到 DIN 导轨上方。

3）拉出 CPU 下方的 DIN 导轨卡夹，以便将 CPU 安装到导轨上。

4）向下转动 CPU 使其在导轨上就位。

5）推入卡夹将 CPU 锁定到导轨上。

图 2-14 安装 CPU 模块

拆卸 CPU 时，先断开 CPU 的电源及 I/O 连接器、接线或电缆，应将 CPU 和所有与其相连的通信模块作为一个完整单元拆卸。所有信号模块应保持安装状态，如果信号模块已连接到 CPU，则需要首先缩回总线连接器。拆卸 CPU 模块如图 2-15 所示，拆卸步骤如下。

1）将螺钉旋具放到信号模块上方的小接头旁。

2）向下按使连接器与 CPU 分离。

3）将小接头完全滑到右侧。

4）拉出 DIN 导轨卡夹从导轨上松开 CPU。

5）向上转动 CPU 使其脱离导轨，然后从系统中卸下 CPU。

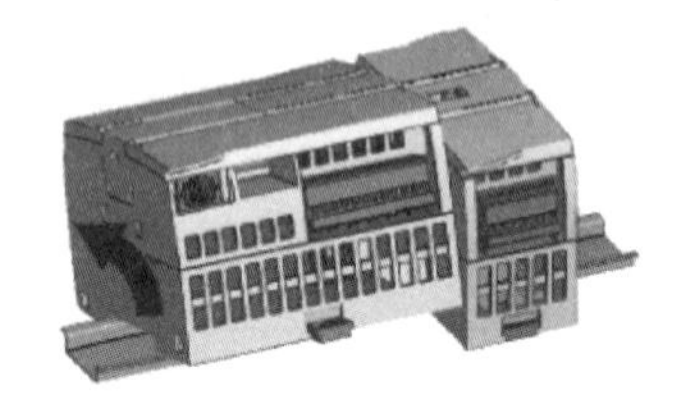

图 2-15 拆卸 CPU 模块

（2）安装和拆卸信号模块　在安装 CPU 后还要安装信号模块（SM）。安装信号模块如图 2-16 所示，操作步骤如下。

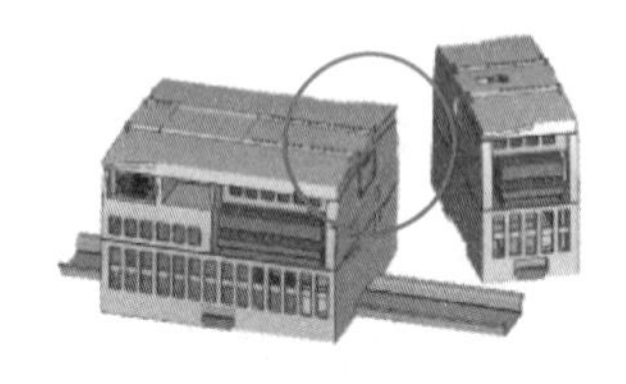

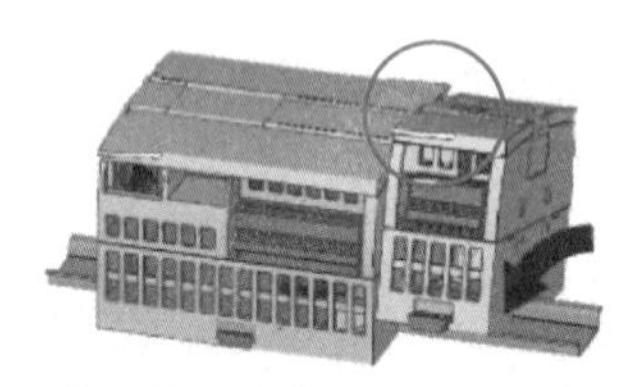

图 2-16 安装信号模块

1）卸下 CPU 右侧的连接器盖，将螺钉旋具插入盖上方的插槽中，将其上方的盖轻轻撬出并卸下盖，收好以备再次使用。

2）将 SM 挂到 DIN 导轨上方，拉出下方的 DIN 导轨卡夹，以便将 SM 安装到导轨上。

3）向下转动 CPU 旁的 SM，使其就位，并推入下方的卡夹，将 SM 锁定到导轨上。

4）伸出总线连接器，为信号模块建立机械和电气连接。

可以在不卸下 CPU 或其他信号模块处于原位时卸下任何信号模块。若要准备拆卸信号模块，需断开 CPU 的电源并卸下信号模块的 I/O 连接器和接线。拆卸信号模块如图 2-17 所示，其步骤如下。

1）使用螺钉旋具缩回总线连接器。

2）拉出 SM 下方的 DIN 导轨卡夹从导轨上松开 SM，向上转动 SM 使其脱离导轨。从系统中卸下 SM。

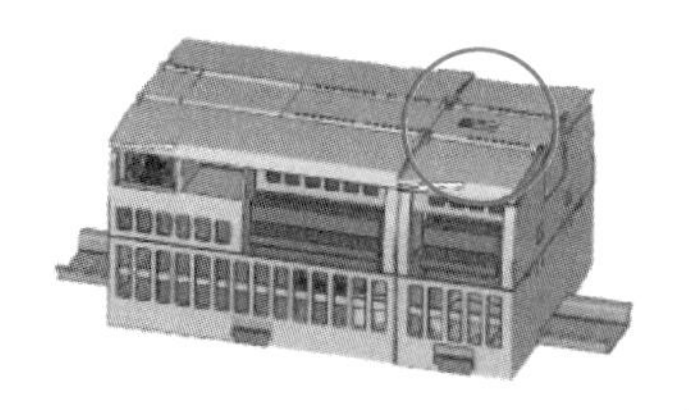
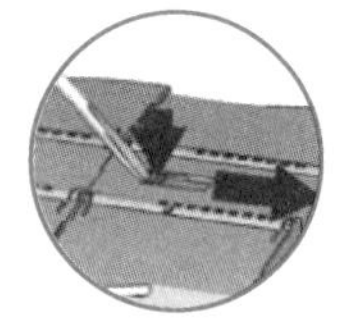

图 2-17　拆卸信号模块

3）用盖子盖上 CPU 的总线连接器。

（3）安装和拆卸通信模块　安装通信模块（CM）时，首先将 CM 连接到 CPU 上，然后将整个组件作为一个单元安装到 DIN 导轨或面板上。安装通信模块如图 2-18 所示，操作步骤如下。

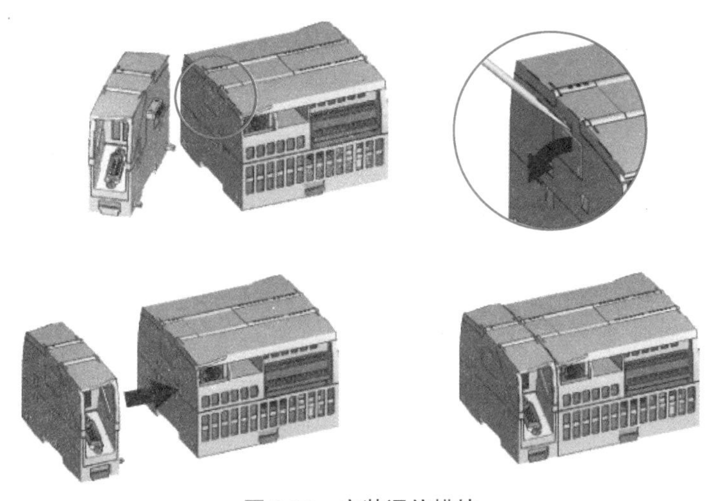

图 2-18　安装通信模块

1）卸下 CPU 左侧的总线盖，将螺钉旋具插入总线盖上方的插槽中，轻轻撬出并卸下盖。

2）将 CM 的总线连接器和接线柱与 CPU 上的孔对齐。

3）用力将两个单元压在一起直到接线柱卡入到位。

4）将组合单元安装到 DIN 导轨或面板上即可。

拆卸 CM 时，确保 CPU 和所有 S7-1200 设备都与电源断开，将 CPU 和 CM 作为一个整体单元从 DIN 导轨或面板上卸下。拆卸通信模块如图 2-19 所示，操作步骤如下。

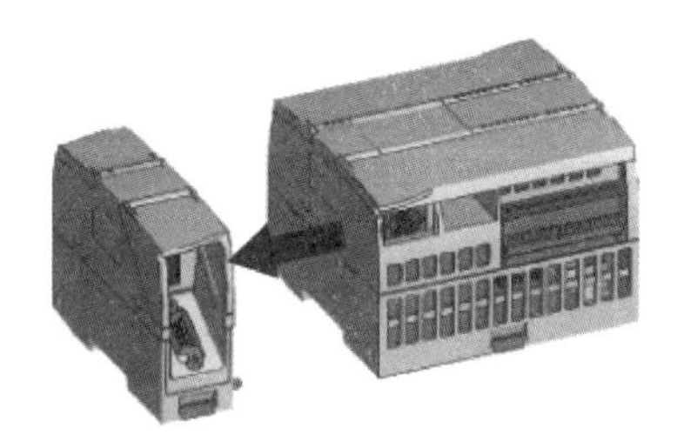

图 2-19　拆卸通信模块

1）拆除 CPU 和 CM 上的 I/O 连接器和所有接线及电缆。

2）对于 DIN 导轨安装，将 CPU 和 CM 上的下部 DIN 导轨卡夹卡到伸出位置。

3）从 DIN 导轨或面板上卸下 CPU 和 CM。

4）用力抓住 CPU 和 CM，并将它们分开。

（4）安装和拆卸信号板　安装信号板（SB）时，首先要断开 CPU 的电源，并卸下 CPU

上部和下部的端子板盖子。安装信号板如图 2-20 所示，操作安装步骤如下。

1）将螺钉旋具插入 CPU 上部接线盒盖背面的槽中。

2）轻轻将盖撬起，并从 CPU 上卸下。

3）将 SB 直接向下放入 CPU 上部的安装位置上。

4）用力将 SB 压入该位置，直到卡入就位。

5）重新装上端子板盖子。

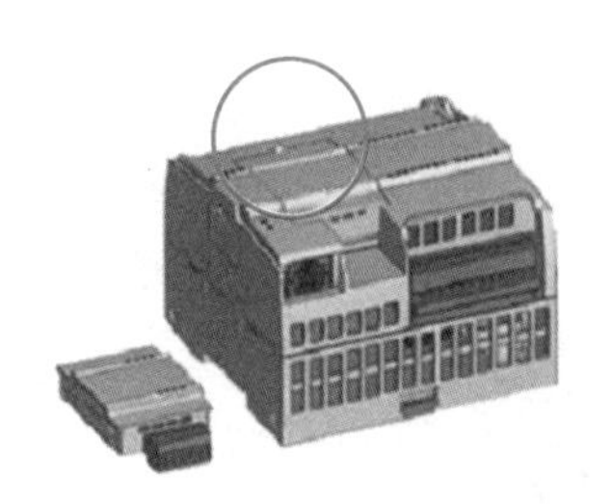

图 2-20　**安装信号板**

当需要从 CPU 上卸下 SB 时，要断开 CPU 的电源并卸下 CPU 上部和下部的端子板盖板。拆卸信号板如图 2-21 所示，操作步骤如下。

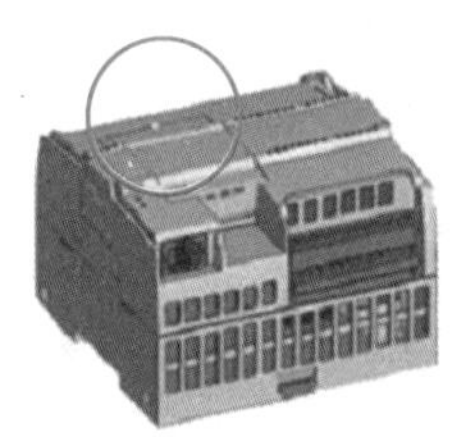

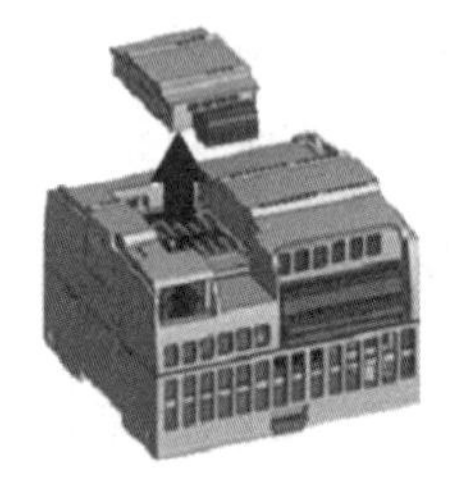
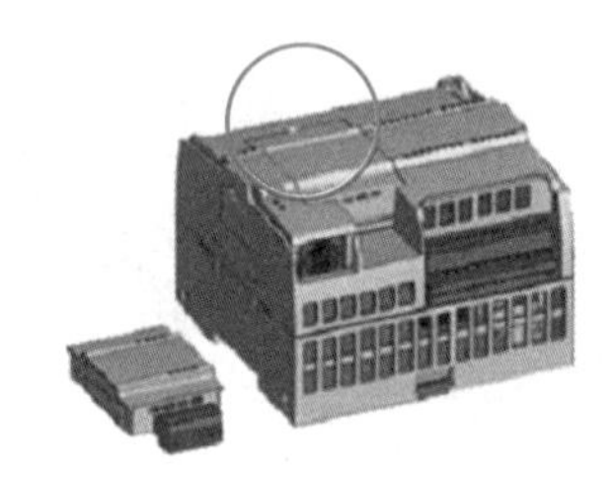

图 2-21　**拆卸信号板**

1）用螺钉旋具轻轻分离以卸下信号板连接器（如已安装）。

2）将螺钉旋具插入模块上部的槽中。

3）轻轻将模块撬起使其与 CPU 分离。

4）将 SB 直接从 CPU 上部的安装位置中取出。

5）将 SB 盖板重新装到 CPU 上。

6）重新装上端子板盖板。

（5）拆卸与安装端子板连接器　拆卸 S7-1200 PLC 端子板连接器时，先要断开 CPU 的电源。拆卸端子板连接器如图 2-22 所示，操作步骤如下。

图 2-22　**拆卸端子板连接器**

1）打开连接器上的盖板。

2）查看连接器的顶部并找到可插入螺钉旋具头的槽。

3）将螺钉旋具插入槽中。

4）轻轻撬起连接器顶部使其与 CPU 分离。连接器从夹紧位置脱离。

5）抓住连接器并将其从 CPU 上卸下。

安装端子板连接器如图 2-23 所示，操作步骤如下。

1）通过断开 CPU 的电源并打开连接器的盖子，准备端子板安装的组件。

2）使连接器与单元上的插针对齐。

3）将连接器的接线边对准连接器座沿的内侧。

4）用力按下并转动连接器直到卡入到位。

5）仔细检查以确保连接器已正确对齐并完全啮合。

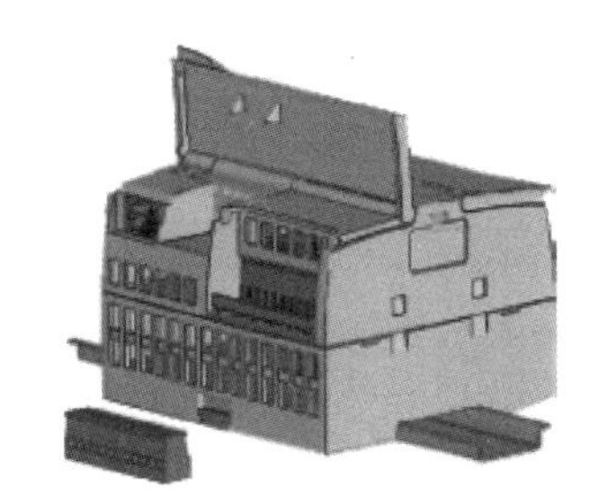

图 2-23 安装端子板连接器

3. S7-1200 PLC 的接线

S7-1200 PLC 每一型号中有交流和直流两种供电方式，其输出有继电器输出和直流（场效应晶体管）输出两种。PLC 的外部端子包括 PLC 电源端子、供外部传感器用的 DC 24V 电源端子（L+、M）、数字量输入端子（DI）和数字量输出端子（DO）等，其主要完成电源、输入信号和输出信号的连接。由于 CPU 模块、输出类型和外部供电电源方式不同，PLC 外部接线也不尽相同，图 2-24 和图 2-25 分别为 CPU 1214C AC/DC/Rly（继电器）型、CPU 1214C DC/DC/DC（直流）型的接线图，下面以这两个图为例介绍 S7-1200 PLC 的外部接线。

1）电源的接线。S7-1200 PLC CPU 模块上有两组电源端子，分别用于 CPU 的电源输入和接口电路所需的直流电源输出。其中 L1、N 是 CPU 的电源输入端子，采用工频交流电源供电，对电压的要求比较宽松，120~240V 均可使用，接线时要分清端子上的“N”端（中性线）和“⏚”端（地）。PLC 的供电电路要与其他大功率用电设备分开。采用隔离变压器为 PLC 供电，可以减少外界设备对 PLC 的影响。PLC 的供电电源线应单独从机顶进入控制柜中，不能与其他直流信号线、模拟信号线捆在一起走线，以减少其他控制电路对 PLC 的干扰。L+、M 是 CPU 为输入接口电路提供的内置 DC 24V 传感器电源端子，输入回路一般使用该电源，图 2-24、图 2-25 输入回路外接了一 DC 24V 电源。若使用内置 DC 24V 电源，当输入回路采用漏型输入时，需要去除图 2-24、图 2-25 中标有②的外接 DC 电源，将输入回路的 1M 端子与标有①的内置 DC 24V 电源的 M 端子连接起来，将该电源的 L+ 端子接到输入触点的公共端；源型输入时，将内置 DC 24V 电源的 L+、M 端子分别连接到 1M 端子和输入触点的公共端。

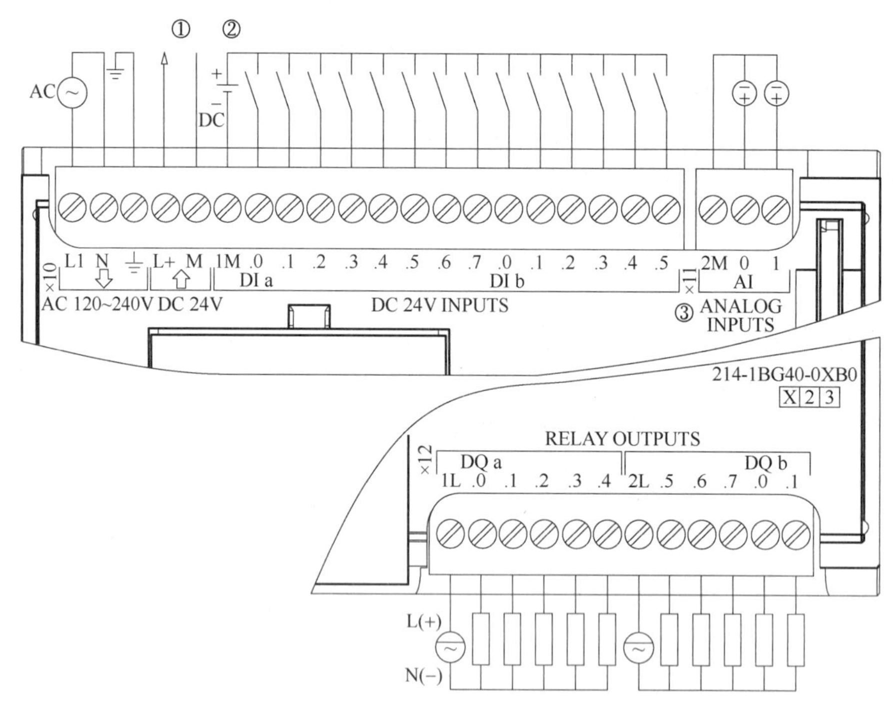

图 2-24　**CPU 1214C AC/DC/Rly 模块外部接线图**

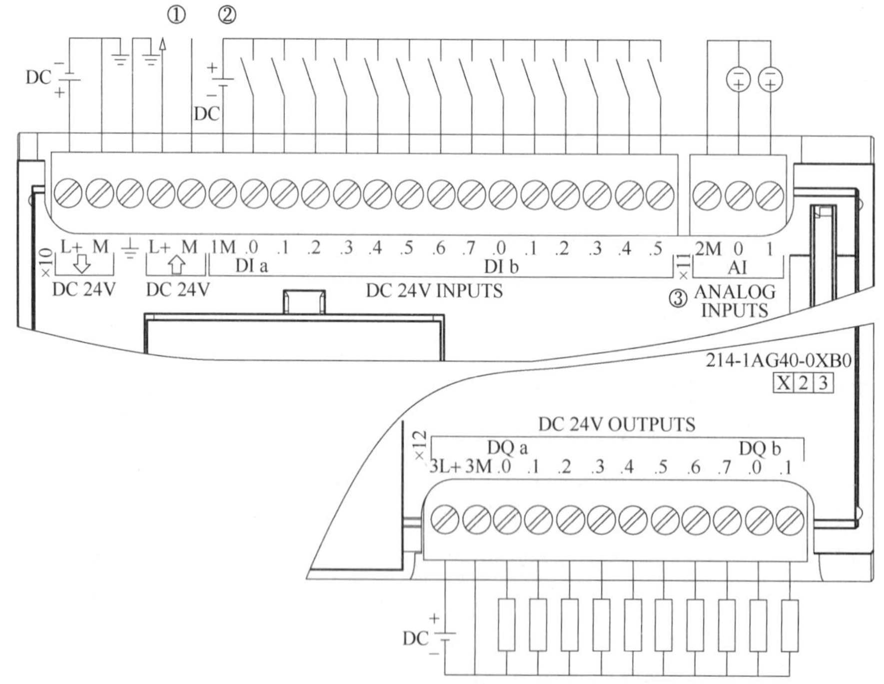

图 2-25　**CPU 1214C DC/DC/DC 模块外部接线图**

对于图 2-24 和图 2-25：

① 对于 DC 24V 传感器电源端子要获得更好的抗噪声效果，即使未使用传感器电源，也可将“M”连接到机壳接地。

② 图中为漏型输入连接；对于源型输入，将外接 DC 电源“+”连接到“1M”。

③ X11 连接器必须镀金。有关订货号，请参见 S7-1200 可编程控制器系统手册附录 C“备件”。

2）输入接口器件的接线。CPU 1214C AC/DC/Rly 共有 16 点输入，其中 14 点数字量输入、2 点模拟量输入，分布在 CPU 模块的上部，端子编号采用八进制，如图 2-24、图 2-25 所示。输入端子 I0.0~I1.5，公共端为 1M，与 DC 24V 电源相连。当电源的负极与公共端 1M 连接时，为漏型（即 PNP 型）接线，电流从数字量输入端子流入，如图 2-26a 所示；当电源的正极与公共端 1M 连接时，为源型（即 NPN 型）接线，电流从数字量输入端子流出，如图 2-26b 所示。

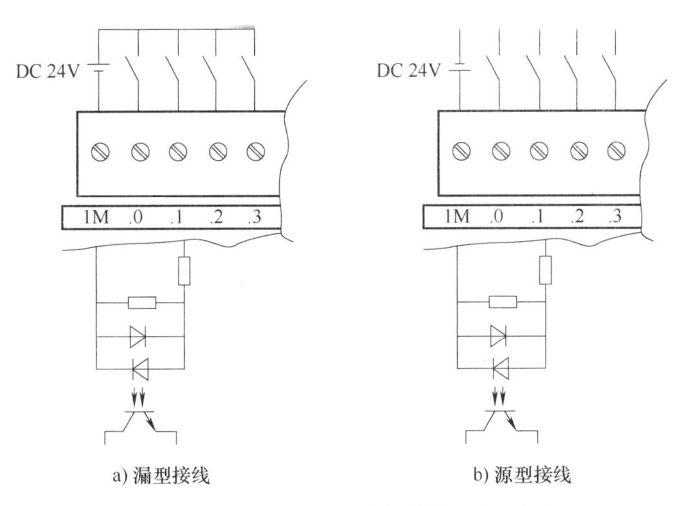

a) 漏型接线　　b) 源型接线

图 2-26 S7-1200 PLC 数字量输入端子接线

S7-1200 PLC CPU 模块输入接口的端子可以与开关、按钮等无源信号及各种传感器等有源信号连接。图 2-27a 所示开关、按钮等器件都是无源触点器件，当 PLC 输入端 I0.0 所接的开关或按钮闭合时，电流从输入端 I0.0 流入，相应的输入 LED 点亮。图 2-27b 所示为 PLC 输入端与 3 线式 NPN 输出型传感器的接线。将 3 线式传感器的棕色线与蓝色线分别与 DC 24V 电源正、负极相连，将黑色信号线与 PLC 的 I0.0 输入端子相连。3 线式 NPN 输出型传感器导通时，黑色信号线和 0V 线相连，相当于低电平，此时电流从输入端 I0.0 流出，该接线方式为源型。图 2-27c 所示为 PLC 输入端与 3 线式 PNP 输出型传感器的接线，分别将 3 线式传感器的棕色线与蓝色线与 DC 24V 电源正、负极相连，将黑色信号线与 PLC 的 I0.0 输入端子相连。3 线式 PNP 输出型传感器导通时，黑色信号线和 24V 线相连，相当于高电平，此时电流从输入端 I0.0 流入，该接线方式为漏型。

3）输出接口器件的接线。S7-1200 PLC 的输出接口有两种类型：继电器输出和直流输出。图 2-24 所示的 CPU 1214C 是继电器输出型，CPU 1214C AC/DC/Rly 共有 10 点输出，分布在 CPU 模块的下方，输出端子分两组输出，对应的公共端分别为 1L、2L，Q0.0~Q0.4 为第一组，公共端为 1L；Q0.5~Q1.1 为第二组，公共端为 2L。继电器输出型一组共用一个公共端的干节点，可以接交流或直流电源，电压等级最高到 220V，每点的额定电流为 2A。例如，可以接 24V/110V/220V 交直流信号，但要保证一组输出接同样的电源和电压（一组共用一个公共端，如 1L、2L），如图 2-28a 所示，Q0.0~Q0.4 输出端子接 AC 220V 电源，Q0.5~Q1.1 输出端子接 DC 24V 电源，PLC 输出电路无内置熔断器，为了防止负载短路等故障烧断 PLC 基板配线，每组设置 2A 熔断器。继电器输出型输出点接直流电源时，公共端接电源的正极或负极均可以。

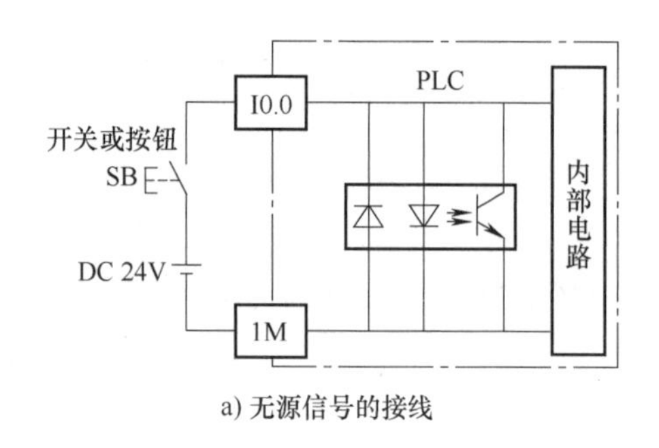

a) 无源信号的接线

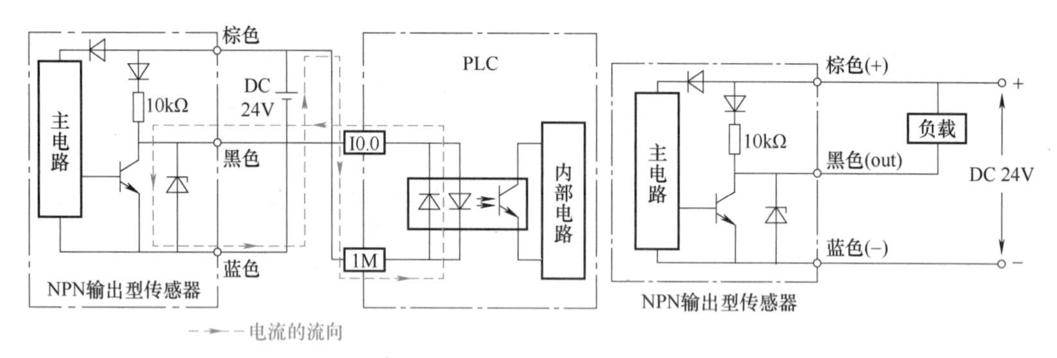

b) NPN输出型传感器的接线（源型）

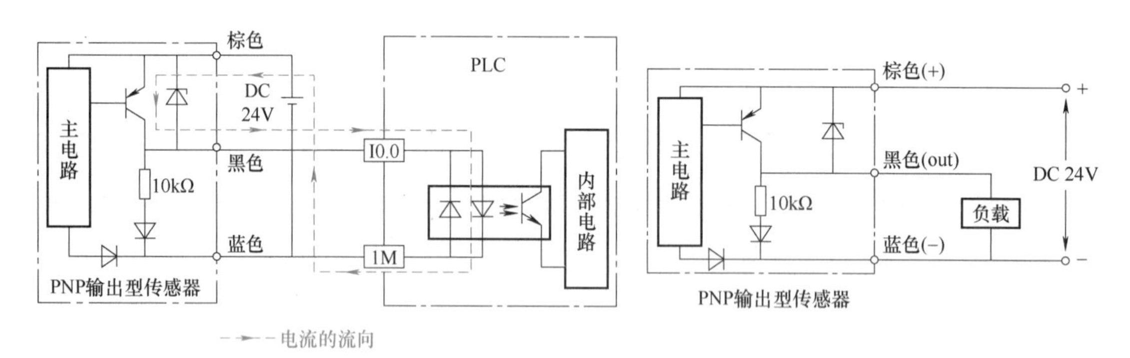

c) PNP输出型传感器的接线（漏型）

图 2-27　无源和有源输入的输入信号接线

图 2-25 所示的 CPU 1214C 是直流输出型，CPU 1214C DC/DC/DC 共有 10 点输出，分布在 CPU 模块的下方，输出端子按一组输出，对应的公共端为 3L+、3M。直流输出只能接 DC 20.4~28.8V 电源，每点的额定电流为 0.5A。如果直流输出端子需要驱动大电流或交流负载，如驱动 AC 220V 接触器线圈，则需要通过中间继电器进行转换，如图 2-28b 所示。

CPU 1214C DC/DC/DC 模块输出端子能输出高频脉冲，常用于控制步进驱动器和伺服驱动器的运动场合，而 CPU 1214C AC/DC/Rly 模块不具备这种功能。

三、任务实施

（一）任务目标

1）初步认识 S7-1200 PLC 硬件组成。

2）会正确安装 S7-1200 CPU、信号板、信号模块、通信板、通信模块。

3）掌握 S7-1200 PLC 输入电源接线及 I/O 接线的方法。

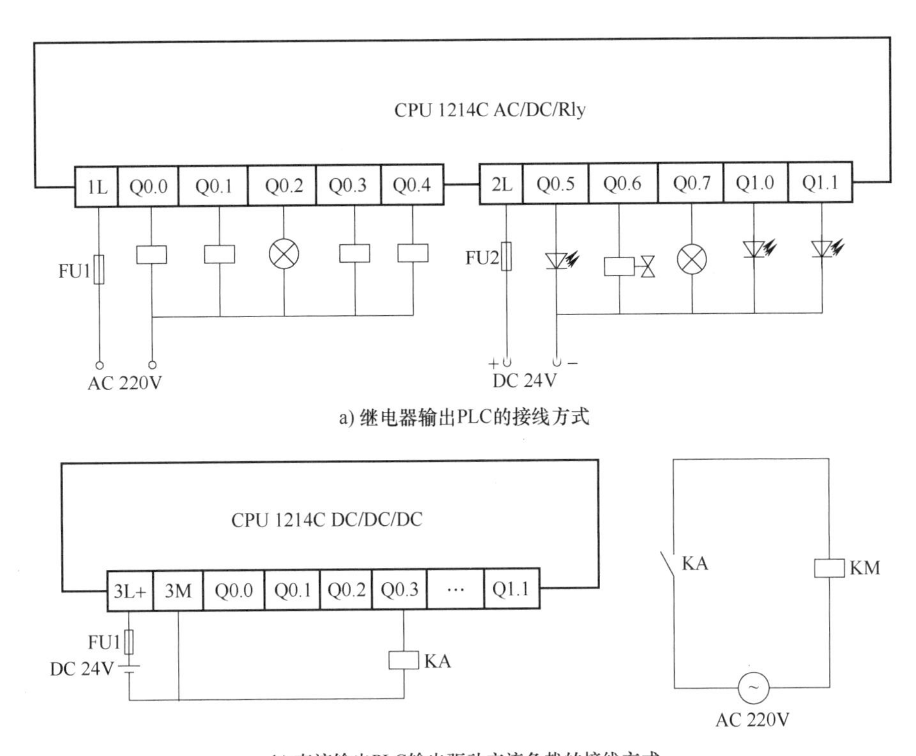

a) 继电器输出PLC的接线方式

b) 直流输出PLC输出驱动交流负载的接线方式

图 2-28 S7-1200 PLC 数字量输出端子的接线

（二）设备与器材

本任务所需设备与器材见表 2-5。

表 2-5 所需设备与器材

序号	名称	符号	型号规格	数量	备注
1	常用电工工具		十字螺钉旋具、一字螺钉旋具、尖嘴钳、剥线钳等	1 套	表中所列设备与器材的型号规格仅供参考
2	西门子 S7-1200 PLC	CPU	CPU 1214C AC/DC/Rly，订货号：6ES7 214-1AG40-0XB0	1 台	
3	通信模块	CM	CM 1241（RS422/485），订货号：6ES7 241-1CH-0XB0	1 块	
4	信号模块（数字量输入/输出模块）	SM 1223	DI 8/DQ 8 × DC 24V，订货号：6ES7 223-1BH32-0XB0	1 块	
5	信号板（模拟量输出信号板）	SB 1232	AQ1 × 12BIT，订货号：6ES7 232-4HA30-0XB0	1 块	
6	连接导线			若干	

（三）内容与步骤

1. 任务要求

完成 S7-1200 PLC CPU、信号模块及通信模块的安装，并进行硬件接线。

2. 安装

（1）安装 CPU

1）首先在安装板上固定 DIN 导轨，注意固定时每 75mm 处用螺钉拧紧。

2）将 CPU 挂到 DIN 导轨上方。

3）拉出 CPU 下方的 DIN 导轨卡夹，以便将 CPU 安装到导轨上。

4）向下转动 CPU 使其在导轨上就位。

5）推入卡夹将 CPU 锁定到导轨上。

（2）安装信号模块（数字量输入 / 输出模块）SM 1223

1）卸下 CPU 右侧的连接器盖，将螺钉旋具插入盖上方的插槽中，将其上方的盖轻轻撬出并卸下盖，收好以备再次使用。

2）将 SM 1223 挂到 DIN 导轨上方，拉出下方的 DIN 导轨卡夹，以便将 SM 1223 安装到导轨上。

3）向下转动 CPU 旁的 SM 1223，使其就位，并推入下方的卡夹，将 SM 1223 锁定到导轨上。

4）伸出总线连接器，为信号模块建立机械和电气连接。

（3）安装通信模块 CM 1241

1）卸下 CPU 左侧的总线盖，将螺钉旋具插入总线盖上方的插槽中，轻轻撬出并卸下盖。

2）将 CM 1241 的总线连接器和接线柱与 CPU 上的孔对齐。

3）用力将两个单元压在一起直到接线柱卡入到位。

4）将组合单元安装到 DIN 导轨或面板上即可。

（4）安装信号板（模拟量输出信号板）SB 1232

1）将螺钉旋具插入 CPU 上部接线盒盖背面的槽中。

2）轻轻将盖撬起，并从 CPU 上卸下。

3）将 SB 1232 直接向下放入 CPU 上部的安装位置上。

4）用力将 SB 1232 压下该位置，直到卡入就位。

5）重新装上端子板盖子。

3. 硬件接线

1）电源的接线。

2）输入端口的接线。

3）输出端口的接线。

四、任务考核

任务实施考核见表 2-6。

表 2-6　任务实施考核表

序号	考核内容	考核要求	评分标准	配分	得分
1	设备安装	（1）能正确使用电工工具安装 S7-1200 CPU （2）能正确安装信号模块 （3）能正确安装通信模块	（1）DIN 导轨安装位置不合理，扣 10 分 （2）少用安装螺钉，每个扣 5 分 （3）安装 CPU 方法不正确，扣 10 分 （4）信号模块或通信模块与 CPU 连接的位置不正确，每处扣 10 分	50 分	
2	接线	能正确使用电工工具进行连线	（1）连线每错一处，扣 5 分 （2）损坏连接线，每根扣 5~10 分	30 分	
3	安全文明操作	确保人身和设备安全	违反安全文明操作规程，扣 10~20 分	20 分	
合计				100 分	

五、任务总结

本任务主要介绍了 S7-1200 PLC 的硬件组成、工作原理、编程语言等相关知识。在此基础上进行了 S7-1200 CPU、信号模块、通信模块的安装与接线，从而达到初步认识 S7-1200 PLC 的目标。

任务二 博途 STEP7 软件安装与硬件组态

一、任务导入

博途软件是全集成自动化博途（Totally Integrated Automation Portal）的简称，是业内首个集工程组态、软件编程和项目环境配置于一体的全集成自动化软件，几乎涵盖了所有自动化控制编程任务。借助该工程技术软件平台，用户能够快速、直观地开发和调试自动化控制系统。

博途软件与传统自动化软件相比，无须花费大量的时间集成各个软件包，它采用全新的、统一的软件框架，可在统一开发环境中组态西门子所有的 PLC、HMI 和驱动装置，实现统一的数据和通信管理，可大大降低连接和组态成本。

二、知识链接

（一）博途软件的组成

博途软件主要包括 STEP7、WinCC 和 Start Drive 三个软件，博途软件各产品所具有的功能和覆盖产品范围如图 2-29 所示。

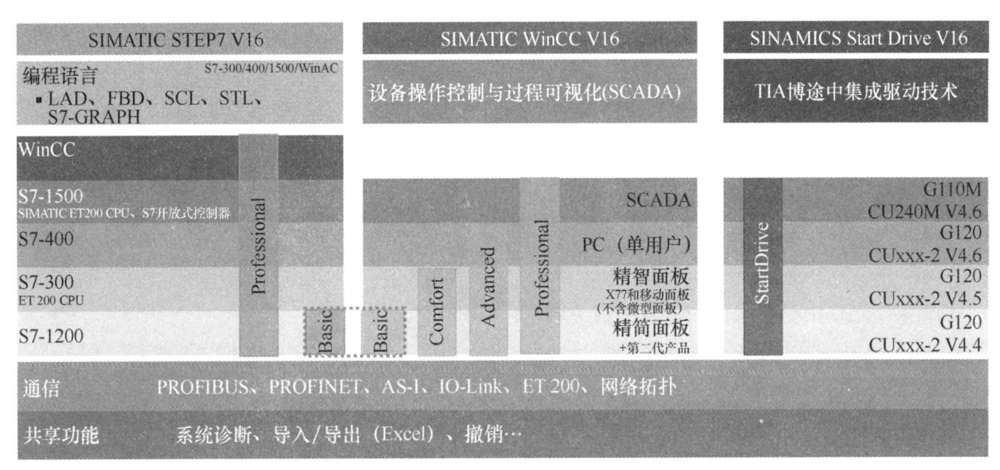

图 2-29　博途软件各产品所具有的功能和覆盖产品范围

1. 博途 STEP7

博途 STEP7 是用于组态 S7-1200 PLC、S7-1500 PLC、S7-300/400 PLC 和 WinCC（软件控制器）系列的工程组态软件。

博途 STEP7 有基本版和专业版两个版本：①博途 STEP7 基本版用于 S7-1200 PLC；②博途 STEP7 专业版用于 S7-1200 PLC、S7-1500 PLC、S7-300/400 PLC 和 WinCC。

2. 博途 WinCC

博途 WinCC 是组态 SIMATIC 面板、WinCC Runtime 和 SCADA 系统的可视化软件，它

还可以组态 SIMATIC 工业 PC（个人计算机）和标准 PC。

博途 WinCC 有以下 4 种版本。

1）博途 WinCC 基本版（Basic）：用于组态精简面板，博途 WinCC 基本版已经被包含在每款博途 STEP7 基本版和专业版产品中。

2）博途 WinCC 精智版（Comfort）：用于组态所有面板，包括精简面板、精智面板和移动面板。

3）博途 WinCC 高级版（Advanced）：用于组态所有面板，运行 WinCC Runtime 高级版的 PC。

4）博途 WinCC 专业版（Professional）：用于组态所有面板，运行 WinCC Runtime 高级版和专业版的 PC。

3. 博途 StartDrive（TIA Portal）

博途 StartDrive 软件能够将 SINAMICS 变频器集成到自动化环境中，并对 SINAMICS 变频器（如 G120、S120 等）进行参数设置、工艺对象配置、调试和诊断等操作。

（二）博途 STEP7 软件的安装

1. 计算机硬件和操作系统的配置要求

安装博途 STEP7 对计算机硬件和操作系统有一定的要求，其建议使用的硬件和软件配置如下：

（1）硬件配置

处理器：Intel Core i5-6440EQ（最高 3.4GHz）。

内存：8GB 或更高。

硬盘：SSD，至少 50GB 的可用空间。

网络：100Mbit/s 或更高。

屏幕：15.6in 全高清显示屏（1920 × 1080 像素或更高）。

（2）操作系统

1）Windows 10（64 位）。

- Windows 10 Professional Version 1703。
- Windows 10 Enterprise Version 1703。
- Windows 10 Enterprise 2016 LTSB。
- Windows 10 IoT Enterprise 2015 LTSB。
- Windows 10 IoT Enterprise 2016 LTSB。

2）Windows Server（64 位）。

- Windows Server 2012 R2 StdE（完全安装）。
- Windows Server 2016 Standard（完全安装）。

3）Windows 7（64 位）。

- MS Windows 7 Professional SP1。
- MS Windows 7 Enterprise SP1。
- MS Windows 7 Ultimate SP1。

2. 博途 STEP7 的安装步骤

本书安装的操作系统是 Windows 10 专业版，安装 SIMATIC STEP7 Professional V16 软件，安装博途软件之前，建议关闭杀毒软件。

1）启动安装软件。将安装介质插入计算机的光驱，安装程序将自启动，如果安装程序没有自启动，则可通过双击“Start.exe”文件手动启动。

2）选择安装语言。博途提供了英语、德语、中文、法语、西班牙语和意大利语供选择安装。这里选择“安装语言：中文”单选按钮，如图2-30所示，然后单击“下一步”按钮。

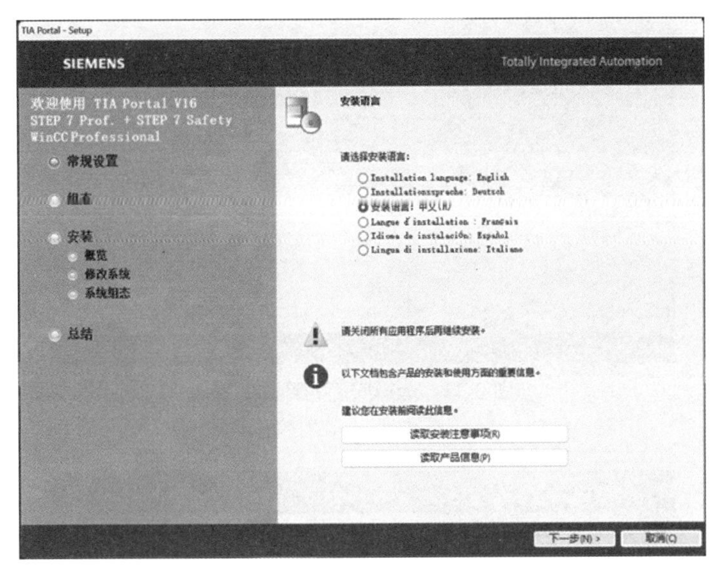

图2-30 安装语言

3）选择该应用程序需要安装的语言。在打开的“产品语言”页面，勾选“简体中文”复选框，如图2-31所示。

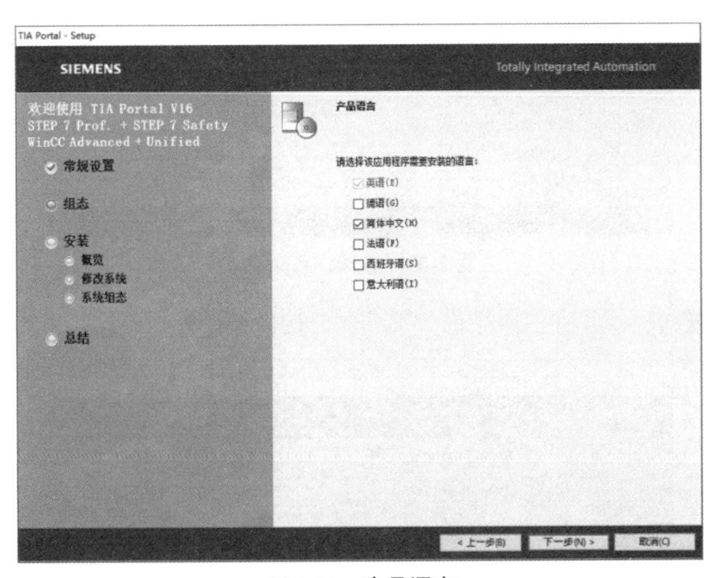

图2-31 产品语言

4）选择要安装的产品。单击图2-31中的“下一步”按钮，进入图2-32所示界面，在该界面选择安装的产品配置（可以选择的配置有“最小”“典型”和“用户自定义”）以及安装路径。这里选择“典型”配置安装。

5）选择许可条款。单击图2-32中的“下一步”按钮，进入图2-33所示界面，在许可证条款复选框的下方勾选“本人接受所列出的许可协议中所有条款”和“本人特此确认，已阅读并理解了有关产品安全操作的安全信息”两个选项。

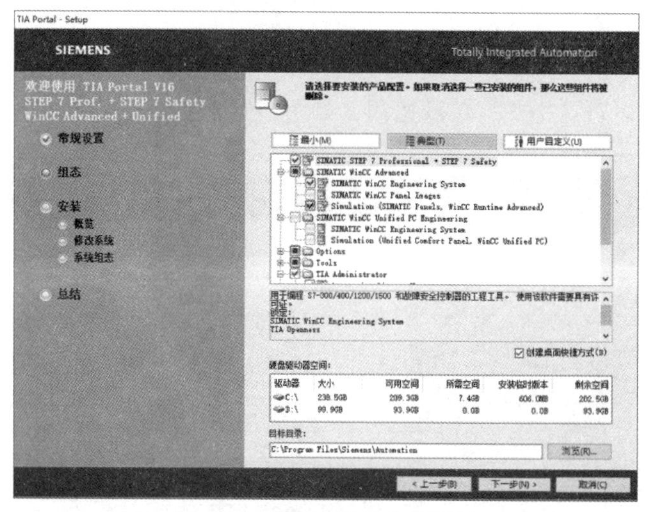

图 2-32　选择安装的产品配置

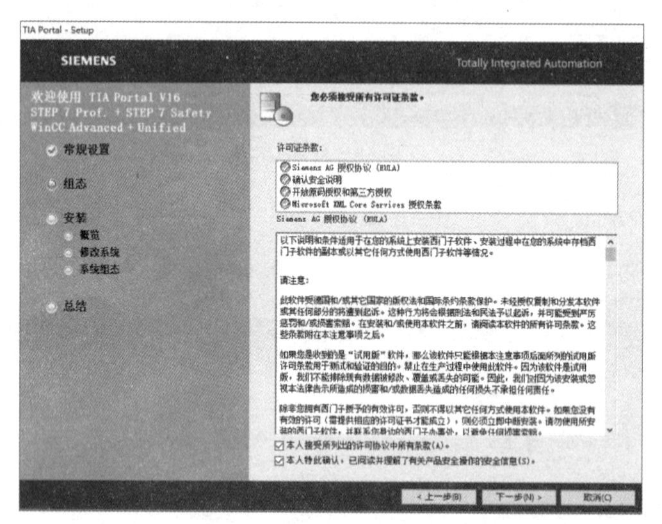

图 2-33　选择许可条款

6）安装信息概览。单击图 2-33 中的“下一步”按钮，进入“概览”界面，如图 2-34 所示。

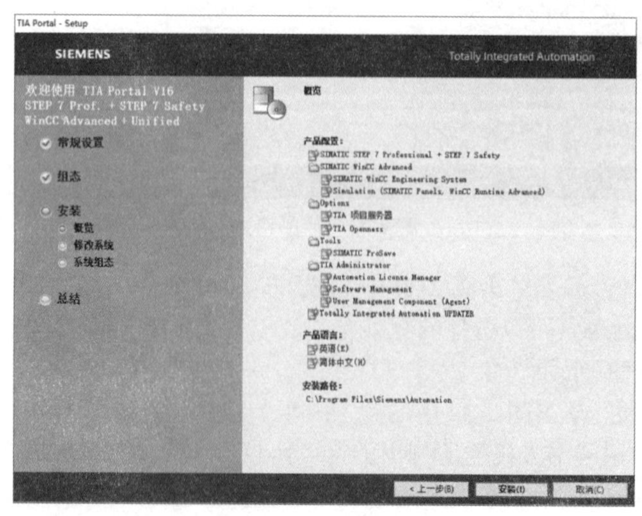

图 2-34　概览

7）安装启动。单击图 2-34 中的“安装”按钮，进入图 2-35 所示界面，然后单击“安装”按钮，开始安装。

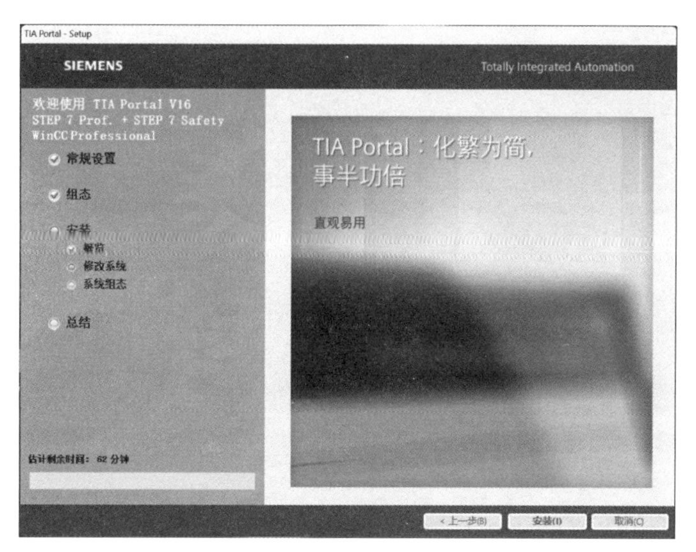

图 2-35　安装

8）许可证传送。当安装完成之后，会出现许可证传送界面，如图 2-36 所示，在该界面中需要对软件进行许可证密钥授权。如果没有软件的许可证，则单击“跳过许可证传送”按钮。

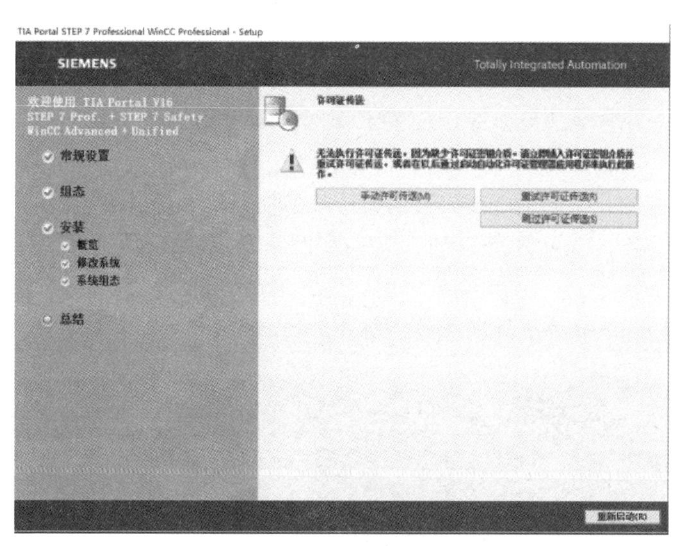

图 2-36　许可证传送

9）安装成功。在跳过许可证传送之后，直到安装成功，将出现图 2-37 所示界面，单击“重新启动”按钮即可。

10）启动软件。如果没有软件的许可证，首次使用博途 STEP7 软件时，在添加新设备时将会出现图 2-38 所示对话框，此时选中列表框中的“SETP7 Professional”选项，然后单击“激活”按钮，激活试用许可证后，可以获得 21 天试用期。

也可以用 Automation License Manager 软件传递授权，该软件窗口如图 2-39 所示，通过授权后，软件可正常使用。

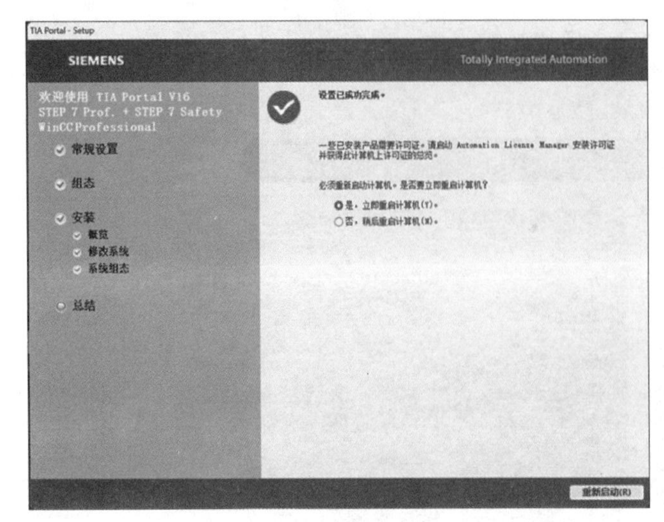

图 2-37　安装成功

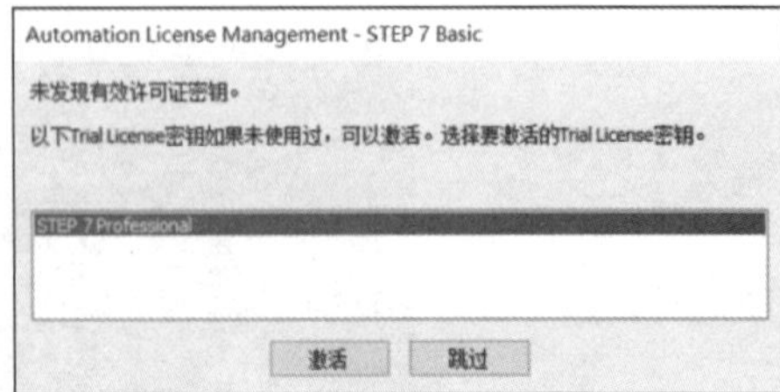

图 2-38　激活试用许可证密钥

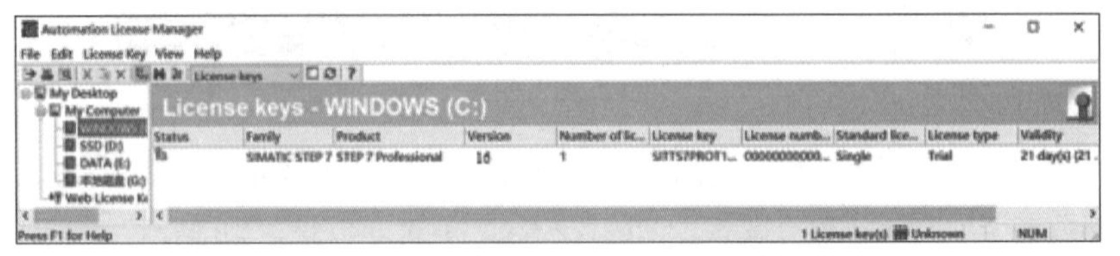

图 2-39　Automation License Manager 的软件窗口

（三）博途 STEP7 软件的操作界面介绍

博途软件提供了两种优化的视图，即 Portal（门户）视图和项目视图。Portal 视图是面向任务的视图，项目视图是项目各组件、相关工作区和编辑器的视图。

1. Portal 视图

Portal（门户）视图是一种面向任务的视图，类似于向导操作，可以一步一步地完成所有任务。选择不同的任务入口可处理启动、设备和网络、PLC 编程、可视化、在线和诊断等各种工程任务。

Portal 视图如图 2-40 所示，其功能说明如下。

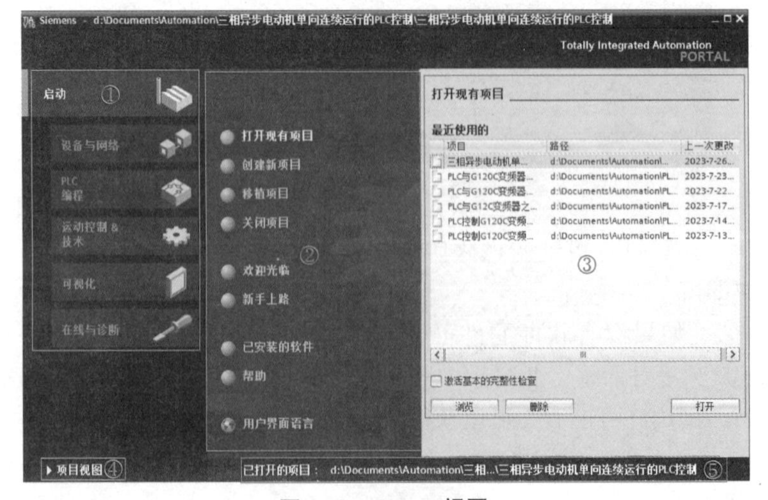

图 2-40　Portal 视图

① 任务选项：为各个任务区提供基本功能，Portal 视图提供的任务选项取决于所安装的产品。

② 所选任务选项对应的操作：选择任务选项后，在该区域可以选择相对应的操作。例如，选择“启动”选项后，可以进行“打开现有项目”“创建新项目”“移植项目”等操作。

③ 所选操作的选择面板：面板的内容与所选择的操作相匹配，如“打开现有视图”面板显示的是最近使用的任务，可以从中打开任意一项任务。

④ “项目视图”链接：可以使用“项目视图”链接切换到项目视图。

⑤ 当前打开视图的路径：可查看当前打开视图的路径。

2. 项目视图

项目视图包含项目所有组成的元件，将整个项目（PLC、HMI 和各种模块）按多层结构显示在项目树中。在项目视图中可以直接访问所有的编辑器、参数和数据，并进行高效的工程组态和编程，包括标题栏、工具栏、工作区和状态栏等。

项目视图如图 2-41 所示，其功能说明如下：

① 标题栏：显示当前打开项目的名称。

② 菜单栏：软件使用的所有命令。

③ 工具栏：包括常用命令或工具的快捷按钮，如新建项目、打开项目、保存项目和编译等。

④ 项目树：通过项目树可以访问所有设备和项目数据，也可以在项目树中执行任务，如添加新组件、编辑已存在的组件、打开编辑器和处理项目数据等。

项目中的各组成部分在项目树中是树形结构显示，分为 4 个层次：项目、设备、文件夹和对象。项目树的使用方式与 Windows 的资源管理器相似。作为每个编辑器的子元件，用文件夹以结构化的方式保存对象。

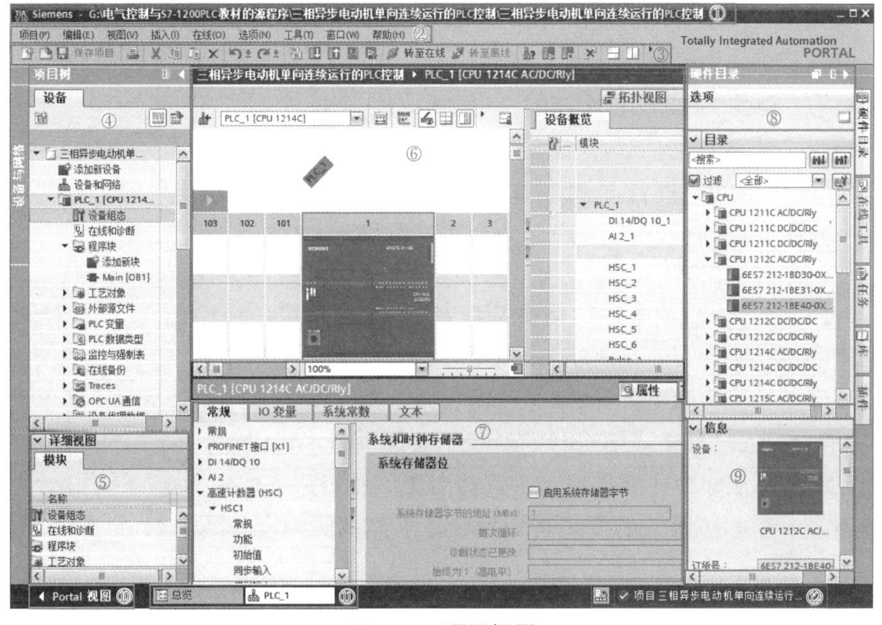

图 2-41　项目视图

单击项目树右上角的“折叠”图标，项目树和下面标有⑤的详细视图消失，同时最左边的垂直条的上端出现“展开”图标。单击它将打开项目树和详细视图。可以用类似的方法隐藏和显示右边标有⑧的任务栏。

将鼠标的光标放到相邻的两个窗口的垂直分界线上，出现带双向的箭头 ↔ 的光标时，按住鼠标的左键移动鼠标，可以移动分界线，以调节分界线两边的窗口大小，可以用同样的方法调节水平分界线。

单击项目树标题栏上的“自动折叠”图标，该图标变为图标（永久展开）。此时单击项目树之外的任何区域，项目树自动折叠（消失）。单击最左边的垂直条上端的“展开”图标，项目树随即打开，此时单击项目树标题栏上的图标，该图标变为图标，自动折叠功能被取消。

可以用类似的操作，启动或关闭任务栏或巡视窗口的自动折叠功能。

⑤ 详细视图：用于显示项目树中已选择的内容。

单击详细视图左上角的图标或“详细视图”标题，详细视图被关闭，只剩下紧靠“Portal 视图”的标题，标题左边的图标变为。单击该图标或“详细视图”标题，重新显示详细视图。单击标有⑦的巡视窗口右上角的“折叠”图标或“展开”图标，可以隐藏或显示巡视窗口。

⑥ 工作区：在工作区中可以打开不同的编辑器，并对项目树数据进行处理，但是一般只能在工作区显示一个当前打开的编辑器。在最下面标有⑩的编辑器栏中显示被打开的编辑器。单击它们可以切换工作区显示的编辑器。

单击工具栏上的“垂直拆分编辑器空间”图标或“水平拆分编辑器空间”图标，可以垂直或水平拆分工作区，同时显示两个编辑器。

在工作区同时打开程序编辑器和设备视图，将设备视图放大到 200% 或更大，可以将模块上的 I/O 点拖拽到程序编辑器中指令的地址域，这样不仅能快速设置指令的地址，还能在 PLC 变量表中创建相应的条目，也可以用上述方法将模块上的 I/O 点拖拽到 PLC 变量表中。

单击工作区右上角的“最大化”图标，将关闭其他所有的窗口，工作区被最大化。单击工作区右上角的“浮动”图标，工作区浮动，用鼠标左键按住浮动的工作区的标题栏并移动鼠标，可以将工作区拖到画面上希望的位置。松开左键，工作区被放在当前所在的位置，这个操作被称为“拖拽”。可以将浮动的窗口拖拽到任意位置。

工作区被最大化或浮动后，单击工作区右上角的“嵌入”图标，工作区将恢复原状。图 2-41 的工作区显示的是硬件与网络编辑器的“设备视图”选项卡，可以组态硬件。选中“网络视图”选项卡，将打开网络视图，可以组态网络。

可以将硬件列表中需要的设备或模块拖拽到工作区的设备视图和网络视图。

⑦ 巡视窗口：用于显示工作区中已选择对象或执行操作的附加信息。“属性”选项卡用于显示已选择的属性，并可对属性进行设置；“信息”选项卡用于显示所选对象和操作的详细信息，以及编译后的报警信息；“诊断”选项卡显示系统诊断事件和组态的报警事件。

⑧ 任务卡：根据已编辑或已选择的对象，在编辑器中可以得到一些任务卡并允许执行一些附加操作。例如，从库中或硬件目录中选择对象，将对象拖拽到预定的工作区。

可以单击最右边的竖条上的按钮来切换任务卡显示的内容。图 2-41 中的任务卡显示的是硬件目录。

⑨ 信息窗格：任务卡下面是信息窗格，显示的是在“目录”窗格选中的硬件对象的图形、名称、订货号、版本及简要的描述。

单击任务卡窗格上的“更改窗格模式”图标，可以在同时打开几个窗格和同时只打开一个窗格之间切换。

⑩“Portal 视图”链接：单击左下角的“Portal 视图”链接，可以从当前视图切换到 Portal 视图。

⑪ 编辑器栏：显示所有打开的编辑器，帮助用户更快速和高效地工作。要在打开的编辑器之间进行切换，只需单击不同的编辑器即可。

⑫ 状态栏：显示当前运行过程中的进度。

（四）博途 STEP7 软件的使用

这里仅介绍如何使用博途 STEP7 软件进行硬件设备的组态。

1. 新建项目

打开博途软件，双击桌面上图标，将打开 Portal 视图，如图 2-40 所示。在 Portal 视图中，单击“创建新项目”选项，并在“项目名称”文本框中输入项目名称“设备组态”，选择相应路径，在“作者”文本框输入作者信息，如图 2-42 所示，然后单击“创建”按钮即可生成新项目，并跳转到“新手上路”界面，如图 2-43 所示。

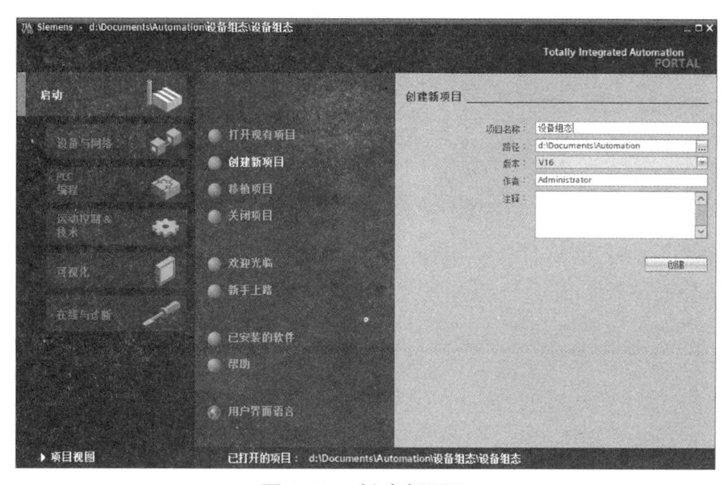

图 2-42　创建新项目

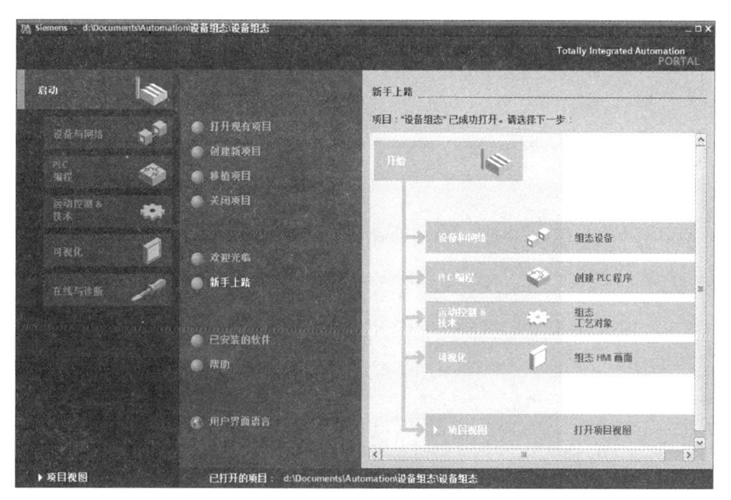

图 2-43　新手上路

在项目视图中创建新项目，只需在菜单栏选择“项目”→“新建”命令执行，随即便弹出“创建新项目”对话框，之后创建过程与 Portal 视图中创建新项目相同。

2. 添加新设备

在图 2-43 中，单击右侧窗口的“组态设备”或左侧窗口的“设备与网络”选项，在弹出窗口项目树中单击“添加新设备”，弹出“添加新设备”对话框，在此对话框单击“控制器”

按钮，在“设备名称”对应的文本框中输入用户定义的设备名称，也可使用系统指定名称“PLC_1”，在中间的目录树中，依次单击“SIMATIC S7-1200”→“CPU”→“CPU 1214C AC/DC/Rly”各项目前的下拉按钮 ▸，或依次双击项目名“SIMATIC S7-1200”→“CPU”→“CPU 1214C AC/DC/Rly”，在打开的“CPU 1214C AC/DC/Rly”文件夹里选择与硬件相对应订货号（在此选择订货号为 6ES7 214-1BG40-0XB0）的 CPU，在目录树的右侧将显示选中设备的产品介绍及性能，如图 2-44 所示，单击窗口右下角的“添加”按钮或双击已选择 CPU 的订货号，均可以添加一台 S7-1200 设备。此时在项目树、设备组态的设备视图和网络视图中均可以看到已添加的设备。

图 2-44 “添加新设备”对话框

如无特殊说明，本书各任务及应用举例选配的 S7-1200 PLC 均为 CPU 1214C AC/DC/Rly 型（订货号为 6ES7 214-1BG40-0XB0），型号部分 AC 表示 CPU 的驱动电源为交流电源，DC 表示直流输入，Rly 表示继电器输出。

3. 硬件组态

1）设备组态的任务。设备组态（Configuring，配置 / 设置，在西门子自动化设备被译为“组态”）的任务就是在设备和网络编辑器中生成一个与实际的硬件系统对应的虚拟系统，模块的安装位置和设备之间的通信连接都应与实际的硬件系统完全相同。在自动化系统启动时，CPU 将比对两系统，如果两系统不一致，将会采取相应的措施。

此外还应设置模块的参数，即给参数赋值，或称为参数化。

2）在设备视图中添加模块。打开项目树中的“PLC_1”文件夹，双击其中的“设备组态”选项，打开设备视图，可以看到 1 号槽中的 CPU 模块，如图 2-45 所示。

在硬件组态时，需要将 I/O 模块或通信模块设置在工作区的机架插槽内，有两种设置硬件对象的方法。

① 用拖放的方法设置硬件对象。在图 2-46 右边“硬件目录”下，依次单击“DI/DQ”→“DI 8/DQ 8×24V DC”选项前的下拉按钮 ▸，在打开的文件夹中选择与硬件对应的订货号（这里选 6ES7 223-1BH32-0XB0），其背景变为深色，此时，所有可以插入该模块的插槽四周出现深蓝色的方框，只能将该模块插入这些插槽。用鼠标左键按住该模块不放，移动

鼠标，将选中的模块拖到机架中CPU右边的2号槽，该模块浅色的图标和订货号随着光标一起移动。移动到允许放置该模块的工作区时，光标的形状变为 (允许放置)，反之，光标的形状为⊘(禁止放置)。此时松开鼠标左键，被拖动的模块被放置到工作区；使用同样的方法，在“硬件目录”下，依次将“通信模块”→“点到点”文件夹下的通信模块“CM1241(RS422/485)”拖动到CPU左侧的第101号槽(通信模块只允许安装在CPU左侧的101~103号槽)，如图2-47所示。

图2-45 设备组态的设备视图

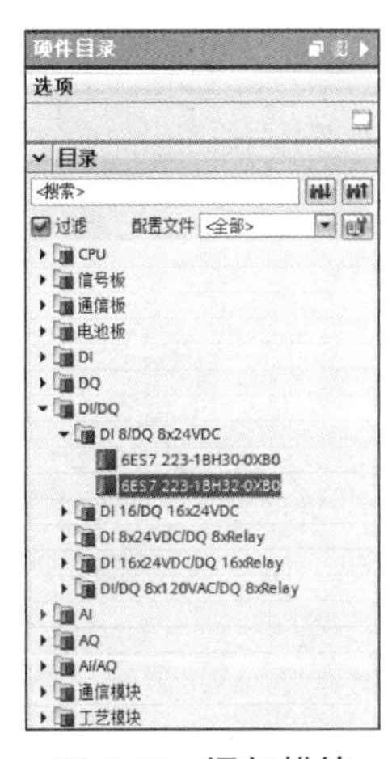

图2-46 添加模块

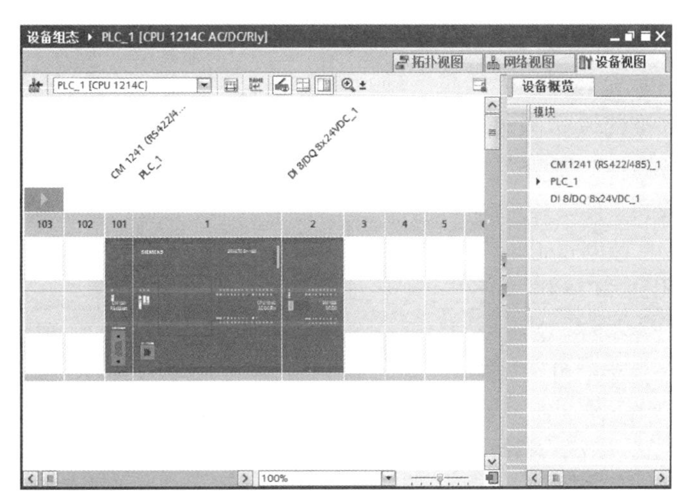

图2-47 完成设备组态和硬件组态的设备视图

打开网络视图，用上述方法将CPU或HMI或驱动器等设备拖放到网络视图，可以生成新的设备。

② 用双击的方法放置硬件对象。放置模块还有一个简便的方法，首先用鼠标左键单击机架中需要放置模块的插槽，使它的四周出现深蓝色的边框，然后用鼠标左键双击目录中要放置的模块，该模块便出现在选中的插槽中。

可以将信号模块插入已经组态的两个模块中间(只能用拖放的方法放置)。插入点右边的模块将向右移动一个插槽的位置，新的模块被插入到空出来的插槽上。

3）删除硬件组件。可以删除设备视图或网络视图中的硬件组件，被删除的组件的地址可供其他组件使用。若删除CPU，则在项目树中整个PLC站都被删除了。

删除硬件组件后，可能在项目中产生矛盾，即违反插槽规则。选中项目树中的“PLC_1”，单击工具栏上的“编译”图标，对硬件组态进行编译。编译时进行一致性检查，如果有错误将会显示错误信息，应改正错误后重新进行编译。

4）更改设备型号。用鼠标右键单击项目树或设备视图中要更改型号的CPU，在弹出的快捷菜单中单击“更改设备”命令，便打开更改设备对话框，选中该对话框“新设备”列表中用来替换的设备型号及订货号，单击“确定”按钮，设备型号被更改。其他模块也可以使用这种方法更改型号。

5）打开已有项目。用鼠标双击桌面上的图标，在Portal视图的右侧窗口中选择“最近使用的”列表中项目；或单击“浏览”按钮，在打开的对话框中找到某个项目的文件夹，双击其中标有的文件，打开该项目；或打开软件后，在项目视图中，单击工具栏上的“打开项目”图标或选择菜单“项目”→“打开”命令，双击打开的对话框中列出的最近打开的某个项目，打开该项目；或单击“浏览”按钮，在打开的对话框中找到某个项目的文件夹并打开。

4. 设备组态编译

设备组态及相关硬件组态完成后，单击图2-45工具栏上的“编译”图标（或执行菜单命令“编辑”→“编译”），对项目进行编译。如果硬件组态有错误，编译后在设备视图下方巡视窗口中将会出现错误的具体信息，必须改正组态中所有的错误信息才能下载。

5. 项目下载

CPU是通过以太网与运行的博途软件的计算机通信。计算机直接连接单台CPU时，可以使用标准的以太网电缆，也可以使用交叉以太网电缆，一对一连接不需要交换机，两台以上的设备通信时则需要交换机。下载前需要对CPU和计算机进行正确的通信设置，否则，将不能下载和上传。

（1）CPU的IP地址设置 在图2-45中双击项目树栏“PLC_1”文件夹下的“设备组态”，打开该PLC的设备视图。选中CPU后再单击巡视窗口的“属性”选项，在“常规”选项卡中选中“PROFINET接口”下的“以太网地址”，可以采用右边窗口默认的IP地址和子网掩码，如图2-48所示，设置的地址在下载后才起作用。

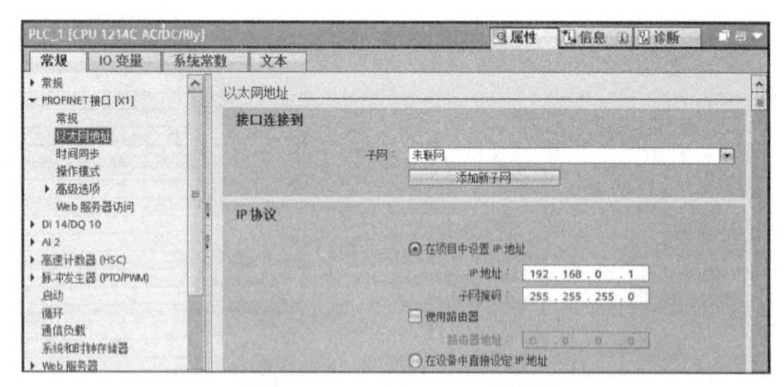

图2-48 设置CPU集成的以太网接口的IP地址

子网掩码的值通常为255.255.255.0，CPU与编程设备的IP地址中的子网掩码应完全相同。同一个子网中各设备的子网内的地址不能重叠。如果在同一个子网中有多个CPU，除了一台CPU可以保留出厂时默认的IP地址，必须将其他CPU默认的IP地址更改为网络中唯一的IP地址，以免与其他网络用户冲突。

（2）计算机网卡的IP地址设置 用以太网电缆连接计算机和CPU，并接通PLC电源。如果是Windows 10操作系统，依次单击计算机屏幕左下角“开始”图标→“Windows系统”→“控制面板”命令，打开控制面板，单击“查看网络状态和任务”选项，再单击“更改适配器设置”选项，选择与 CPU 连接的网卡（以太网），单击右键，在弹出的下拉列表中单击“属性”，打开“以太网属性”对话框，如图 2-49a 所示。在该对话框中，选中“此连接使用下列项目”列表框中的“Internet 协议版本 4（TCP/IPv4）”，单击“属性”按钮，打开“Internet 协议版本 4（TCP/IPv4）属性”对话框，单击单选框选中“使用下面的 IP 地址”，输入 PLC 以太网端口默认的子网地址“192.168.0.10”，如图 2-49b 所示，IP 地址的第 4 个字节是子网内设备的地址，可以在 0~255 范围内取某个值，但是不能与网络中其他设备的 IP 地址重叠。单击“子网掩码”输入框，自动出现默认的子网掩码“255.255.255.0”。一般不用设置网关的 IP 地址。设置结束后，单击各级对话框中的“确定”按钮，最后关闭对话框。

如果是 Windows 7 操作系统，依次单击计算机屏幕左下角“开始”图标 →“控制面板”，打开控制面板，单击“查看网络状态和任务”，再单击“更改适配器设置”，选择与 CPU 连接的网卡（本地连接），单击右键，在弹出的下拉列表中单击“属性”，打开与图 2-49a 基本相同的“本地连接属性”对话框。后续的操作与 Windows 10 操作系统相同。

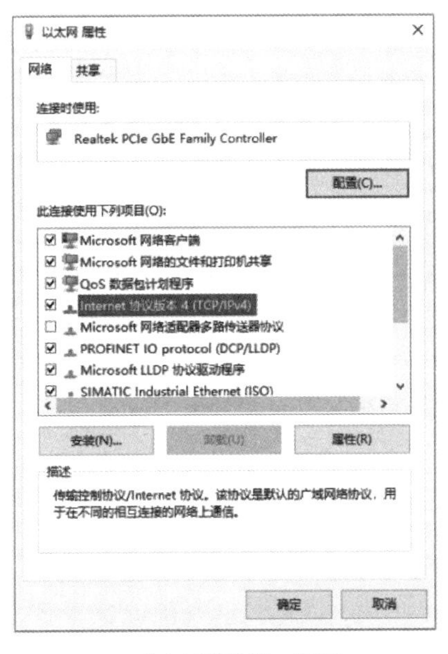

a）“以太网属性”对话框

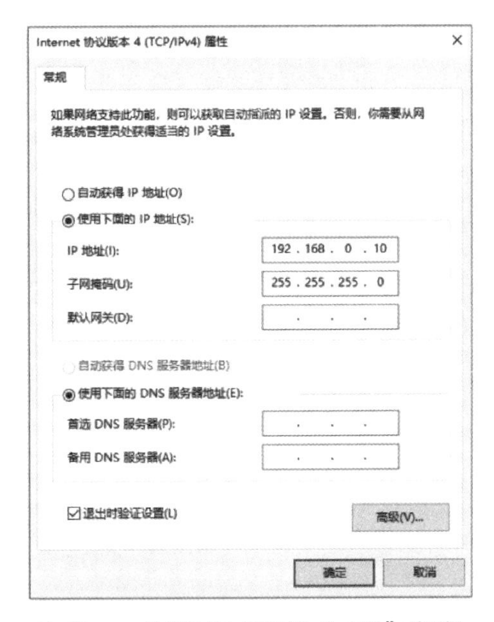

b）“Internet 协议版本4（TCP/IPv4）属性”对话框

图 2-49 设置计算机网卡的 IP 地址

使用宽带联网时，一般只需要选中图 2-49b 中的“自动获得 IP 地址”即可。

（3）项目下载 完成 IP 地址设置后，在项目树栏选中“PLC_1”，单击工具栏上的“下载到设备”图标 （或执行菜单命令“在线”→“下载到设备”），打开“扩展下载到设备”对话框，如图 2-50 所示。在该对话框中，设置 PG/PC 接口的类型为“PN/IE”；设置 PG/PC 接口为以太网网卡名称；设置选择目标设备为“显示所有兼容设备”，单击“开始搜索”按钮，经过一段时间后，在下面的目标子网中的兼容设备列表中，出现 S7-1200 CPU 和它的以太网地址。计算机与 PLC 之间的连线由断开变为接通。CPU 所在方框的背景色变为实心的橙色，表示 CPU 进入在线状态，此时“下载”按钮变为黑色，即有效状态。

如果网络上有多个 CPU，为了确认设备列表中的 CPU 对应的硬件，在图 2-50 中选中列表中需要下载的某个 CPU，勾选左边 CPU 下面的“闪烁 LED”复选框，对应的硬件

CPU 上的 LED 指示灯将会闪烁，再次取消勾选“闪烁 LED”复选框，LED 运行状态指示灯停止闪烁。

选中列表中对应的硬件，“扩展下载到设备”对话框中“下载”按钮由灰色变为黑色，单击该按钮，打开“下载预览”对话框（此时“装载”按钮是灰色的），如图 2-51 所示。将“停止模块”设置为“全部停止”后，单击“装载”按钮，开始下载。

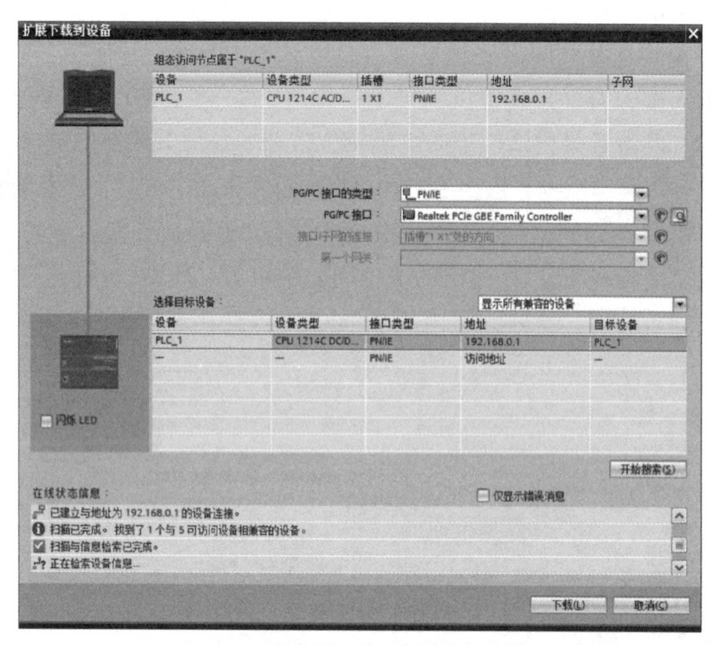

图 2-50 “扩展下载到设备”对话框

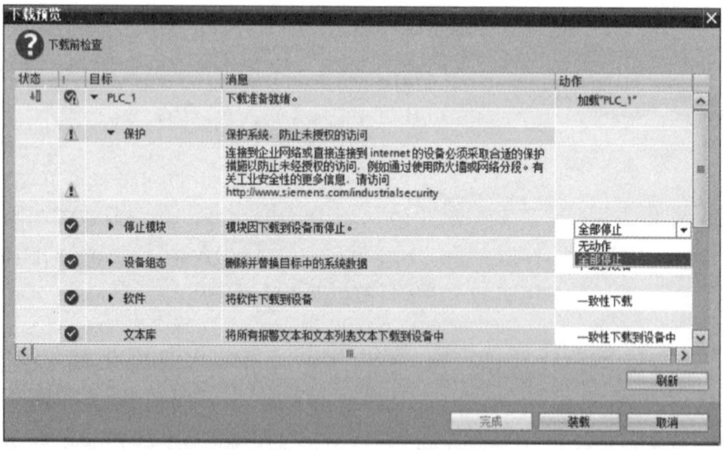

图 2-51 “下载预览”对话框

下载结束后，弹出“下载结果”对话框，如图 2-52 所示，在下拉列表框中选择“启动模块”选项，单击“完成”按钮，CPU 切换到 RUN 模式，RUN/STOPLED 指示灯变为绿色。

如果在进行下载完成操作时没有选择“启动模块”选项，可以单击工具栏上的“启动 CPU”图标 ，也可以将 PLC 切换到 RUN 模式。

打开以太网接口上面的盖板，通信正常时 Link LED（绿色）亮，Rx/Tx LED（橙色）周期性闪烁。

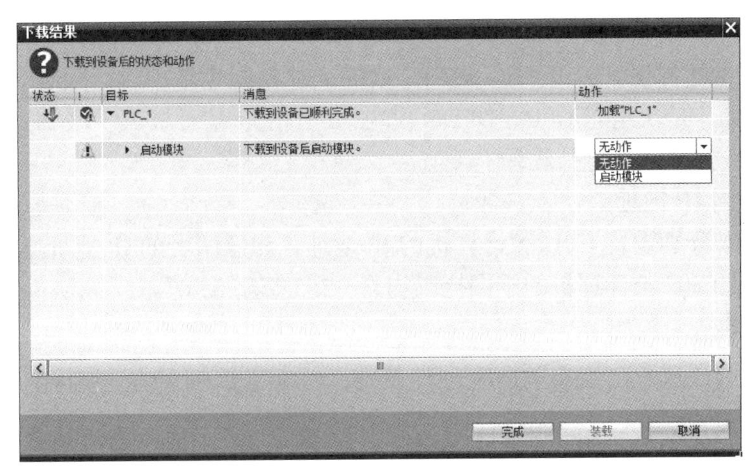

图 2-52　“下载结果”对话框

三、任务实施

(一) 任务目标

1）了解博途 STEP7 软件安装的方法。

2）掌握博途 STEP7 软件组态硬件设备的方法。

3）会使用博途 STEP7 软件组态硬件设备。

(二) 设备与器材

本任务所需设备与器材见表 2-7。

表 2-7　所需设备与器材

序号	名称	符号	型号规格	数量	备注
1	计算机（安装博途编程软件）			1 台	表中所列设备与器材的型号规格仅供参考
2	西门子 S7-1200 PLC	CPU	CPU 1214C AC/DC/Rly，订货号：6ES7 214-1AG40-0XB0	1 台	
3	通信模块	CM	CM 1241（RS422/485），订货号：6ES7 241-1CH-0XB0	1 块	
4	信号模块（数字量输入 / 输出模块）	SM 1223	DI 8/DQ 8×DC 24V，订货号：6ES7 223-1BH32-0XB0	1 块	
5	信号板（模拟量输出信号板）	SB 1232	AQ 1×12BIT，订货号：6ES7 232-4HA30-0XB0	1 块	
6	以太网通信电缆			1 根	

(三) 内容与步骤

1. 任务要求

使用博途 STEP7 软件进行硬件组态：西门子 S7-1200 PLC（1 台，型号为 CPU 1214C AC/DC/Rly，订货号为 6ES7 214-1AG40-0XB0）；通信模块［1 块，型号为 CM 1241（RS422/485），订货号为 6ES7 241-1CH-0XB0］；信号模块（数字量输入 / 输出模块）(1 块，型号为 SM 1223 DI 8/DQ 8×DC 24V，订货号为 6ES7 223-1BH32-0XB0)；信号板（模拟量输出信号板）(1 块，型号为 SB 1232 AQ 1×12BIT，订货号为 6ES7 232-4HA30-0XB0)。

2. 设备组态

按照上述介绍的方法，打开博途 STEP7 软件，首先创建新项目，项目名称：设备组态，然后进入设备视图，依次组态 CPU、DI/DQ 模块（2 号槽）、信号板 AQ（CPU 上面）、CM 1241 模块（101 号槽），完成组态进行编译。

3. 设置以太网 IP 地址

按照上述方法分别设置 CPU 和计算机的 IP 地址，注意两者的 IP 地址不能相同，但一定要在一个波段内。CPU 与计算机的子网掩码均为“255.255.255.0”。

4. 编译与下载

在项目视图中，选中已组态的所有硬件设备，单击工具栏上的“编译”图标 进行设备组态编译，编译完成后，单击工具栏上的“下载到设备”图标 （或执行菜单命令“在线”→“下载到设备”）执行下载，等弹出“下载结果”对话框，单击该对话框中的“完成”按钮，下载完成。

四、任务考核

任务实施考核见表 2-8。

表 2-8 任务实施考核表

序号	考核内容	考核要求	评分标准	配分	得分
1	设备组态	（1）打开博途 STEP7 软件，创建新项目 （2）能按要求组态 CPU （3）能正确组态数字量信号模块、模拟量输出模块、串行通信模块等硬件设备	（1）没有按要求打开博途 STEP7 软件，不会创建新项目，扣 10 分 （2）组态的 CPU 型号或订货号与要求不符，扣 10 分 （3）数字量信号模块、模拟量输出模块、串行通信模块的型号或订货号与要求不符，每项扣 2~5 分 （4）信号模块或通信模块与 CPU 连接的位置不正确，每处扣 2~5 分	50 分	
2	以太网地址设置	（1）能正确设置 CPU 以太网地址 （2）能正确设置计算机的以太网地址	（1）不会设置 CPU 以太网地址或设置有错误，扣 5~10 分 （2）不会设置计算机以太网地址或设置有错误，扣 5~10 分	20 分	
3	编译与下载	（1）能正确进行设备组态的编译操作 （2）能通过编程软件将设备组态下载至 CPU	（1）没有按要求进行编译，扣 5 分 （2）不能有效下载，扣 5~10 分	10 分	
4	安全文明操作	确保人身和设备安全	违反安全文明操作规程，扣 10~20 分	20 分	
合计				100 分	

五、任务总结

本任务主要介绍博途 STEP7 软件的安装，如何使用软件创建新项目、组态 CPU 及相关的硬件设备，然后进行组态的编译和下载。在此基础上进行了硬件设备组态的任务操作，从而达到会初步使用编程软件的目标。

梳理与总结

本项目通过 S7-1200 PLC 安装与接线、博途 STEP7 软件安装与硬件组态两个任务的组织与实施，来学习 S7-1200 PLC 硬件结构、安装接线及博途 STEP7 编程软件的初步使用，为进一步学习 S7-1200 PLC 打下基础。

1）PLC 的硬件主要由 CPU、存储器、输入 / 输出（I/O）接口、电源、外部接口等部分组成。软件由系统程序和用户程序组成。

2）PLC 的工作方式采用不断循环顺序扫描的工作方式，每一次扫描所用的时间称为扫描周期。其工作过程分为输入采样阶段、程序执行阶段、输出刷新阶段。

3）PLC 的 5 种语言：梯形图（LAD）、指令表（IL）、顺序功能图（SFC）、功能块图（FBD）及结构化文本（ST）。

S7-1200 PLC 使用的编程语言是梯形图、功能块图和结构化控制语言三种。

4）博途 STEP7 编程软件功能非常强大，是学习者学习 S7-1200 PLC 的重要工具，它是技术人员编程与 PLC 之间上传下载的纽带和桥梁，支持在线和仿真运行。

复习与提高

一、填空题

1. 按结构形式，PLC 可分为________、________、________。按 I/O 点数分，PLC 可分为________、________、________。

2. PLC 的存储器按用途可以分为________和________，通常把存放应用软件的存储器称为________存储器。

3. 继电 - 接触器控制电路工作时，属于________的工作方式；PLC 执行梯形图时采用________的工作方式。

4. PLC 的硬件主要由________、________、________、________、________等 5 个部分组成。

5. S7-1200 PLC 目前有________、________、________、________和________5 种不同型号的 CPU 模块。

6. S7-1200 CPU 家族中，有 4 种型号的 CPU 根据其电源电压、输入电压和输出电压的不同类型，又分为________、________及________三种版本。

7. S7-1200 CPU 的信号模块包括________模块、________模块、________模块、________模块、________模块、________模块和________模块，它们简称为________。

8. S7-1200 CPU 必须扩展通信模块或通信板才能进行串行通信。S7-1200 PLC 最多可以扩展________通信模块和________通信板，如 CM 1241 RS232、CM 1241 RS485、CB 1241 RS485，它们安装在 CPU 模块的________和 CPU 模块的________。

9. S7-1200 PLC 的输出接口电路有________和________两种类型。

10. PLC 采用的是不间断的________工作方式，每个工作周期包括________、________和________三个阶段。

11. CPU 1214C 最多可以扩展________块信号模块、________块通信模块，信号模块安装在 CPU________侧。通信模块安装在 CPU________侧。

12. CPU 1214C 本机上集成的________点数字量输入、________点数字量输出、________路模拟量输入。

13. 国际电工委员会（IEC）制定的工业控制编程语言标准（IEC 1131-3）中，公布 PLC 的编程语言有________、________、________、________、________五种。S7-1200 PLC 的编程语言有________、________和________三种。

14. 使用博途软件进行设备组态的主要步骤：第一步________，第二步________，第三步________，第四步________，第五步________，第六步________。

15. CPU 1214C AC/DC/Rly 中，AC 表示________，DC 表示________，Rly 表示________。

16. 博途 STEP7 软件提供了两种优化的视图，即________和________。

17. 梯形图由________、________和________的指令框组成。

18. PLC 在执行梯形图时，其梯形图的逻辑运算是按________、________的顺序进行的。

二、判断题

1. PLC 是一种数据运算控制的电子系统，专为在工业环境下应用而设计。它是用可编程序的存储器，通过执行程序，完成简单的逻辑功能。(　　)

2. PLC 采用了典型的计算机结构，主要由 CPU、RAM、ROM 和专门设计的输入 / 输出接口电路等组成。(　　)

3. PLC 是以“串行”方式进行工作的。(　　)

4. PLC 的可靠性高，抗干扰能力强，通用性好，适应性强。(　　)

5. PLC 主要由输入部分、输出部分和控制器三部分组成。(　　)

6. S7-1200 CPU 1214C AC/DC/Rly 的 PLC 是继电器输出型。(　　)

7. S7-1200 CPU 数字量输入接口电路，根据输入信号的不同可以采用直流输入，也可以交采用流输入。(　　)

8. S7-1200 CPU 1214C AC/DC/Rly 的 PLC 既可以驱动交流负载，又可以驱动直流负载。(　　)

三、选择题

1. 世界上第一台 PLC 诞生于（　　）年。

A. 1971　　B. 1969　　C. 1973　　D. 1974

2. CPU 1214C AC/DC/Rly 的输入点数与输出方式是（　　）。

A. 14 点，继电器输出　　B. 10 点，继电器输出

C. 14 点，场效应晶体管输出　　D. 10 点，场效应晶体管输出

3. S7-1200 PLC CPU 的“IM”端口为（　　）。

A. 输入端口公共端　　B. 输出端口公共端

C. 空端子　　D. 内置电源 0V 端

4. S7-1200 PLC 是（　　）公司研制开发的产品。

A. 施耐德　　B. 欧姆龙　　C. 西门子　　D. 三菱

5. 对于 CPU 1214C DC/DC/DC PLC，进行硬件接线时，其输出地址的公共端应接在（　　）。

A. 电源相线　　B. 电源负极　　C. 电源中性线　　D. 电源正极

6. 下列编程语言不能用于 S7-1200 PLC 编程的是（　　）。

A. LAD　　B. FBD　　C. ST　　D. SCL

7. 最先提出关于可编程序控制器十项设计标准的是（　　）。

A. 三菱公司　　B. 施耐德公司　　C. 西门子公司　　D. GM 公司

8. 下列不属于 S7-1200 PLC 图形编程语言的是（　　）。

A. LAD　　B. FBD　　C. SCL　　D. SFC

四、简答题

1. 按结构形式 PLC 分哪几种？各有何特点？

2. PLC 主要有哪几部分组成？各部分有何作用？

3. 简述 PLC 的工作过程。

4. 梯形图（LAD）有何特点？

5. CPU 1214C AC/DC/Rly 型 PLC，最多可接多少个输入信号？接多少个负载？它适用于控制交流还是直流负载？

6. 简述 CPU 1214C DC/DC/DC 型 PLC，本机上集成了多少点数字量输入 / 输出，多少路模拟量输入，最多可以扩展多少块通信模块、多少块信号模块及该型号中“DC/DC/DC”表示的意义。

项目三

S7-1200 PLC 基本指令的编程及应用

教学目标	知识目标	1. 掌握编程元件 I、Q、M 的功能及使用方法 2. 掌握常开 / 常闭触点、线圈输出、置位 / 复位输出等位逻辑指令的编程及应用 3. 掌握定时器指令、计数器指令的编程及应用 4. 掌握移动值指令、循环移位指令的编程及应用 5. 掌握比较值指令的编程及应用 6. 掌握跳转指令与跳转标签的编程及应用
	能力目标	1. 能正确安装 CPU 模块、数字量信号模块 2. 能合理分配 I/O 地址，绘制 I/O 接线图，并完成输入 / 输出的接线 3. 会使用博途编程软件组态硬件设备，应用位逻辑指令、基本指令编制梯形图并下载到 CPU 4. 能进行程序的仿真和在线调试
	素质目标	1. 具有规范的安全意识和运用多种方法编制程序的创新思维 2. 通过基本指令的学习及编程应用，培养一丝不苟、精益求精的工匠精神和团队合作精神 3. 在任务实施过程中，逐步培养遵守安全规范、爱岗敬业、团结协作的职业素养
教学重点		常开 / 常闭触点和线圈输出指令、置位 / 复位输出指令、接通延时定时器指令、加计数指令、移动值指令、循环移位指令、比较值指令、跳转指令与跳转标签、加法与减法指令的编程
教学难点		边沿检测指令、跳转指令与跳转标签、保持型接通延时定时器的编程
参考学时		24 学时

任务一 三相异步电动机单向运行的 PLC 控制

一、任务导入

在“电机与电气控制技术”课程中我们已经学习了三相异步电动机单向运行控制，主要是通过按钮、热继电器、交流接触器等低压电器用导线连接成的电路实现的。本任务将利用 PLC 实现对电动机的起停控制。

当采用 PLC 控制三相异步电动机单向运行时，必须将按钮的控制信号送到 PLC 的输入端，经过程序运算，再将 PLC 的输出去驱动接触器 KM 线圈得电，电动机才能运行。那么，如何

将输入 / 输出器件与 PLC 连接，如何编写 PLC 控制程序？这就需要用到 PLC 内部的编程元件输入继电器 I、输出继电器 Q 以及相关的位逻辑指令。

二、知识链接

（一）S7-1200 PLC 的存储器及寻址

1. 存储器

S7-1200 PLC 提供了用于存储用户程序、数据和组态的存储器，如装载存储器、工作存储器及系统存储器，各种存储器见表 3-1。

表 3-1　S7-1200 PLC 的存储器

存储器	描述
装载存储器	动态装载存储器 RAM
	可保持装载存储器 EEPROM
工作存储器	用户程序，如逻辑块、数据块
系统存储器	过程映像 I/O
	位存储器（M）
	临时存储器（L）
	数据块（DB）

（1）装载存储器　装载存储器用于非易失性地存储用户程序、数据和组态。项目被下载到 CPU 后，首先存储在装载存储器中。每个 CPU 都具有内部装载存储器。内部装载存储器的大小取决于所使用的 CPU。内部装载存储器可以用外部存储卡替代。如果未插入存储卡，那么 CPU 将使用内部装载存储器；如果插入了存储卡，那么 CPU 将使用该存储卡作为装载存储器。但是，可使用的外部装载存储器的大小不能超过内部装载存储器的大小，即使插入的存储卡有更多空闲空间。该非易失性存储区能够在断电后继续保存。

（2）工作存储器　工作存储器是易失性存储器，用于在执行用户程序时存储用户项目的某些内容。CPU 会将一些项目内容从装载存储器复制到工作存储器中。该易失性存储区将在断电后丢失，而在恢复供电时由 CPU 恢复。

（3）系统存储器　系统存储器是 CPU 为用户程序提供的存储器组件，被划分为若干个地址区域，见表 3-2。使用指令在相应的地址区内对数据直接进行寻址。系统存储器用于存放用户程序的数据操作，例如过程映像输入 / 输出（I/O）、位存储器、数据块、临时存储器、物理输入 / 输出等。

表 3-2　系统存储器的存储区

存储区名称	描述	强制	保持
过程映像输入（I）	在扫描周期开始时从物理输入复制	无	无
物理输入（I_：P）	立即读取 CPU、SB 和 SM 上的物理输入点	有	无
过程映像输出（Q）	在扫描周期开始时复制到物理输出	无	无
物理输出（Q_：P）	立即写入 CPU、SB 和 SM 上的物理输出点	有	无
位存储器（M）	用于存储用户程序的中间运算结果或标志位	无	支持（可选）
临时存储器（L）	存储块的临时数据，这些数据仅在该块的本地范围内有效	无	无
数据块（DB）	数据存储器，同时也是 FB 的参数存储器	无	是（可选）

1）过程映像输入。过程映像输入的标识符为 I，它是 PLC 接收外部输入信号的窗口。输入接口一般接输入信号的常开触点，也可以是多个常开触点的串并联组合。CPU 仅在每个扫描周期的循环 OB 执行之前对外围（物理）输入点进行采样，并将这些值写入到过程映像输入。可以按位、字节、字或双字访问过程映像输入。允许对过程映像输入进行读写访问，但过程映像输入通常为只读。

通过在地址后面添加“：P”，可以立即读取 CPU、SB 或 SM 的数字和模拟输入。使用 I_：P 访问与使用 I 访问的区别是，前者直接从被访问点而非过程映像输入获得数据。这种 I_：P 访问称为“立即读”访问，因为数据是直接从源而非副本获取的（这里的副本是指在上次更新过程映像输入时建立的副本）。

因为物理输入点直接从与其连接的现场设备接收值，所以不允许对这些点进行写访问，即与可读或可写的 I 访问不同的是，I_：P 访问为只读访问。

I_：P 访问仅限于单个 CPU、SB 或 SM 所支持的输入大小（向上取整到最接近的字节）。例如，如果 2 DI/2 DQ SB 的输入被组态为从 I4.0 开始，则可按 I4.0：P 和 I4.1：P 形式或者按 IB4：P 形式访问输入点。不会拒绝 I4.2：P 到 I4.7：P 的访问形式，但没有任何意义，因为这些点未使用。但不允许 IW4：P 和 ID4：P 的访问形式，因为它们超出了与该 SB 相关的字节偏移量。

使用 I_：P 访问不会影响存储在过程映像输入中的相应值。

2）过程映像输出。过程映像输出标识符为 Q，每次循环周期开始时，CPU 将过程映像输出区的数据送给输出模块，再由后者驱动外部负载。

CPU 将存储在过程映像输出中的值复制到物理输出点。可以按位、字节、字或双字访问过程映像输出。过程映像输出允许读访问和写访问。

通过在地址后面添加“：P”，可以立即写入 CPU、SB 或 SM 的物理数字量和模拟量输出。使用 Q_：P 访问与使用 Q 访问的区别是，前者除了将数据写入过程映像输出外还直接将数据写入被访问点（写入两个位置）。这种 Q_：P 访问有时称为“立即写”访问，因为数据是被直接发送到目标点；而目标点不必等待过程映像输出的下一次更新。

因为物理输出点直接控制与其连接的现场设备，所以不允许对这些点进行读访问，即与可读或可写的 Q 访问不同的是，Q_：P 访问为只写访问。

Q_：P 访问也仅限于单个 CPU、SB 或 SM 所支持的输出大小（向上取整到最接近的字节）。例如，如果 2 DI/2 DQ SB 的输出被组态为从 Q4.0 开始，则可按 Q4.0：P 和 Q4.1：P 形式或者按 QB4：P 形式访问输出点。不会拒绝 Q4.2：P 到 Q4.7：P 的访问形式，但没有任何意义，因为这些点未使用。但不允许 QW4：P 和 QD4：P 的访问形式，因为它们超出了与该 SB 相关的字节偏移量。

使用 Q_：P 访问既影响物理输出，也影响存储在过程映像输出中的相应值。

3）位存储器。位存储器的标识符为 M，它是针对控制继电器及数据的位存储区（M 存储器），用于存储操作的中间状态或其他控制信息。可以按位、字节、字或双字访问位存储器。M 存储器允许读访问和写访问。

4）临时存储器。临时存储器用于存储代码块被处理时使用的临时数据。CPU 根据需要分配临时存储器。启动代码块（对于 OB）或调用代码块（对于 FC 或 FB）时，CPU 将为代码块分配临时存储器并将存储单元初始化为 0。

临时存储器与 M 存储器类似，二者的主要区别是 M 存储器在全局范围内有效，而临时存储器在局部范围内有效。

5）数据块。数据块（Data Black，DB），用于存储各种类型的数据，其中包括操作的中间状态或 FB 的其他控制信息参数，以及许多指令（如定时器和计数器）所需的数据结构。可以按位（例如 DB1.DBX3.5）、字节（DBB）、字（DBW）或双字（DBD）访问数据块存储器。在访问数据块中的数据时，应指明数据块的名称，如 DB1.DBW10。读 / 写数据块允许读访问和写访问。只读数据块只允许读访问。

数据块关闭后，或有关代码的执行开始或结束后，数据块中存放的数据不会丢失。有以下两种类型的数据块。

1）全局数据块：存储的数据可以被所有的代码块访问。

2）背景数据块：存储的数据供指定的功能块（FB）使用，其结构取决于 FB 的界面区的参数。

2. 寻址

西门子 S7-1200 CPU 可以按位、字节、字和双字对存储单元进行寻址。

二进制数的 1 位（bit）只有 0 和 1 两种不同的取值，可用来表示开关量（或称数字量）的两种不同的状态，如触点的断开和接通、线圈的断电和通电等。如果该位为 1，则表示梯形图中对应的编程元件的线圈“通电”，其常开触点接通，常闭触点断开，反之相反。位数据的数据类型为 Bool（布尔）型。8 位二进制数组成 1 字节（Byte，B），其中的第 0 位为最低位（LSB），第 7 位为最高位（MSB）。两个字节组成 1 字（Word，W），其中的第 0 位为最低位，第 15 位为最高位。两个字组成 1 个双字（Double Word，DW），其中的第 0 位为最低位，第 31 位为最高位。位、字节、字、双字构成如图 3-1 所示。

S7-1200 CPU 不同的存储单元都是以字节为单位，示意图如图 3-2 所示。

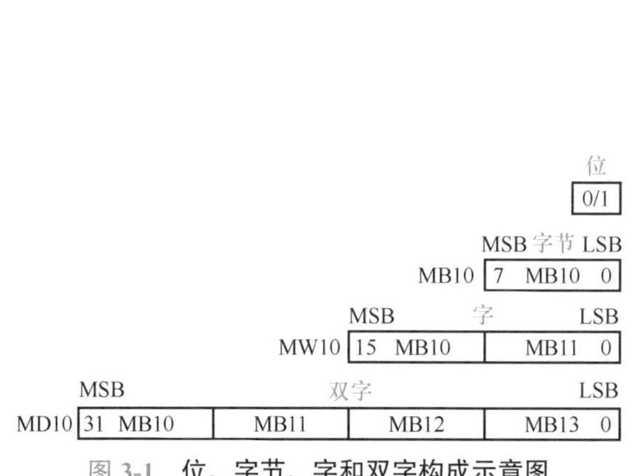

图 3-1　位、字节、字和双字构成示意图

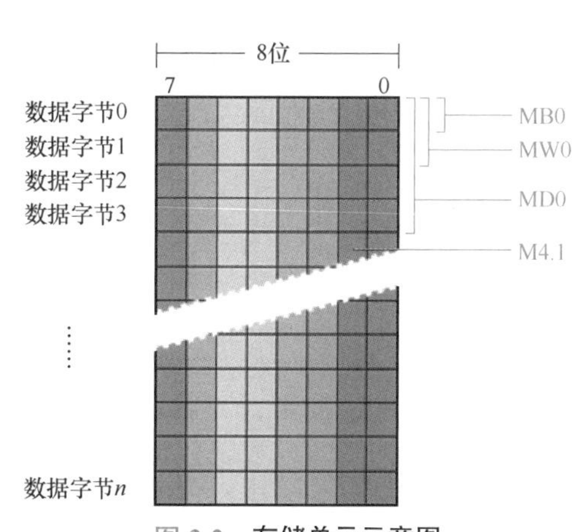

图 3-2　存储单元示意图

位存储单元的地址由字节地址和位地址组成，如 I1.3，其中的存储区域标识符“I”表示过程映像输入区，字节地址为 1，位地址为 3，“.”为字节地址与位地址之间的分隔符，这种存取方式称为“字节 . 位”寻址方式，如图 3-3 所示。

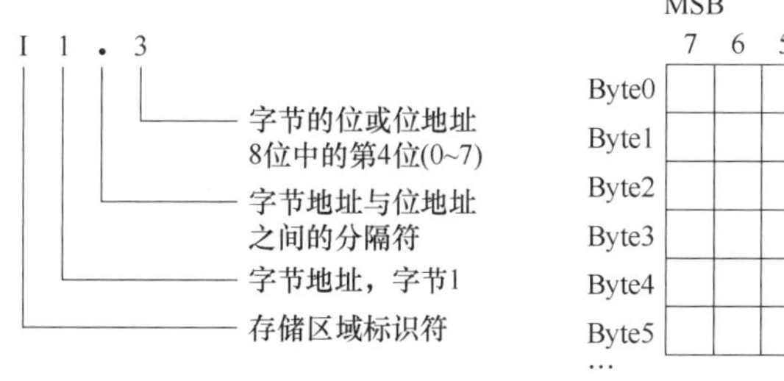

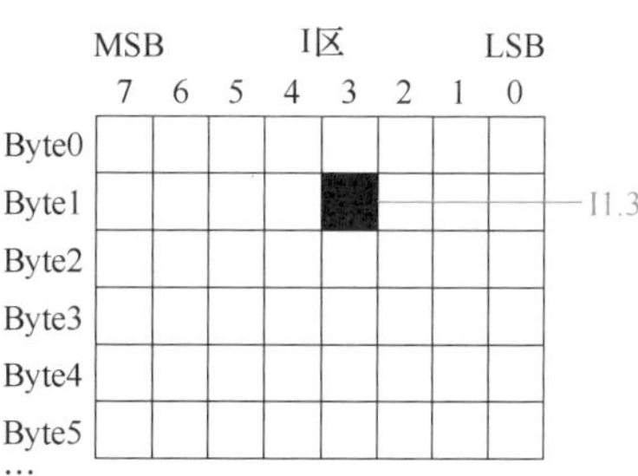

图 3-3　字节 . 位寻址举例

对字节、字和双字数据的寻址需要指明标识符、数据类型和存储区域内的首字节地址。例如字节 MB10 表示由 M10.7~M10.0 这 8 位（高位地址在前，低位地址在后）构成的 1 字节，M 为位存储器的标识符，B 表示字节，10 为字节地址，即寻址位存储器的第 11 字节。相邻的 2 字节构成 1 字，如 MW10 表示由 MB10 和 MB11 组成，M 为位存储器标识符，W 表示寻址长度为 1 字（2 字节），10 为起始字节的地址。MD10 表示由 MB10~MB13 组成的双字，M 为位存储器标识符，D 表示寻址长度为 1 双字（2 字，4 字节），10 表示寻址单位的起始字节地址。

（二）过程映像输入（I）和过程映像输出（Q）

1. 过程映像输入（I）

过程映像输入是 S7-1200 CPU 为输入信号设置的一个存储区，过程映像输入存储器的标识符为 I，在每次扫描周期开始时，CPU 会对每个物理输入点进行集中采样，并将采样值写入过程映像输入存储区中，这一过程可以形象地将过程映像输入比作输入继电器来理解，如图 3-4 所示。当外部输入触点（即图中按钮）闭合时，输入继电器 I0.0 的线圈得电，即过程映像输入相对应的位写入“1”，程序中对应的常开触点 I0.0 闭合，常闭触点 I0.0 断开；一旦按钮松开，则输入继电器 I0.0 的线圈失电，即过程映像输入相应位写入“0”，程序中对应的常开触点 I0.0 和常闭触点 I0.0 均复位。

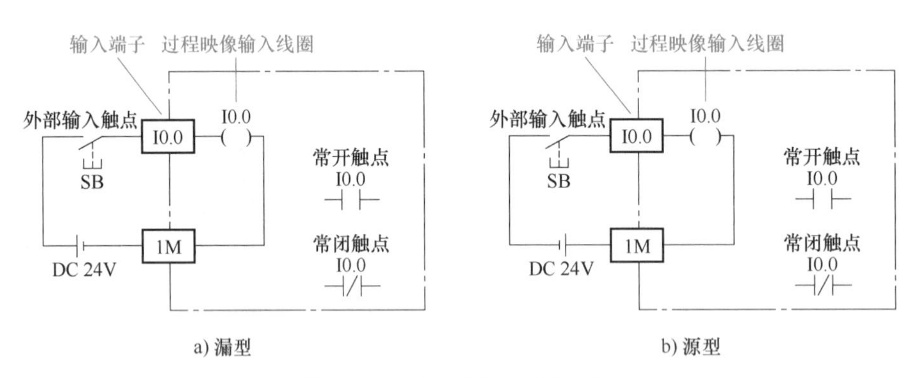

图 3-4 过程映像输入等效电路

需要说明的是，过程映像输入中的数值只能由外部信号驱动，不能由内部指令改写；过程映像输入有无数个常开 / 常闭触点供编程时使用，且在编写程序时，只能出现过程映像输入的触点，不能出现其线圈。

过程映像输入是 PLC 接收外部输入的开关量信号的窗口，可以按位、字节、字或双字 4 种方式来存取。

2. 过程映像输出（Q）

过程映像输出是 S7-1200 CPU 为输出信号设置的一个存储区，过程映像输出的标识符为 Q。在每个扫描周期结束时，CPU 会将过程映像输出中的数据传输给 PLC 的物理输出点，再由硬件触点驱动外部负载，这一过程可以形象地将过程映像输出比作输出继电器来理解，如图 3-5 所示。每个输出继电器线圈都与相应的输出端子相连，当有驱动信号输出时，输出继电器线圈得电，对应的过程映像输出相应位为“1”，其对应的硬件触点闭合，从而驱动外部负载，使接触器 KM 线圈得电，反之，则不能驱动外部负载。

需要指出的是，过程映像输出的线圈只能由内部指令驱动，即过程映像输出的数值只能由内部指令写入；过程映像输出有无数个常开 / 常闭触点供编程时使用，在编写程序时，过程映像输出的线圈、触点均能出现，且线圈的通断状态表示程序的最终运算结果。

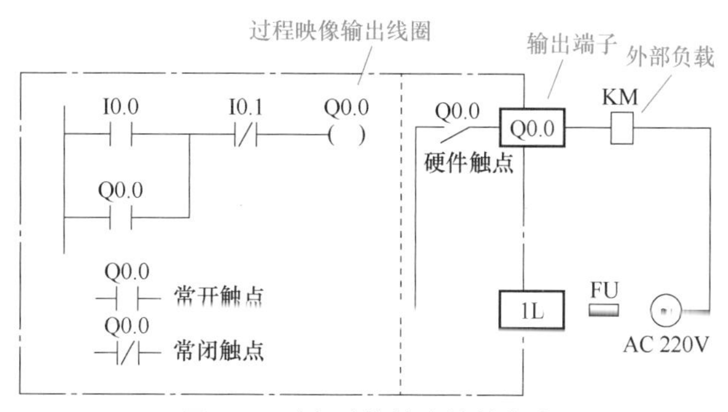

图 3-5 过程映像输出等效电路

过程映像输出可以按位、字节、字或双字 4 种方式来存取。

（三）位逻辑指令

位逻辑指令用于二进制数的逻辑运算，位逻辑运算的结果简称为 RLO。S7-1200 PLC 的位逻辑指令主要包括触点和线圈指令、置位输出和复位输出指令及边沿检测指令，详见表 3-3。

表 3-3 位逻辑指令

梯形图符号	功能描述	梯形图符号	功能描述
—| |—	常开触点	—(N)—	在信号下降沿置位操作数
—|/|—	常闭触点	RS：R、S1、Q	置位优先型 RS 触发器（复位 / 置位触发器）
—| NOT |—	取反		
—( )—	线圈输出（赋值）	SR：S、R1、Q	复位优先型 SR 触发器（置位 / 复位触发器）
—(/)—	取反线圈输出（赋值取反）		
—(S)—	置位输出	P_TRIG：CLK、Q	扫描 RLO 的信号上升沿
—(R)—	复位输出		
—(SET_BF)—	置位位域	N_TRIG：CLK、Q	扫描 RLO 的信号下降沿
—(RESET_BF)—	复位位域		
—|P|—	扫描操作数的信号上升沿	%DB1 R_TRIG：EN、ENO、CLK、Q	检测信号上升沿
—|N|—	扫描操作数的信号下降沿	%DB2 F_TRIG：EN、ENO、CLK、Q	检测信号下降沿
—(P)—	在信号上升沿置位操作数		

1. 常开触点与常闭触点

触点分为常开触点和常闭触点。常开触点在指定的位为“1”状态（TURE）时闭合，为“0”状态（FALSE）时断开。

常闭触点在指定的位为“1”状态（TURE）时断开，为“0”状态（FALSE）时闭合。在常开触点符号中间加“/”表示常闭触点。触点指令中变量的数据类型为位（Bool）型。在编程时触点可以串联也可以并联使用，但不能放在梯形图逻辑行的最后，两个触点串联将进行“与”运算，两个触点并联进行“或”运算。触点指令及线圈指令的应用如图 3-6 所示。

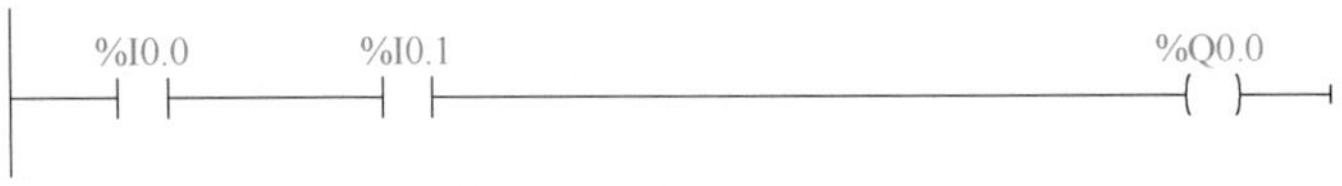

%I0.0 %I0.1 %Q0.0

a) 与运算

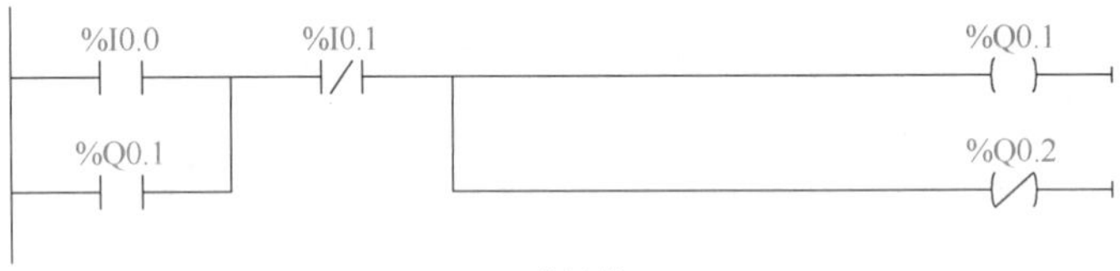

%I0.0 %I0.1 %Q0.1

%Q0.1 %Q0.2

b) 或运算

图 3-6 触点指令及线圈指令的应用

注：在使用绝对寻址方式时，绝对地址前面的“%”符号是编程软件自动添加的，无须用户输入。

2. 线圈输出与取反线圈输出指令

线圈输出指令又称为赋值指令，该指令是将输入的逻辑运算结果（RLO）的信号状态，即线圈状态写入到指定的操作数地址。驱动线圈的触点电路接通时，线圈流过“能流”指定位对应的输出为 1，反之为 0。如果是 Q 区地址，CPU 将输出的值传送给对应的过程映像输出，PLC 在 RUN（运行）模式时，接通或断开连接到相应输出点的负载。线圈输出指令 LAD 形式为 -( )-。

取反线圈输出指令又称为赋值取反指令，赋值取反线圈中间有“/”符号，如果有能流经过图 3-6 中的取反线圈 Q0.2，则 Q0.2 的输出位为 0 状态，其常开触点断开，反之 Q0.2 的输出为 1 状态，其常开触点闭合。取反线圈输出指令 LAD 形式为 -(/)-。

线圈输出与取反线圈输出指令可以放在梯形图的任意位置，变量类型为 Bool 型。

（四）梯形图编程的基本规则

1）PLC 过程映像输入 / 输出、位存储器等软元件的触点在梯形图编程时可多次重复使用。

2）梯形图按自上而下，从左向右的顺序排列。每一逻辑行总是起于左母线，经触点的连接，然后终止于线圈输出或指令框，触点不能放在线圈的右边。

3）S7-1200 PLC 线圈输出和指令盒可以直接与左母线相连，当然也可通过系统存储器字节中的 M1.2 连接。

4）应尽量避免双线圈输出。同一梯形图中，同一地址的线圈使用两次及两次以上称为双线圈输出。双线圈输出容易引起误动作或逻辑混乱，因此一定要慎重。

例如图 3-7 所示的梯形图中，设 I0.0 为 ON、I0.1 为 OFF。由于 PLC 是按扫描方式执行程序的，执行第一行时 Q0.0 对应的过程映像输出为 ON，而执行第二行时 Q0.0 对应的过程映像输出为 OFF。本周期扫描执行程序的结果是 Q0.0 的输出状态为 OFF。显然 Q0.0 前面的输出状态无效，最后一次输出才是有效的。

%I0.0　　　　　　　　　　　%Q0.0

%I0.1　　　　　　　　　　　%Q0.0

图 3-7　双线圈输出例子

5）在梯形图中，不允许出现 PLC 所驱动的负载（如接触器线圈、电磁阀线圈和指示灯等），只能出现相应的 PLC 过程映像输出的线圈。

（五）编写用户程序

下面以起保停程序为例，介绍如何使用博途软件编制梯形图。

1. 程序编辑器简介

打开博途编程软件，单击选择“创建新项目”选项，项目名称设置为“起保停程序”。在“设备组态”选项卡中选中“添加新设备”选项，添加控制器“CPU 1214C AC/DC/Rly”（订货号为 6ES7 214-1AG40-0XB0），在项目视图的项目树中，依次单击“PLC_1”→“程序块”前下拉按钮 ▸，双击“程序块”中的“Main［OB1］”选项，打开主程序视图，如图 3-8 所示，在程序编辑器中创建用户程序。

程序编辑器界面采用分区显示，各个区域可以通过鼠标拖拽调整大小，也可以单击相应的按钮完成浮动、最大（最小）化、关闭、隐藏等操作。

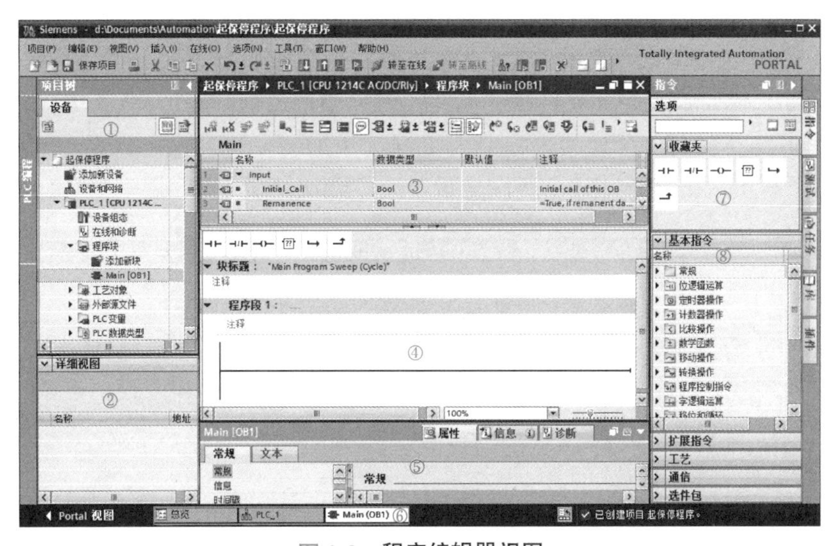

图 3-8　程序编辑器视图

图 3-8 中标号为①的区域为设备项目树，在该区域用户可以完成设备的组态、程序的编制、块操作等操作的选择，因此，此区域为项目的导航区，双击任意菜单，右侧将展开菜单内容的工作区域。整个项目的设计主要围绕本区域进行。

标号为②的区域为详细视图，单击①区域中的选项，则②区域展示相应的详细视图，如单击“默认变量表”，则详细视图中显示该变量表中的详细变量信息。

标号为③的区域为代码块的接口区，可通过鼠标将分隔条向上拉动将本区域隐藏。

标号为④的区域为程序编辑区，用户程序主要在此区域编辑生成。

标号为⑤的区域是打开的程序块巡视窗口，可以查看属性、信息和诊断。如单击“程序段 1”后，在巡视窗口“属性”中改变编程语言。

标号为⑥的选项按钮对应已经打开的窗口，且打开窗口对应的选项按钮呈白色，未打开的选项按钮呈灰色，单击该选项按钮跳转至相应的界面，即单击图 3-8 最下边的“总览”“PLC_1”和“Main（OB1）”按钮，可以分别在工作区中打开缩略图、设备视图和程序编辑区窗口。

标号为⑦的区域是指令的收藏夹，用于快速访问常用的编程指令。

标号为⑧的区域是任务卡中的基本指令列表，可以将常用指令拖拽至收藏夹，收藏夹中可以通过单击鼠标右键删除指令。

2. 变量表

变量表用来声明和修改变量。PLC 变量表包括整个 CPU 范围内有效的变量和符号变量的定义。系统会为项目中使用的每个 CPU 自动创建一个“PLC 变量”文件夹，包含“显示所有变量”“添加变量表”“默认变量表”，也可以根据要求为每个 CPU 创建多个用户自定义变量表以分组变量，还可以对用户定义的变量表重命名、整理合并为组或删除。

（1）变量表的声明与修改　在项目树中打开“PLC 变量”文件夹，双击“添加新变量表”选项，在“PLC 变量”文件夹下生成一个新的变量表，名称为“变量表_1［0］”，其中“0”表示目前变量表里没有变量，当变量表中新增变量时，该数据随之改变。双击新生成的“变量表_1［0］”，打开该变量表编辑器，在有“<新增>”字样的空白行处双击，根据起保停控制要求声明变量名称（起动按钮 SB1、停止按钮 SB2、指示灯 HL）、数据类型、地址等。单击数据类型列隐藏的“数据类型”图标，选择设置变量的数据类型，按钮、指示灯全部为“Bool”类型，如图 3-9 所示。可用的 PLC 变量地址和数据类型可参考博途在线帮助。注意，在“地址”列输入绝对地址时，按照 IEC 标准，将为变量添加“%”符号。图 3-9 为已经声明的变量，用户还可以在空白行处根据控制要求继续添加新变量，也可以在项目树中的“PLC 变量”文件夹下直接双击打开“显示所用变量”或“默认变量表”，在其中添加声明变量。

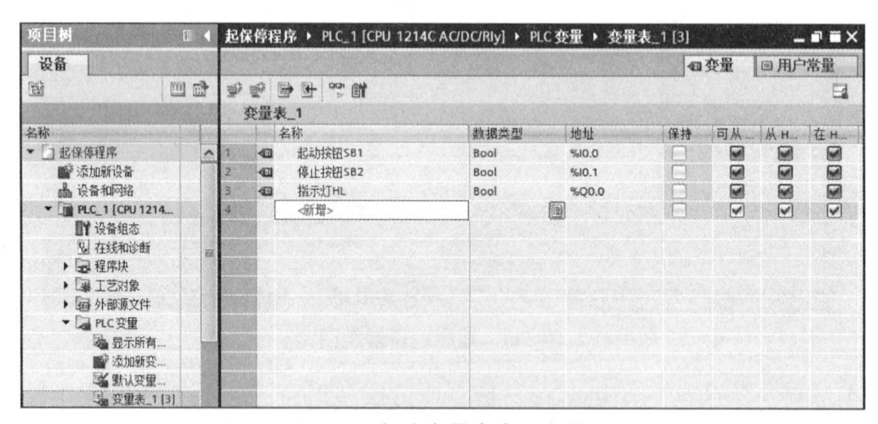

图 3-9　新建变量表声明变量

使用符号地址可以增加程序的可读性。用户在编程过程中首先用 PLC 变量表声明定义变量的符号地址（名称），然后在程序中使用它们。用户还可以在变量表中修改已经创建的变量，修改后的变量在程序中同步更新。

（2）变量的快速声明　如果用户要创建同类型的变量，可以使用快速声明变量功能。在变量表中单击选中已有的变量“起动按钮 SB1”左边的标签，用鼠标按住左下角的蓝色小正方形不放，向下拖动，在空白行可声明新的变量，且新的变量将继承上一行变量的属性。也可以像 Excel 一样单击选中已有的变量“起动按钮 SB1”，用鼠标按住选中框右下角的黑点向下拖动鼠标，从而快速声明新的变量。

（3）设置变量的断电保持功能　单击工具栏上的“保持”图标 [图标]，可以用打开的对话框设置 M 区从 MB0 开始的具有断电保持功能的字节数。设置后有保持功能的 M 区变量的“保持性”列选择框中出现“√”。将项目下载到 CPU 后，M 区变量的保持功能起作用。

（4）变量表中的变量排序　变量表中的变量可以按照名称、数据类型或者地址进行排序，如单击变量表中的“地址”，该单元则出现向上的三角形，各变量按地址的第一个字母升序排序（A~Z）。再单击一次，三角形向下，变量按名称第一个字母降序排序。可以用同样的方法根据名称和数据类型进行排序。

（5）全局变量与局部变量　在 PLC 变量中定义的变量可用于整个 PLC 中所有的代码块，具有相同的意义和唯一的名称。在变量表中，过程映像输入 I、过程映像输出 Q 和位存储器 M 的位、字节、双字等可定义为全局变量。全局变量在程序中被自动地添加双引号标识，如“SB1”。

局部变量只能在它被定义的块中使用，而且只能通过符号地址访问，同一变量的名称可以在不同的块中分别使用一次。可以在块的接口区定义块的输入 / 输出参数（Input、Output 和 Inout 参数）和临时数据（Temp），以及定义函数块（FB）的静态变量（Static）。在程序中，局部变量被自动添加“#”，如“# 起动按钮”。

（6）使用帮助　博途为用户提供了系统帮助，帮助被称为信息系统，可以通过菜单命令“帮助”→“显示帮助”，或者选中某个对象，按〈F1〉键打开。另外，还可以通过目录查找到感兴趣的帮助信息。

3. 生成用户程序

首先选择程序段 1 中水平线，依次单击程序编辑区上工具栏“┤├ ┤/├ –( )– [??] ↳ ⬏”中的 ┤├、┤/├ 和 –( )–，水平线上从左到右出现串联的常开触点、常闭触点和线圈，此时，触点、线圈上面红色的问号 <??.?> 表示地址未编辑，同时在“程序段 1”的左边出现 ⊗ 符号，表示该段程序正在编辑中，或有错误，如图 3-10a 所示。然后选中左母线（最左边垂直线），依次单击工具栏中的 ↳、┤├ 和 ⬏，生成一个与上面常开触点并联的常开触点，如图 3-10b 所示。

在编辑各指令对应操作数时，双击指令上方 <??.?> 处，在弹出的输入框中单击其右侧的“变量表”图标 [图标]，在打开的变量表中选择对应操作数的地址；若没有编辑变量表，在弹出的输入框中输入对应操作数的地址（不区分大小写），并重命名变量。程序段编辑完成且正确后，程序段左边的 ⊗ 符号会自动消失，如图 3-10c 所示。

在编程前可以将常用的指令拖放到指令列表栏的“收藏夹”文件夹中，然后单击鼠标右键已展开“收藏夹”中的任意处，在弹出的下拉列表栏勾选“在编辑器中显示收藏”复选框，这样在编辑器块标题的上方便出现收藏夹中收藏的所有指令对应的工具栏，编程时使用很方便。

在程序编辑过程中，如果需要插入程序段，先选择需要插入程序段的位置，然后单击程序编辑器工具栏上的“插入程序段”图标 [图标]，即可插入一程序段，也可以在需要插入程序段的位置单击右键，在弹出的下拉列表栏中单击“插入程序段”，同样可以在该位置下方插入一程序段。若要删除某一程序段，首先单击选中需删除程序段的块标题，然后单击程序编辑器工具栏上的“删除程序段”图标 [图标]，即可删除该程序段，也可以选中需要删除程序段的块标题，单击右键，在弹出的下拉列表栏中单击“删除”，同样可以删除该程序段。如果程序中需要对操作数的地址格式进行改变，可以单击程序编辑器工具栏上的“绝对 / 符号操作数”图标 使操作数在不同的地址格式之间切换。

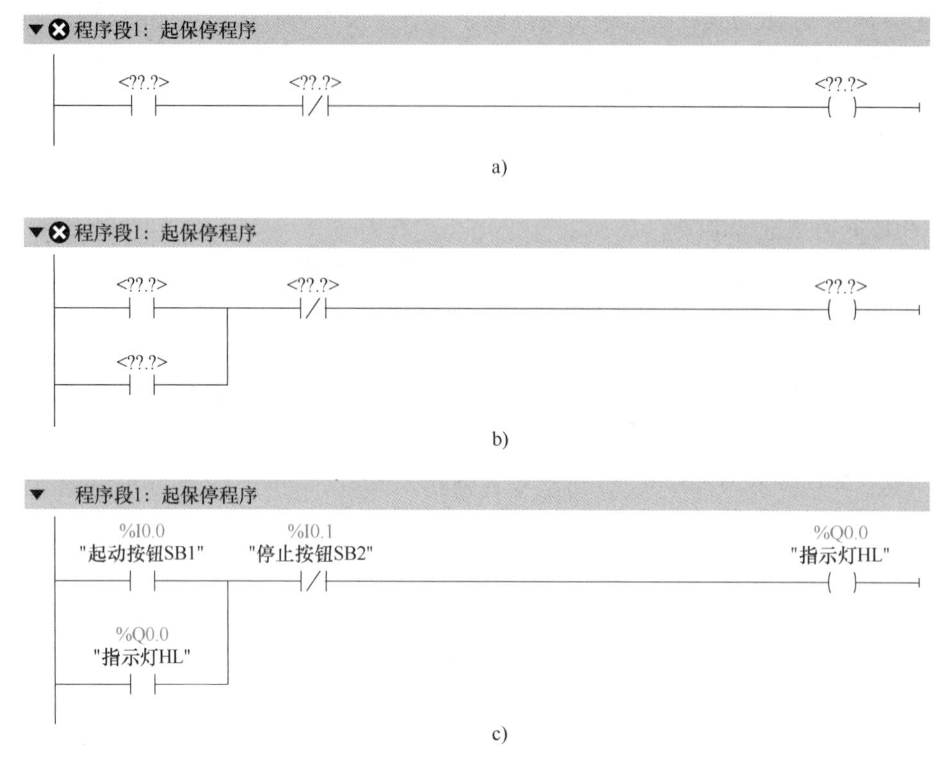

图 3-10　**生成的起保停梯形图**

程序编写完成后，需要进行编译。单击工具栏上的“编译”图标 或选择菜单命令“编辑”→“编译”执行，对项目进行编译。如果程序有错误，编译后在编辑器下方巡视窗口中将会出现错误的具体信息，必须改正程序中所有的错误信息才能下载。如果没有编译程序，在下载之前博途编程软件将会自动对程序进行编译。

用户编写或修改程序后，应进行保存，即使程序块没有编写完整，或者有错误，也可以对其保存，单击工具栏上的“保存项目”图标 保存项目 即可。

4. 程序下载

程序编写完成并编译后，设置好 CPU 和计算机的以太网地址，在项目树栏选中“PLC_1”，单击工具栏上的“下载到设备”图标 （或执行菜单命令“在线”→“下载到设备”），打开“扩展下载到设备”对话框，执行下载操作。

完成程序下载后，将 CPU 切换到 RUN 模式，此时，RUN/STOPLED 指示灯变为绿色。

5. 程序调试与运行

（1）在线监视　PLC 进入运行状态后，很多时候用户需要详细了解 PLC 的实际运行情况，并且对程序做进一步的调试，此时就需要进入 PLC 在线监视与程序调试阶段。

在菜单栏依次单击“在线”→“转至在线”选项，或者单击工具栏上的“转至在线”图标 转至在线，PLC 即可转为在线监视状态，如图 3-11 所示。当 PLC 转为在线预览状态后，项目树一行就会呈现黄色，项目树栏其他选项由不同的颜色进行标识。选项标识为绿色的 和 图标标识正常，否则必须进行诊断或重新下载。

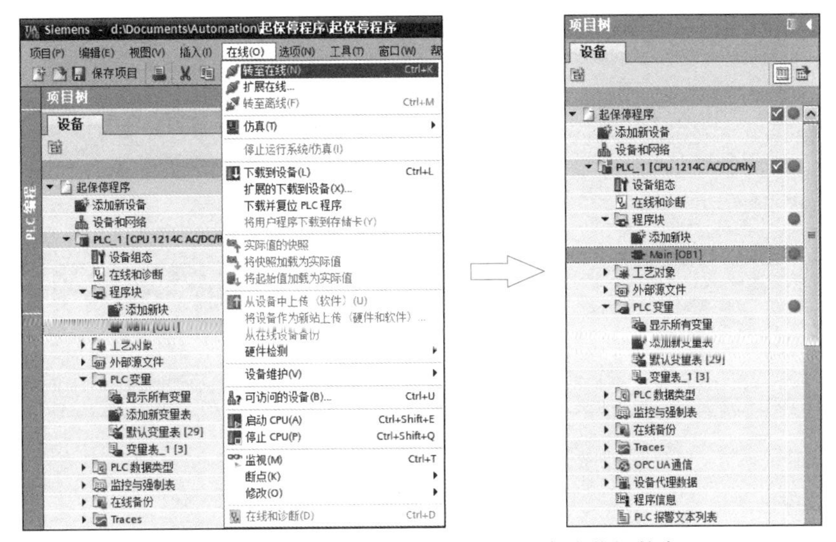

图 3-11　选择“转至在线”选项进入在线监视状态

在程序编辑器中，单击工具栏上的“启用 / 禁用监视”图标，程序进入在线监视状态，如图 3-12 所示。在实际操作时，界面上显示的梯形图中绿色实线表示接通或通电，蓝色虚线表示断开或断电。

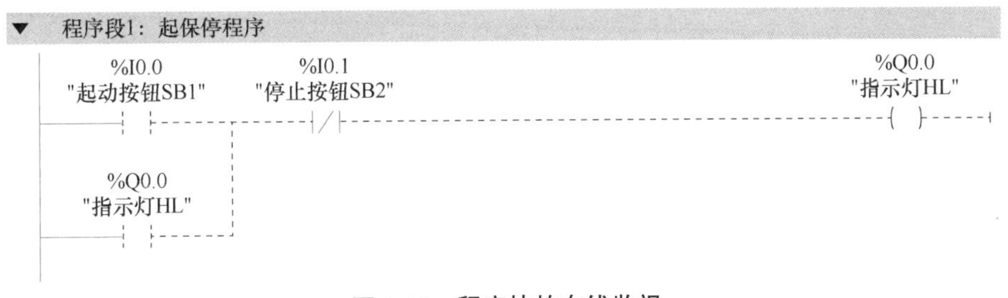

图 3-12　程序块的在线监视

当按下“起动按钮 SB1”时，“指示灯 HL”接通，程序进入保持运行状态，如图 3-13 所示。

图 3-13　程序进入运行状态

（2）使用监控与强制表　在项目树栏，依次单击“PLC_1［CPU 1214C AC/DC/Rly］”→“监控与强制表”前下拉按钮 ▸，在打开的“监控与强制表”中，双击“添加新监控表”选项，将新添加的监控表命名为“PLC 监控表”，并进行变量设定，如图 3-14 所示。

PLC 监控表上可以进行在线监视，在 PLC 监控表中单击工具栏上的“全部监视”图标，即可看到最新的各操作数监视值，如图 3-15 所示。

起保停程序 ▸ PLC_1 [CPU 1214C AC/DC/Rly] ▸ 监控与强制表 ▸ PLC监控表

	i	名称	地址	显示格式	监视值	修改值	🗲	注释
1		"起动按钮SB1"	%I0.0	布尔型			☐	
2		"停止按钮SB2"	%I0.1	布尔型			☐	
3		"指示灯HL"	%Q0.0	布尔型			☐	

图 3-14　变量设定后的 PLC 监控表

起保停程序 ▸ PLC_1 [CPU 1214C AC/DC/Rly] ▸ 监控与强制表 ▸ PLC监控表

	i	名称	地址	显示格式	监视值	修改值	🗲	注释
1		"起动按钮SB1"	%I0.0	布尔型	FALSE		☐	
2		"停止按钮SB2"	%I0.1	布尔型	FALSE		☐	
3		"指示灯HL"	%Q0.0	布尔型	TRUE		☐	

图 3-15　PLC 监控表的在线监控

6. 项目上传

（1）上传程序块　为了上传 PLC 中的程序块，首先创建一个新项目，在该项目中组态一台 PLC 设备，其型号和订货号与实际的硬件相同。

用以太网电缆连接好编程计算机和 CPU 的以太网口后，在项目树中，单击“PLC_1”文件夹下的“在线和诊断”选项，打开“在线访问”对话框，如图 3-16 所示，“PG/PC 接口”选择框选择使用的网卡“Realtek PCLe GbE Family Controller”，然后单击“转到在线”按钮，再单击工具栏“从设备中上传”图标 [图标]，打开“上传预览”对话框，如图 3-17 所示，勾选对话框中“继续”复选框，然后再单击“从设备中上传”按钮，这样就把 PLC 中的当前程序上传到计算机中，此时，依次打开“PLC_1”→“程序块”→“Main［OB1］”，便可在“Main［OB1］”中查看到从 PLC 中读取的程序。

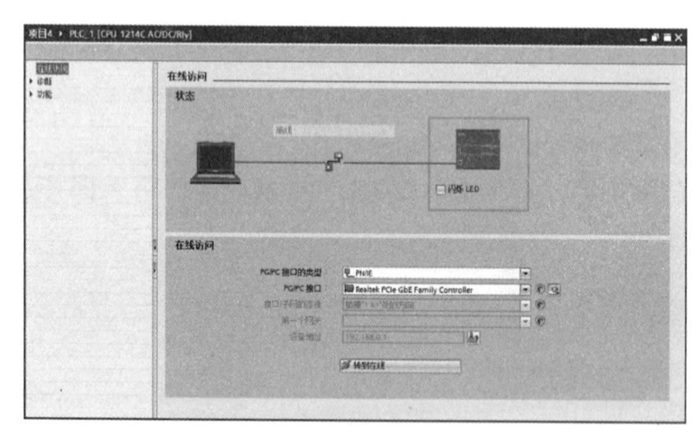

图 3-16　“在线访问”对话框

（2）上传硬件配置　上传硬件配置的操作步骤如下。

1）将 CPU 连接到编程设备上，创建一个新项目。

2）添加一个新设备，但选择“非特定的 CPU 1200”，而不是选择具体的 CPU。

3）执行菜单命令“在线”→“硬件检测”，打开“PLC_1 的硬件检测”对话框。设置“PG/PC 接口的类型”为“PN/IE”，“PG/PC 接口”为“Realtek PCLe GbE Family Controller”，然后单击“开始搜索”按钮，找到 CPU 后，单击选中“所选接口的兼容可访问节点”列表中的设备，单击右下角的“检测”按钮，此时在设备视图窗口便可看到已上传的 CPU 和所有模块（SM、SB 或 CM）的组态信息。如果已为 CPU 分配了 IP 地址，将会上传该 IP 地址，但不会上传其他设置（如模拟量 I/O 属性），必须在设备视图中手动组态 CPU 的各模块的配置。

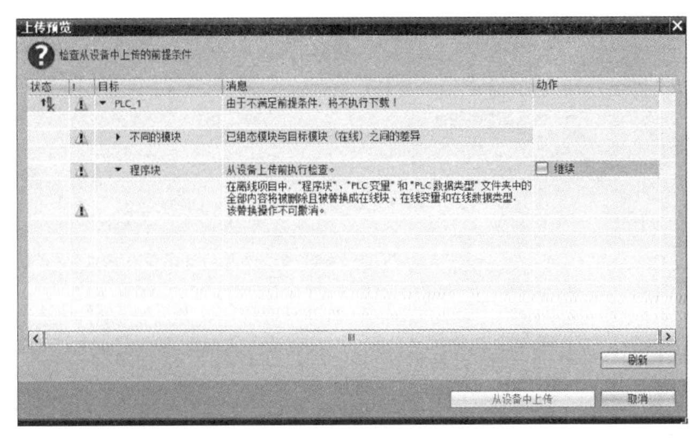

图 3-17　**“上传预览”对话框**

7. 程序仿真调试

前面介绍的程序调试是在有 PLC 实物的条件下进行的，如果没有 PLC 实物，程序编好以后可以使用博途提供的 PLCSIM 仿真。将编写好的程序编译并保存后，选中项目树中的 PLC_1，单击工具栏上的“启动仿真”图标，或选择菜单命令“在线”→“仿真”→“启动”，启动 S7-PLCSIM，如图 3-18 所示。

打开仿真软件后，出现“扩展到下载设备”对话框，单击“开始搜索”按钮，搜索到下载的设备后，单击“下载”按钮，弹出“下载预览”对话框，如图 3-19 所示。单击“装载”按钮，将程序下载到仿真 PLC，并使其进入 RUN 模式。

图 3-18　**启动 S7-PLCSIM 软件**

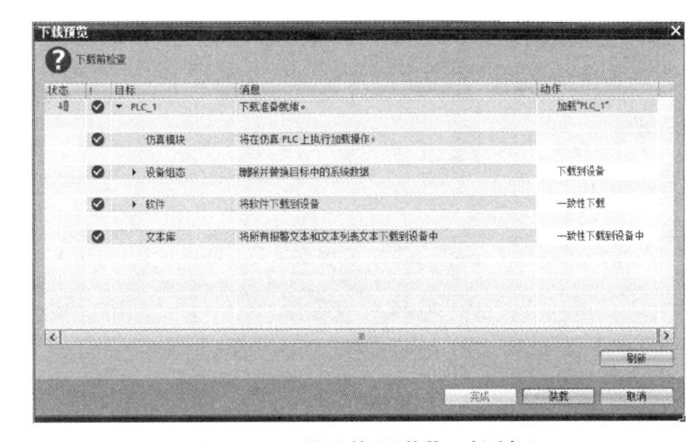

图 3-19　**“下载预览”对话框**

单击图 3-18 界面右上角“切换”图标，将 S7-PLCSIM 从精简视图切换到项目视图，在项目视图中，新建项目“QBT_SIM”，在 S7-PLCSIM 新的项目视图中打开项目树中的“SIM 表格 _1”，如图 3-20 所示，在表中手工生成需要仿真的 I/O 点，也可在图 3-20 的“SIM 表格 _1”编辑栏空白处单击鼠标右键选择“加载项目标签”，从而加载项目的全部标签，如图 3-21 所示。

接下来进行仿真，首先单击“SIM 表格 _1”中 "起动按钮SB1":P 标签，则在“SIM 表格 _1”下方出现虚拟按钮“起动按钮 SB1”，如图 3-22 所示。单击该按钮，观察“监视 / 修改值”中的变量状态，用同样的方法操作“停止按钮 SB2”，观察“监视 / 修改值”中的“指示灯 HL”是否变为 FALSE，从而检验程序是否满足控制要求。

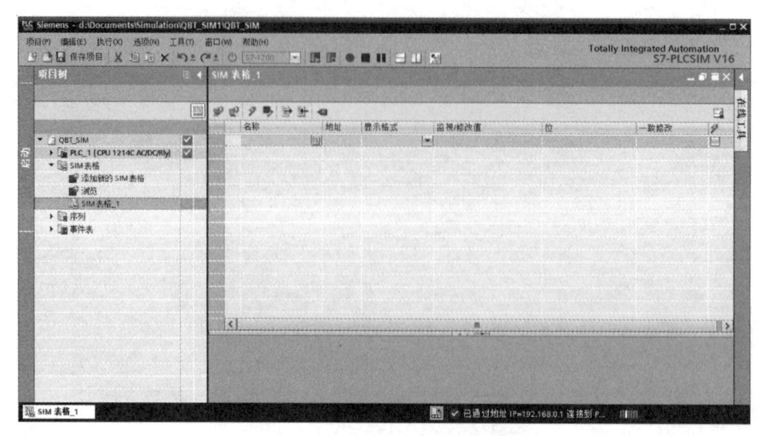

图 3-20　S7-PLCSIM 项目视图

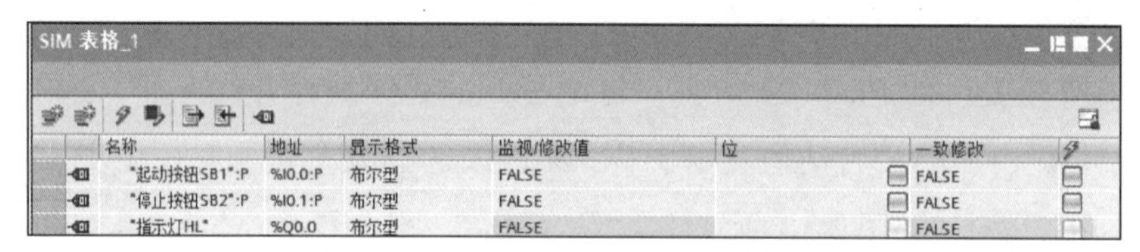

图 3-21　S7-PLCSIM 的 SIM 表格 _1

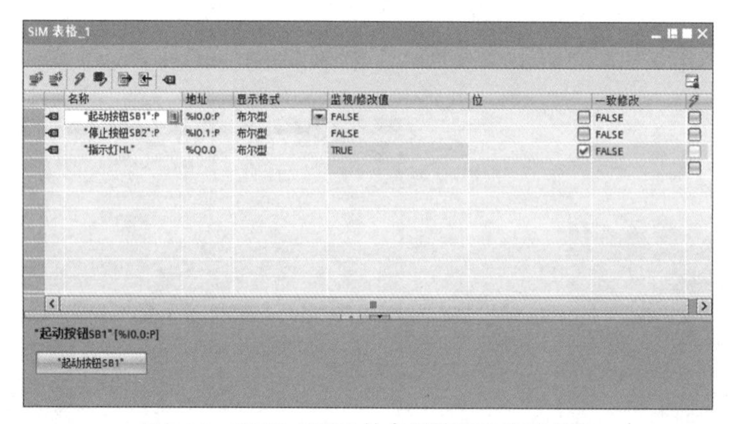

图 3-22　S7-PLCSIM 的虚拟按钮及变量状态

三、任务实施

（一）任务目标

1）会绘制三相异步电动机单向运行控制的 I/O 接线图及主电路图。

2）会 S7-1200 PLC I/O 接线。

3）掌握常开 / 常闭触点和线圈输出指令的应用。

4）学会用 S7-1200 PLC 位逻辑指令编制电动机单向运行控制的程序。

5）熟练掌握使用博途软件进行设备组态、编制梯形图，并下载至 CPU 进行调试运行。

（二）设备与器材

本任务所需设备与器材，见表 3-4。

表 3-4 所需设备与器材

序号	名称	符号	型号规格	数量	备注
1	常用电工工具		十字螺钉旋具、一字螺钉旋具、尖嘴钳、剥线钳等	1套	表中所列设备与器材的型号规格仅供参考
2	计算机（安装博途编程软件）			1台	
3	西门子 S7-1200 PLC	CPU	CPU 1214C AC/DC/Rly，订货号：6ES7 214-1AG40-0XB0	1台	
4	三相异步电动机单向运行控制面板			1块	
5	三相异步电动机	M	WDJ26，P_N=40W，U_N=380V，I_N=0.3A，n_N=1430r/min，f_N=50Hz	1台	
6	以太网通信电缆			1根	
7	连接导线			若干	

（三）内容与步骤

1. 任务要求

三相异步电动机单向运行控制面板如图 3-23 所示，要求按下起动按钮，电动机直接起动并运行，在运行过程中，若按下停止按钮或电动机出现过载，则电动机停止运行。

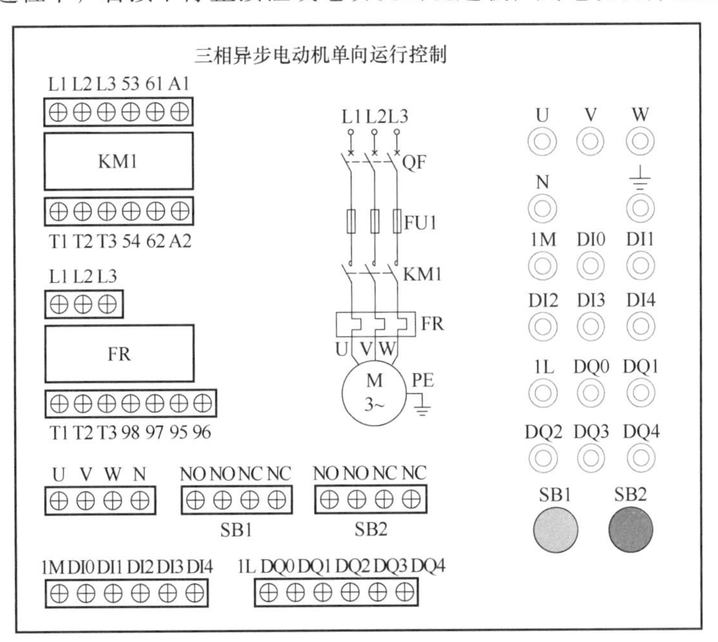

图 3-23 三相异步电动机单向运行控制面板

2. I/O 地址分配与接线图

根据控制要求确定 I/O 点数，I/O 地址分配见表 3-5。

表 3-5 I/O 地址分配表

输入			输出		
设备名称	符号	I 元件地址	设备名称	符号	Q 元件地址
起动按钮	SB1	I0.0	接触器	KM1	Q0.0
停止按钮	SB2	I0.1			
热继电器	FR	I0.2			

根据 I/O 地址分配表，绘制 I/O 接线图，如图 3-24 所示。

3. 创建工程项目

打开博途编程软件，在 Portal 视图中选择“创建新项目”，输入项目名称“3RW_1”，选择项目保存路径，然后单击“创建”按钮，创建项目完成。

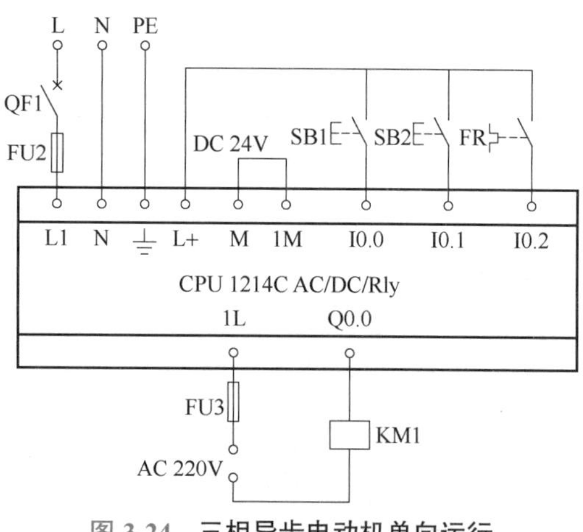

图 3-24　三相异步电动机单向运行控制 I/O 接线图

4. 硬件组态

在 Portal 视图中选择“设备组态”选项，然后单击“添加新设备”，在打开的“添加新设备”窗口中单击“控制器”按钮，在“设备名称”对应的输入框中输入用户定义的设备名称，也可使用系统指定名称“PLC_1”，在中间的项目树中，依次单击“SIMATIC S7-1200”→“CPU”→“CPU 1214C AC/DC/Rly”各选项前下拉按钮 ▸，或依次双击选项名称“SIMATIC S7-1200”→“CPU”→“CPU 1214C AC/DC/Rly”，在打开的“CPU 1214C AC/DC/Rly”文件夹中选择与硬件相对应订货号（6ES7 214-1AG40-0XB0）的 CPU，单击窗口右下角的“添加”按钮，添加新设备完成。

5. 编辑变量表

进入项目视图，在项目树中，打开“PLC_1”下“PLC 变量”文件夹，双击“添加新变量表”选项，生成“变量表_1［0］”，可以对该变量表重命名，这里采用默认命名，双击打开此变量表，然后根据 I/O 分配表编辑变量表，如图 3-25 所示。

3RW_1 ▸ PLC_1 [CPU 1214C AC/DC/Rly] ▸ PLC 变量 ▸ 变量表_1 [4]

变量　用户常量

变量表_1

	名称	数据类型	地址	保持	可从 ...	从 H...	在 H...
1	起动按钮SB1	Bool	%I0.0	☐	☑	☑	☑
2	停止按钮SB2	Bool	%I0.1	☐	☑	☑	☑
3	热继电器FR	Bool	%I0.2	☐	☑	☑	☑
4	接触器KM1	Bool	%Q0.0	☐	☑	☑	☑

图 3-25　三相异步电动机单向运行控制 PLC 变量表

6. 编写程序

在项目树中，打开“PLC_1”下“程序块”文件夹，双击“Main［OB1］”选项，打开程序编辑器，在程序编辑区根据控制要求编写梯形图，如图 3-26 所示。

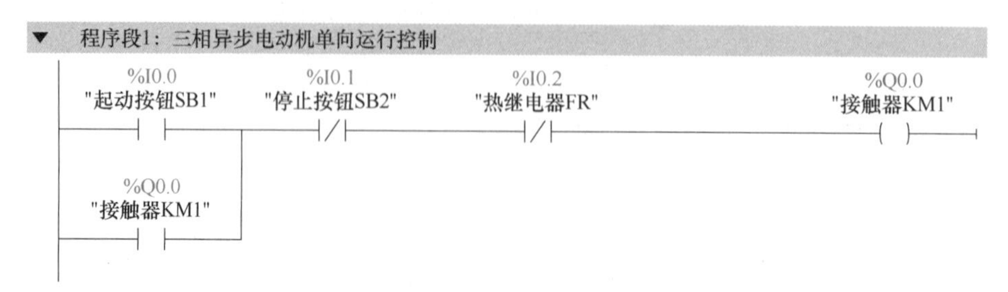

图 3-26　三相异步电动机单向运行控制梯形图

7. 调试运行

将设备组态及图 3-26 所示的梯形图编译后下载到 CPU 中，启动 CPU，将 CPU 切换至

RUN 模式下。按图 3-24 所示 PLC 的 I/O 接线图正确连接输入设备、输出设备，首先进行系统的空载调试，观察交流接触器能否按控制要求动作（按下起动按钮 SB1 时，KM1 动作，运行过程中，按下停止按钮 SB2，KM1 返回，运行过程结束），在监视状态下，观察 Q0.0 的动作状态是否与 KM1 动作一致，否则，检查电路接线或修改程序，直至交流接触器能按控制要求动作；然后连接电动机（电动机按星形联结），进行带载动态调试。

（四）分析与思考

1）本任务三相异步电动机过载保护是如何实现的？如果将热继电器过载保护作为 PLC 的硬件条件，试绘制 I/O 接线图，并编制梯形图。

2）若将本任务中三相异步电动机连续运行控制改为点动控制，I/O 接线图及梯形图应如何修改？

四、任务考核

任务实施考核见表 3-6。

表 3-6　任务实施考核表

序号	考核内容	考核要求	评分标准	配分	得分
1	电路及程序设计	（1）能正确分配 I/O 地址，并绘制 I/O 接线图 （2）设备组态 （3）根据控制要求，正确编制梯形图	（1）I/O 地址分配错或少，每个扣 5 分 （2）I/O 接线图设计不全或有错，每处扣 5 分 （3）CPU 组态与现场设备型号不匹配，扣 10 分 （4）梯形图表达不正确或画法不规范，每处扣 5 分	40 分	
2	安装与连线	根据 I/O 接线图，正确连接电路	（1）连线每错一处，扣 5 分 （2）损坏元器件，每只扣 5~10 分 （3）损坏连接线，每根扣 5~10 分	20 分	
3	调试与运行	能熟练使用编程软件编制程序下载至 CPU，并按要求调试运行	（1）不能熟练使用编程软件进行梯形图的编辑、修改、转换、写入及监视，每项扣 2 分 （2）不能按照控制要求完成相应的功能，每项扣 5 分	20 分	
4	安全文明操作	确保人身和设备安全	违反安全文明操作规程，扣 10~20 分	20 分	
合计				100 分	

五、知识拓展

1. 置位输出与复位输出指令

1）置位输出（Set，S）指令将指定的位操作数置位（变为 1 状态并保持）。

2）复位输出（Reset，R）指令将指定的位操作数复位（变为 0 状态并保持）。

如果同一操作数的 S 线圈和 R 线圈同时断电（线圈输入端的 RLO 为“0”），则指定操作数的信号状态保持不变。

置位输出指令和复位输出指令最主要的特点是记忆和保持功能。如图 3-27a 中 I0.0 的常开触点闭合，Q0.0 变为 1 状态并保持该状态。即使 I0.0 的常开触点断开，Q0.0 也仍然保持 1 状态，如图 3-27b 所示。I0.1 的常开触点闭合时，Q0.0 变为 0 状态并保持该状态，即使 I0.1 的常开触点断开，Q0.0 也仍然保持为 0 状态。

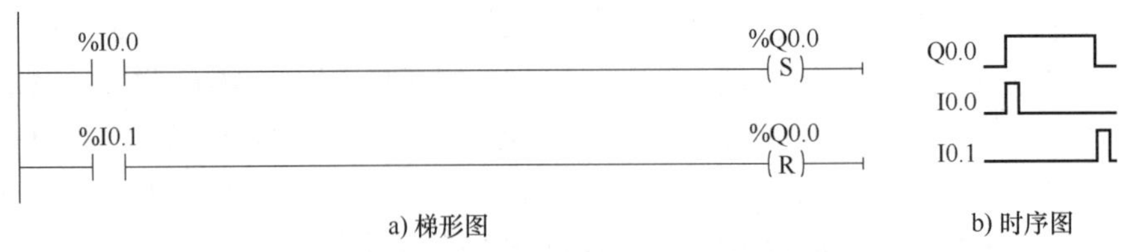

图 3-27 置位输出与复位输出指令的应用

2. 置位位域与复位位域指令

1）置位位域指令（SET_BF）将指定的地址开始的连续的若干个位地址置位（变为 1 状态并保持）。如图 3-28 所示，I0.0 的上升沿（从 0 状态变为 1 状态），从 Q0.0 开始的 3 个连续的位被置位为 1 状态并保持该状态不变。

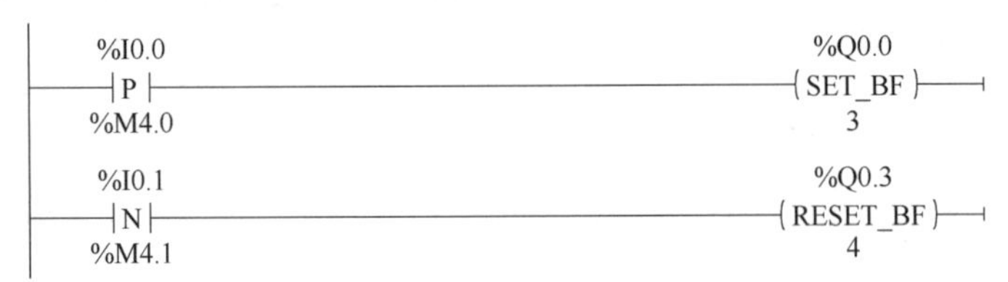

图 3-28 置位位域与复位位域指令的应用

2）复位位域指令（RESET_BF）将指定的地址开始的连续的若干个位地址复位（变为 0 状态并保持）。如图 3-28 所示，I0.1 的下降沿（从 1 状态变为 0 状态），从 Q0.3 开始的 4 个连续的位被复位为 0 状态并保持该状态不变。

3. 置位 / 复位触发器与复位 / 置位触发器

1）置位 / 复位（SR）触发器。图 3-29 中的 SR 方框是置位 / 复位（复位优先）触发器，其输入 / 输出关系见表 3-7。在置位（S）和复位（R1）信号同时为 1 时，图 3-29 的 SR 方框上面的输出位 M0.0 被复位为 0。可选的输出 Q 反映了 M0.0 的状态。

2）复位 / 置位（RS）触发器。图 3-29 中的 RS 方框是复位 / 置位（置位优先）触发器，其输入 / 输出关系见表 3-7。在置位（S1）和复位（R）信号同时为 1 时，图 3-29 的 RS 方框上面的输出位 M0.1 被置位为 1。可选的输出 Q 反映了 M0.1 的状态。

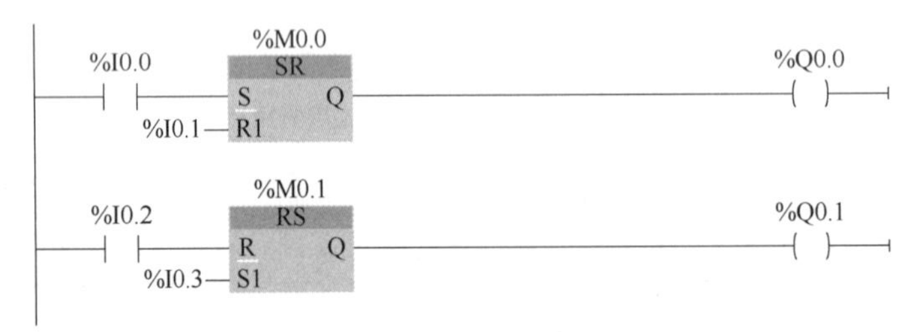

图 3-29 SR 触发器与 RS 触发器的应用

表 3-7 SR 触发器与 RS 触发器的功能

SR 触发器			RS 触发器		
S	R1	输出位	S1	R	输出位
0	0	保持前一状态	0	0	保持前一状态
0	1	0	0	1	0
1	0	1	1	0	1
1	1	0	1	1	1

由表 3-7 可以看出，两种触发器的区别仅在于表的最下面一行。

触发器方框上面的 M0.0 和 M0.1 称为标志位，R、S 输入端首先对标志位进行复位和置位，然后再将标志位的状态送到输出端。

例 3-1　抢答器有 SB1、SB2 和 SB3 三个抢答按钮，抢答成功对应指示灯 HL1、HL2 和 HL3 亮，复位按钮为 SB4。要求：三人可以任意抢答，但谁先按抢答按钮，谁抢答成功，对应的指示灯亮，且每次只允许一人抢答成功，抢答完成后主持人按复位按钮，进入下一问题抢答。程序如图 3-30 所示。

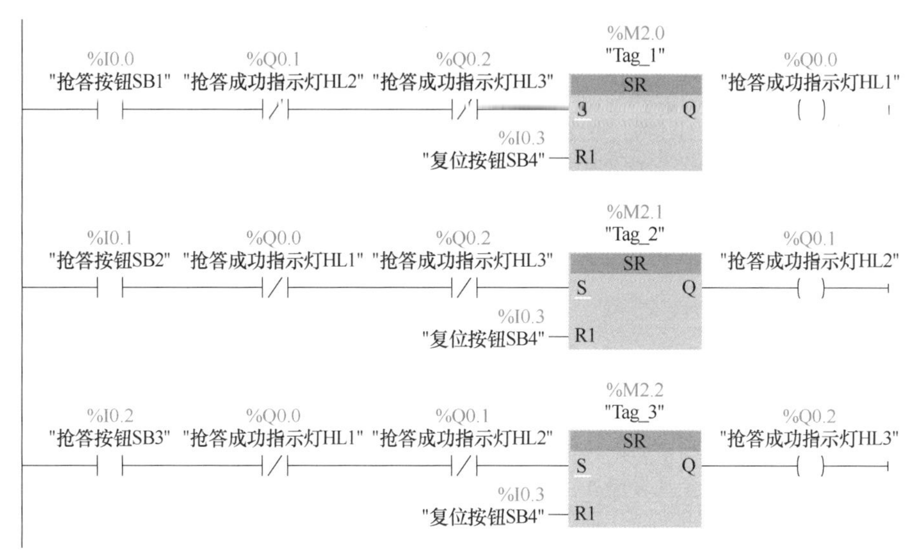

图 3-30　例 3-1 梯形图

4. 用置位输出 / 复位输出指令实现的三相异步电动机起停控制

用置位输出 / 复位输出指令编制的三相异步电动机起停控制梯形图如图 3-31 所示。

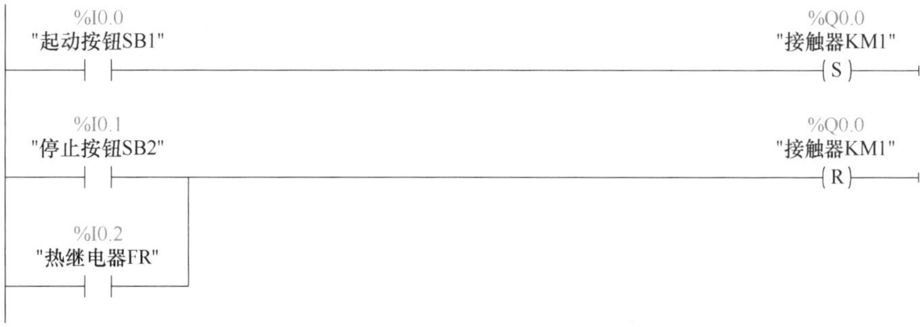

图 3-31　用置位输出 / 复位输出指令实现三相异步电动机起停控制梯形图

六、任务总结

本任务主要介绍了 S7-1200 PLC 的过程映像输入（I）、过程映像输出（Q）两个软继电器的含义与具体用法，以及常开 / 常闭触点、线圈输出指令等位逻辑指令的编程。在此基础上使用相关位逻辑指令通过博途编程软件编写三相异步电动机单向运行的 PLC 控制梯形图，下载至 CPU，然后进行 I/O 接线并调试运行，从而达到会使用编程软件进行设备组态、编写程序并下载至 CPU 进行调试运行的目标。

此外，本任务还介绍了置位输出与复位输出指令、置位位域与复位位域指令、置位 / 复位触发器与复位 / 置位触发器。

任务二 三相异步电动机正反转循环运行的 PLC 控制

一、任务导入

在“电机与电气控制应用技术”课程中，利用低压电器构建的继电 - 接触器控制电路实现对三相异步电动机正反转的控制。本任务要求用 PLC 来实现对三相异步电动机正反转循环运行的控制，即按下起动按钮，三相异步电动机正转 5s、停 2s，反转 5s、停 2s，如此循环 5 个周期，然后自动停止，运行过程中按下停止按钮，电动机将停止转动。

要实现上述控制要求，除了使用上一任务介绍的位逻辑指令外，还需要定时器、计数器指令。

二、知识链接

（一）定时器指令

S7-1200 PLC 提供了 4 种 IEC 定时器，见表 3-8。

表 3-8　S7-1200 PLC 的 IEC 定时器

类型	功能
脉冲定时器（TP）	脉冲定时器可生成具有预设宽度时间的脉冲
接通延时定时器（TON）	接通延时定时器输出 Q 在预设的延时时间到时设置为 ON
关断延时定时器（TOF）	关断延时定时器输出 Q 在预设的延时时间到时设置为 OFF
保持型接通延时定时器（TONR）	保持型接通延时定时器输出 Q 在预设的延时时间到时设置为 ON

定时器的作用类似于继电 - 接触器控制系统中的时间继电器，但种类和功能比时间继电器强大得多。在使用 S7-1200 PLC 的定时器时需要注意每个定时器都使用一个存储在数据块中的结构来保存定时器数据。在程序编辑器中放置定时器时即可分配该数据块，可以采用默认设置，也可采用手动自行设置。在函数块中放置定时器指令后，可以选择多种背景数据块选项，各数据结构的定时器结构名称可以不同。定时器指令可以放在程序段的中间或结束处。

1. 脉冲定时器

脉冲定时器梯形图及其时序图如图 3-32 所示。在图 3-32a 中“%DB1”表示定时器的背景数据块（此处只显示了绝对地址，也可以设置显示符号地址），TP 表示脉冲定时器，PT（Preset Time）为预设时间值，ET（Elapsed Time）为定时开始后经过的时间，称为当前时间值，它们的数据类型为 32 位的 Time，单位为 ms，最大定时时间为 T#24D_20H_31M_23S_647MS，D、H、M、S、MS 分别为日、小时、分、秒和毫秒，可以不给输出 Q 和 ET 指定地址。IN 为定时器的输入，Q 为定时器的输出，各参数均可使用 I（仅用于输入参数）、Q、M、L 存储区，PT 可以使用常数。脉冲定时器工作原理如下。

1）起动：当输入 IN 从 0 变为 1 时，定时器起动，此时输出 Q 也置为 1，开始输出脉冲。到达 PT 预置的时间时，输出 Q 变为 0 状态（见图 3-32b 波形 A、B、E）。输入 IN 的脉冲的宽度可以小于 Q 端输出的脉冲宽度。在脉冲输出期间，即使输入 IN 发生了变化又出现上升沿（见图 3-32b 波形 B），也不影响脉冲的输出。到达预设时间值后，如果输入 IN 为 1，则定时器停止定时且保持当前定时值。如输入 IN 为 0，则定时器定时时间清零。

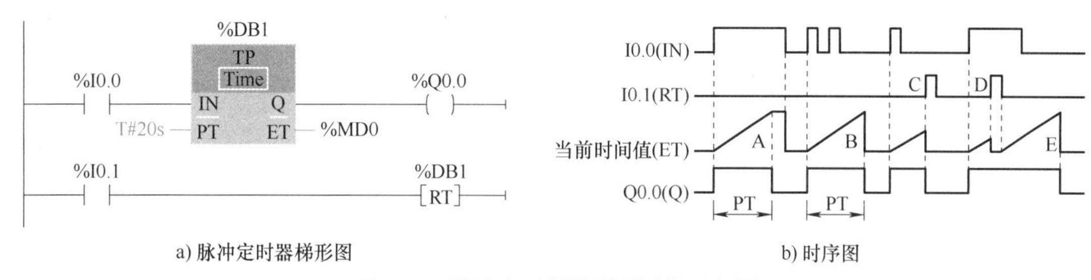

a) 脉冲定时器梯形图　　b) 时序图

图 3-32　脉冲定时器梯形图及其时序图

2）输出：在定时器定时时间过程中，输出 Q 为 1，定时器停止定时后，当前时间值不论是保持还是清零，其输出皆为 0。

3）复位：当图 3-32b 中的 I0.1 为 1 时，执行复位定时器（RT）指令，定时器被复位，如果此时正在定时，且输入 IN 为 0 状态，将使当前时间值清零，输出 Q 也变为 0（见图 3-32b 波形 C）。如果此时正在定时，且输入 IN 为 1 状态，将使当前时间值清零，输出 Q 保持为 1 状态（见图 3-32b 波形 D）。如果复位信号 I0.1 变为 0 状态时，输入 IN 仍为 1 状态，定时器将重新开始定时（见图 3-32b 波形 E）。

IEC 定时器没有编号，在使用复位定时器 RT（Reset Time）指令时，可以用背景数据块的编号或符号名来指定复位的定时器。如果没有必要，不用对定时器使用 RT 指令。

例 3-2　按下起动按钮 SB1（I0.0），三相异步电动机直接起动并运行，工作 2.5h 后自动停止，在运行过程中若按下停止按钮 SB2（I0.1），或发生故障（如过载）（I0.2），三相异步电动机将停止运行，程序如图 3-33 所示。

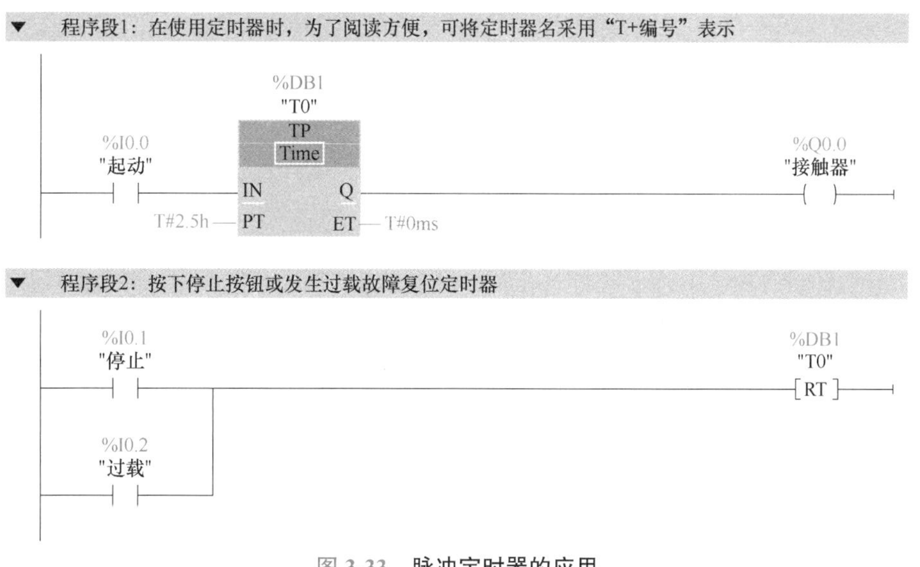

图 3-33　脉冲定时器的应用

S7-1200 PLC 的定时器没有编号，可以用背景数据块的名称来作为它们的标识符，如“IEC_Timer_0_DB_n”（n=1，2，…），也可以采用“T0，T1，…”对定时器进行命名，方法是在用鼠标将定时器操作文件夹中的定时器指令拖拽到程序编辑区梯形图相应位置，在弹出的“调用选项”对话框中，将名称改为“Tm”(m=0，1，2，…）即可，此时，定时器的常开、常闭触点的文字符号就可以表示为“Tm”.Q。

2. 接通延时定时器

接通延时定时器用于将输出 Q 的置位操作延时 PT 指定的一段时间。接通延时定时器梯形图及其时序图如图 3-34 所示。在图 3-34a 中，TON 表示接通延时定时器，“%DB2”为接通延时定时器的背景数据块。接通延时定时器的工作原理如下。

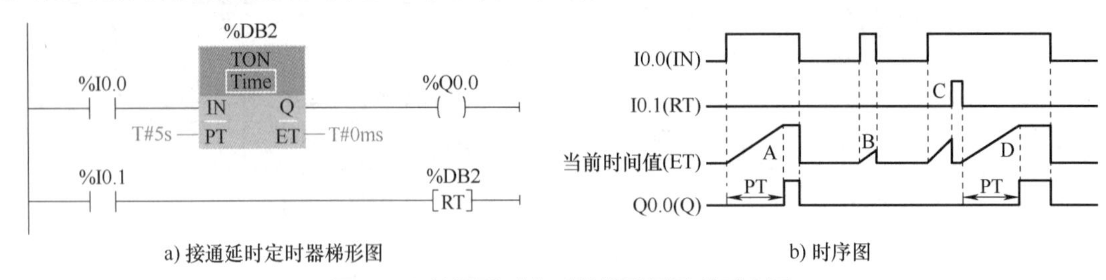

图 3-34　接通延时定时器梯形图及其时序图

1）起动：接通延时定时器在输入 IN 的信号由 0 变为 1 时开始定时，定时时间大于或等于 PT 预设时间值时，定时器停止计时且保持为预设时间值，即定时器的当前时间值 ET 保持不变（见图 3-34b 的波形 A），只要输入 IN 为 1，定时器就一直起作用。

2）输出：当定时器的当前时间值等于预设时间值时，则定时时间到，且输入 IN 为 1，此时输出 Q 变为 1 状态。

3）复位：输入 IN 的信号断开时，即 I0.0 由 1 变为 0 时，定时器被复位，定时器当前时间值被清零，输出 Q 变为 0 状态。CPU 第一次扫描时，定时器输出 Q 被清零。如果输入 IN 在未达到 PT 设定的时间时变为 0（见图 3-34b 波形 B），输出 Q 保持 0 状态不变。图 3-34a 中的 I0.1 为 1 状态时，执行复位定时器指令（如图 3-34b 波形 C），定时器被复位，定时器当前时间值被清零，Q 输出端变为 0 状态。当 I0.1 变为 0 状态时，如果输入 IN 为 1 状态，将开始重新定时（见图 3-34b 波形 D）。

例 3-3　按下起动按钮 SB1（I0.0），三相异步电动机 M1 直接起动并运行，20s 后三相异步电动机 M2 直接起动并运行，在运行过程中若按下停止按钮 SB2（I0.1），M2 立即停止，10s 后 M1 自动停止，程序如图 3-35 所示。

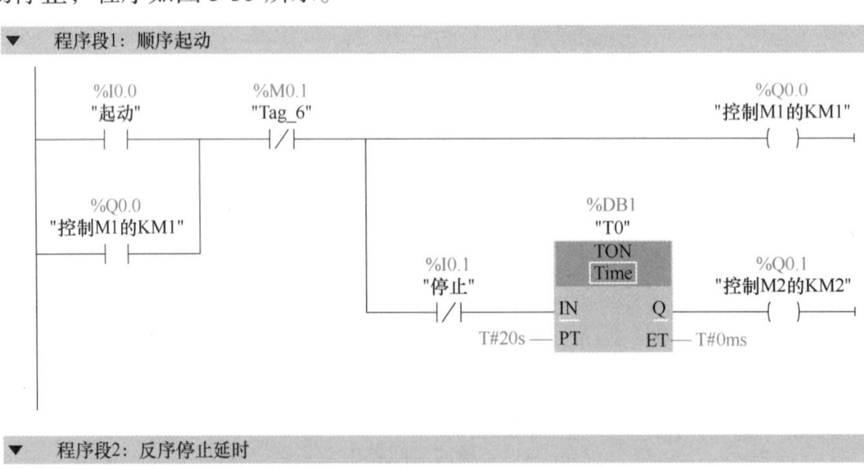

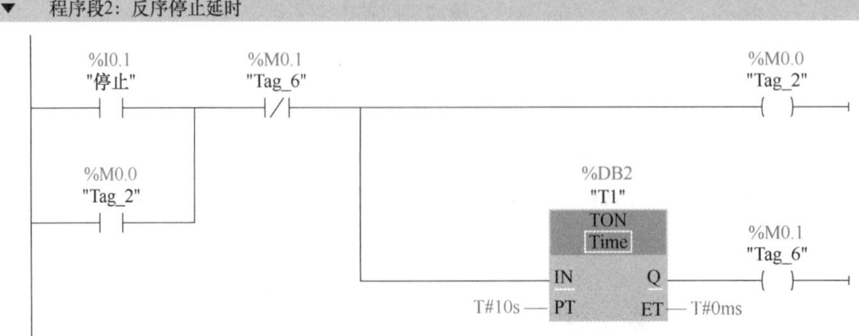

图 3-35　接通延时定时器的应用

例 3-4　按下起动按钮 SB1（I0.0），指示灯 HL（Q0.0）按亮 3s 灭 2s 的规律闪烁，在闪烁过程中若按下停止按钮 SB2（I0.1），指示灯立即熄灭，程序如图 3-36 所示。

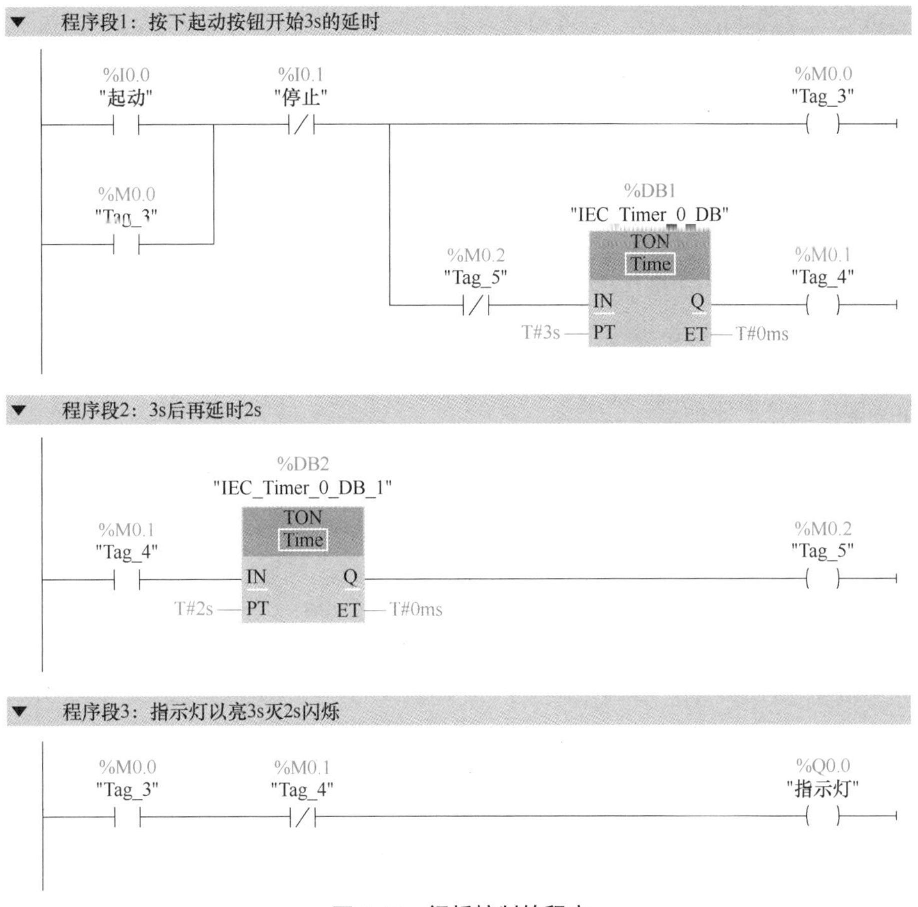

图 3-36　闪烁控制的程序

应当指出，如果闪烁电路的通断时间相等，例如周期为 1s 或 2s 时，可以启用 PLC 时钟存储器字节 MB0，这样就可以在程序中直接使用 M0.5（周期 1s）、M0.7（周期 2s）的常开触点产生周期为 1s 和 2s 的闪烁程序。

从图 3-36 可以看出，第一个定时器控制亮的时间，第 2 个定时器控制灭的时间，两个定时器的延时时间之和即为闪烁的周期，在实际应用中根据具体要求改变两个定时器的预设时间值就可以满足不同闪烁要求。

3. 关断延时定时器

关断延时定时器用于将输出 Q 的复位操作延时 PT 指定的一段时间。关断延时定时器梯形图及其时序图如图 3-37 所示。在图 3-37a 中，TOF 表示关断延时定时器，“%DB3”为关断延时定时器的背景数据块。关断延时定时器的工作原理如下。

1）起动：关断延时定时器的输入 IN 由 0 变为 1 时，定时器尚未定时且当前时间值清零。当输入 IN 由 1 变为 0 时，定时器启动开始定时，当前时间值从 0 开始逐渐增大。当定时器当前时间值到达预设时间值时，定时器停止计时并保持当前值（见图 3-37b 波形 A）。

2）输出：当输入 IN 从 0 变为 1 时，输出 Q 变为 1 状态，如果输入 IN 又变为 0，则输出继续保持 1，直到到达预设时间值。如果当前时间值未达到 PT 设定的值时，输入 IN 又变为 1

状态，输出 Q 将保持 1 状态（见图 3-37b 波形 B）。

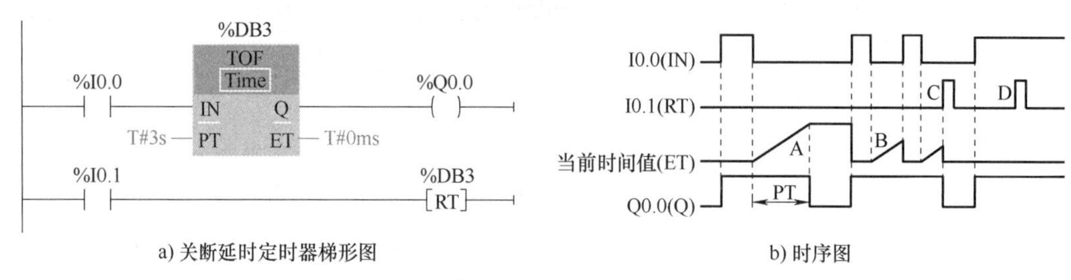

a) 关断延时定时器梯形图　　b) 时序图

图 3-37　关断延时定时器梯形图及其时序图

3）复位：当 I0.1 变为 1 时，执行复位定时器指令。如果输入 IN 为 0 状态，则定时器被复位，当前时间值被清零，输出 Q 变为 0 状态（见图 3-37b 波形 C）。如果复位时输入 IN 为 1 状态，则复位信号不起作用（见图 3-37b 波形 D）。

4. 保持型接通延时定时器

保持型接通延时定时器梯形图及其时序图如图 3-38 所示。在图 3-38a 中，TONR 表示保持型接通延时定时器，“%DB4”为保持型接通延时定时器的背景数据块，R 表示复位输入端。保持型接通延时定时器的工作原理如下。

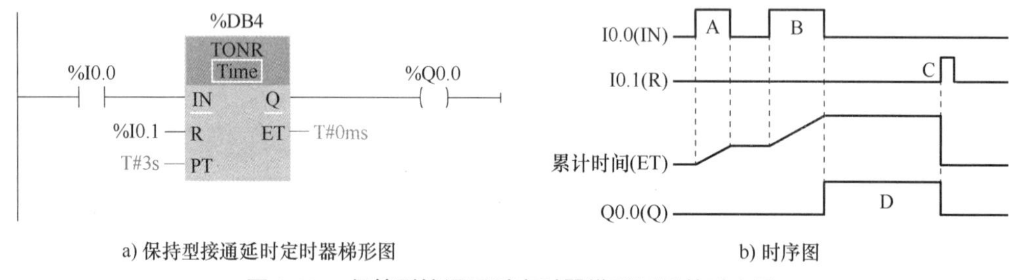

a) 保持型接通延时定时器梯形图　　b) 时序图

图 3-38　保持型接通延时定时器梯形图及其时序图

1）起动：当保持型接通延时定时器输入 IN 从 0 变为 1 时，定时器起动开始定时（见图 3-38b 波形 A 和 B），当输入 IN 变为 0 时，定时器停止计时并保持当前计时值（累计值）。当定时器的输入 IN 又从 0 变为 1 时，定时器继续计时，当前值继续增加。如此重复，直到定时器当前值达到预设值时，定时器停止计时，当前值保持不变。

2）输出：当定时器当前值达到预设时间值时，输出端 Q 变为 1 状态（见图 3-38b 波形 D）。

3）复位：当复位输入 I0.1 为 1 时（见图 3-38b 波形 C），TONR 被复位，它的累计时间变为 0，同时输出 Q 变为 0 状态。

5. 复位及加载持续时间指令

S7-1200 PLC 有专用的定时器复位指令 RT 和加载持续时间指令 PT，其应用如图 3-39 所示，当 I0.2 为“1”时，执行 RT 指令，清除存储在指定定时器背景数据块中的时间数据来重置定时器。当 I0.3 为“1”时，执行加载持续时间指令为定时器设定时间，将接通延时定时器的预设时间值设定为 30s。如果该指令输入逻辑运算结果（RLO）的信号状态为“1”，则每个扫描周期都执行该指令。该指令将指定时间写入指定定时器的结构中。如果在指令执行时指定定时器正在计时，指令将覆盖该指定定时器的当前值，从而改变定时器的状态。

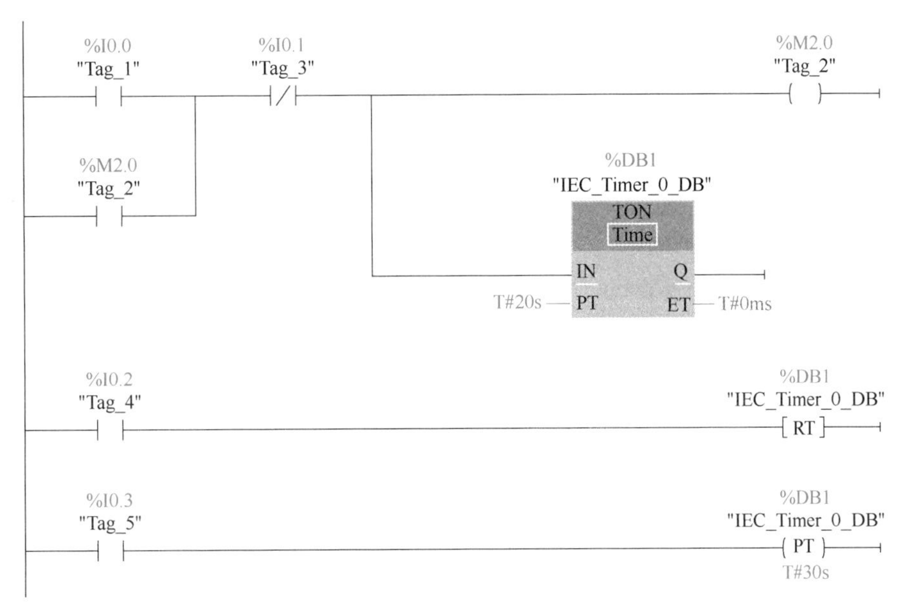

图 3-39　定时器复位及加载持续时间指令的应用

（二）计数器指令

S7-1200 PLC 有三种 IEC 计数器：加计数器（CTU）、减计数器（CTD）和加减计数器（CTUD）。它们属于软件计数器，其最大计数频率受到 OB1 的扫描周期的限制。如果需要频率更高的计数器，可以使用 CPU 内置的高速计数器。

与定时器类似，使用 S7-1200 PLC 的计数器时，每个计数器需要使用一个存储在数据块中的结构来保存计数器数据。在程序编辑器中放置计数器即可分配该数据块，可以采用默认设置，也可以手动自行设置。

使用计数器需要设置计数器的计数数据类型，计数值的数据范围取决于所选的数据类型。如果计数值是无符号整数型，则可以减计数到零或加计数到范围限值。如果计数值是有符号整数，则可以减计数到负整数限值或加计数到正整数限值。支持的数据类型有短整数 SInt、整数 Int、双整数 DInt、无符号短整数 USInt、无符号整数 UInt、无符号双整数 UDInt。计数器指令可以放在程序段的中间或结束处。

1. 加计数器

当加计数输入端 CU（Count Up）输入上升沿脉冲时，计数器当前值就会增加 1，计数器当前值大于或等于预设值 PV（Preset Value）时，计数器状态位置 1。当计数器复位输入端（R）闭合时，计数器状态位复位，计数器当前值清零。当计数器当前值 CV（Count Value）达到指定数据类型的上限值时，计数器停止计数。

加计数器梯形图及其时序图如图 3-40 所示。在图 3-40a 中，“%DB1”表示计数器的背景数据块，CTU 表示加计数器，计数器数据类型是整数，预设值 PV 为 3，其工作过程如下。

当复位输入端 R 信号 I0.1 为 0 时，加计数输入端 CU 信号 I0.0 从 0 到 1（即输入端出现上升沿）时，计数器当前值 CV 加 1，直到 CV 达到指定的数据类型的上限值（32767）。此后 CU 输入的状态变化不再起作用，即 CV 的值不再增加。

当计数值 CV 大于或等于预设值 3 时，输出端 Q 变为 1 状态，反之为 0 状态。第一次执行指令时，计数器的 CV 需清零。

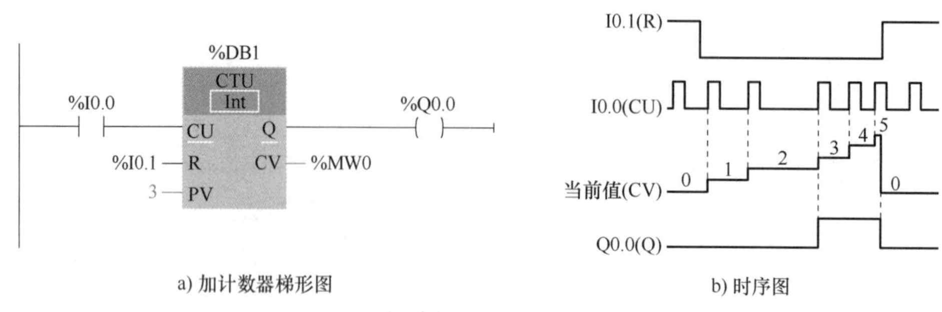

a) 加计数器梯形图　　b) 时序图

图 3-40　加计数器梯形图及其时序图

当计数器的复位输入端 R 信号 I0.1 为 1 时，计数器被复位，输出端 Q 变为 0 状态，计数器当前值 CV 被清零。

2. 减计数器

减计数器从预设值开始，在每一个减计数输入端 CD（Count Down）上升沿时，计数器的当前值就会减 1，计数器的当前值等于 0 时，计数器状态位置 1，此后，减计数计数输入端 CD 每输入一个脉冲上升沿，计数器当前值减 1，直到 CV 达到指定的数据类型的下限值，计数器停止计数。当装载输入端 LD 闭合时，计数器复位，计数器状态位置 0，预设值 PV 被装载到计数器当前值寄存器中。

减计数器梯形图及其时序图如图 3-41 所示。在图 3-41a 中，“%DB2”表示计数器的背景数据块，CTD 表示减计数器，计数器数据类型是整数，预设值 PV 为 3，LD（LOAD）表示装载输入端，CV 为当前值，其工作过程如下。

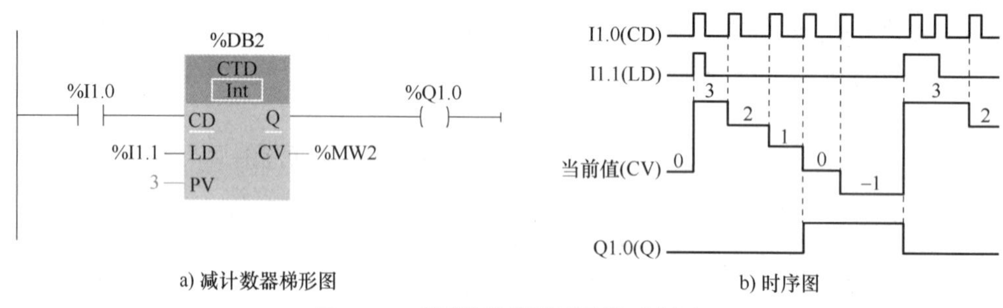

a) 减计数器梯形图　　b) 时序图

图 3-41　减计数器梯形图及其时序图

当装载输入端 I1.1 为 1 时，减计数器 CTD 的状态位置 0，其预设值 PV 被装载到减计数器当前值寄存器中；当装载输入端 LD 为 0 时，减计数输入端 CD 信号 I1.0 从 0 到 1（即输入端出现上升沿）时，计数器当前值 CV 减 1，当计数器当前值减为 0 时，计数器状态位置 1，此后，每当 CD 端输入一脉冲信号上升沿，计数器当前值就减 1，直到 CV 达到指定数据类型的下限值（–32768），计数器停止计数，计数器当前保持不变。

计数器当前值 CV 小于或等于 0 时，输出 Q 为 1 状态，反之输出 Q 为 0 状态。减计数第一次执行指令时，当前值 CV 需清零。

3. 加减计数器

加减计数器梯形图及其时序图如图 3-42 所示。在图 3-42a 中，“%DB3”表示计数器的背景数据块，CTUD 表示加减计数器，计数器数据类型是双整数，预设值 PV 为 3，其工作原理如下。

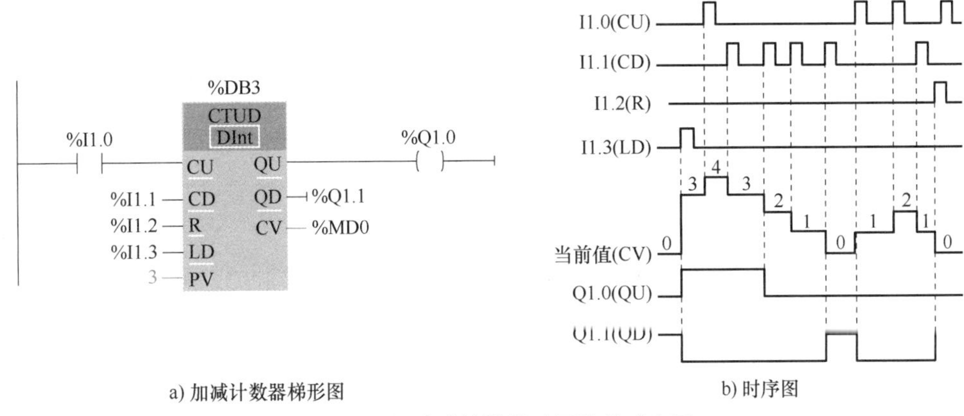

a) 加减计数器梯形图　　b) 时序图

图 3-42　加减计数器梯形图及其时序图

在加计数输入端 CU 的上升沿，加减计数器的当前值 CV 加 1，直到 CV 达到指定的数据类型的上限值（+2147483647），此时，加减计数器停止计数，CV 的值不再增加。

在减计数输入端 CD 的上升沿，加减计数器的当前值 CV 减 1，直到 CV 达到指定的数据类型的下限值（–2147483648），此时，加减计数器停止计数，CV 的值不再减小。

如果同时出现计数脉冲 CU 和 CD 的上升沿，CV 值保持不变。CV 大于或等于预设值 PV 时，输出 QU 为 1 状态，反之为 0 状态。CV 值小于或等于 0 时，输出 QD 为 1 状态，反之为 0 状态。

装载输入端 LD 为 1 状态，预设值 PV 被装入当前值 CV，输入 QU 变为 1 状态，QD 被复位为 0 状态。

复位输入端 R 为 1 状态时，计数器被复位，CU、CD、LD 不起作用，同时当前值 CV 被清零，输出 QU 变为 0 状态，QD 被复位为 1 状态。

三、任务实施

（一）任务目标

1）会绘制三相异步电动机正反转循环运行控制的 I/O 接线图。

2）会 S7-1200 PLC I/O 接线。

3）掌握定时器、计数器指令的编程与应用。

4）学会用 S7-1200 PLC 的位逻辑指令及定时器、计数器指令编制三相异步电动机正反转循环运行控制的梯形图。

5）熟练掌握使用博途编程软件进行设备组态、编制梯形图，并下载至 CPU 进行调试运行。

（二）设备与器材

本任务所需设备与器材，见表 3-9。

表 3-9　所需设备与器材

序号	名称	符号	型号规格	数量	备注
1	常用电工工具		十字螺钉旋具、一字螺钉旋具、尖嘴钳、剥线钳等	1 套	表中所列设备与器材的型号规格仅供参考

（续）

序号	名称	符号	型号规格	数量	备注
2	计算机（安装博途编程软件）			1 台	表中所列设备与器材的型号规格仅供参考
3	西门子 S7-1200 PLC	CPU	CPU 1214C AC/DC/Rly，订货号：6ES7 214-1AG40-0XB0	1 台	
4	三相异步电动机正反转循环运行控制面板			1 块	
5	三相异步电动机	M	WDJ26，P_N=40W，U_N=380V，I_N=0.3A，n_N=1430r/min，f_N=50Hz	1 台	
6	以太网通信电缆			1 根	
7	连接导线			若干	

（三）内容与步骤

1. 任务要求

按下起动按钮 SB1，三相异步电动机先正转 5s，停 2s，再反转 5s，停 2s，如此循环 5 个周期，然后自动停止。运行过程中，若按下停止按钮 SB2，电动机立即停止。实现上述控制，并要有必要的保护环节，其控制面板如图 3-43 所示。

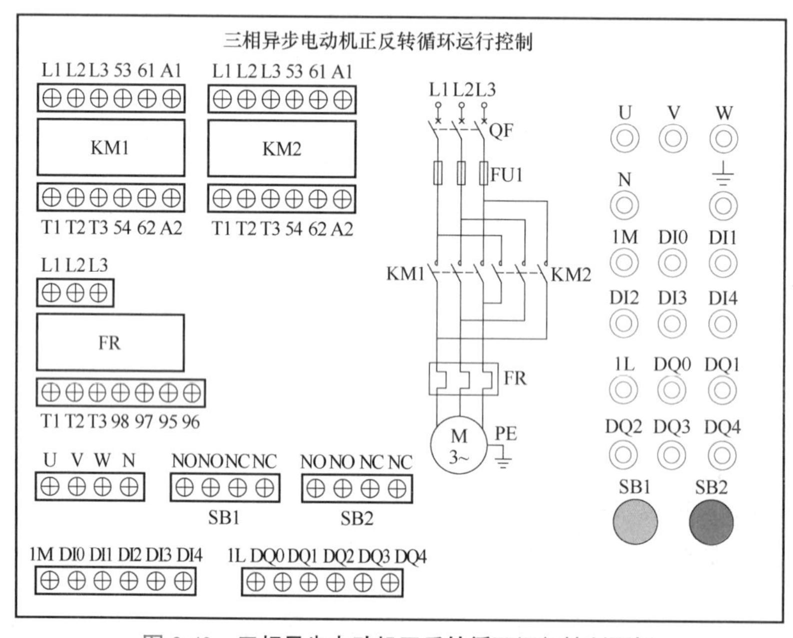

图 3-43　三相异步电动机正反转循环运行控制面板

2. I/O 地址分配与接线图

根据控制要求确定 I/O 点数，I/O 地址分配见表 3-10。

表 3-10　I/O 地址分配表

输入			输出		
设备名称	符号	I 元件地址	设备名称	符号	Q 元件地址
起动按钮	SB1	I0.0	正转控制接触器	KM1	Q0.0
停止按钮	SB2	I0.1	反转控制接触器	KM2	Q0.1
热继电器	FR	I0.2			

根据 I/O 地址分配表，绘制 I/O 接线图，如图 3-44 所示。

3. 创建工程项目

打开博途编程软件，在 Portal 视图中选择“创建新项目”，输入项目名称“3RW_2”，选择项目保存路径，然后单击“创建”按钮，创建项目完成，并完成项目硬件组态。

4. 编辑变量表

在项目树中，打开“PLC 变量”文件夹，双击“添加新变量表”选项，生成“变量表_1［0］”，在该变量表中根据 I/O 地址分配表编辑变量表，如图 3-45 所示。

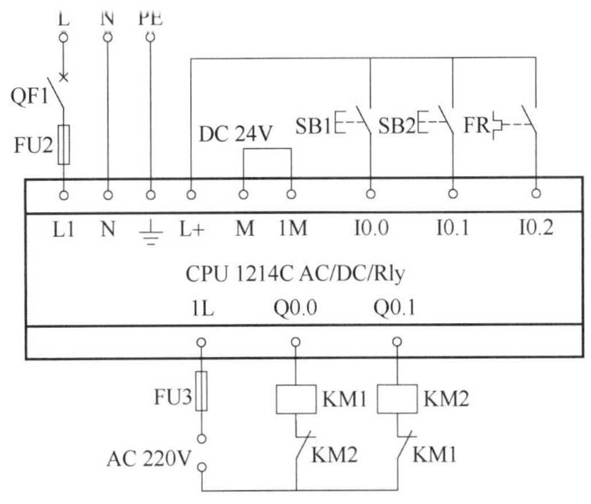

图 3-44　三相异步电动机正反转循环运行控制 I/O 接线图

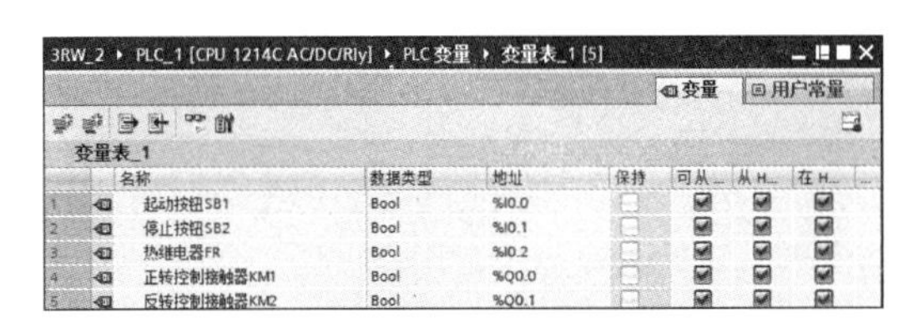

3RW_2 ▸ PLC_1 [CPU 1214C AC/DC/Rly] ▸ PLC 变量 ▸ 变量表_1 [5]

变量表_1

	名称	数据类型	地址	保持	可从...	从 H...	在 H...
1	起动按钮SB1	Bool	%I0.0	☐	☑	☑	☑
2	停止按钮SB2	Bool	%I0.1	☐	☑	☑	☑
3	热继电器FR	Bool	%I0.2	☐	☑	☑	☑
4	正转控制接触器KM1	Bool	%Q0.0	☐	☑	☑	☑
5	反转控制接触器KM2	Bool	%Q0.1	☐	☑	☑	☑

图 3-45　三相异步电动机正反转循环运行控制变量表

5. 编写程序

在项目树中，打开“程序块”文件夹中“Main［OB1］”选项，在程序编辑区根据控制要求编制梯形图，如图 3-46 所示。

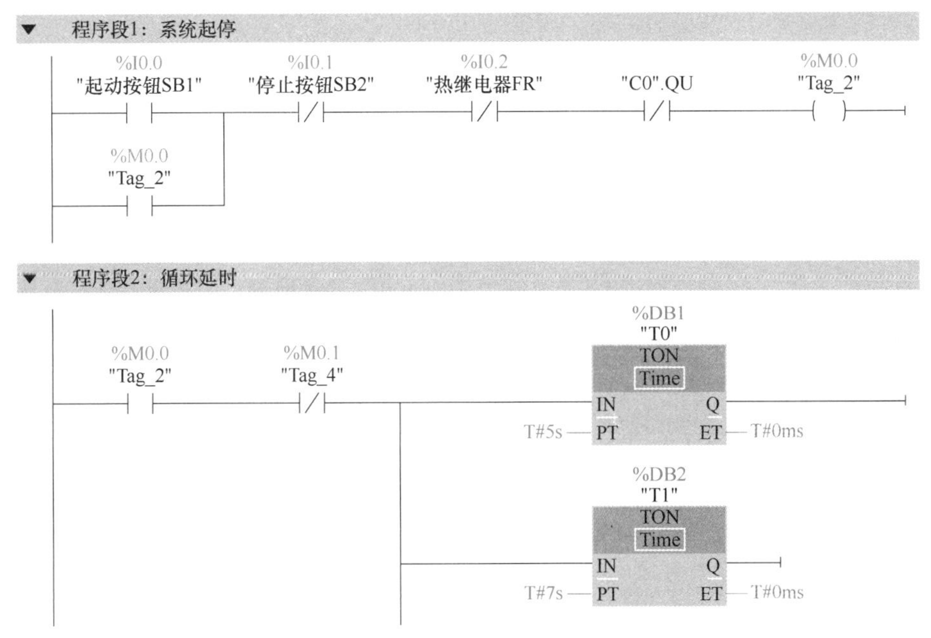

图 3-46　三相异步电动机正反转循环运行控制梯形图

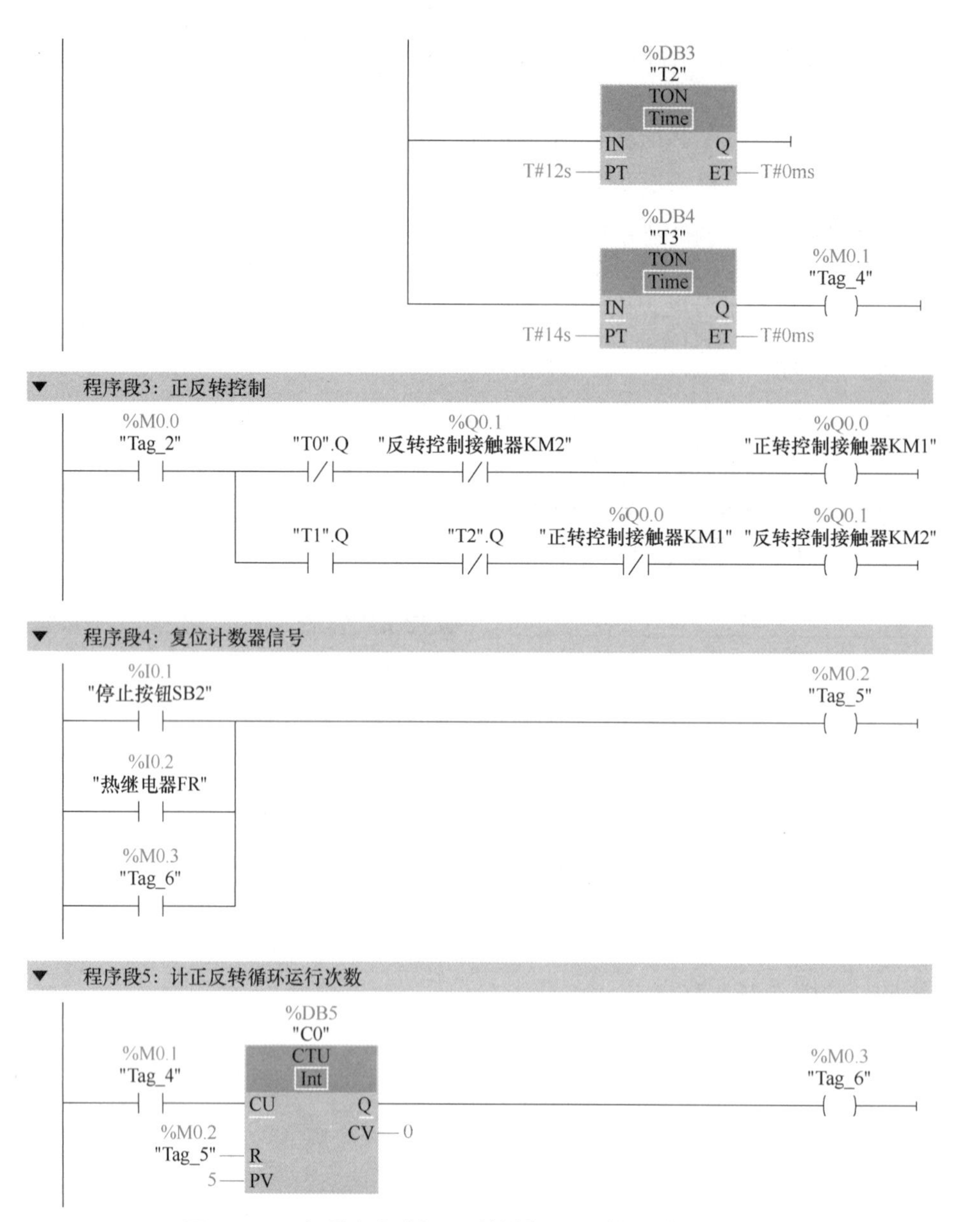

图 3-46 三相异步电动机正反转循环运行控制梯形图（续）

6. 调试运行

将设备组态及图 3-46 所示梯形图编译后下载到 CPU 中，启动 CPU，将 CPU 切换至 RUN 模式。按图 3-44 所示 PLC 的 I/O 接线图正确连接输入设备、输出设备，首先进行系统的空载调试，观察交流接触器能否按控制要求动作（按下起动按钮 SB1 时，KM1 动作，5s 后，KM1 复位，2s 后，KM2 动作，再过 5s，KM2 复位，等待 2s 后，重新开始循环，完成 5 次循环后，自动停止；运行过程中，按下停止按钮 SB2 或电动机出现过载故障，KM1 或 KM2 断电），在运行监视状态下，观察 Q0.0、Q0.1 的动作状态是否与 KM1、KM2 动作一致，否则，检查电路接线或修改程序，直至交流接触器能按控制要求动作；然后连接电动机（电动机按星形联结），进行带载动态调试。

（四）分析与思考

1）本任务的软硬件互锁保护是如何实现的？

2）本任务如果将热继电器的过载保护作为硬件条件，试绘制 I/O 接线图，并编制梯形图。

四、任务考核

任务实施考核见表 3-11。

表 3-11　任务实施考核表

序号	考核内容	考核要求	评分标准	配分	得分
1	电路及程序设计	（1）能正确分配 I/O 地址，并绘制 I/O 接线图 （2）设备组态 （3）根据控制要求，正确编制梯形图	（1）I/O 地址分配错或少，每个扣 5 分 （2）I/O 接线图设计不全或有错，每处扣 5 分 （3）CPU 组态与现场设备型号不匹配，扣 10 分 （4）梯形图表达不正确或画法不规范，每处扣 5 分	40 分	
2	安装与连线	根据 I/O 接线图，正确连接电路	（1）连线每错一处，扣 5 分 （2）损坏元器件，每只扣 5~10 分 （3）损坏连接线，每根扣 5~10 分	20 分	
3	调试与运行	能熟练使用编程软件编制程序下载至 CPU，并按要求调试运行	（1）不能熟练使用编程软件进行梯形图的编辑、修改、编译、下载及监视，每项扣 2 分 （2）不能按照控制要求完成相应的功能，每项扣 5 分	20 分	
4	安全文明操作	确保人身和设备安全	违反安全文明操作规程，扣 10~20 分	20 分	
合计				100 分	

五、知识拓展

（一）定时器的应用

1. 瞬时接通 / 延时断开电路

该电路要求在输入信号接通后，立即有输出，而输入信号断开后，输出信号延时一段时间后断开。

图 3-47 所示为实现该电路的梯形图及时序图。该电路中接通延时定时器的计时条件是 I0.0 为 OFF 且 Q0.0 为 ON。I0.0 为 ON 时，Q0.0 立即输出且自保持；而当 I0.0 为 OFF 时，Q0.0 此时为 ON，定时器计时。当延时 5s 后，断开 Q0.0 的自保持电路，Q0.0 变为 OFF。

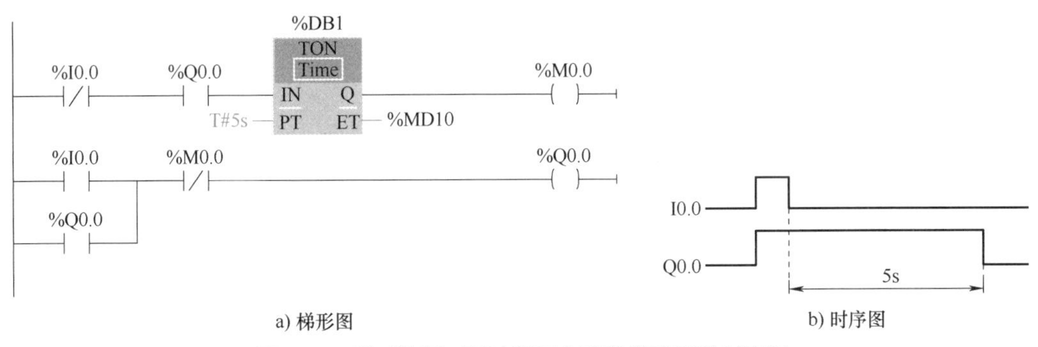

a) 梯形图　　b) 时序图

图 3-47　瞬时接通 / 延时断开电路的梯形图及时序图

2. 延时接通 / 延时断开电路

该电路要求在输入信号接通后，停一段时间后产生输出信号；而输入信号断开后，输出信号延时一段时间才断开。

图 3-48 所示为实现该电路的梯形图及时序图，和瞬时接通 / 延时断开电路相比，该电路需增加一个输入延时。T1（上方定时器）延时 3s 作为 Q0.0 的起动条件，T2（下方定时器）延时 5s 作为 Q0.0 关断的条件。两个接通延时定时器配合使用实现该电路的功能。

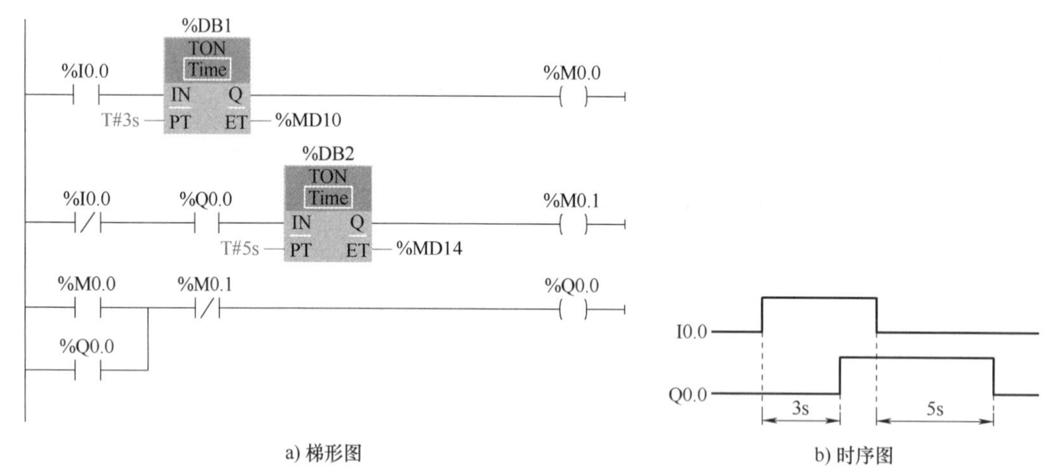

图 3-48 延时接通 / 延时断开电路的梯形图及时序图

3. 脉冲宽度可控制电路

在输入信号宽度不规范的情况下，要求在每个输入信号上升沿产生一个宽度固定的脉冲，该脉冲宽度可调节。需要说明的是，如果输入信号的两个上升沿之间的间距小于该脉冲宽度，则忽略输入信号的第二个上升沿。

图 3-49 所示为脉冲宽度可控制电路的梯形图及时序图。图 3-49 中使用了扫描操作数的信号上升沿指令和 S/R 指令，关键是找到启动和关断 Q0.0 的条件，使其不论在 I0.0 宽度大于或小于 3s 时，都可使 Q0.0 的宽度为 3s。

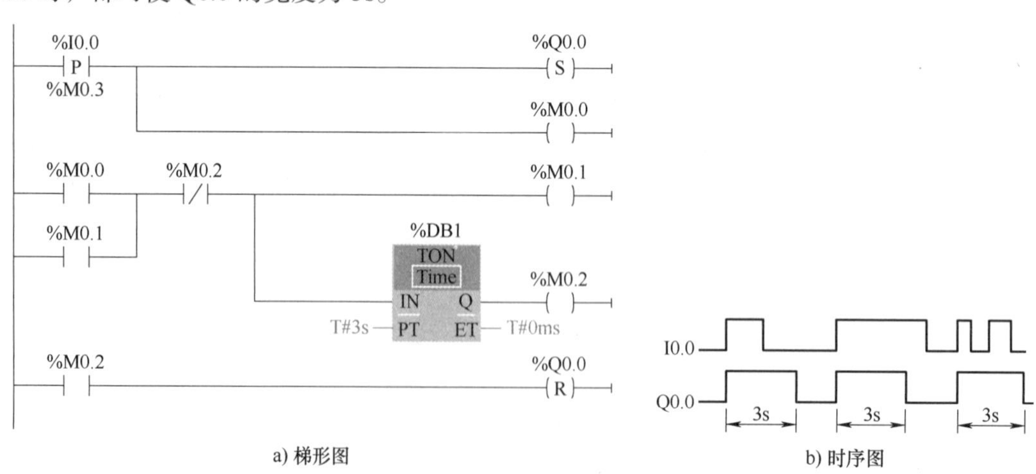

图 3-49 脉冲宽度可控制电路的梯形图及时序图

4. 报警电路

报警是电气自动控制中不可缺少的重要环节，标准的报警功能应该是声光报警。当故障发生时，报警指示灯闪烁，报警电铃或蜂鸣器鸣叫。报警人员知道故障发生时，按消铃按钮，把电铃关掉，报警指示灯从闪烁变为常亮。故障消失后，报警灯熄灭。另外，还应设置试灯按钮，用于平时检测报警指示灯和电铃的好坏。

图 3-50 是标准报警电路的梯形图及时序图，图 3-50 中 I0.0 为故障信号，I0.1 为消铃按钮信号，I0.2 为试灯、试铃按钮信号；Q0.0 为报警灯信号，Q0.1 为报警电铃信号。

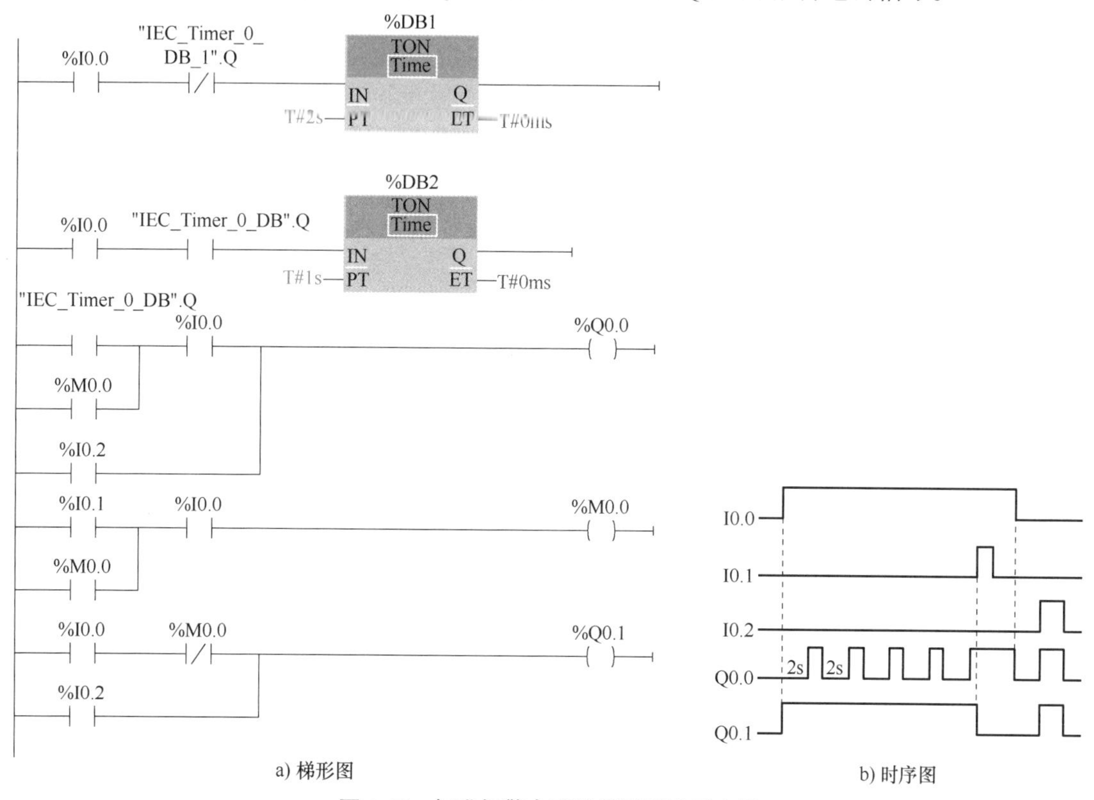

a) 梯形图　　b) 时序图

图 3-50　标准报警电路的梯形图及时序图

（二）计数器的应用

1. 计数器的扩展

S7-1200 PLC 计数器的最大计数值有限制（加计数器为 +32767、减计数器为 −32768），在实际应用中，如果计数范围超过该值，就需要对计数器的计数范围进行扩展，计数器扩展电路的梯形图如图 3-51 所示。

在图 3-51 中，计数信号为 I0.0，它作为加计数器 CTU1 的计数输入信号，每个上升沿使 CTU1 计数 1 次。CTU1 的常开触点作为加计数器 CTU2 的计数输入信号。计数器 CTU1 当前值达到 500 时，计数器 CTU2 计数 1 次。CTU2 的常开触点作为加计数器 CTU3 的计数输入信号。计数器 CTU2 的当前值达到 100 时，计数器 CTU3 计数 1 次，这样当计数 $500 \times 100 \times 10=500000$ 时，即当 I0.0 的上升沿脉冲数到 500000 时，Q0.0 才为 1 状态。

使用时，应注意计数器复位输入端逻辑的设计，要保证能准确及时复位。该程序中，I0.1 为外置公共复位信号；CTU1 计数到 500 时，在使 CTU2 计数 1 次之后的下一个扫描周期，它的常开触点使自己复位；同理，CTU2 计数到 100 时，在使 CTU3 计数 1 次之后的下一个扫描周期，它的常开触点使自己复位。

2. 定时器与计数器组合实现的长延时程序

S7-1200 PLC 定时器最长定时时间有限，但在一些实际应用中，往往需要几天或更长时间的定时控制，这样仅用一个定时器就不能实现，长延时控制梯形图如图3-52所示。该图中输入信号I0.0闭合，经过20h 30min后将输出Q0.0置位。

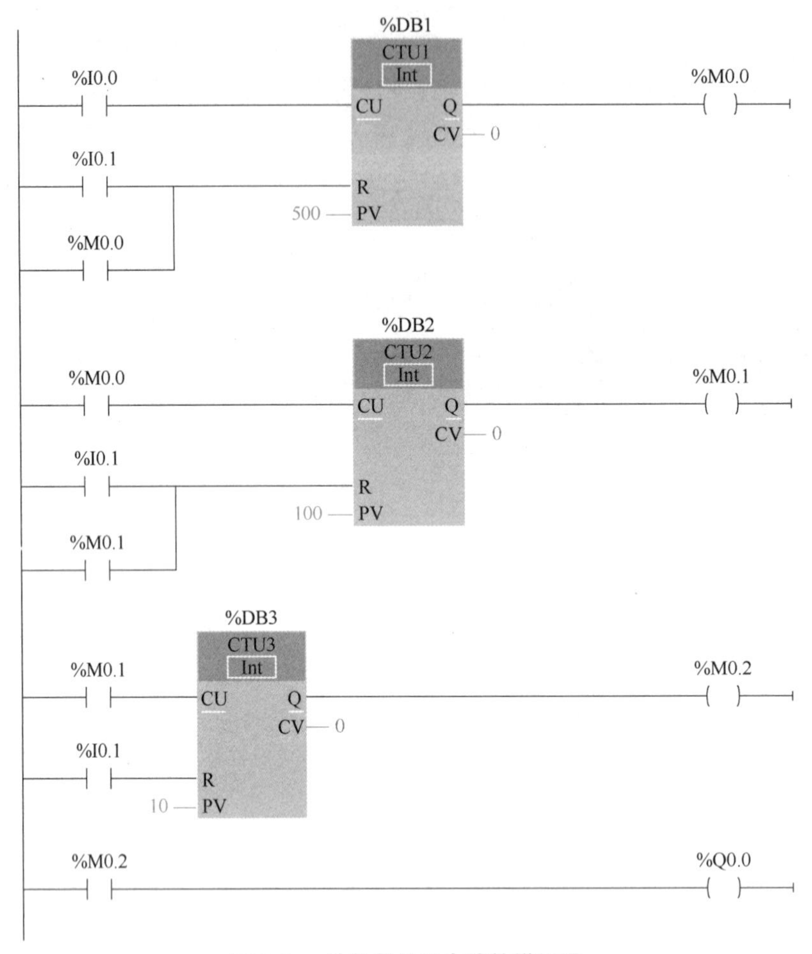

图3-51　计数器扩展电路的梯形图

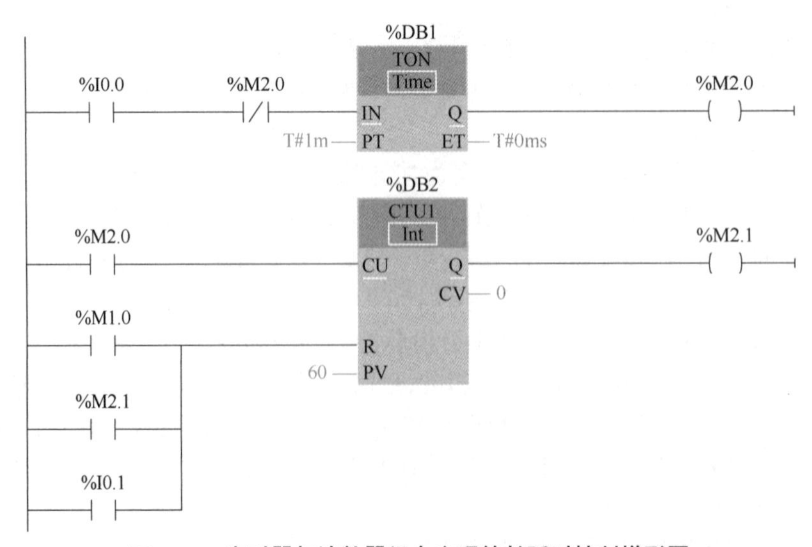

图3-52　定时器与计数器组合实现的长延时控制梯形图

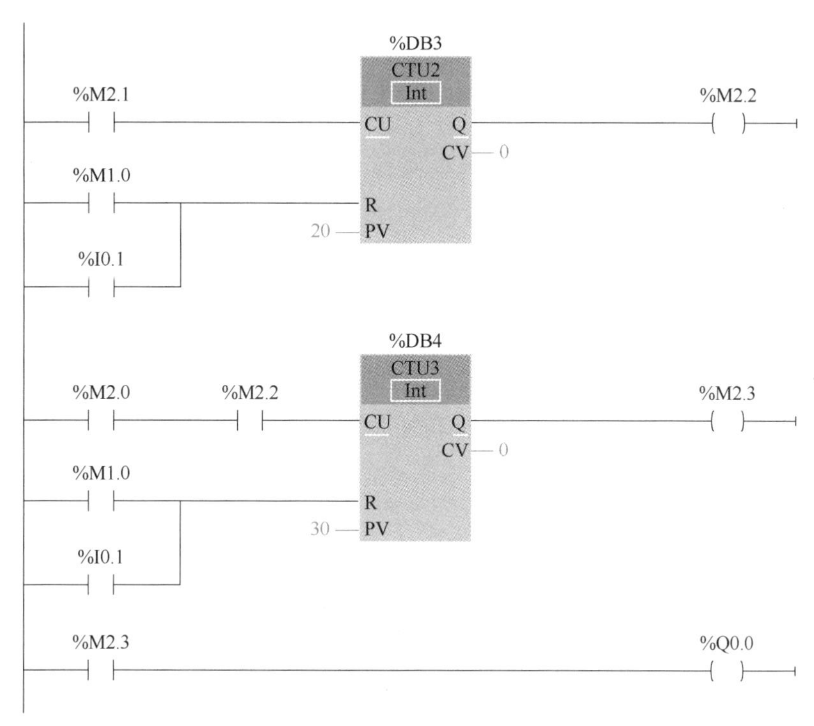

图 3-52　定时器与计数器组合实现的长延时控制梯形图（续）

图 3-52 中，定时器每分钟产生一个脉冲，所以是分钟计时器。计数器 CTU1 每小时产生一个脉冲，故 CTU1 是小时计数器。当 20h 计时到，计数器 CTU2 为 1，这时 CTU3 再计时 30min，则总的定时时间为 20h 30min，Q0.0 为 1。

复位端有初始化脉冲 M1.0（在启用系统存储器字节时有效）和外部复位按钮信号 I0.1。初始化脉冲完成在 PLC 上电时对计数器的复位操作。如果所用的计数器不是设置为断电保护模式，则不需要初始化复位，CTU 具有自复位功能。

在定时时间很长，定时精度要求不高的场合，如小于 1s 或 1min 的误差可忽略不计时，则可使用时钟脉冲 M0.5（1s 脉冲）等时钟存储器来构成延时程序。当然，也可用 INC（递增）等基本指令完成延时的程序。

这里需要注意的是，定时器与计数器组合实现的长延时程序中，如果启用系统存储器字节和时钟存储器字节，那么 MB0、MB1 在程序中就不能作为其他的位存储器使用。

六、任务总结

本任务主要介绍了定时器指令、计数器指令的编程及应用。在此基础上使用相关位逻辑指令、接通延时定时器指令、加计数器指令，通过博途编程软件编写三相异步电动机正反转循环运行的 PLC 控制梯形图，下载至 CPU，然后进行 I/O 接线并调试运行，从而达到会使用编程软件进行设备组态、编写程序并下载至 CPU 进行调试运行的目标。

任务三 三相异步电动机Y-△减压起停单按钮实现的 PLC 控制

一、任务导入

在任务一和任务二中，我们学习了用两个按钮控制电动机起动和停止，本任务要求只用一个按钮控制三相异步电动机Y-△减压起停，即第一次按下按钮，电动机实现从Y联结起动再到△联结的正常运行，第二次按下按钮，电动机停止。

分析上述控制要求，我们之前所学的位逻辑指令是不能完成这一要求的，要实现控制要求，必须使用位逻辑指令中的边沿检测指令和梯形图设计的转化法。

二、知识链接

（一）边沿检测指令

1. 边沿检测触点指令

边沿检测触点指令又称为扫描操作数信号边沿的指令，包括 P 触点和 N 触点指令，是当触点地址位的值由“0”变为“1”（上升沿或正边沿，Positive）或由“1”变为“0”（下降沿或负边沿，Negative）变化时，该触点地址保持一个扫描周期高电平，即对应的常开触点接通一个扫描周期。边沿检测触点指令可以放置在程序段中除分支结尾外的任何位置。边沿检测触点指令的应用如图 3-53 所示，图 3-53 中当 I0.0 为 1，且当 I0.1 有 0→1 的上升沿时，Q0.0 接通一个扫描周期。当 I0.2 有 1→0 下降沿时，Q0.1 接通一个扫描周期。P 触点和 N 触点下面的 M2.0 和 M2.2 是边沿存储位，用来存储上一次扫描循环时 I0.1、I0.2 的状态。通过比较 I0.1、I0.2 的当前状态和上一次循环的状态来检测信号的边沿。边沿存储位的地址只能在程序中使用一次，它的状态不能在其他地方被改写。只能用 M、DB 和 FB 的静态局部变量（Static）来作为边沿存储位，不能用块的临时局部变量或 I/O 变量来作边沿存储位。

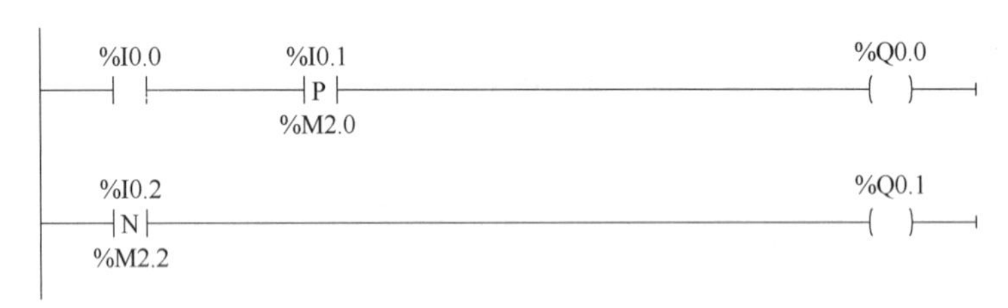

图 3-53 边沿检测触点指令的应用

2. 边沿检测线圈指令

边沿检测线圈指令又称为在信号边沿置位操作指令，包括 P 线圈和 N 线圈指令，是当进入线圈的能流中检测到上升沿或下降沿变化时，线圈对应的位地址接通一个扫描周期。边沿检测线圈指令可以放置在程序段中的任何位置。边沿检测线圈指令的应用如图 3-54 所示，图 3-54 中当 I0.0 从 0→1 时，Q0.0 接通一个扫描周期。当 I0.1=1，M0.1=0 时，M0.2 =1，Q0.1 被置位，此时M0.3=0；当I0.1 从1→0时，M0.3 接通一个扫描周期，Q0.1 仍为1。图3-54 中 M0.0、M0.2 分别为保存 P 线圈、N 线圈输入端的 RLO 的边沿存储位。

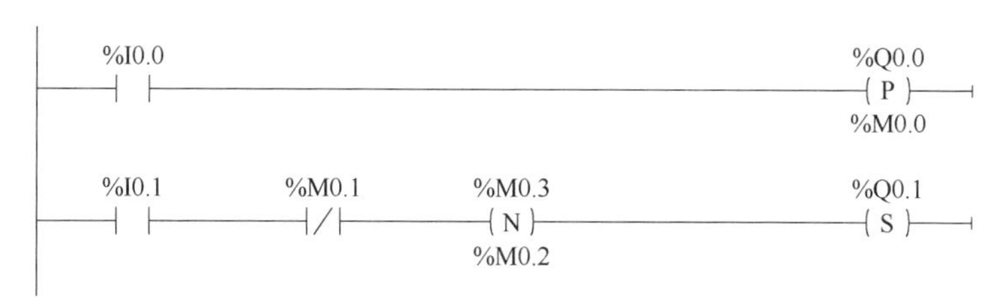

图 3-54 边沿检测线圈指令的应用

（二）二分频电路程序

所谓二分频是指输出信号的频率是输入信号频率的 1/2。可以采用不同的方法实现，其梯形图如图 3-55 所示。在图 3-55a 中，当过程映像输入 I0.0 上升沿到来时（设为第一个扫描周期），位存储器 M2.0 线圈为 ON（只接通一个扫描周期），此时 M2.0 常开触点闭合，Q0.0 常闭触点因 Q0.0 线圈为 OFF 而接通，因此 Q0.0 线圈为 ON；下一个扫描周期，M2.0 线圈为 OFF，M2.0 常开触点为 OFF 使第一分支断开，但第二分支因 M2.0 常闭触点闭合、Q0.0 常开触点闭合实现自保持，所以 Q0.0 线圈则由于自保持而一直为 ON，直到下一次 I0.0 的上升沿到来时，M2.0 常闭触点断开，解除自保持使 Q0.0 线圈断开，从而实现二分频控制。

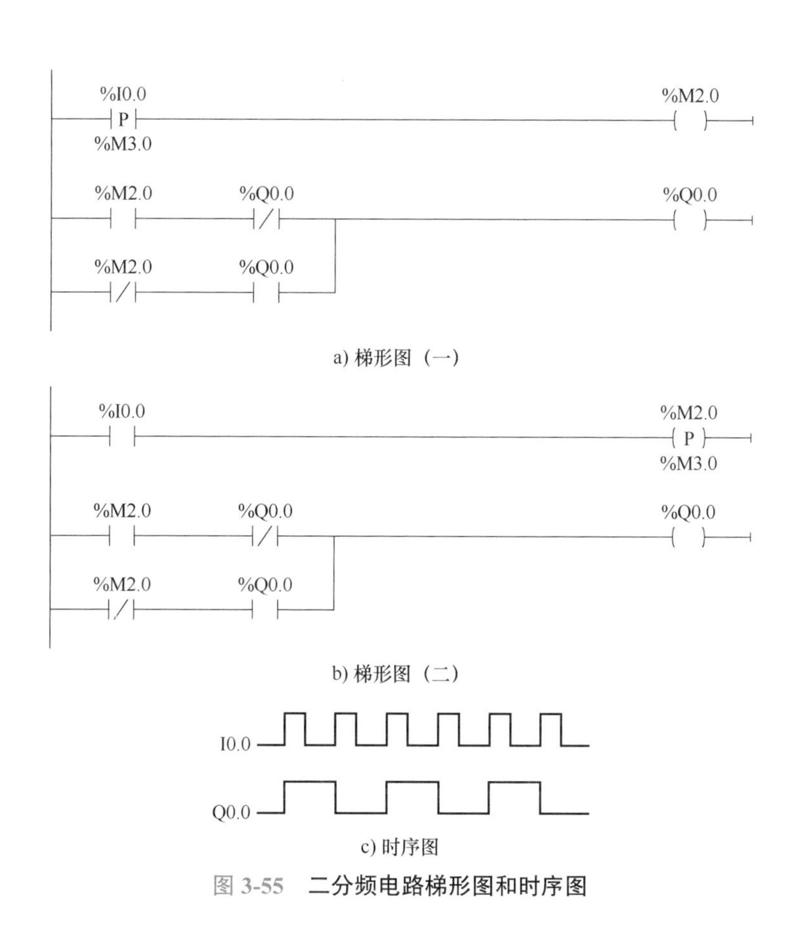

图 3-55 二分频电路梯形图和时序图

对于上述二分频控制程序，若按钮对应 PLC 的过程映像输入 I0.0，负载（如信号灯或控制电动机的交流接触器）对应 PLC 的过程映像输出 Q0.0，则实现单按钮起停控制。

(三)根据继电 - 接触器控制电路设计梯形图的方法

1. 基本方法

根据继电 - 接触器控制电路设计梯形图的方法又称为转化法或移植法。

根据继电 - 接触器控制电路设计 PLC 梯形图时，关键要抓住它们的一一对应关系，即控制功能的对应、逻辑功能的对应以及低压电器硬件元件和 PLC 软元件的对应。在转换时继电 - 接触器控制电路图中按钮、开关等主令器件对应 PLC 的过程映像输入，中间继电器对应 PLC 的位存储器，接触器或信号灯对应 PLC 的过程映像输出，时间继电器对应 PLC 的定时器，控制电路图中的常开、常闭触点及线圈在转换为梯形图时也是一致的。

2. 转化法设计的步骤

1）了解和熟悉被控设备的工艺过程和机械动作的情况，根据继电 - 接触器电路图分析和掌握控制系统的工作原理。

2）确定 PLC 的输入信号和输出信号，画出 PLC 外部 I/O 接线图。

3）建立其他元器件的对应关系。

4）根据对应关系画出 PLC 的梯形图。

3. 注意事项

1）应遵守梯形图语言的语法规定。

2）常闭触点提供的输入信号的处理。在继电 - 接触器控制电路使用的常闭触点，如果在转换为梯形图时仍采用常闭触点，使其与继电 - 接触器控制电路相一致，那么在输入信号接线时一定要连接该触点的常开触点。

3）外部联锁电路的设定。为了防止外部两个不可能同时动作的接触器同时动作，除了在 PLC 梯形图中设置软件互锁外，还应在 PLC 外部设置硬件互锁。

4）通电延时型时间继电器瞬动触点的处理。对于有瞬动触点的通电延时型时间继电器，可以在梯形图中接通延时定时器指令框的两端并联位存储器，该位存储器的触点可以作为通电延时型时间继电器的瞬动触点使用。

5）热继电器过载信号的处理。如果热继电器为自动复位型，其触点提供的过载信号就必须通过输入点将信号提供给 PLC；如果热继电器为手动复位型，可以将其常闭触点串联在 PLC 输出回路的交流接触器线圈支路上。

三、任务实施

(一)任务目标

1）会绘制三相异步电动机 Y - △减压起停单按钮实现的 PLC 控制的 I/O 接线图及主电路图。

2）会 S7-1200 PLC I/O 接线。

3）掌握边沿检测指令的编程及应用。

4）学会用边沿检测指令编制三相异步电动机 Y - △减压起停单按钮实现的 PLC 控制的程序。

5）熟练掌握使用博途编程软件进行设备组态、编制梯形图，并下载至 CPU 进行调试运行。

(二)设备与器材

本任务所需设备与器材，见表 3-12。

表 3-12　所需设备与器材

序号	名称	符号	型号规格	数量	备注
1	常用电工工具		十字螺钉旋具、一字螺钉旋具、尖嘴钳、剥线钳等	1 套	表中所列设备与器材的型号规格仅供参考
2	计算机（安装博途编程软件）			1 台	
3	西门子 S7-1200 PLC	CPU	CPU 1214C AC/DC/Rly，订货号：6ES7 214-1AG40-0XB0	1 台	
4	三相异步电动机	M	WDJ26，P_N=40W，U_N=380V，I_N=0.3A，n_N=1430r/min，f_N=50Hz	1 台	
5	三相异步电动机Y-△减压起停单按钮控制面板			1 块	
6	以太网通信电缆			1 根	
7	连接导线			若干	

（三）内容与步骤

1. 任务要求

首先根据转化法，将图 3-56 所示三相异步电动机Y-△减压起停控制电路图转换为 PLC 控制梯形图，同时电路要有必备的软件与硬件保护环节，然后再进行三相异步电动机Y-△减压起停单按钮实现的 PLC 控制，其控制面板如图 3-57 所示。

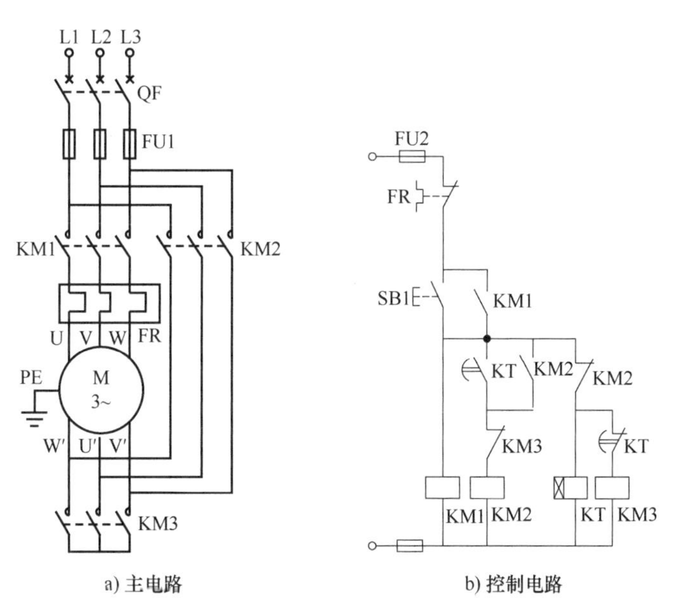

a) 主电路　　b) 控制电路

图 3-56　三相异步电动机Y-△减压起停控制电路

2. I/O 地址分配与接线图

根据控制要求确定 I/O 点数，I/O 地址分配见表 3-13。

表 3-13　I/O 地址分配表

输入			输出		
设备名称	符号	I 元件地址	设备名称	符号	Q 元件地址
起停按钮	SB1	I0.0	控制电源接触器	KM1	Q0.0
热继电器	FR	I0.2	△联结接触器	KM2	Q0.1
			Y联结接触器	KM3	Q0.2

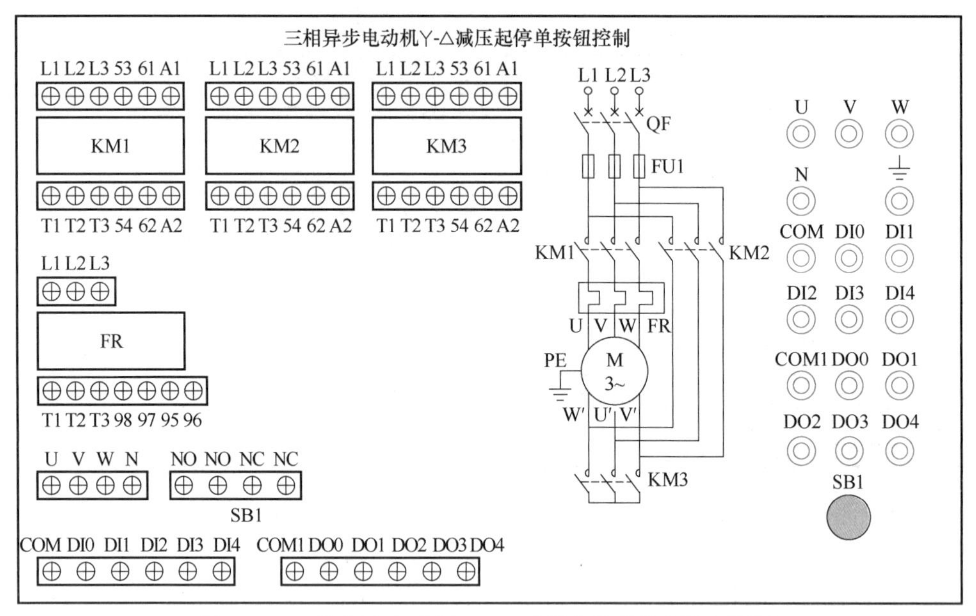

图 3-57 三相异步电动机Y-△减压起停单按钮控制面板

根据 I/O 地址分配，绘制 I/O 接线图，如图 3-58 所示。

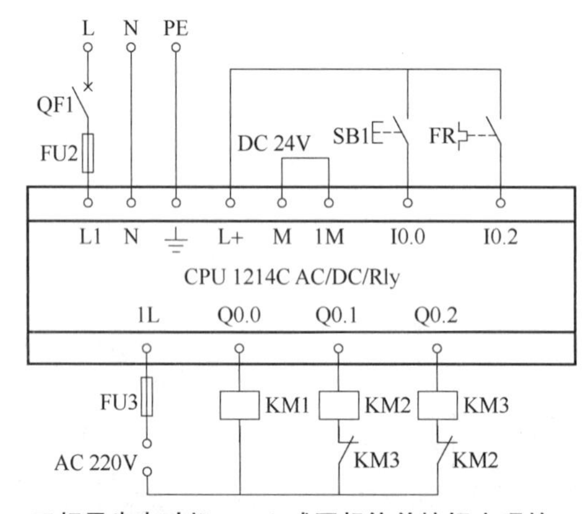

图 3-58 三相异步电动机Y-△减压起停单按钮实现的 I/O 接线图

3. 创建工程项目

打开博途编程软件，在 Portal 视图中选择“创建新项目”选项，输入项目名称为“3RW_3”，选择项目保存路径，然后单击“创建”按钮，创建项目完成，并完成项目硬件组态。

4. 编辑变量表

在项目树中，打开“PLC 变量”文件夹，双击“添加新变量表”选项，生成“变量表_1［0］”，在该变量表中根据 I/O 地址分配表编辑变量表，如图 3-59 所示。

5. 编写程序

在项目树中，打开“程序块”文件夹中“Main［OB1］”选项，在程序编辑区根据转化法编制三相异步电动机Y-△减压起停梯形图，如图 3-60 所示。

3RW_3 ▸ PLC_1 [CPU 1214C AC/DC/Rly] ▸ PLC变量 ▸ 变量表_1 [5]

变量　用户常量

变量表_1

	名称	数据类型	地址	保持	可从 ...	从 H...	在 H...
1	起停按钮SB1	Bool	%I0.0	☐	☑	☑	☑
2	热继电器FR	Bool	%I0.2	☐	☑	☑	☑
3	控制电源接触器KM1	Bool	%Q0.0	☐	☑	☑	☑
4	△联结接触器KM2	Bool	%Q0.1	☐	☑	☑	☑
5	Y联结接触器KM3	Bool	%Q0.2	☐	☑	☑	☑

图 3-59　三相异步电动机Y-△减压起停单按钮实现的变量表

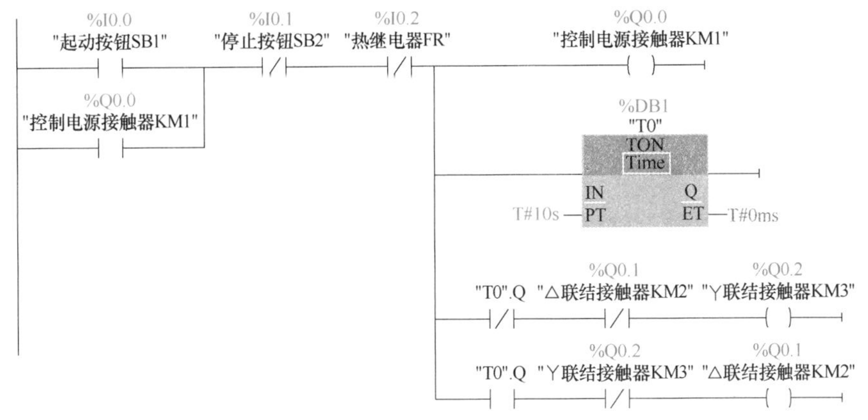

图 3-60　三相异步电动机Y-△减压起停梯形图

然后，再根据单按钮起停程序和三相异步电动机Y-△减压起停梯形图，在程序编辑区编制三相异步电动机Y-△减压起停单按钮实现的梯形图，如图 3-61 所示。

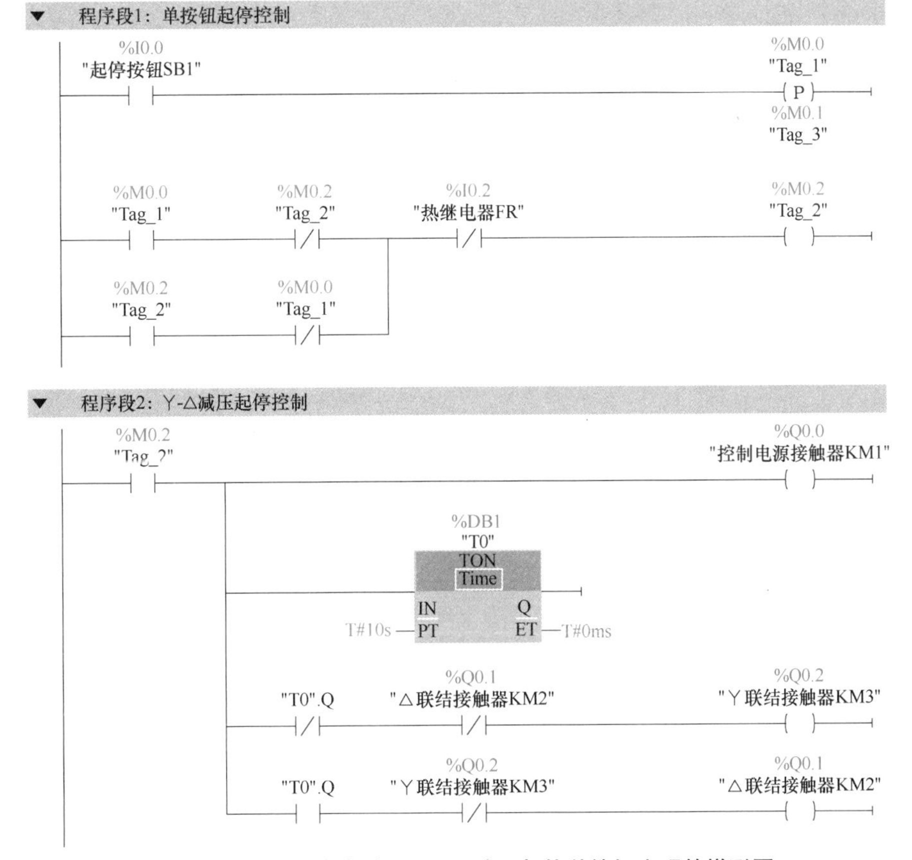

图 3-61　三相异步电动机Y-△减压起停单按钮实现的梯形图

6. 调试运行

将设备组态及图 3-61 所示的梯形图编译后下载到 CPU 中，启动 CPU，将 CPU 切换至 RUN 模式。按图 3-58 所示 PLC 的 I/O 接线图正确连接输入设备、输出设备，首先进行系统的空载调试，观察交流接触器能否按控制要求动作（按下起停按钮 SB1 时，KM1、KM3 动作，延时 10s 时间到，首先 KM3 复位，然后 KM2 动作，若三相异步电动机出现过载使 FR 动作或第二次按下 SB1，KM1~KM3 立即复位），在运行监视状态下，观察 Q0.0、Q0.2 及 Q0.1 的动作状态是否与交流接触器 KM1、KM3 及 KM2 的动作相对应。否则，检查电路接线或修改程序，直至交流接触器能按控制要求动作；然后按图 3-58 所示连接电动机，进行带负载动态调试。

注意： 在调试过程中，如果修改了程序，则必须编译并重新下载。

（四）分析与思考

1）在 Y- △减压起停控制电路中，如果将热继电器过载保护作为 PLC 的硬件条件，其 I/O 接线图及梯形图应如何绘制？

2）在 Y- △减压起停控制电路中，如果控制 Y 联结的 KM3 和控制△联结的 KM2 同时得电，会出现什么问题？本任务在硬件和程序上采取了哪些措施？

四、任务考核

任务实施考核见表 3-14。

表 3-14　任务实施考核表

序号	考核内容	考核要求	评分标准	配分	得分
1	电路及程序设计	（1）能正确分配 I/O 地址，并绘制 I/O 接线图 （2）设备组态 （3）根据控制要求，正确编制梯形图	（1）I/O 地址分配错或少，每个扣 5 分 （2）I/O 接线图设计不全或有错，每处扣 5 分 （3）CPU 组态与现场设备型号不匹配，扣 10 分 （4）梯形图表达不正确或画法不规范，每处扣 5 分	40 分	
2	安装与连线	根据 I/O 接线图，正确连接电路	（1）连线每错一处，扣 5 分 （2）损坏元器件，每只扣 5~10 分 （3）损坏连接线，每根扣 5~10 分	20 分	
3	调试与运行	能熟练使用编程软件编制程序下载至 CPU，并按要求调试运行	（1）不能熟练使用编程软件进行梯形图的编辑、修改、转换、写入及监视，每项扣 2 分 （2）不能按照控制要求完成相应的功能，每项扣 5 分	20 分	
4	安全文明操作	确保人身和设备安全	违反安全文明操作规程，扣 10~20 分	20 分	
合计				100 分	

五、知识拓展

1. 取反 RLO 指令

RLO 是逻辑运算结果的简称，图 3-62 中标有“NOT”的触点为取反 RLO 触点，它用来转换能流输入的逻辑状态，如果有能流流入取反 RLO 触点，该触点输入端的 RLO 为“1”状态，反之为“0”状态。

如果没有能流流入取反 RLO 触点，则有能流流出。如果有能流流入取反 RLO 触点，则没有能流流出。在图 3-62 中，若 I0.0 为 1，I0.1 为 0，则有能流流入 NOT 触点，经过 NOT 触点后，则无能流流向 Q0.0；反之若为 1，或 I0.0、I0.1 均为 0，则无能流流入 NOT 触点，经过 NOT 触点后，则有能流流向 Q0.0。

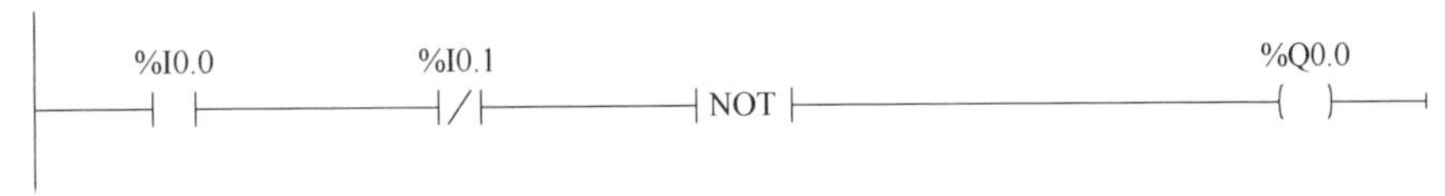

图 3-62　**取反 RLO 指令的应用**

2. 扫描 RLO 的信号边沿指令

扫描 RLO 的信号边沿指令包括扫描 RLO 的信号上升沿指令（P_TRIG 指令）和扫描 RLO 的信号下降沿指令（N_TRIG 指令）。P_TRIG 指令的功能是在流进扫描 RLO 的信号上升沿指令的 CLK 输入端的能流（即 RLO）的上升沿（能流刚流进），Q 端输出脉冲宽度为一个扫描周期的能流。N_TRIG 指令的功能是在流进扫描 RLO 的信号下降沿指令的 CLK 输入端的能流（即 RLO）的下降沿（能流刚消失），Q 端输出脉冲宽度为一个扫描周期的能流。P_TRIG 指令和 N_TRIG 指令的应用如图 3-63 所示。

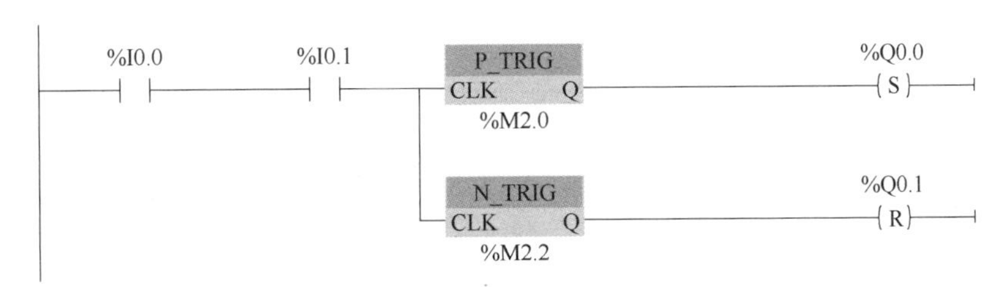

图 3-63　**扫描 RLO 的信号边沿指令的应用**

在图 3-63 中，当 I0.0=1、I0.1 由 0 → 1 或 I0.1=1、I0.0 由 0 → 1 或 I0.0、I0.1 同时由 0 → 1 的瞬间，P_TRIG 指令的 CLK 输入端有上升沿能流流入，Q 端输出脉冲宽度为一个扫描周期的能流，使 Q0.0 置位。指令方框下面的 M2.0 是保存上一次查询的 RLO 的边沿存储器位。

当 I0.0=1、I0.1 由 1 → 0 或 I0.1=1、I0.0 由 1 → 0 或 I0.1、I0.0 同时由 1 → 0 时，N_TRIG 指令的 CLK 输入端有下降沿能流流入，Q 端输出脉冲宽度为一个扫描周期的能流，使 Q0.1 复位。指令方框下面的 M2.2 是保存上一次查询的 RLO 的边沿存储器位。

注意：P_TRIG 指令和 N_TRIG 指令不能放在梯形图程序段的开始处和结束处。

六、任务总结

本任务主要介绍了边沿检测指令的编程及应用、二分频电路程序（单按钮起停控制程序）以及利用转化法将三相异步电动机 Y - △减压起停控制电路图转换为 PLC 控制的梯形图。在此基础上，通过博途编程软件利用位逻辑指令及定时器指令编制了三相异步电动机 Y - △减压起停单按钮实现的 PLC 控制梯形图，下载至 CPU，然后进行 I/O 接线并调试运行，从而达到会使用编程软件进行设备组态、编写程序并下载至 CPU 进行调试运行的目标。

任务四 流水灯的 PLC 控制

一、任务导入

在日常生活中，经常看到广告牌上的各种彩灯在夜晚时灭时亮、有序变化，形成一种绚烂多姿的效果。

本任务将以 8 组 LED 组成循环点亮的流水灯为例，围绕其控制系统的实现介绍移动值指令、循环移位指令的编程应用。

二、知识链接

（一）数制与基本数据类型

1. 数制

（1）二进制数　二进制数的一位（bit）只有 0 和 1 两种不同的取值，可用来表示开关量（或称数字量）的两种不同的状态，如触点断开或接通，线圈的断电或通电等。如果该位为 1，则正逻辑情况下表示梯形图中对应的编程软件的线圈“通电”，其常开触点接通，常闭触点断开，反之，则相反。二进制数用 2# 表示，2#1111 1001 0110 0001 是一个 16 位二进制数。

（2）十六进制数　十六进制数的 16 个数字由 0~9 这十个数字以及 A、B、C、D、E、F（对应十进制数 10~15）6 个字母构成，其运算规则为逢十六进一，在西门子 S7-1200 PLC 中 B#16#、W#16#、DW#16# 分别表示十六进制字节、十六进制字和十六进制双字常数，例如 16#3D5F。在数字后面加 H 也可以表示十六进制数，例如 16#3D5F 可以表示为 3D5FH。

十六进制与十进制的转换按照其运算规则进行，例如 B#16#2E=2 × 16+14 × 1=46；十进制转换为十六进制则采用除 16 方法，1234=4 × 16^2+13 × 16+2=4D2H。十六进制与二进制的转换则注意十六进制中每个数字占二进制数的 4 位即可，例如 2B7FH=0010 1011 0111 1111。

（3）补码　有符号二进制整数用补码表示，其最高位为符号位，正数的符号位为 0，负数的符号位为 1。正数的补码就是它本身，最大的 16 位二进制正数为 32767。

将正数的补码逐位取反后加 1，得到绝对值与它相同的负数的补码。

例如：1158 对应的补码为 2#0000 0100 1000 0110，−1158 对应的补码为 2#1111 1011 0111 1010。

（4）BCD 码　BCD 码是将一个十进制数的每一位都用 4 位二进制数表示，即 0~9 分别用 0000~1001 表示，而剩余 6 种组合（1010~1111）则没有在 BCD 码中使用。

BCD 码的最高 4 位二进制数用来表示符号（“−”用 1111 表示，“+”用 0000 表示），16 位 BCD 码字的范围为 −999~999。32 位 BCD 码双字的范围为 −9999999~9999999。

BCD 码实际上是十六进制数，但是各位之间的关系是逢十进一。十进制数可以很方便地转换为 BCD 码，例如十进制数 192 对应的 BCD 码为 W#16#192 或 2#0000 0001 1001 0010。

2. 基本数据类型

S7-1200 PLC 基本数据类型见表 3-15。

表 3-15　S7-1200 PLC 基本数据类型

数据类型	位数 /bit	取值范围	举例
位（Bool）	1	0~1	0，1 或 FALSE，TRUE
字节（Byte）	8	16#00~16#FF	16#12，16#EF
字（Word）	16	16#0000~16#FFFF	16#1234，16#01AB
双字（DWord）	32	16#00000000~16#FFFFFFFF	16#01234567
字符（Char）	8	16#00~16#FF	‘B’，‘@’
有符号短整数（SInt）	8	−128~127	−120，120
整数（Int）	16	−32768~32767	−10000，26768
双整数（DInt）	32	−2147483648~2147483647	−32768，32767
无符号短整数（USInt）	8	0~255	100，200
无符号整数（UInt）	16	0~65535	101，3000
无符号双整数（UDInt）	32	0~4294967295	2000，45000
浮点数（Real）	32	$\pm 1.175495 \times 10^{-38} \sim \pm 3.402823 \times 10^{38}$	12.45，−1.2e+12，3.4e−3
双精度浮点数（LReal）	64	$\pm 2.2250738585072020 \times 10^{-308} \sim \pm 1.7976931348623157 \times 10^{308}$	12345.123456789，−1.2e+40
时间（Time）	32	T#−24d20h31m23s648ms~T#24d20h31m23s647ms	T#10d20h30m20s640ms

由表 3-15 可以看出，字节、字和双字都是无符号数。8 位、16 位和 32 位整数是有符号数，整数的最高位是符号位，最高位为 0 时表示正数，最高位为 1 时表示负数。整数用补码表示，正数的补码就是它本身，将一个正数对应的二进制数的各位求反码后加 1，就可以得到绝对值和它相等的负数的补码。8 位、16 位和 32 位无符号整数只取正值，使用时要根据情况选用正确的数据类型。

浮点数又称为实数（Real），最高位（第 31 位）为浮点数的符号位，如图 3-64 所示，正数时为 0，负数时为 1。规定尾数的整数部分总是为 1，第 0~22 位为尾数的小数部分。8 位指数加上偏移量 127 后（0~255），放在第 23~30 位。

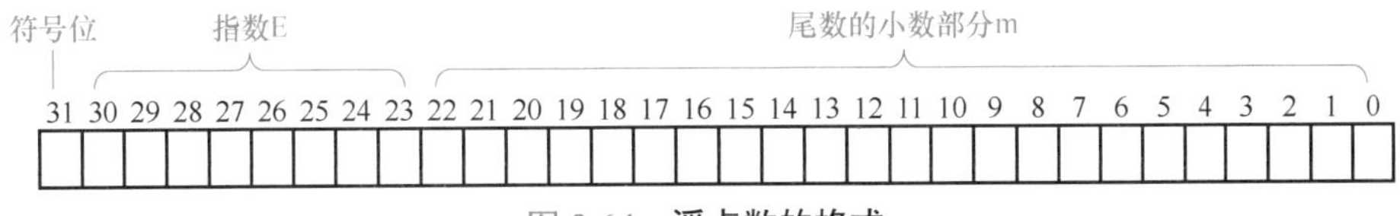

图 3-64　浮点数的格式

浮点数可表示为 $1.m \times 2^{E}$，指数 E 是有符号数，E = e−127（其中 e 是二进制整数形式的指数，取值范围为 0~255）。范围为 $\pm 1.175495 \times 10^{-38} \sim \pm 3.402823 \times 10^{38}$。STEP 7 中用小数表示浮点数。

时间型（Time）数据为 32 位数据，其格式为 T# 多少天（day）多少小时（hour）多少分钟（minute）多少秒（second）多少毫秒。Time 数据类型以表示毫秒时间的有符号双精度整数形式存储。

（二）移动值指令与循环移动指令

在 S7-1200 PLC 的梯形图中，用方框表示某些指令、函数（FC）和函数块（FB），输入信号均在方框的左边，输出信号均在方框的右边。梯形图中有一条提供“能流”的左侧垂直线（左母线），当其左侧逻辑运算结果 RLO 为“1”时能流流到方框指令的左侧使能输入端 EN（Enable Input）。“使能”有允许的意思。使能输入有能流时，方框指令才能执行。

如果方框指令 EN 端有能流输入，而且执行时无错误，则使能输出 ENO（Enable Output）

端将能流流入下一元件。如果执行过程中有错误，能流在出现错误的方框指令终止。

1. 移动值指令

移动值（MOVE）指令是将 IN 输入端的源数据传送（复制）到 OUT1 指定的目标地址，并且转换为 OUT1 允许的数据类型（与是否进行 IEC 检查有关），源数据保持不变。IN 和 OUT1 的数据类型可以是位字符串、整数、浮点数、定时器、日期时间、Char、WChar、Struct、Array、IEC 定时器 / 计数器数据类型、PLC 数据类型（UDT），IN 还可以是常数。

可用于 S7-1200 CPU 的不同数据类型之间的数据传送见 MOVE 指令的在线帮助。如果输入端 IN 数据类型的位长度超出输出端 OUT1 数据类型的位长度，则目标值中源数据的高位会丢失。如果输入端 IN 数据类型的位长度小于输出端 OUT1 数据类型的位长度，目标值的高位会被改写为 0。

MOVE 指令允许有多个输出，单击 MOVE 指令方框内 OUT1 前面的“ ”标记，将会增加一个输出端，增加的输出端的名称为 OUT2，以后增加的输出端的编号按顺序递增。用鼠标右键单击某个输出的短线，执行快捷菜单中的“删除”命令，将会删除该输出端。删除后自动调整剩下的输出端的编号。

移动值指令的应用举例如图 3-65 所示。

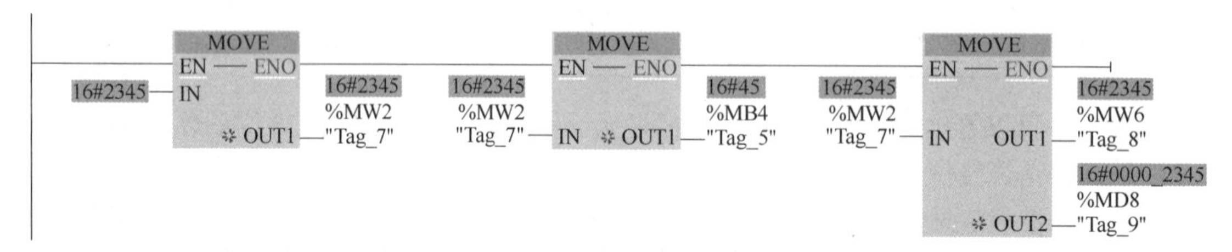

图 3-65　移动值指令的应用举例

2. 循环移位指令

循环移位指令有循环左移（ROL）和循环右移（ROR）两条，是将输入端 IN 指定的存储单元的整个内容逐位循环左移或循环右移若干位，即移出来的位又送回存储单元另一端空出来的位，原始的位不会丢失。N 为移位的位数，移位的结果保存在输出端 OUT 指定的地址。移位的位数 N 可以大于被移位存储单元的位数，执行指令后，ENO 总是为“1”状态。N 为 0 时不移位，但将 IN 指定的输入值复制给 OUT 指定的地址。

循环移位指令说明见表 3-16。

表 3-16　循环移位指令说明

指令名称	LAD/FBD	操作数类型	说明
循环左移	ROL ??? EN — ENO IN　OUT N	IN，OUT：位字符串、整数 N：USInt、UInt、UDInt	将 IN 中操作数的内容按位向左移 N 位，用移出来的位填充因循环移位而空出来的位，并输出到 OUT 指定的地址中
		31...　...16 15...　...0 IN　1111 0000 1010 1010 0000 1111 0000 1111 N　← 3位 OUT　111 1000 0101 0101 0000 0111 1000 0111 1111 3个移出位的信号状态将插入空出来的位	

（续）

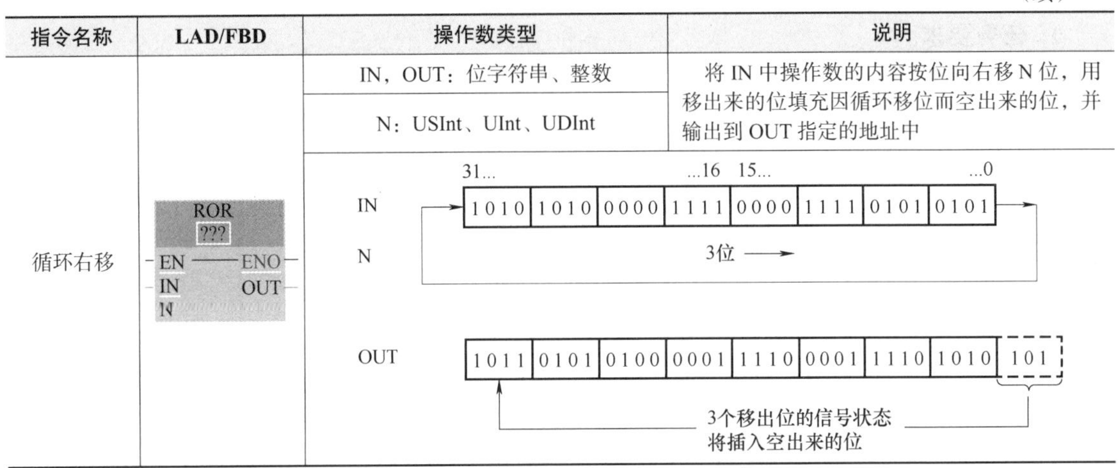

指令名称	LAD/FBD	操作数类型	说明
循环右移	ROR ??? EN ENO IN OUT N	IN，OUT：位字符串、整数 N：USInt、UInt、UDInt	将 IN 中操作数的内容按位向右移 N 位，用移出来的位填充因循环移位而空出来的位，并输出到 OUT 指定的地址中

循环移位指令的应用举例如图 3-66 所示，MB2 中的数据为二进制 0111 1011，执行 ROR 指令后，MB4 中的数据变为 0110 1111；MW6 中的数据为 0101 0010 1011 1010，执行 ROL 指令后 MW8 中的数据变为 1001 0101 1101 0010。

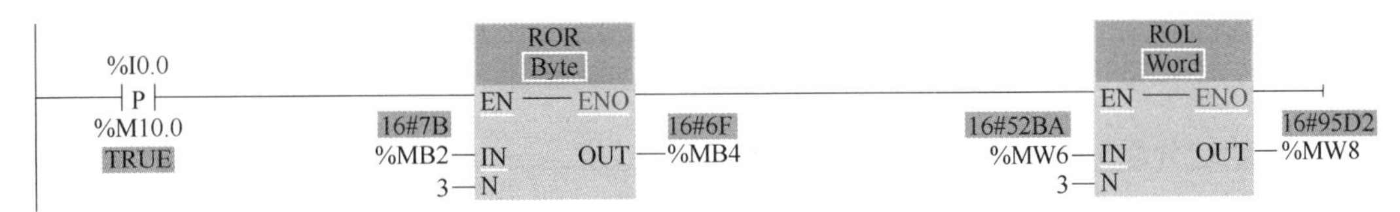

图 3-66　循环移位指令的应用举例

三、任务实施

（一）任务目标

1）熟练掌握循环移位指令和移动值指令编程及应用。

2）会绘制流水灯控制的 I/O 接线图，并能根据接线图完成 PLC I/O 接线。

3）能根据控制要求编写梯形图。

4）熟练掌握使用博途编程软件进行设备组态、编制流水灯控制梯形图，并下载至 CPU 进行调试运行。

（二）设备与器材

本任务所需的设备与器材，见表 3-17。

表 3-17　所需设备与器材

序号	名称	符号	型号规格	数量	备注
1	常用电工工具		十字螺钉旋具、一字螺钉旋具、尖嘴钳、剥线钳等	1 套	表中所列设备与器材的型号规格仅供参考
2	计算机（安装博途编程软件）			1 台	
3	西门子 S7-1200 PLC	CPU	CPU 1214C AC/DC/Rly，订货号：6ES7 214-1AG40-0XB0	1 台	
4	流水灯模拟控制面板			1 块	
5	以太网通信电缆			1 根	
6	连接导线			若干	

（三）内容与步骤

1. 任务要求

8 组 LED 灯组成的流水灯模拟控制面板如图 3-67 所示。按下起动按钮时，流水灯以正序每隔 1s 依次点亮（HL1 → HL1、HL2 → HL1、HL2、HL3 →…），当 8 组灯全亮 1s 后，闪亮 3s；然后再重复上述过程。无论何时按下停止按钮，流水灯全部熄灭。

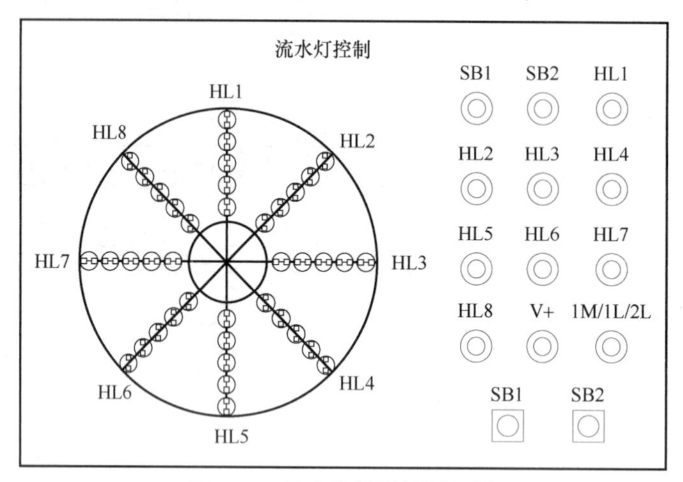

图 3-67 流水灯模拟控制面板

2. I/O 地址分配与接线图

根据控制要求确定 I/O 点数，流水灯控制的 I/O 地址分配见表 3-18。

表 3-18 流水灯控制 I/O 地址分配表

输入			输出		
设备名称	符号	I 元件地址	设备名称	符号	Q 元件地址
起动按钮	SB1	I0.0	流水灯 1	HL1	Q0.0
停止按钮	SB2	I0.1	流水灯 2	HL2	Q0.1
			⋮	⋮	⋮
			流水灯 8	HL8	Q0.7

根据 I/O 地址分配表绘制流水灯控制 I/O 接线图，如图 3-68 所示。

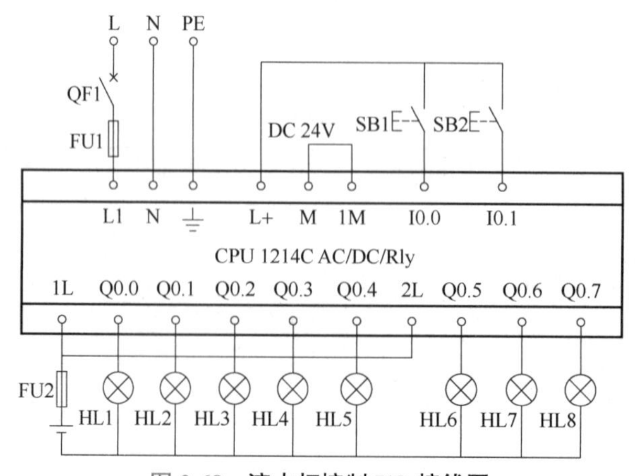

图 3-68 流水灯控制 I/O 接线图

3. 创建工程项目

打开博途编程软件，在 Portal 视图中选择“创建新项目”选项，输入项目名称“3RW_4”，选择项目保存路径，然后单击“创建”按钮，创建项目完成，并完成项目硬件组态。

4. 编辑变量表

在项目树中，打开“PLC 变量”文件夹，双击“添加新变量表”选项，生成“变量表 _1［0］”，在该变量表中根据 I/O 地址分配表编辑变量表，如图 3-69 所示。

3RW_4 ▸ PLC_1 [CPU 1214C AC/DC/Rly] ▸ PLC 变量 ▸ 变量表_1 [10]

变量表_1

	名称	数据类型	地址	保持	可从 ...	从 H...	在 H...
1	起动按钮SB1	Bool	%I0.0		☑	☑	☑
2	停止按钮SB2	Bool	%I0.1		☑	☑	☑
3	流水灯1HL1	Bool	%Q0.0		☑	☑	☑
4	流水灯2HL2	Bool	%Q0.1		☑	☑	☑
5	流水灯3HL3	Bool	%Q0.2		☑	☑	☑
6	流水灯4HL4	Bool	%Q0.3		☑	☑	☑
7	流水灯5HL5	Bool	%Q0.4		☑	☑	☑
8	流水灯6HL6	Bool	%Q0.5		☑	☑	☑
9	流水灯7HL7	Bool	%Q0.6		☑	☑	☑
10	流水灯8HL8	Bool	%Q0.7		☑	☑	☑

图 3-69 流水灯控制变量表

5. 编写程序

本任务要求 8 组灯全亮 1s 后流水灯以秒级周期闪烁，秒级周期可以通过接通延时定时器来实现。也可以使用系统 / 时钟存储器来执行。在此介绍系统存储器字节和时钟存储器字节的设置，设置完成后，单击程序编辑器界面工具栏“保存项目”图标 保存项目 进行设置保存。

（1）系统存储器字节的设置　在本任务硬件组态界面，双击项目树下“PLC_1［CPU 1214C AC/DC/Rly］”文件夹中的“设备组态”，打开该 PLC 的设备视图。选中 CPU 后，再选中巡视窗口中“属性”下的“常规”选项，打开“脉冲发生器”文件夹中的“系统和时钟存储器”选项，便可进行设置。勾选“启用系统存储器字节”，采用默认的 MB1 作为系统存储器字节，如图 3-70 所示，可以修改系统存储器字节的地址。

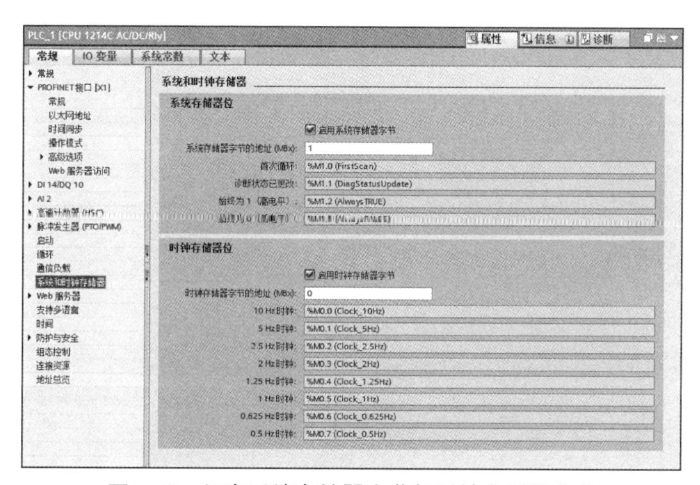

图 3-70 组态系统存储器字节与时钟存储器字节

将 MB1 设置为系统存储器字节后，该字节中的 M1.0~M1.3 的意义如下：

M1.0（首次循环）：仅在 CPU 进入 RUN 模式时的首次扫描时为“1”状态，以后一直为

“0”状态。

M1.1（诊断图形已更改）：CPU 登录了诊断事件时，在一个扫描周期内为“1”状态。

M1.2（始终为 1）：在 CPU 进入 RUN 模式时一直为“1”状态。其常开触点总是闭合的。

M1.3（始终为 0）：在 CPU 进入 RUN 模式时一直为“0”状态。其常闭触点总是闭合的。

（2）时钟存储器字节的设置　在图 3-70 中，勾选“启用时钟存储器字节”，采用默认的 MB0 作为时钟存储器字节，也可以修改时钟存储器字节的地址。

时钟脉冲是一个周期内“0”状态和“1”状态所占的时间各为 50% 的方波信号，时钟存储器字节各位对应的时钟脉冲的周期和频率见表 3-19。CPU 在扫描循环开始时初始化这些位。

表 3-19　时钟存储器字节各位对应的时钟脉冲周期与频率

位	M0.7	M0.6	M0.5	M0.4	M0.3	M0.2	M0.1	M0.0
周期 /s	2	1.6	1	0.8	0.5	0.4	0.2	0.1
频率 /Hz	0.5	0.625	1	1.25	2	2.5	5	10

这里需要特别强调的是：指定了系统存储器和时钟存储器字节后，这两个字节就不能再用于其他用途，并且这两个字节的 12 位只能使用它们的触点，不能使用其线圈，否则将会使用户程序运行出错，甚至造成设备损坏或人身伤害。

（3）编写程序　在项目树中，打开“程序块”文件夹中“Main［OB1］”选项，在程序编辑区根据控制要求编制梯形图，如图 3-71 所示。

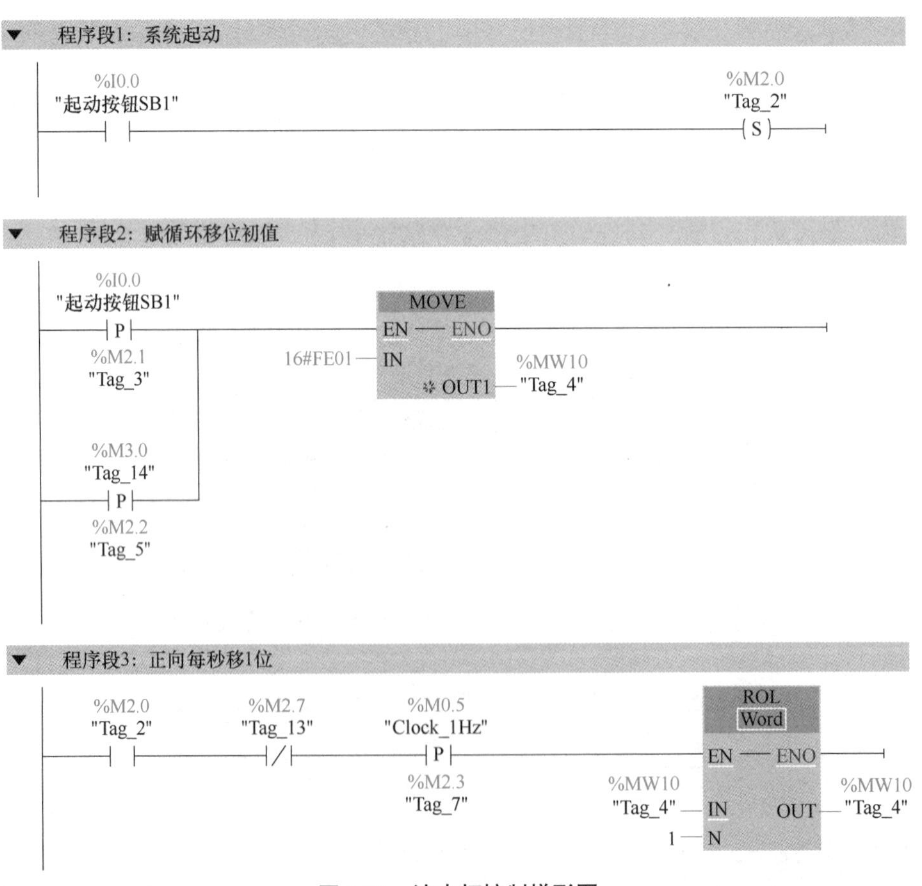

图 3-71　流水灯控制梯形图

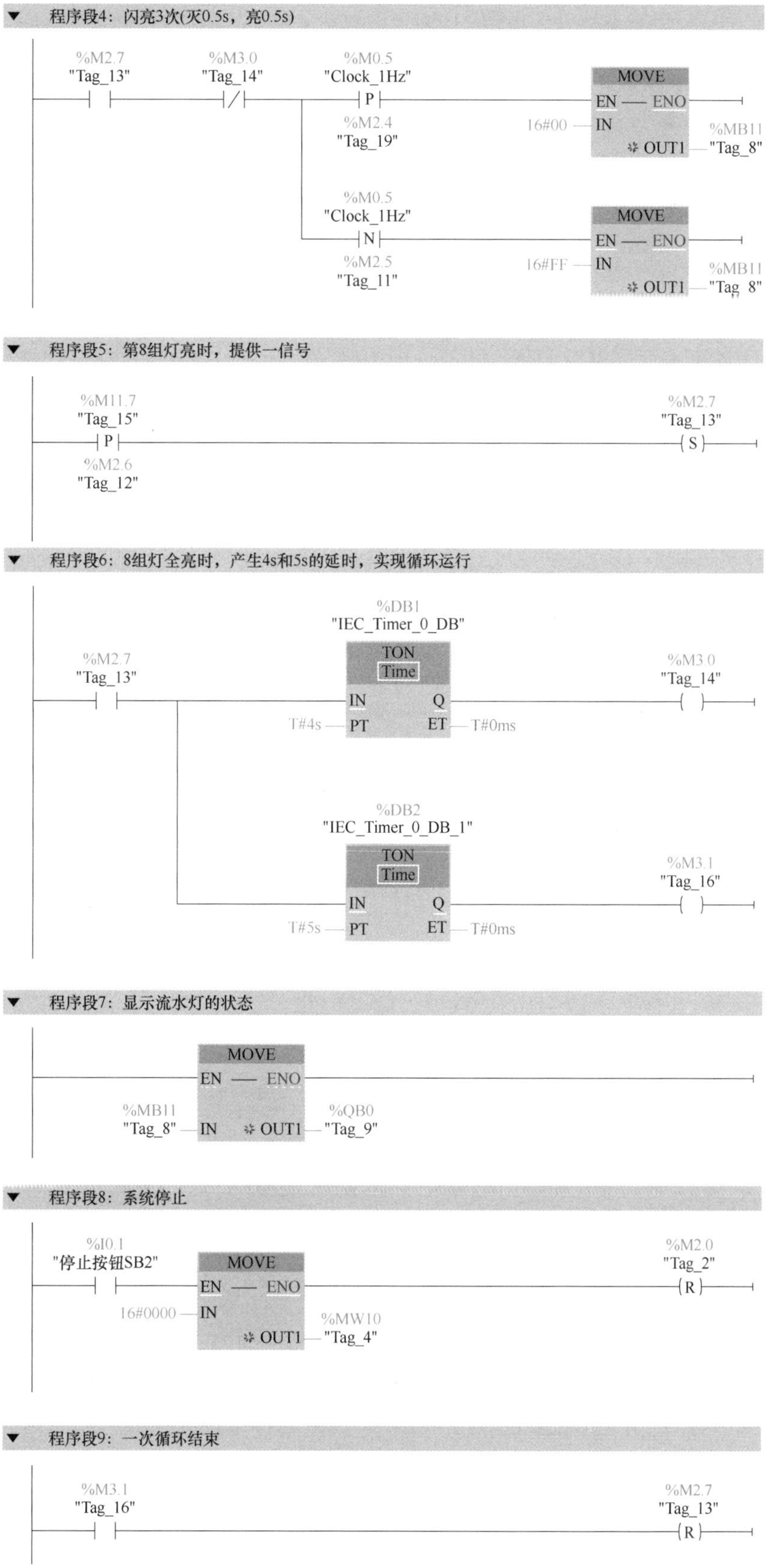

▼ 程序段4：闪亮3次(灭0.5s，亮0.5s)

%M2.7 "Tag_13"　%M3.0 "Tag_14"　%M0.5 "Clock_1Hz" P %M2.4 "Tag_19"　MOVE EN — ENO　16#00 — IN　OUT1 — %MB11 "Tag_8"

%M0.5 "Clock_1Hz" N %M2.5 "Tag_11"　MOVE EN — ENO　16#FF — IN　OUT1 — %MB11 "Tag_8"

▼ 程序段5：第8组灯亮时，提供一信号

%M11.7 "Tag_15" P %M2.6 "Tag_12"　%M2.7 "Tag_13" S

▼ 程序段6：8组灯全亮时，产生4s和5s的延时，实现循环运行

%M2.7 "Tag_13"　%DB1 "IEC_Timer_0_DB" TON Time IN Q　T#4s — PT ET — T#0ms　%M3.0 "Tag_14"

%DB2 "IEC_Timer_0_DB_1" TON Time IN Q　T#5s — PT ET — T#0ms　%M3.1 "Tag_16"

▼ 程序段7：显示流水灯的状态

MOVE EN — ENO　%MB11 "Tag_8" — IN　OUT1 — %QB0 "Tag_9"

▼ 程序段8：系统停止

%I0.1 "停止按钮SB2"　MOVE EN — ENO　16#0000 — IN　OUT1 — %MW10 "Tag_4"　%M2.0 "Tag_2" R

▼ 程序段9：一次循环结束

%M3.1 "Tag_16"　%M2.7 "Tag_13" R

图 3-71　流水灯控制梯形图（续）

6. 调试运行

将设备组态及图 3-71 所示的梯形图编译后下载到 CPU 中，启动 CPU，将 CPU 切换至 RUN 模式下，然后按照图 3-68 进行 PLC 输入 / 输出接线，调试运行，观察运行结果。

（四）分析与思考

1）在图 3-71 梯形图中，闪亮 3s 是如何实现的，8 组灯在闪亮时，亮、灭各多长时间？

2）如果本任务改为跑马灯的 PLC 控制，即 8 组每隔 1s 轮流点亮，其他条件不变，梯形图应如何编制？

3）如果将流水灯循环移位及闪烁控制的秒脉冲改用定时器指令实现，其梯形图应如何编制？

4）若本任务流水灯要求反向依次点亮（即 HL8 → HL8、HL7 → HL8、HL7、HL6 →… ），其梯形图应如何编制？

四、任务考核

任务实施考核见表 3-20。

表 3-20 任务实施考核表

序号	考核内容	考核要求	评分标准	配分	得分
1	电路及程序设计	（1）能正确分配 I/O 地址，并绘制 I/O 接线图 （2）设备组态 （3）根据控制要求，正确编制梯形图	（1）I/O 地址分配错或少，每个扣 5 分 （2）I/O 接线图设计不全或有错，每处扣 5 分 （3）CPU 组态、通信模块组态与现场设备型号不匹配，每项扣 10 分 （4）梯形图表达不正确或画法不规范，每处扣 5 分	40 分	
2	安装与连线	根据 I/O 接线图，正确连接电路	（1）连线每错一处，扣 5 分 （2）损坏元器件，每只扣 5~10 分 （3）损坏连接线，每根扣 5~10 分	20 分	
3	调试与运行	能熟练使用编程软件编制程序下载至 CPU，并按要求调试运行	（1）不能熟练使用编程软件进行梯形图的编辑、修改、转换、写入及监视，每项扣 2 分 （2）不能按照控制要求完成相应的功能，每项扣 5 分	20 分	
4	安全文明操作	确保人身和设备安全	违反安全文明操作规程，扣 10~20 分	20 分	
合计				100 分	

五、知识拓展

（一）移位指令（SHL、SHR）

移位指令 SHL 和 SHR 将输入端 IN 指定的存储单元的整个内容逐位左移或右移若干位，移位的位数用输入参数 N 来定义，移位的结果保存在输出端 OUT 指定的地址。

无符号数移位和有符号数左移后空出来的位用 0 填充。有符号数右移后空出来的位用符号位（原来的最高位）填充，正数的符号位为 0，负数的符号位为 1。

移位的位数 N 为 0 时不会移位，但是 IN 指定的输入值被复制给 OUT 指定的地址。如果 N 大于被移位存储单元的位数，所有原来的位都被移出后，全部被 0 或符号位取代。移位操作的 ENO 总是为“1”状态。移位指令说明见表 3-21。

表 3-21　移位指令说明

指令名称	LAD/FBD	数据类型	说明
左移	SHL ??? EN ENO IN OUT N	IN，OUT：位字符串、整数 N：USInt、UInt、UDInt	将输入端 IN 中操作数的内容按位向左移 N 位，并输出到 OUT 指定的地址中。无符号数和有符号数左移后右侧区域空出的位用 0 填充
		15...8　7...0 IN　0 0 0 0 1 1 1 1 0 1 0 1 0 1 0 1 N　← 6位 OUT　0 0 0 0 1 1 1 1 0 1 0 1 0 1 0 1 0 0 0 0 0 0 此6位丢失　空出的位用0填充	
右移	SHR ??? EN ENO IN OUT N	IN，OUT：位字符串、整数 N：USInt、UInt、UDInt	将输入端 IN 中操作数的内容按位向右移 N 位，并输出到 OUT 指定的地址中。当进行无符号数移位时，用 0 填充操作数左侧区域空出的位，如果指定的数有符号，则用符号位的信号状态填充空出的位
		15...8　7...0 IN　1 0 1 0 1 1 1 1 0 0 0 0 1 0 1 0 N　符号位　4位 → OUT　1 1 1 1 1 0 1 0 1 1 1 1 0 0 0 0 1 0 1 0 空出的位用符号位的信号状态填充　此4位丢失	

在程序编辑区，将基本指令列表中的移位指令拖放到程序段后，单击移位指令后将在方框名称下面 ??? 的右侧和名称的右上角出现黄色三角形符号，将鼠标移至（或单击）方框名称下面和右上角出现的黄色三角符号，会出现"▾"图标，单击指令名称下面 ???右侧的"▾"图标，可以用下拉式列表设置变量的数据类型及修改操作数的数据类型，单击指令名称右上角的图标，可以用下拉式列表设置移位指令类型，如图 3-72 所示。

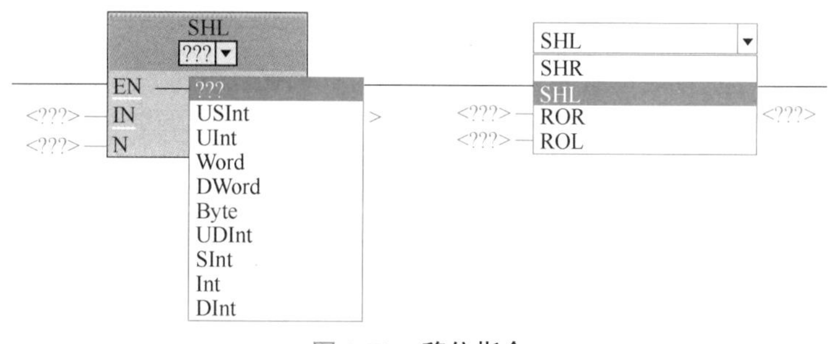

图 3-72　**移位指令**

执行移位指令时应注意，如果将移位后的数据送回原地址，应使用边沿检测触点（P 触点或 N 触点），否则在能流流入的每个扫描周期都要移位一次。

左移 n 位相当于乘以 2^n，右移 n 位相当于除以 2^n，当然需要在数据存在的范围内，如图 3-73 所示。整数 –100 左移 4 位，相当于乘以 16，等于 –1600；整数 800 右移 3 位，相当于除以 8，等于 100。

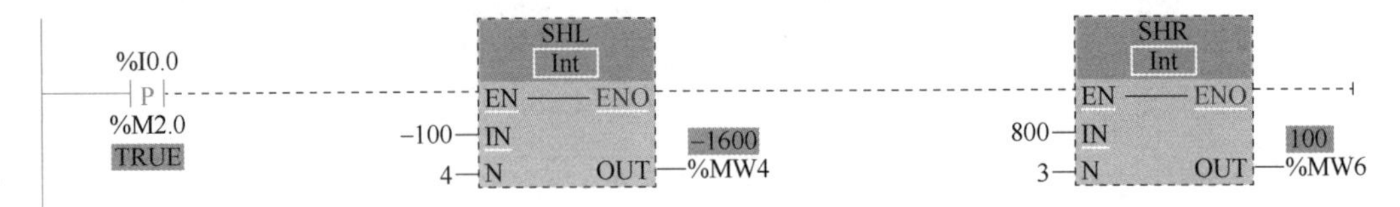

图 3-73 移位指令的应用

（二）移位指令的应用

使用 PLC 实现 8 盏灯的跑马灯控制。按下起动按钮后，首先按正向第 1 盏灯亮，1s 后第 2 盏灯亮，再过 1s 后第 3 盏灯亮，直到第 8 盏灯亮；再过 1s 后，按反向第 7 盏灯亮，1s 后第 6 盏灯亮，直到第 1 盏灯亮，然后重复循环。无论何时按下停止按钮，跑马灯立即熄灭。

1. I/O 地址分配

根据控制要求确定 I/O 点数，跑马灯控制 I/O 地址分配见表 3-22。

表 3-22 跑马灯控制 I/O 地址分配表

输入			输出		
设备名称	符号	I 元件地址	设备名称	符号	Q 元件地址
起动按钮	SB1	I0.0	灯 1，…，灯 8	HL1，…，HL8	Q0.0，…，Q0.7
停止按钮	SB2	I0.1			

2. 创建工程项目

打开博途编程软件，在 Portal 视图中选择“创建新项目”选项，输入项目名称为“跑马灯控制”，选择项目保存路径，然后单击“创建”按钮，创建项目完成，并完成项目硬件组态。

3. 编写程序

在项目树中，打开“程序块”文件夹中“Main［OB1］”选项，在程序编辑区根据控制要求编制梯形图，如图 3-74 所示。

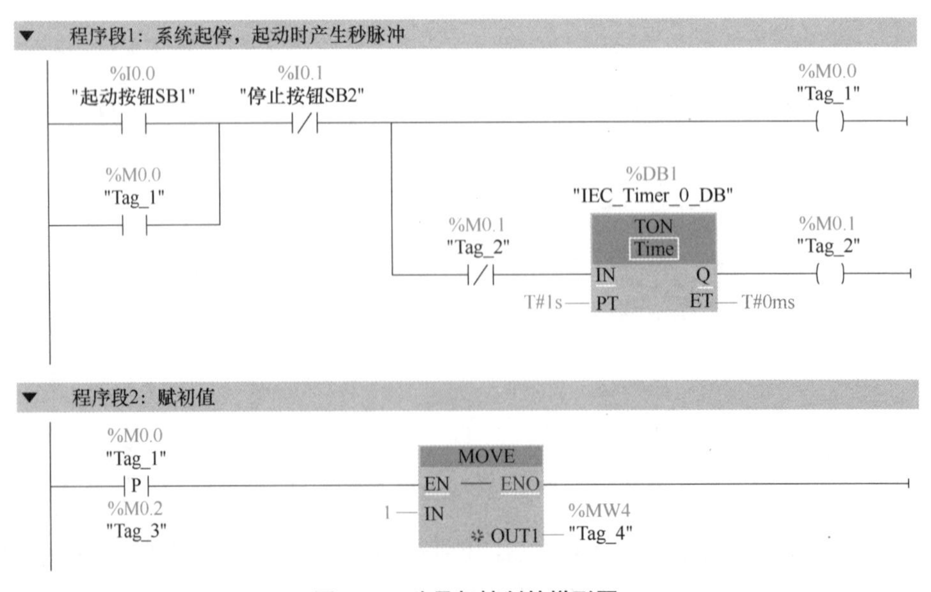

图 3-74 跑马灯控制的梯形图

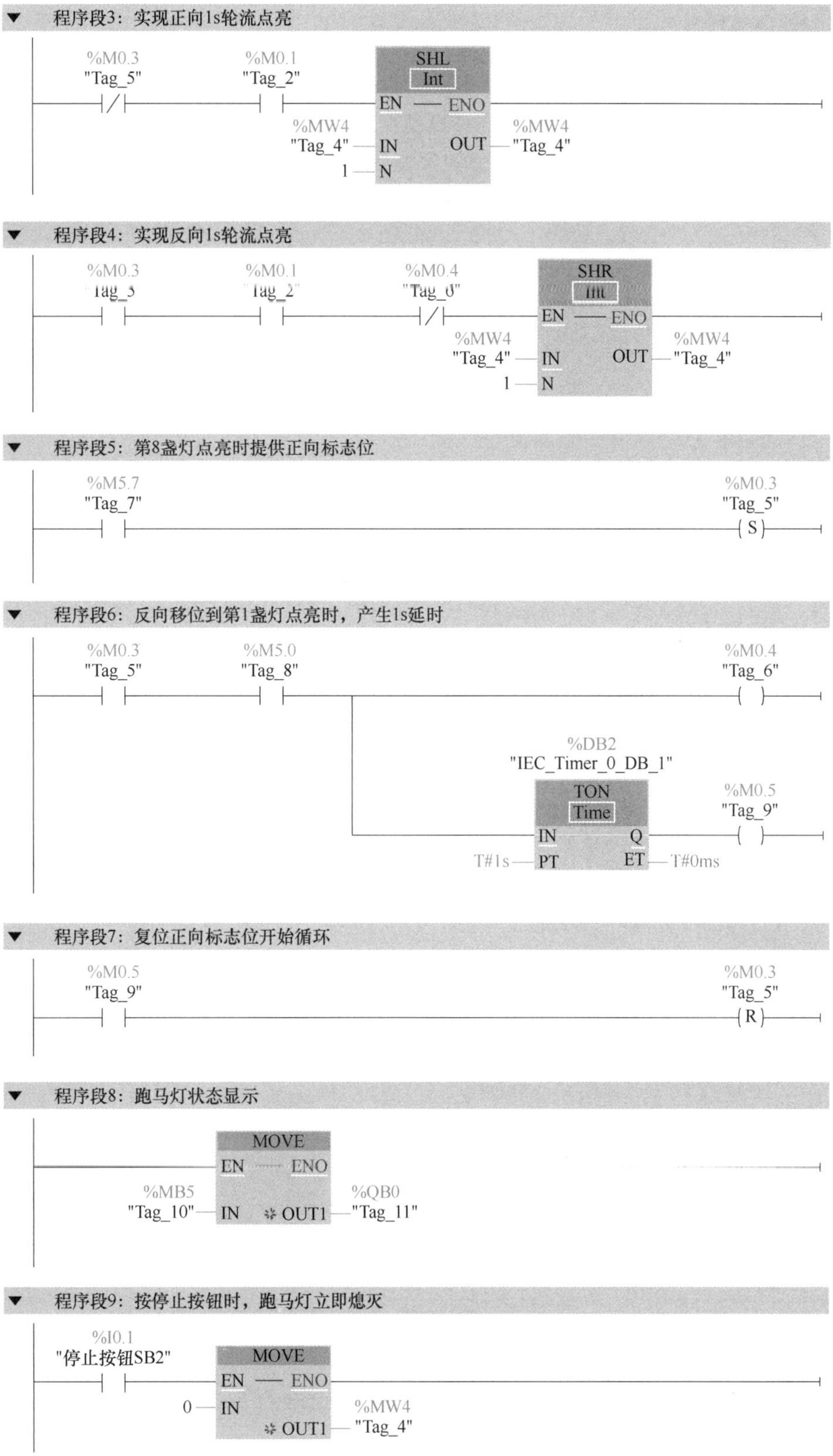

▼ 程序段3：实现正向1s轮流点亮

%M0.3 "Tag_5"　%M0.1 "Tag_2"　SHL Int　EN — ENO
%MW4 "Tag_4" — IN　OUT — %MW4 "Tag_4"
1 — N

▼ 程序段4：实现反向1s轮流点亮

%M0.3 "Tag_5"　%M0.1 "Tag_2"　%M0.4 "Tag_6"　SHR Int　EN — ENO
%MW4 "Tag_4" — IN　OUT — %MW4 "Tag_4"
1 — N

▼ 程序段5：第8盏灯点亮时提供正向标志位

%M5.7 "Tag_7"　%M0.3 "Tag_5" (S)

▼ 程序段6：反向移位到第1盏灯点亮时，产生1s延时

%M0.3 "Tag_5"　%M5.0 "Tag_8"　%M0.4 "Tag_6" ( )
%DB2 "IEC_Timer_0_DB_1"
TON Time
IN　Q　%M0.5 "Tag_9" ( )
T#1s — PT　ET — T#0ms

▼ 程序段7：复位正向标志位开始循环

%M0.5 "Tag_9"　%M0.3 "Tag_5" (R)

▼ 程序段8：跑马灯状态显示

MOVE　EN — ENO
%MB5 "Tag_10" — IN　OUT1 — %QB0 "Tag_11"

▼ 程序段9：按停止按钮时，跑马灯立即熄灭

%I0.1 "停止按钮SB2"　MOVE　EN — ENO
0 — IN　OUT1 — %MW4 "Tag_4"

图 3-74　跑马灯控制的梯形图（续）

六、任务总结

本任务主要介绍了移动值指令、循环移位指令的功能、编程及应用。然后以流水灯的 PLC 控制为载体，运用博途编程软件围绕其设备组态、输入 / 输出接线、程序编写、项目下载及调试运行开展任务实施，达成会使用移动值指令、循环移位指令编程及应用的目标。最后拓展了移位指令的功能，并以跑马灯控制为例说明其具体的应用。

任务五　8 站小车呼叫的 PLC 控制

一、任务导入

在工业生产自动化程度较高的生产线上，经常会遇到一台送料车在生产线上根据各工位发出的呼叫请求，前往相应的呼叫点进行装卸料的情况。

本任务以 8 站小车呼叫为例，围绕控制系统的实现来介绍相关基本指令的编程及应用。

二、知识链接

（一）数字量输入 / 输出模块

1. 简介

数字量信号模块（SM）本身不带处理器，没有内置电源，必须通过总线与 CPU 连接，外接 24V 直流电源后，才能正常运行，不能单独运行。其主要功能是扩展 CPU 的数字量输入和输出的能力。S7-1200 PLC 不同系列的 CPU 其扩展能力是不同的，对于 CPU 1214C 系列，可以在其右侧最多扩展 8 块信号模块（含模拟量信号模块），这里主要介绍数字量输入 / 输出模块 SM 1223 DI 8/DQ 8 × DC 24V。

2. 性能规格和接线

数字量输入 / 输出模块 SM 1223 DI 8/DQ 8 × DC 24V 能提供 8 点数字量输入，8 点数字量输出，输入端直流输入，输出端只能驱动直流负载。其性能规格见表 3-23。

表 3-23　数字量输入 / 输出模块 SM 1223 DI 8/DQ 8 × DC 24V 性能规格

规格	数字量输入	规格	数字量输出
输入点数	8	输出点数	8
类型	漏型 / 源型（IEC 1 类漏型）	类型	固态 -MOSFET（源型）
额定电压	4 mA 时，DC 24V，额定值	电压范围	DC 20.4 ~ 28.8V
允许的连续电压	DC 30V，最大值	最大电流时的逻辑 1 信号	DC 20V，最小值
浪涌电压	DC 35V，持续 0.5s	具有 10 kΩ 负载时的逻辑 0 信号	DC 0.1V，最大值
逻辑 1 信号（最小）	2.5 mA 时 DC 15V	电流（最大）	0.5A
逻辑 0 信号（最大）	1mA 时 DC 5V	灯负载	5W
隔离（现场侧与逻辑侧）	DC 707V（型式测试）	通态触点电阻	最大 0.6 Ω

（续）

规格	数字量输入	规格	数字量输出
隔离组	2	每点的漏电流	最大 10μA
滤波时间	0.2ms、0.4ms、0.8ms、1.6ms、3.2ms、6.4ms 和 12.8ms（可选4个一组）	浪涌电流	8A，最长持续 100ms
同时接通的输入数	8	过载保护	×
电缆长度	500m（屏蔽），300m（非屏蔽）	隔离（现场侧与逻辑侧）	DC 707V（型式测试）
		隔离组	1
		每个公共端的电流	4 A
		RUN 到 STOP 时的行为	上一个值或替换值（默认值为 0）
		同时接通的输出数	8
		电缆长度	500m（屏蔽），150m（非屏蔽）

数字量输入 / 输出模块 SM 1223 DI 8/DQ 8 × DC 24V 的接线图如图 3-75 所示。

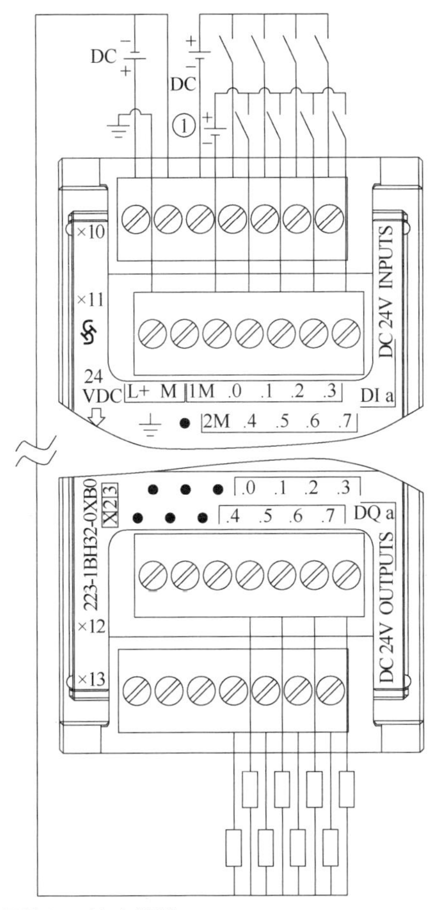

图 3-75 数字量输入 / 输出模块 SM 1223 DI 8/DQ 8 × DC 24V 的接线图

注：①对于漏型输入，将“−”连接到“1M”“2M”。对于源型输入，将“+”连接到“1M”“2M”。

（二）比较值指令

1. 概述

比较值指令用来比较数据类型相同的两个数 IN1 和 IN2 的大小，相比较的两个数 IN1 和 IN2 分别在触点的上面和下面，它们的数据类型必须相同。操作数可以是 I、Q、M、L、D 存储区中的变量或常数。比较两个字符时，实际上比较的是它们各对应字符的 ASCII 码的大小，第一个不相同的字符决定了比较的结果。

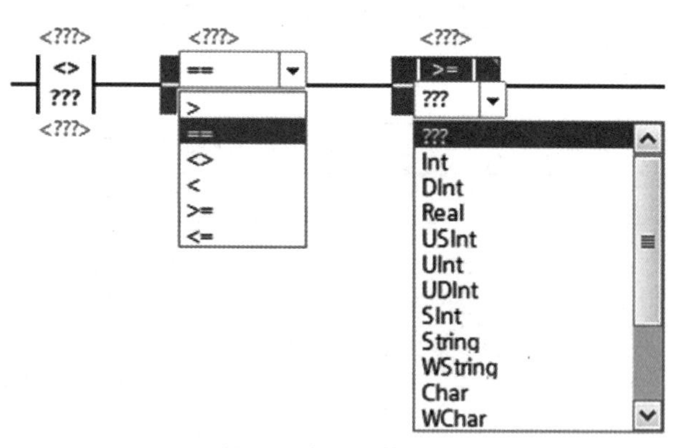

图 3-76　比较值指令的运算符号及数据类型

比较值指令可视为一个等效的触点，比较的符号可以是“>”（大于）、“= =”（等于）、“< >”（不等于）、“<”（小于）、“> =”（大于等于）和“< =”（小于等于）。比较值指令的运算符号及数据类型在指令的下拉式列表中可见，如图 3-76 所示。当满足比较关系式给出的条件时，等效触点接通。在程序编辑区，生成比较值指令后，双击触点中间比较符号下面的 <???>，单击出现的“▾”图标，用下拉式列表设置要比较的数的数据类型，如果想修改比较值指令的比较符号，则双击比较符号，然后单击出现的“▾”图标，即可用下拉式列表修改比较符号。

2. 比较值指令说明

比较值指令说明见表 3-24。

表 3-24　比较值指令说明

名称	LAD	数据类型	说明
等于比较	<???> == ??? <???>	SInt、Int、Dint、USInt、UInt、UDInt、Real、LReal、String、WString、Char、WChar、Date、Time、DTL、Time_of_Day	比较数据类型相同的两个数。如果比较结果为 TRUE，该触点被激活闭合，否则，该触点断开
不等于比较	<???> <> ??? <???>		
大于等于比较	<???> >= ??? <???>		
小于等于比较	<???> <= ??? <???>		
大于比较	<???> > ??? <???>		
小于比较	<???> < ??? <???>		

比较值指令 LAD 符号上方的“<???>”用于输入操作数 1、下方的“<???>”用于输入操作数 2。单击比较值指令 LAD 符号中间“？？？”可从下拉式列表中选择比较值指令的数据类型。

三、任务实施

（一）任务目标

1）熟练掌握比较值指令和移动值指令的编程及应用。

2）会绘制 8 站小车呼叫控制的 I/O 接线图，并能根据接线图完成 PLC 的 I/O 接线。

3）能根据控制要求编写梯形图。

4）熟练掌握使用博途编程软件进行设备组态、编制 8 站小车呼叫控制梯形图，并下载至 CPU 进行调试运行。

（二）设备与器材

本任务所需设备与器材，见表 3-25。

表 3-25　所需设备与器材

序号	名称	符号	型号规格	数量	备注
1	常用电工工具		十字螺钉旋具、一字螺钉旋具、尖嘴钳、剥线钳等	1 套	表中所列设备与器材的型号规格仅供参考
2	计算机（安装博途编程软件）			1 台	
3	西门子 S7-1200 PLC	CPU	CPU 1214C AC/DC/Rly，订货号：6ES7 214-1AG40-0XB0	1 台	
4	数字量输入 / 输出模块	SM 1223	DI 8/DQ 8 × DC 24V，订货号：6ES7 223-1BH32-0XB0	1 块	
5	8 站小车呼叫模拟控制面板			1 块	
6	以太网通信电缆			1 根	
7	连接导线			若干	

（三）内容与步骤

1. 任务要求

某车间有 8 个工作台，送料车往返于工作台之间送料，其模拟控制面板如图 3-77 所示。每个工作台设有一个限位开关（SQ）和一个呼叫按钮（SB）。

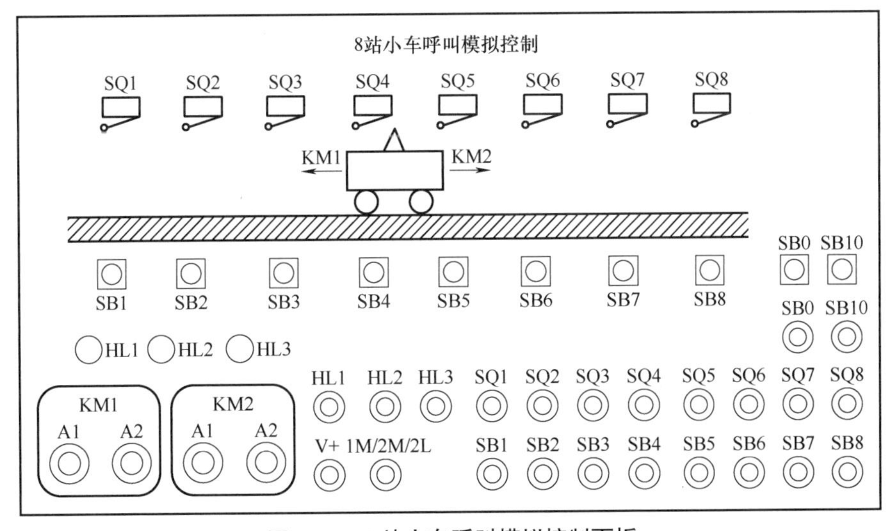

图 3-77　**8 站小车呼叫模拟控制面板**

具体控制要求如下：

1）按下起动按钮，系统起动，送料车开始应停留在 8 个工作台中任意一个限位开关的位置上。

2）设送料车现暂停于 m 号工作台（SQm 为 ON）处，这时 n 号工作台呼叫（SBn 为 ON），当 m>n 时，送料车左行，直至 SQn 动作，到位停车，即送料车所停位置的编号大于呼叫位置的编号时，送料车往左运行至呼叫位置后停止。

3）当 m<n 时，送料车右行，直至 SQn 动作，到位停车。

4）当 m ＝ n，即小车所停位置编号等于呼叫号时，送料车原位不动。

5）小车运行时呼叫无效。

6）具有左行、右行指示，原点不动指示。

7）运行过程中，按下停止按钮，运料车运行至呼叫位置后系统停止。

2. I/O 地址分配与接线图

根据控制要求确定 I/O 点数，8 站小车呼叫控制 I/O 地址分配见表 3-26。

表 3-26　8 站小车呼叫控制 I/O 地址分配表

输入			输出		
设备名称	符号	I 元件地址	设备名称	符号	Q 元件地址
起动按钮	SB0	I1.0	小车左行控制接触器	KM1	Q0.0
停止按钮	SB10	I1.1	小车右行控制接触器	KM2	Q0.1
1# 限位开关	SQ1	I0.0	小车左行指示	HL1	Q0.5
2# 限位开关	SQ2	I0.1	小车右行指示	HL2	Q0.6
⋮	⋮	⋮	小车原位指示	HL3	Q0.7
7# 限位开关	SQ7	I0.6			
8# 限位开关	SQ8	I0.7			
1# 呼叫按钮	SB1	I2.0			
2# 呼叫按钮	SB2	I2.1			
⋮	⋮	⋮			
7# 呼叫按钮	SB7	I2.6			
8# 呼叫按钮	SB8	I2.7			

根据 I/O 地址分配表，绘制 I/O 接线图，如图 3-78 所示。

3. 创建工程项目

打开博途编程软件，在 Portal 视图中选择“创建新项目”选项，输入项目名称为“3RW_5”，选择项目保存路径，然后单击“创建”按钮，创建项目完成，组态 CPU 模块，并在 CPU 模块右侧 2 号槽组态一数字量信号模块 SM 1223 DI 8/DQ 8×DC 24V（订货号：6ES7 223-1BH32-0XB0）。

4. 编辑变量表

在项目树中，打开“PLC 变量”文件夹，双击“添加新变量表”选项，生成“变量表 _1 [0]”，在该变量表中根据 I/O 地址分配表编辑 8 站小车呼叫控制变量表，如图 3-79 所示。

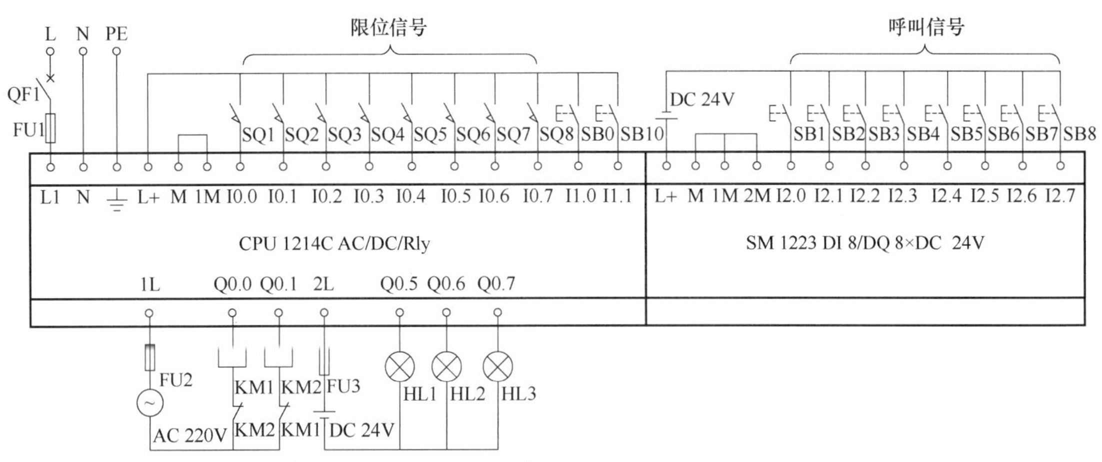

图 3-78　**8 站小车呼叫控制 I/O 接线图**

3RW_5 ▸ PLC_1 [CPU 1214C AC/DC/Rly] ▸ PLC变量 ▸ 变量表_1 [23]

变量　用户常量

变量表_1

	名称	数据类型	地址	保持	可从...	从 H...	在 H...
1	起动按钮SB0	Bool	%I1.0	☐	☑	☑	☑
2	停止按钮SB10	Bool	%I1.1	☐	☑	☑	☑
3	1#限位开关SQ1	Bool	%I0.0	☐	☑	☑	☑
4	2#限位开关SQ2	Bool	%I0.1	☐	☑	☑	☑
5	3#限位开关SQ3	Bool	%I0.2	☐	☑	☑	☑
6	4#限位开关SQ4	Bool	%I0.3	☐	☑	☑	☑
7	5#限位开关SQ5	Bool	%I0.4	☐	☑	☑	☑
8	6#限位开关SQ6	Bool	%I0.5	☐	☑	☑	☑
9	7#限位开关SQ7	Bool	%I0.6	☐	☑	☑	☑
10	8#限位开关SQ8	Bool	%I0.7	☐	☑	☑	☑
11	1#呼叫按钮SB1	Bool	%I2.0	☐	☑	☑	☑
12	2#呼叫按钮SB2	Bool	%I2.1	☐	☑	☑	☑
13	3#呼叫按钮SB3	Bool	%I2.2	☐	☑	☑	☑
14	4#呼叫按钮SB4	Bool	%I2.3	☐	☑	☑	☑
15	5#呼叫按钮SB5	Bool	%I2.4	☐	☑	☑	☑
16	6#呼叫按钮SB6	Bool	%I2.5	☐	☑	☑	☑
17	7#呼叫按钮SB7	Bool	%I2.6	☐	☑	☑	☑
18	8#呼叫按钮SB8	Bool	%I2.7	☐	☑	☑	☑
19	左行KM1	Bool	%Q0.0	☐	☑	☑	☑
20	右行KM2	Bool	%Q0.1	☐	☑	☑	☑
21	左行指示HL1	Bool	%Q0.5	☐	☑	☑	☑
22	右行指示HL2	Bool	%Q0.6	☐	☑	☑	☑
23	原位指示HL3	Bool	%Q0.7	☐	☑	☑	☑

图 3-79　**8 站小车呼叫控制变量表**

5. 编制程序

在项目树中，打开“程序块”文件夹中“Main [OB1]”选项，在程序编辑区根据控制要求编制梯形图，如图 3-80 所示。

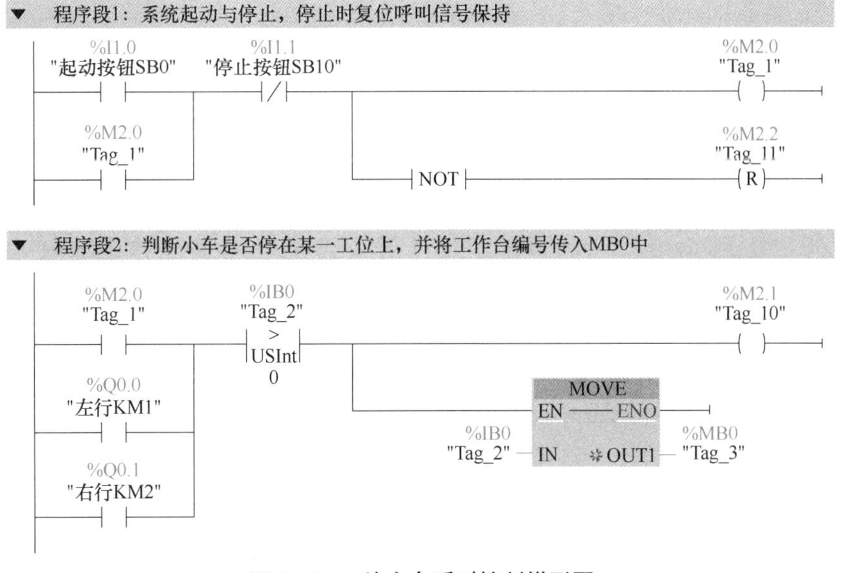

图 3-80　**8 站小车呼叫控制梯形图**

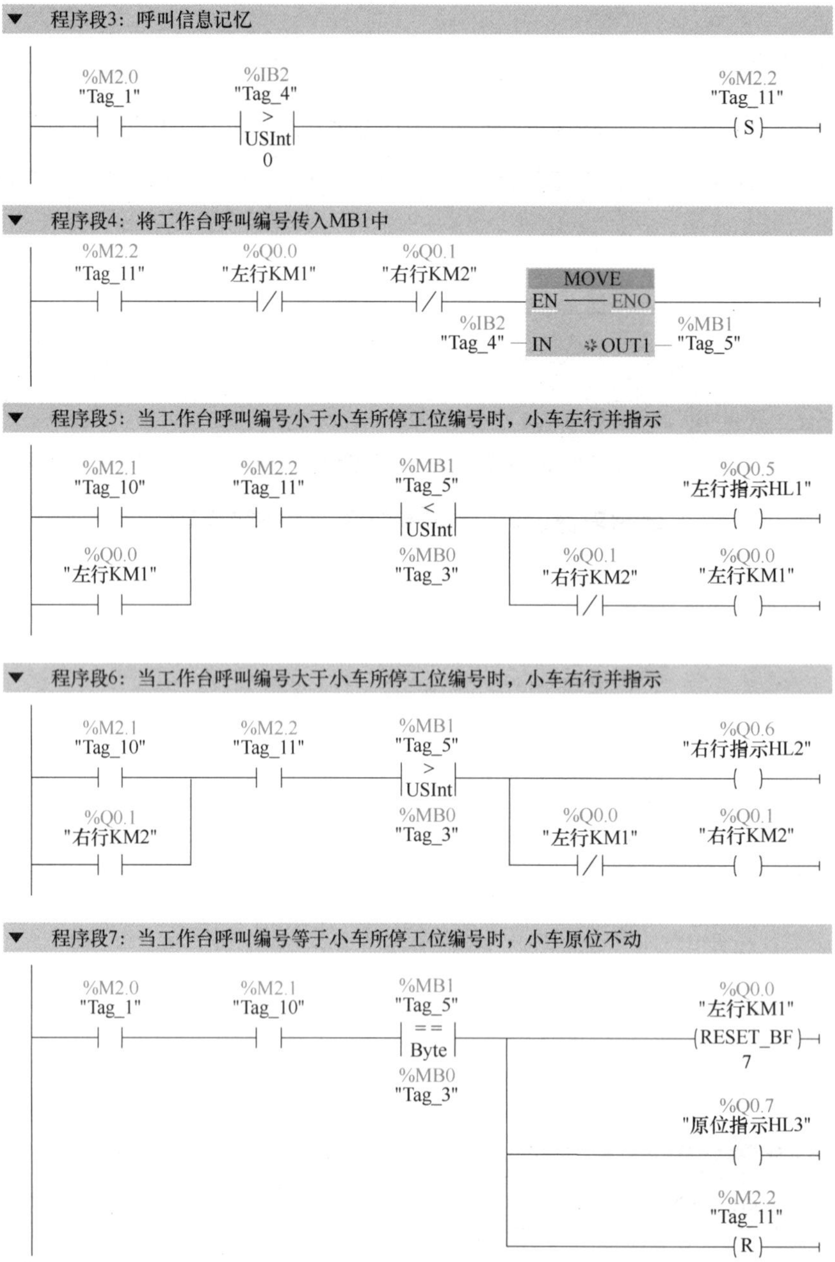

▼ 程序段3：呼叫信息记忆

%M2.0 "Tag_1"　%IB2 "Tag_4" > USInt 0　%M2.2 "Tag_11" (S)

▼ 程序段4：将工作台呼叫编号传入MB1中

%M2.2 "Tag_11"　%Q0.0 "左行KM1"　%Q0.1 "右行KM2"　MOVE EN ENO　%IB2 "Tag_4" IN　OUT1 %MB1 "Tag_5"

▼ 程序段5：当工作台呼叫编号小于小车所停工位编号时，小车左行并指示

%M2.1 "Tag_10"　%M2.2 "Tag_11"　%MB1 "Tag_5" < USInt %MB0 "Tag_3"　%Q0.5 "左行指示HL1"

%Q0.0 "左行KM1"　%Q0.1 "右行KM2"　%Q0.0 "左行KM1"

▼ 程序段6：当工作台呼叫编号大于小车所停工位编号时，小车右行并指示

%M2.1 "Tag_10"　%M2.2 "Tag_11"　%MB1 "Tag_5" > USInt %MB0 "Tag_3"　%Q0.6 "右行指示HL2"

%Q0.1 "右行KM2"　%Q0.0 "左行KM1"　%Q0.1 "右行KM2"

▼ 程序段7：当工作台呼叫编号等于小车所停工位编号时，小车原位不动

%M2.0 "Tag_1"　%M2.1 "Tag_10"　%MB1 "Tag_5" == Byte %MB0 "Tag_3"　%Q0.0 "左行KM1" (RESET_BF) 7

%Q0.7 "原位指示HL3"

%M2.2 "Tag_11" (R)

图 3-80　8 站小车呼叫控制梯形图（续）

6. 调试运行

将设备组态及图 3-80 所示的梯形图编译后下载到 CPU 中，启动 CPU，将 CPU 切换至 RUN 模式下，然后按照图 3-78 进行 PLC 输入 / 输出接线，调试运行，观察运行结果。

（四）分析与思考

1）本任务程序中，判断小车呼叫前停在某一工位以及有某一工位呼叫是如何实现的？

2）如果使用七段数码管显示小车当前所停的工位号，程序应如何编制？

3）本任务程序是否响应小车运行中的呼叫请求，如不响应，是如何实现的？

四、任务考核

任务实施考核见表 3-27。

表 3-27　任务实施考核表

序号	考核内容	考核要求	评分标准	配分	得分
1	电路及程序设计	（1）能正确分配 I/O 地址，并绘制 I/O 接线图 （2）设备组态 （3）根据控制要求，正确编制梯形图	（1）I/O 地址分配错或少，每个扣 5 分 （2）I/O 接线图设计不全或有错，每处扣 5 分 （3）CPU 组态、数字量信号模块组态与现场设备型号不匹配，每项扣 10 分 （4）梯形图表达不正确或画法不规范，每处扣 5 分	40 分	
2	安装与连线	根据 I/O 接线图，正确连接电路	（1）连线每错一处，扣 5 分 （2）损坏元器件，每只扣 5~10 分 （3）损坏连接线，每根扣 5~10 分	20 分	
3	调试与运行	能熟练使用编程软件编制程序下载至 CPU，并按要求调试运行	（1）不能熟练使用编程软件进行梯形图的编辑、修改、转换、写入及监视，每项 2 分 （2）不能按照控制要求完成相应的功能，每项扣 5 分	20 分	
4	安全文明操作	确保人身和设备安全	违反安全文明操作规程，扣 10~20 分	20 分	
合计				100 分	

五、知识拓展

（一）比较值范围指令

比较值范围指令有范围内值（IN_RANGE）指令和范围外值（OUT_RANGE）指令，比较值范围指令测试输入的值是在范围内还是范围外，如果比较的结果为 TRUE，则功能框输出为“1”，否则输出为“0”。

范围内值指令将输入 VAL 的值与输入 MIN 和 MAX 的值进行比较，并将结果发送到功能框输出中，如果输入 VAL 的值满足 MIN ≤ VAL ≤ MAX，则功能框输出的信号状态为“1”。如果不满足比较条件，则功能框输出的信号状态为“0”。

范围外值指令将输入 VAL 的值与输入 MIN 和 MAX 的值进行比较，并将结果发送到功能框输出中，如果输入 VAL 的值满足 MIN> VAL 或 VAL>MAX，则功能框输出的信号状态为“1”。如果指定的 Real 数据类型的操作数具有无效值，则功能框输出的信号状态也为“1”。如果输入 VAL 的值不满足比较条件，则功能框输出返回信号状态“0”。

对于范围内值指令和范围外值指令，如果功能框输入的信号状态为“0”，则不执行比较。这两条指令都可以等效为一个触点，若有能流流入指令方框，执行比较，反之不执行比较。需要注意的是 MIN、VAL、MAX 数据类型必须相同，可选整数和浮点数，可以是 I、Q、M、L、D 存储区中的变量或常数。只有待比较值的数据类型相同且互连了功能框输入时，才能执行比较功能。

比较值范围指令说明见表 3-28。

表 3-28　比较值范围指令说明

指令名称	LAD/FBD	数据类型	说明
范围内值	IN_RANGE ??? MIN VAL MAX	SInt、Int、USInt、UInt、UDInt、DInt、Real、LReal	测试输入值是否在指定的值范围之内。如果比较结果为 TRUE，则功能框输出为“1”，否则输出为“0”

（续）

指令名称	LAD/FBD	数据类型	说明
范围外值	OUT_RANGE Int MIN VAL MAX	SInt、Int、USInt、UInt、UDInt、DInt、Real、LReal	测试输入值是否在指定的值范围之外。如果比较结果为 TRUE，则功能框输出为“1”，否则输出为“0”

（二）比较值范围指令应用

应用定时器指令设计简易定时报时器，控制要求：早上 6∶30，电铃 HA 每秒响 1 次，6 次后自动停止；9∶00~17∶00，启动住宅报警系统 HC；晚上 18∶00~23∶00，开园内照明灯 HL。

1. I/O 地址分配

根据控制要求确定 I/O 点数，简易定时报时器控制 I/O 地址分配见表 3-29。

表 3-29　简易定时报时器控制 I/O 地址分配表

输入			输出		
设备名称	符号	I 元件地址	设备名称	符号	Q 元件地址
起动按钮	SB1	I0.0	电铃	HA	Q0.0
停止按钮	SB2	I0.1	住宅报警系统	HC	Q0.1
			园内照明灯	HL	Q0.2

2. 创建工程项目

打开博途编程软件，在 Portal 视图中单击选择“创建新项目”选项，输入项目名称为“简易定时报时器控制”，选择项目保存路径，然后单击“创建”按钮，创建项目完成，并完成项目硬件组态。

3. 编制程序

在项目树中，打开“程序块”文件夹中“Main［OB1］”选项，在程序编辑区根据控制要求编制梯形图，如图 3-81 所示。

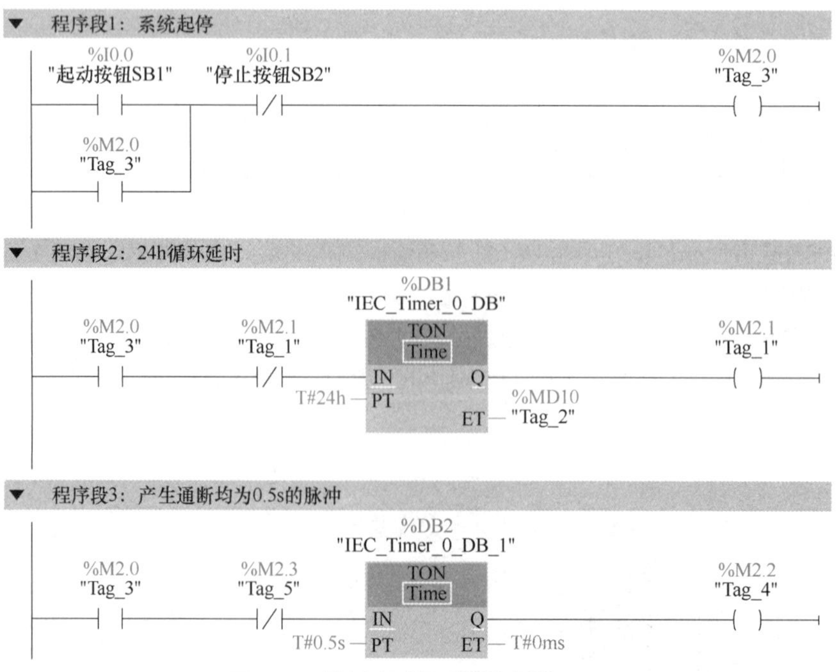

图 3-81　简易定时报时器控制梯形图

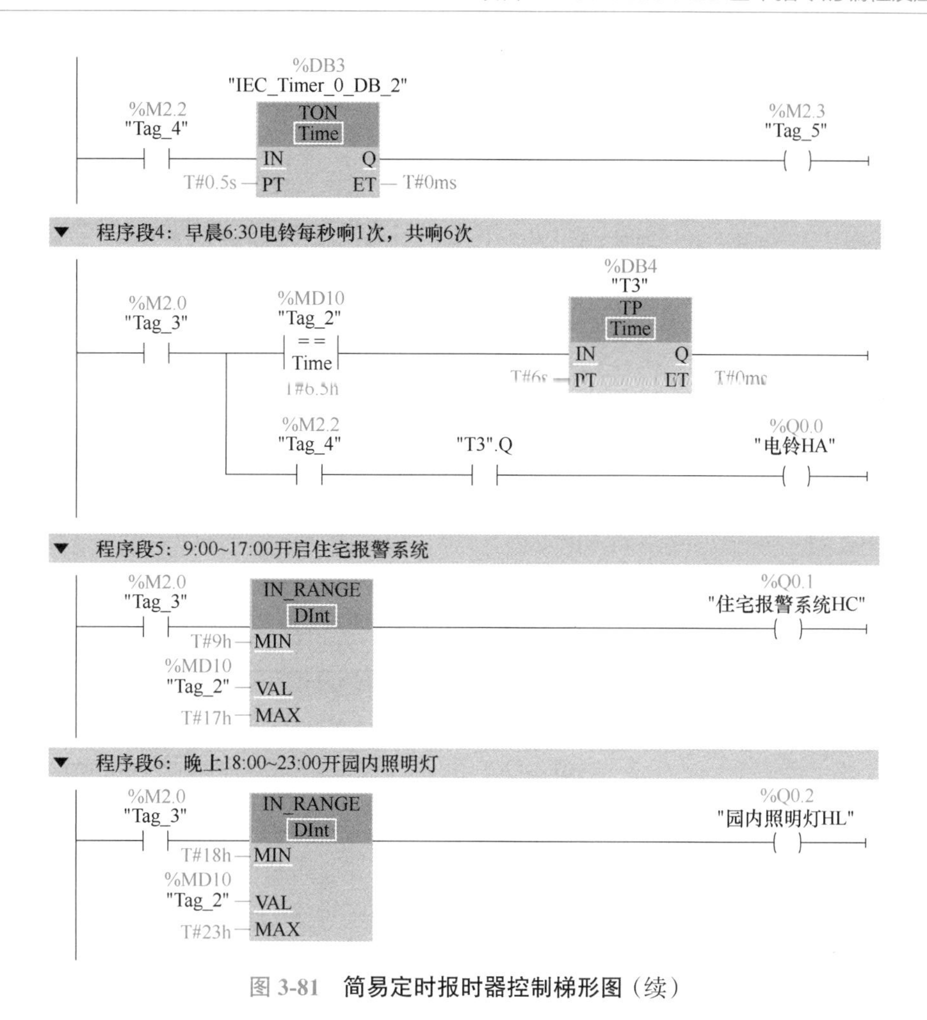

图 3-81 简易定时报时器控制梯形图（续）

六、任务总结

本任务主要介绍了比较值指令的功能、编程及应用。然后以 8 站小车呼叫的 PLC 控制为载体，运用博途编程软件围绕其设备组态、输入 / 输出接线、程序编制、项目下载及调试运行开展任务实施，达成会使用比较值指令编程及应用的目标。最后拓展了范围内值和范围外值指令的功能，并举例说明其具体的应用。

任务六 抢答器的 PLC 控制

一、任务导入

在知识抢答或智力比赛等场合，经常会使用快速抢答器，抢答器的设计方法与采用的元器件有很多种，可以采用门电路与组合逻辑电路搭建电路完成，也可以利用单片机为控制核心组成系统实现，还可以用 PLC 控制完成。

本任务以抢答器的 PLC 控制为例，围绕其功能的实现介绍跳转指令与跳转标签的编程及应用。

二、知识链接

（一）跳转指令与跳转标签

在程序中设置跳转指令可以提高 CPU 的程序执行速度。在执行跳转指令之前，CPU 执行程序进行线性扫描，按照从上到下的先后顺序执行。在执行跳转指令之后，可以跳转到所指定的程序段去执行，并从该程序段的标签入口处继续线性扫描。

跳转指令（JMP）是当输入的逻辑运算结果（RLO）为 1 时，中断程序的顺序执行，并跳转到由指定标签标识的程序段继续执行；如果 RLO 为 0，则继续线性扫描，顺序执行下一个程序段。跳转指令没有参数，只有目标程序段的地址标签。

跳转标签用于标识跳转指令的跳转目标地址，其标签必须与对应跳转指令的标签一致。跳转标签在程序段的开始处，标签的第一个字符必须是字母，其余的可以是字母、数字和下划线。一般由字母 + 数字组成，如 ABC0。

跳转指令与跳转标签说明见表 3-30。

表 3-30 跳转指令与跳转标签说明

格式	名称	
	跳转指令	跳转标签
LAD	ABCD1 —(JMP)—	ABCD1
功能	RLO 为 1，则程序将跳转到指定标签后的程序段继续执行	标识 JMP 或 JMPN 指令的目标地址

注意事项：

1）跳转指令只能在同一个程序块内跳转，不能从一个程序块跳转到另一个程序块。

2）在一个程序块内，跳转标签的名称只能使用一次。

3）可以在同一程序块中从多个位置跳转到同一标签。

4）跳转标签与指定跳转标签的指令必须位于同一程序块中。一个程序段只能使用一个跳转指令。

5）执行跳转指令时不执行跳转指令与跳转标签之间的程序。跳到目的地址后，程序继续顺序执行。可以向前或向后跳转。

S7-1200 CPU 最多可以声明 32 个跳转标签。跳转标签必须遵守以下语法规则：

1）字母（a~z，A~Z）。

2）字母和数字组合（a~z，A~Z，0~9），需注意排列顺序，第一位必须是字母。

3）不能使用特殊字符或数字 + 字母组合。

（二）跳转指令与跳转标签的应用

某台三相异步电动机具有手动 / 自动两种操作方式。SA 是操作方式选择开关，当 SA 断开时，选择手动操作方式；当 SA 闭合时，选择自动操作方式，两种操作方式如下：

手动操作方式：按起动按钮 SB1，电动机起动运行；按停止按钮 SB2，电动机停止。

自动操作方式：按起动按钮 SB1，电动机连续运行 1min 后，自动停机，若按停止按钮

SB2，电动机将停止运行。

1. I/O 地址分配

根据控制要求确定 I/O 点数，三相异步电动机手动 / 自动控制 I/O 地址分配见表 3-31。

表 3-31　三相异步电动机手动 / 自动控制 I/O 地址分配表

输入			输出		
设备名称	符号	I 元件地址	设备名称	符号	Q 元件地址
起动按钮	SB1	I0.0	交流接触器	KM	Q0.0
停止按钮	SB2	I0.1			
选择开关	SA	10.2			

2. 创建工程项目

打开博途编程软件，在 Portal 视图中单击选择“创建新项目”选项，输入项目名称为“手动 / 自动控制”，选择项目保存路径，然后单击“创建”按钮，创建项目，并完成项目硬件组态。

3. 编制程序

在项目树中，打开“程序块”文件夹中“Main［OB1］”选项，在程序编辑区根据控制要求编制梯形图，如图 3-82 所示。

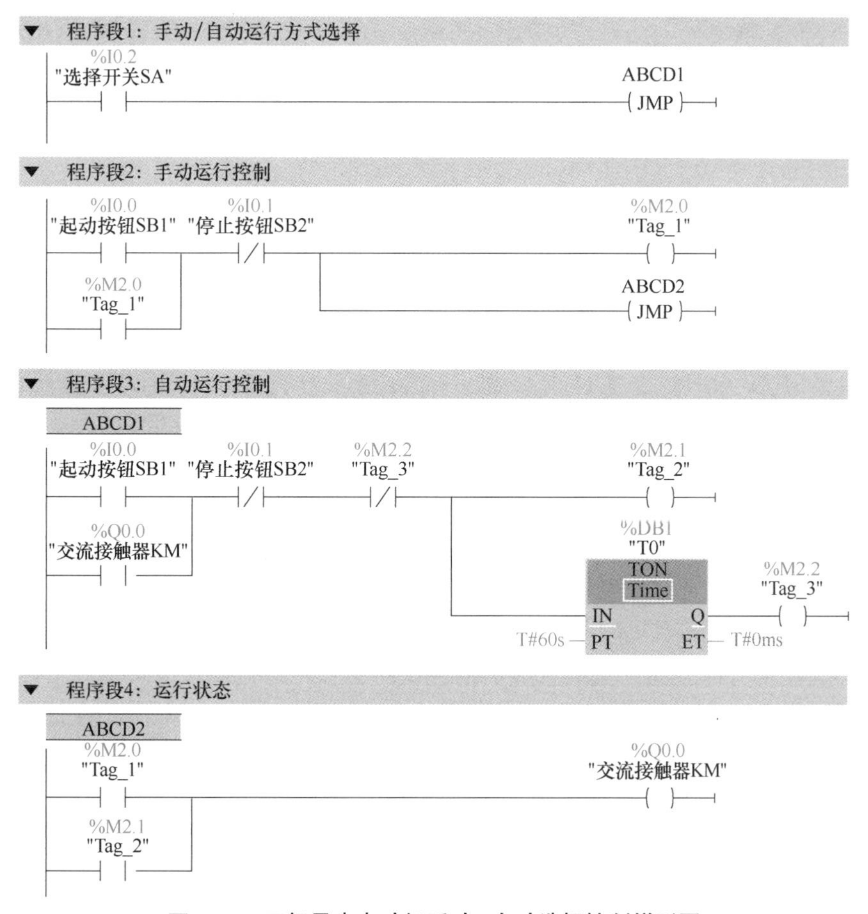

图 3-82　三相异步电动机手动 / 自动选择控制梯形图

三、任务实施

（一）任务目标

1）熟练掌握跳转指令与跳转标签的编程及应用。

2）会绘制抢答器控制的 I/O 接线图，并能根据接线图完成 PLC 的 I/O 接线。

3）能根据控制要求编写梯形图。

4）熟练掌握使用博途编程软件进行设备组态、编制抢答器控制梯形图，并下载至 CPU 进行调试运行。

（二）设备与器材

本任务所需设备与器材，见表 3-32。

表 3-32　所需设备与器材

序号	名称	符号	型号规格	数量	备注
1	常用电工工具		十字螺钉旋具、一字螺钉旋具、尖嘴钳、剥线钳等	1 套	表中所列设备与器材的型号规格仅供参考
2	计算机（安装博途编程软件）			1 台	
3	西门子 S7-1200 PLC	CPU	CPU 1214C AC/DC/Rly，订货号：6ES7 214-1AG40-0XB0	1 台	
4	数字量输入 / 输出模块	SM 1223	DI 8/DQ 8×DC 24V，订货号：6ES7 223-1BH32-0XB0	1 块	
5	抢答器模拟控制面板			1 块	
6	以太网通信电缆			1 根	
7	连接导线			若干	

（三）内容与步骤

1. 任务要求

某抢答器模拟控制面板如图 3-83 所示，有 3 支参赛队伍，分为儿童队（1 号队）、学生队（2 号队）、成人队（3 号队），其中儿童队 2 人，学生队 1 人，成人队 2 人，主持人 1 人。在儿童队、学生队、成人队桌面上分别安装指示灯 HL2、HL3、HL4，抢答按钮 SB11、SB12、SB21、SB31、SB32，主持人桌面上安装允许抢答指示灯 HL0、违规抢答指示灯 HL1 和抢答开始按钮 SB0、复位按钮 SB1，同时还配有 LED 七段数码管。具体控制要求如下：

1）当主持人按下 SB0 后，允许抢答指示灯 HL0 亮，表示抢答开始，参赛队方可开始按下抢答按钮抢答，否则抢答无效，视为违规抢答。

2）为了公平，要求儿童队只需 1 人按下按钮，其对应的指示灯亮，而成人队需要两人同时按下两个按钮对应的指示灯才亮。

3）某队抢答成功时，LED 数码管显示抢答队的编号，并联锁其他队抢答无效。

4）若任一队违规抢答，则违规抢答指示灯点亮，且该抢答队的队号以 1s 周期闪烁。

5）当抢答开始后时间超过 30s，无人抢答，此时 HL0 以 1s 周期闪烁，提示抢答时间已过，此时任何人均不能有效抢答，此题作废，然后由主持人进行操作，进入下一抢答题。

6）违规抢答或 1 个问题回答完毕时，主持人按下 SB1，系统复位。

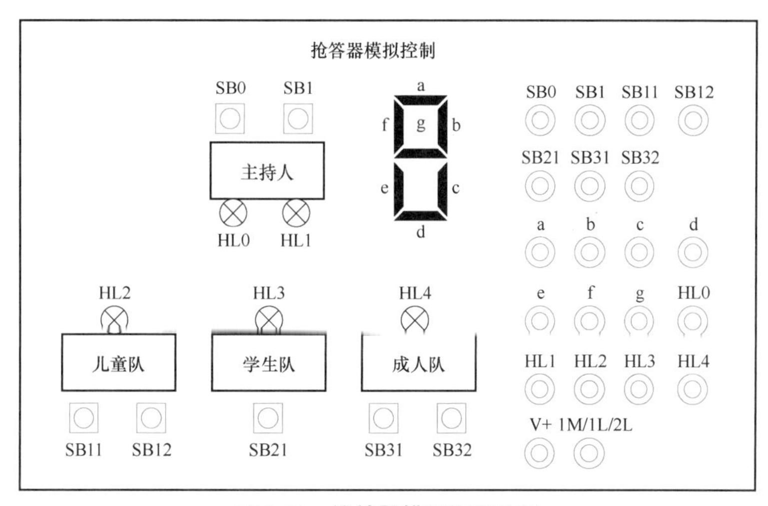

图 3-83 抢答器模拟控制面板

2. I/O 地址分配与接线图

根据控制要求确定 I/O 点数，抢答器控制 I/O 地址分配见表 3-33。

表 3-33 抢答器控制 I/O 地址分配表

输入			输出		
设备名称	符号	I 元件地址	设备名称	符号	Q 元件地址
抢答开始按钮	SB0	I0.0	七段数码管	a~g	Q2.0~Q2.6
复位按钮	SB1	I0.1	允许抢答指示灯	HL0	Q0.0
儿童队抢答按钮 1	SB11	I0.2	违规抢答指示灯	HL1	Q0.1
儿童队抢答按钮 2	SB12	I0.3	儿童队指示灯	HL2	Q0.2
学生队抢答按钮	SB21	I0.4	学生队指示灯	HL3	Q0.3
成人队抢答按钮 1	SB31	I0.5	成人队指示灯	HL4	Q0.4
成人队抢答按钮 2	SB32	I0.6			

根据 I/O 地址分配表绘制抢答器控制 I/O 接线图，如图 3-84 所示。

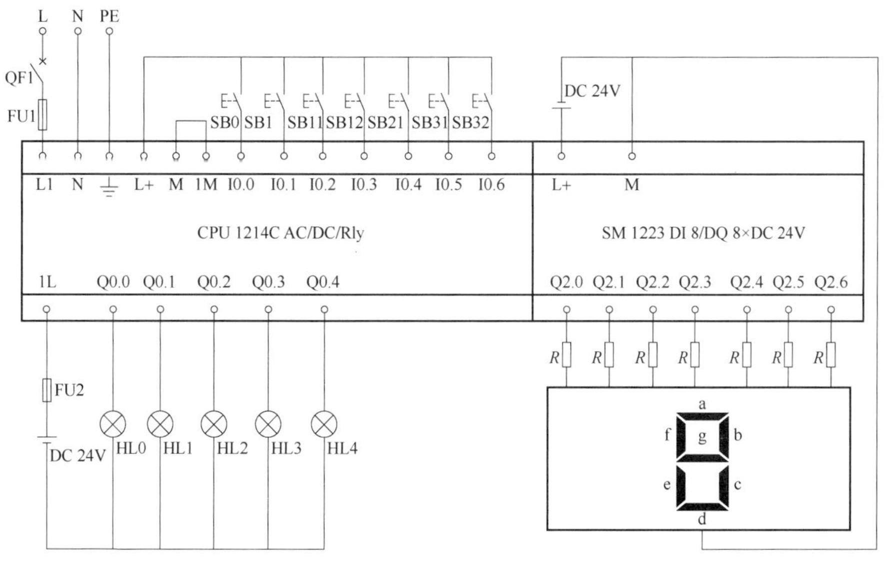

图 3-84 抢答器控制 I/O 接线图

3. 创建工程项目

打开博途编程软件，在 Portal 视图中单击选择“创建新项目”选项，输入项目名称为“3RW_6”，选择项目保存路径，然后单击“创建”按钮，创建项目完成，组态 CPU 模块，并在 CPU 模块的右侧组态一数字量信号模块 SM1223 DI8/DQ8 × DC 24V（订货号：6ES7 223-1BH32-0XB0）。启动系统时钟存储器字节 MB0。

4. 编辑变量表

在项目树中，打开“PLC变量”文件夹，双击“添加新变量表”选项，生成“变量表_1［0］”，在该变量表中根据 I/O 地址分配表编辑抢答器控制变量表，如图 3-85 所示。

3RW_6 ▸ PLC_1 [CPU 1214C AC/DC/Rly] ▸ PLC 变量 ▸ 变量表_1 [19]

变量 | 用户常量

变量表_1

	名称	数据类型	地址	保持	可从 ...	从 H...	在 H...
1	抢答开始按钮SB0	Bool	%I0.0	☐	☑	☑	☑
2	复位按钮SB1	Bool	%I0.1	☐	☑	☑	☑
3	儿童队抢答按钮SB11	Bool	%I0.2	☐	☑	☑	☑
4	儿童队抢答按钮SB12	Bool	%I0.3	☐	☑	☑	☑
5	学生队抢答按钮SB21	Bool	%I0.4	☐	☑	☑	☑
6	成人队抢答按钮SB31	Bool	%I0.5	☐	☑	☑	☑
7	成人队抢答按钮SB32	Bool	%I0.6	☐	☑	☑	☑
8	允许抢答指示灯HL0	Bool	%Q0.0	☐	☑	☑	☑
9	儿童队指示灯HL2	Bool	%Q0.2	☐	☑	☑	☑
10	学生队指示灯HL3	Bool	%Q0.3	☐	☑	☑	☑
11	成人队指示灯HL4	Bool	%Q0.4	☐	☑	☑	☑
12	七段数码管显示a段	Bool	%Q2.0	☐	☑	☑	☑
13	七段数码管显示b段	Bool	%Q2.1	☐	☑	☑	☑
14	七段数码管显示c段	Bool	%Q2.2	☐	☑	☑	☑
15	七段数码管显示d段	Bool	%Q2.3	☐	☑	☑	☑
16	七段数码管显示e段	Bool	%Q2.4	☐	☑	☑	☑
17	七段数码管显示f段	Bool	%Q2.5	☐	☑	☑	☑
18	七段数码管显示g段	Bool	%Q2.6	☐	☑	☑	☑
19	违规抢答指示灯HL1	Bool	%Q0.1	☐	☑	☑	☑

图 3-85 抢答器控制变量表

5. 编制程序

在项目树中，打开“程序块”文件夹中“Main［OB1］”选项，在程序编辑区根据控制要求编制梯形图，如图 3-86 所示。

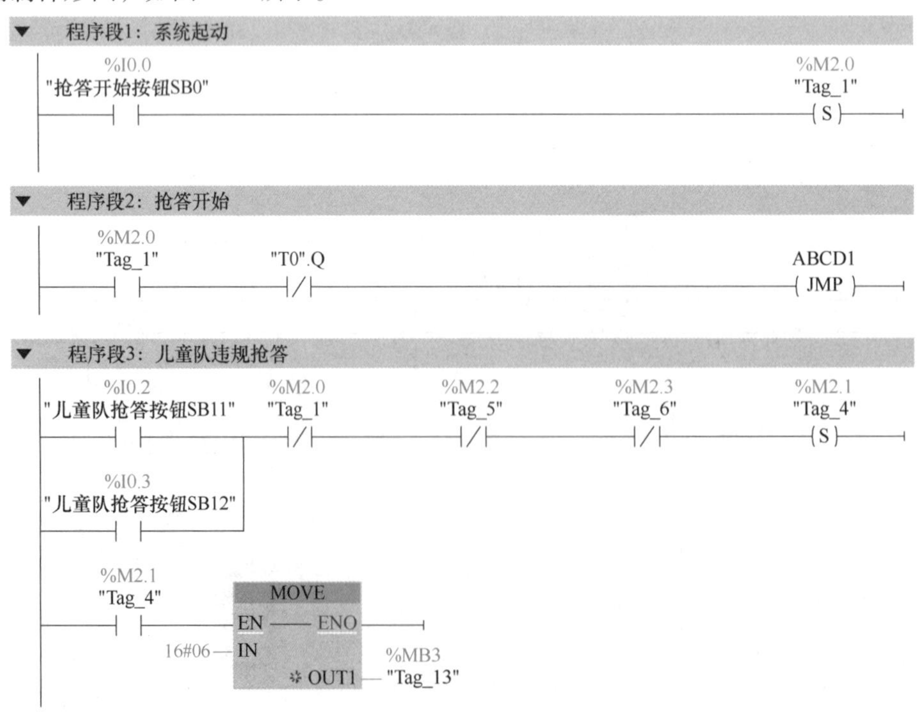

图 3-86 抢答器控制梯形图

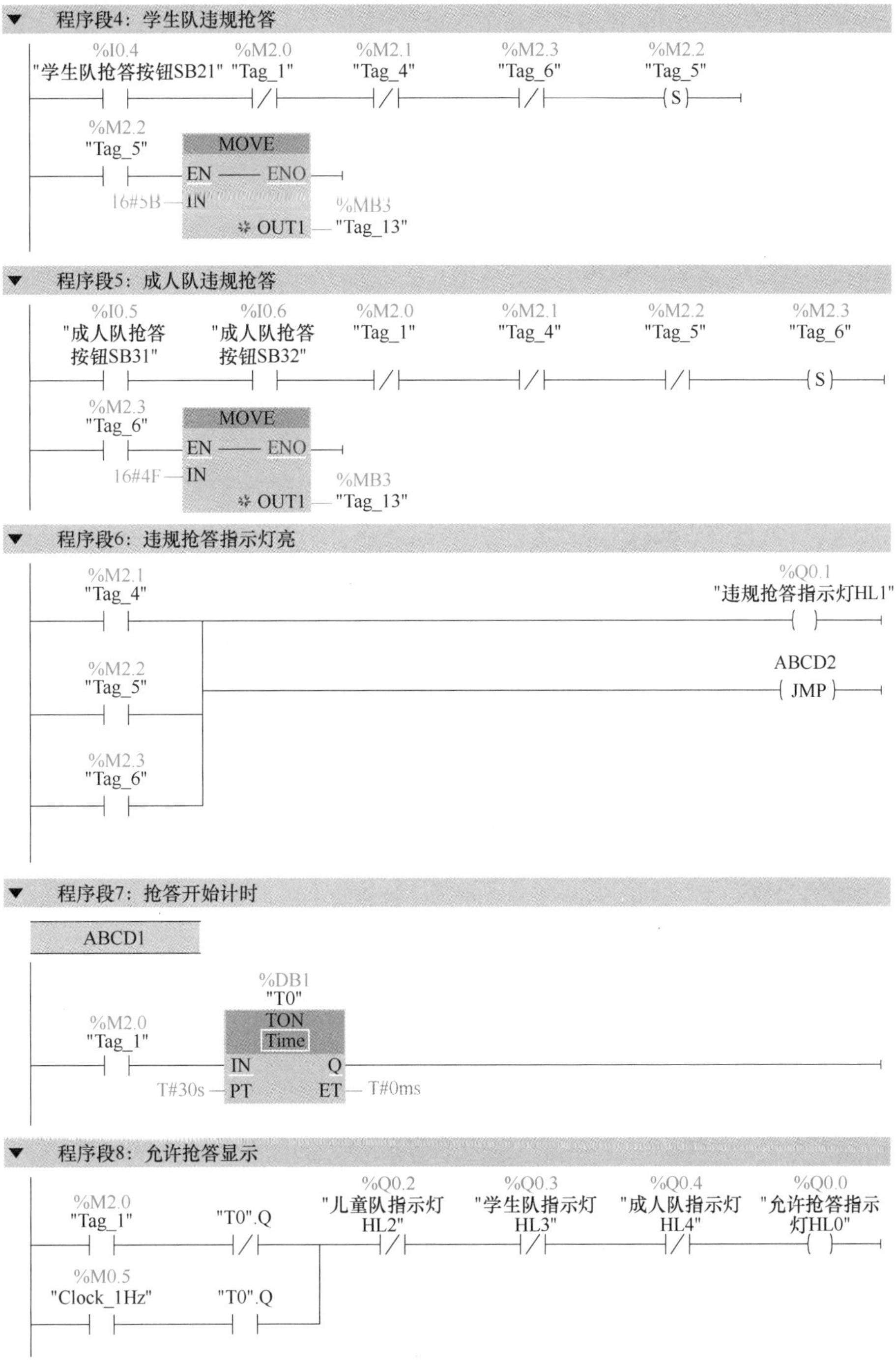

程序段4：学生队违规抢答

%I0.4 "学生队抢答按钮SB21"　%M2.0 "Tag_1"　%M2.1 "Tag_4"　%M2.3 "Tag_6"　%M2.2 "Tag_5" (S)

%M2.2 "Tag_5"　MOVE　EN　ENO　16#5B — IN　OUT1 — %MB3 "Tag_13"

程序段5：成人队违规抢答

%I0.5 "成人队抢答按钮SB31"　%I0.6 "成人队抢答按钮SB32"　%M2.0 "Tag_1"　%M2.1 "Tag_4"　%M2.2 "Tag_5"　%M2.3 "Tag_6" (S)

%M2.3 "Tag_6"　MOVE　EN　ENO　16#4F — IN　OUT1 — %MB3 "Tag_13"

程序段6：违规抢答指示灯亮

%M2.1 "Tag_4"　%Q0.1 "违规抢答指示灯HL1" ( )

%M2.2 "Tag_5"　ABCD2 (JMP)

%M2.3 "Tag_6"

程序段7：抢答开始计时

ABCD1

%M2.0 "Tag_1"　%DB1 "T0"　TON Time　IN　Q　T#30s — PT　ET — T#0ms

程序段8：允许抢答显示

%M2.0 "Tag_1"　"T0".Q　%Q0.2 "儿童队指示灯HL2"　%Q0.3 "学生队指示灯HL3"　%Q0.4 "成人队指示灯HL4"　%Q0.0 "允许抢答指示灯HL0" ( )

%M0.5 "Clock_1Hz"　"T0".Q

图 3-86　抢答器控制梯形图（续一）

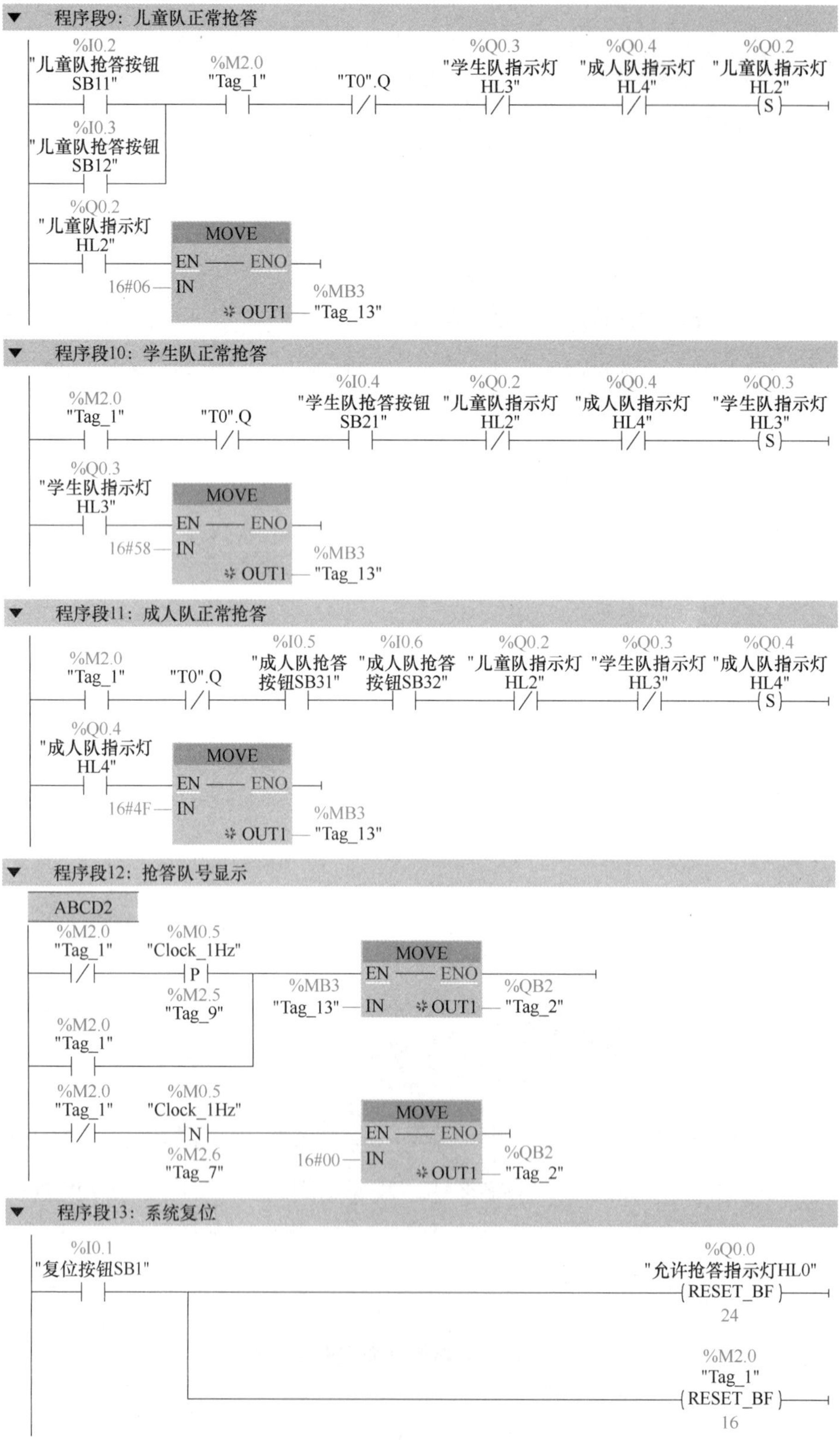

程序段9：儿童队正常抢答

%I0.2 "儿童队抢答按钮SB11"　%M2.0 "Tag_1"　"T0".Q　%Q0.3 "学生队指示灯HL3"　%Q0.4 "成人队指示灯HL4"　%Q0.2 "儿童队指示灯HL2" (S)

%I0.3 "儿童队抢答按钮SB12"

%Q0.2 "儿童队指示灯HL2"　MOVE EN ENO　16#06 IN　OUT1 %MB3 "Tag_13"

程序段10：学生队正常抢答

%M2.0 "Tag_1"　"T0".Q　%I0.4 "学生队抢答按钮SB21"　%Q0.2 "儿童队指示灯HL2"　%Q0.4 "成人队指示灯HL4"　%Q0.3 "学生队指示灯HL3" (S)

%Q0.3 "学生队指示灯HL3"　MOVE EN ENO　16#58 IN　OUT1 %MB3 "Tag_13"

程序段11：成人队正常抢答

%M2.0 "Tag_1"　"T0".Q　%I0.5 "成人队抢答按钮SB31"　%I0.6 "成人队抢答按钮SB32"　%Q0.2 "儿童队指示灯HL2"　%Q0.3 "学生队指示灯HL3"　%Q0.4 "成人队指示灯HL4" (S)

%Q0.4 "成人队指示灯HL4"　MOVE EN ENO　16#4F IN　OUT1 %MB3 "Tag_13"

程序段12：抢答队号显示

ABCD2

%M2.0 "Tag_1"　%M0.5 "Clock_1Hz" P %M2.5 "Tag_9"　MOVE EN ENO　%MB3 "Tag_13" IN　OUT1 %QB2 "Tag_2"

%M2.0 "Tag_1"

%M2.0 "Tag_1"　%M0.5 "Clock_1Hz" N %M2.6 "Tag_7"　MOVE EN ENO　16#00 IN　OUT1 %QB2 "Tag_2"

程序段13：系统复位

%I0.1 "复位按钮SB1"　%Q0.0 "允许抢答指示灯HL0" (RESET_BF) 24

%M2.0 "Tag_1" (RESET_BF) 16

图 3-86　抢答器控制梯形图（续二）

6. 调试运行

将设备组态及图 3-86 所示梯形图编译后下载到 CPU 中，启动 CPU，将 CPU 切换至 RUN 模式下，然后按照图 3-84 进行 PLC 输入 / 输出接线，调试运行，观察运行结果。

（四）分析与思考

1）本任务控制程序中，违规抢答时，抢答队队号闪烁显示是如何实现的？

2）本任务控制程序中，抢答开始后 30s 无人抢答，要求 HL0 灯以 1s 周期闪烁。如果用两个定时器实现闪烁控制，程序应如何修改？

3）图 3-84 中，七段数码管采用的是哪一种接线方式？

四、任务考核

任务实施考核见表 3-34。

表 3-34　任务实施考核表

序号	考核内容	考核要求	评分标准	配分	得分
1	电路及程序设计	（1）能正确分配 I/O 地址，并绘制 I/O 接线图 （2）设备组态 （3）根据控制要求，正确编制梯形图	（1）I/O 地址分配错或少，每个扣 5 分 （2）I/O 接线图设计不全或有错，每处扣 5 分 （3）CPU 组态、数字量信号模块组态与现场设备型号不匹配，每项扣 10 分 （4）梯形图表达不正确或画法不规范，每处扣 5 分	40 分	
2	安装与连线	根据 I/O 接线图，正确连接电路	（1）连线每错一处，扣 5 分 （2）损坏元器件，每只扣 5~10 分 （3）损坏连接线，每根扣 5~10 分	20 分	
3	调试与运行	能熟练使用编程软件编制程序下载至 CPU，并按要求调试运行	（1）不能熟练使用编程软件进行梯形图的编辑、修改、转换、写入及监视，每项扣 2 分 （2）不能按照控制要求完成相应的功能，每项扣 5 分	20 分	
4	安全文明操作	确保人身和设备安全	违反安全文明操作规程，扣 10~20 分	20 分	
合计				100 分	

五、知识拓展

（一）定义跳转列表指令及应用

1. 定义跳转列表指令（JMP_LIST）

定义跳转列表指令可定义多个有条件跳转，根据 K 参数的值跳转到指定的程序段执行。

跳转标签则可以在指令框的输出指定。输出从“0”开始编号，新增输出以升序继续编号。可在指令框中增加输出的数量。S7-1200 系列 CPU 最多可以声明 32 个输出。指令的输出只能指定跳转标签，而不能指定指令或操作数。

K 参数指定输出编号，程序将从跳转标签处继续执行。如果 K 参数值大于可用的输出编号，则继续执行块中下个程序段中的程序。

仅在 EN 使能输入的信号状态为“1”时，才执行定义跳转列表指令。定义跳转列表指令说明见表 3-35。

表 3-35　定义跳转列表指令说明

LAD/FBD	参数	类型	数据类型	存储区	功能
JMP_LIST EN　DEST0 K　DEST1 DEST2	EN	Input	Bool	I、Q、M、D、L 或常量	使能输入
	K	Input	UInt	I、Q、M、D、L 或常量	指定输出的编号以及要执行的跳转
	DEST0	—	—	—	第一个跳转标签
	DEST1	—	—	—	第二个跳转标签
	DESTn	—	—	—	可选跳转标签（2 ≤ n ≤ 32）

2. 定义跳转列表指令应用

使用一按钮 SB 控制 4 盏指示灯（HL1~HL4），第 1 次按下按钮 SB 时，HL1 点亮，第二次按下按钮 SB 时，HL1、HL2 点亮，第三次按下按钮 SB 时，HL1~HL3 点亮，第四次按下按钮 SB 时，HL1~HL4 点亮，第五次按下按钮 SB 时，4 盏指示灯全部熄灭，然后再按下按钮 SB 时将重复上述过程。

（1）I/O 地址分配　根据控制要求确定 I/O 点数，4 盏指示灯控制 I/O 地址分配见表 3-36。

表 3-36　4 盏指示灯控制 I/O 地址分配表

输入			输出		
设备名称	符号	I 元件地址	设备名称	符号	Q 元件地址
起动按钮	SB	I0.0	指示灯 1	HL1	Q0.0
			指示灯 2	HL2	Q0.1
			指示灯 3	HL3	Q0.2
			指示灯 4	HL4	Q0.3

（2）创建工程项目　打开博途编程软件，在 Portal 视图中单击选择“创建新项目”选项，输入项目名称为“4 盏指示灯控制”，选择项目保存路径，然后单击“创建”按钮，创建项目完成，完成项目硬件组态，并启用系统存储器字节 MB1。

（3）编制梯形图　在项目树中，打开“程序块”文件夹中“Main［OB1］”选项，在程序编辑区根据控制要求编制梯形图，如图 3-87 所示。

（二）跳转分支指令及应用

1. 跳转分支指令（SWITCH）

使用跳转分支指令（SWITCH），可以根据一个或多个比较指令的结果定义执行的多个程序跳转。参数 K 指定要比较的值，将该值与各个输入提供的值进行比较。满足条件则跳转到对应的标签，不满足上述所有条件将跳转到 ELSE 指定的标签下，需要时可以增加条件判断的个数。

跳转分支指令（SWITCH）也与跳转标签（LABEL）配合使用，根据比较结果定义要执行的程序跳转。在指令框中为每个输入选择比较类型（= =、<>、> =、< =、>、<），该指令从第一个比较条件开始判断，直至满足比较条件为止。如果满足比较条件，则将不考虑后续比较条件，从该条件所对应输出端的标签执行。如果未满足任何指令的比较条件，将在输出 ELSE 处执行跳转，如果 ELSE 中未定义程序跳转，则程序从下一个程序段继续执行。可在指令框中增加条件输出的数量，输出从 DEST0 开始，新增输出后以升序继续编号。在指令

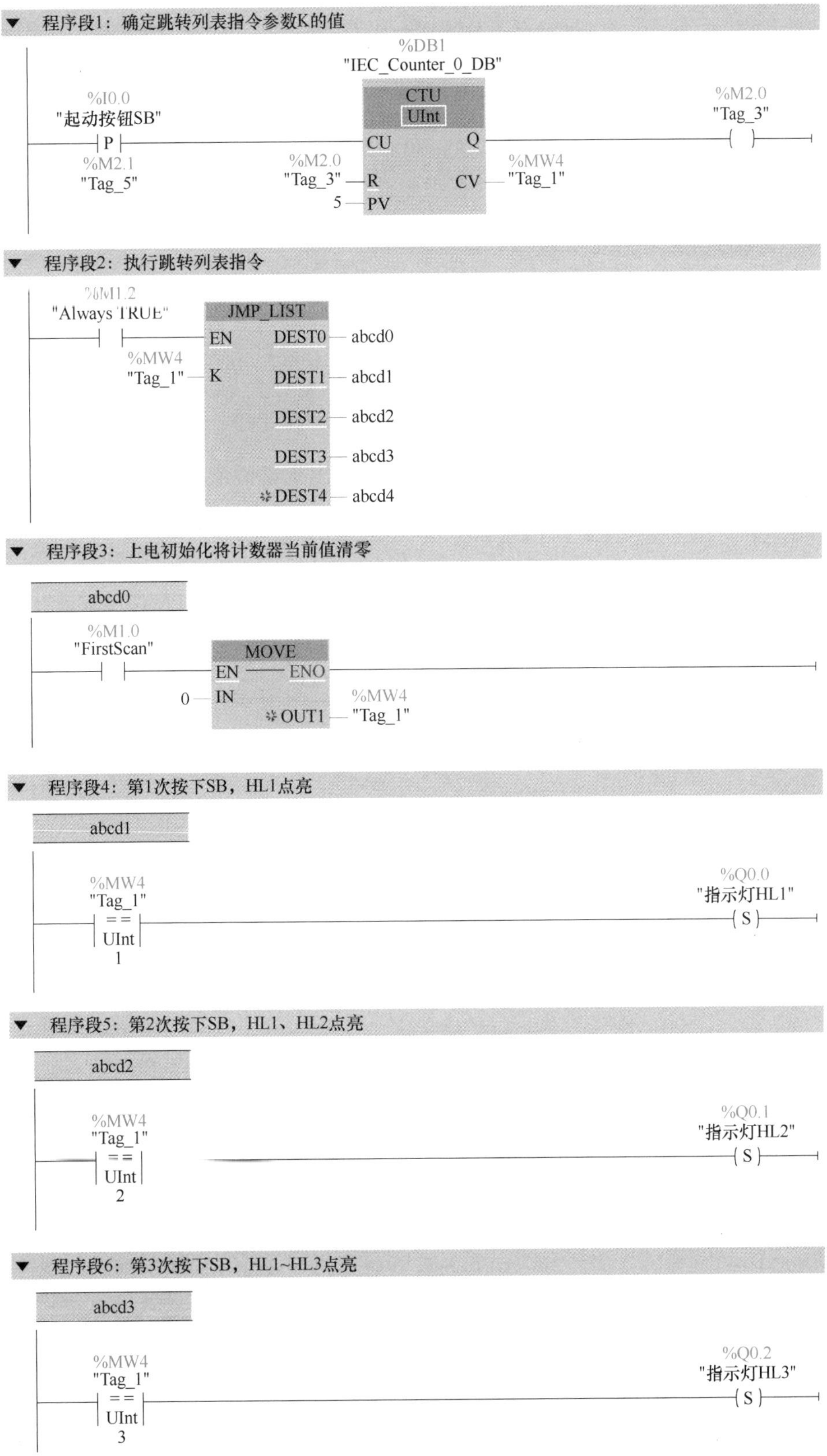

▼ 程序段1：确定跳转列表指令参数K的值

%DB1
"IEC_Counter_0_DB"
CTU
UInt
%I0.0
"起动按钮SB"
P
%M2.1
"Tag_5"
CU　Q
%M2.0
"Tag_3" — R　CV — %MW4 "Tag_1"
5 — PV
%M2.0
"Tag_3"
( )

▼ 程序段2：执行跳转列表指令

%M1.2
"Always TRUE"
JMP_LIST
EN　DEST0 — abcd0
%MW4
"Tag_1" — K　DEST1 — abcd1
DEST2 — abcd2
DEST3 — abcd3
DEST4 — abcd4

▼ 程序段3：上电初始化将计数器当前值清零

abcd0

%M1.0
"FirstScan"
MOVE
EN — ENO
0 — IN
OUT1 — %MW4 "Tag_1"

▼ 程序段4：第1次按下SB，HL1点亮

abcd1

%MW4
"Tag_1"
==
UInt
1
%Q0.0
"指示灯HL1"
(S)

▼ 程序段5：第2次按下SB，HL1、HL2点亮

abcd2

%MW4
"Tag_1"
==
UInt
2
%Q0.1
"指示灯HL2"
(S)

▼ 程序段6：第3次按下SB，HL1~HL3点亮

abcd3

%MW4
"Tag_1"
==
UInt
3
%Q0.2
"指示灯HL3"
(S)

图 3-87　4 盏指示灯控制的梯形图

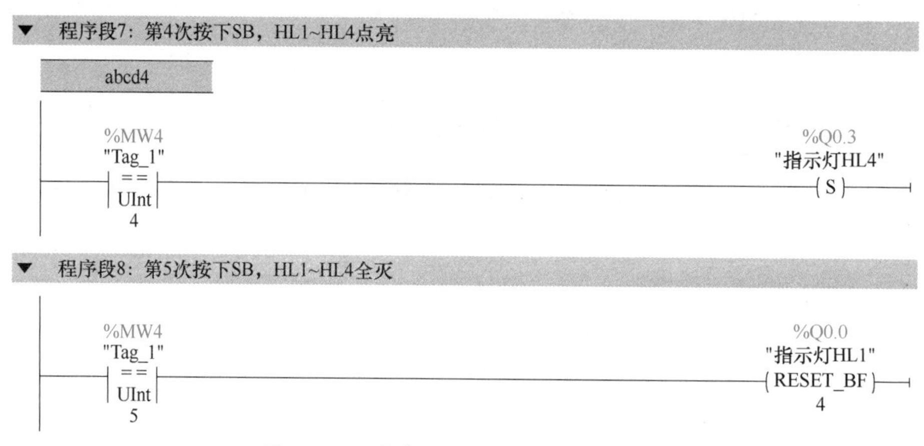

图 3-87　4 盏指示灯控制的梯形图（续）

的输出中指定跳转标签（LABEL）。不能在该指令的输出指定指令或操作数。

跳转分支指令说明见表 3-37。

表 3-37　跳转分支指令说明

LAD/FBD	参数	类型	数据类型	存储区	功能
SWITCH UInt EN　DEST0 K　DEST1 ==　DEST2 >　ELSE <	EN	Input	Bool	I、Q、M、D、L 或常量	使能输入
	K	Input	UInt	I、Q、M、D、L 或常量	指定输出的编号以及要执行的跳转
	比较值	Input	位字符串、整数、浮点数、Time、Date、Time_of_Day	I、Q、M、D、L 或常量	参数 K 的值要与其比较的输入值
	DEST0	—	—	—	第一个跳转标签
	DEST1	—	—	—	第二个跳转标签
	DESTn	—	—	—	可选跳转标签（$2 \leqslant n \leqslant 32$）
	ELSE	—	—	—	不满足任何比较条件时，执行的程序跳转

2. 跳转分支指令应用

使用按钮控制 3 盏指示灯按 20s 时间间隔顺序轮流点亮，按下起动按钮时第一盏灯 HL1 亮 20s 后，第二盏灯 HL2 亮 20s，然后第三盏灯亮 20s，并不断循环。按下停止按钮，3 盏灯立即熄灭。

（1）I/O 地址分配　根据控制要求确定 I/O 点数，3 盏指示灯轮流点亮控制 I/O 地址分配见表 3-38。

表 3-38　3 盏指示灯轮流点亮控制 I/O 地址分配表

输入			输出		
设备名称	符号	I 元件地址	设备名称	符号	Q 元件地址
起动按钮	SB1	I0.0	第一盏指示灯	HL1	Q0.0
停止按钮	SB2	I0.1	第二盏指示灯	HL2	Q0.1
			第三盏指示灯	HL3	Q0.2

（2）创建工程项目　打开博途编程软件，在 Portal 视图中单击选择“创建新项目”选项，输入项目名称为“3 盏指示灯轮流点亮控制”，选择项目保存路径，然后单击“创建”按钮，创建项目完成，并完成项目硬件组态。

（3）编制梯形图　在项目树中，打开“程序块”文件夹中“Main［OB1］”选项，在程序编辑区根据控制要求编制梯形图，如图 3-88 所示。

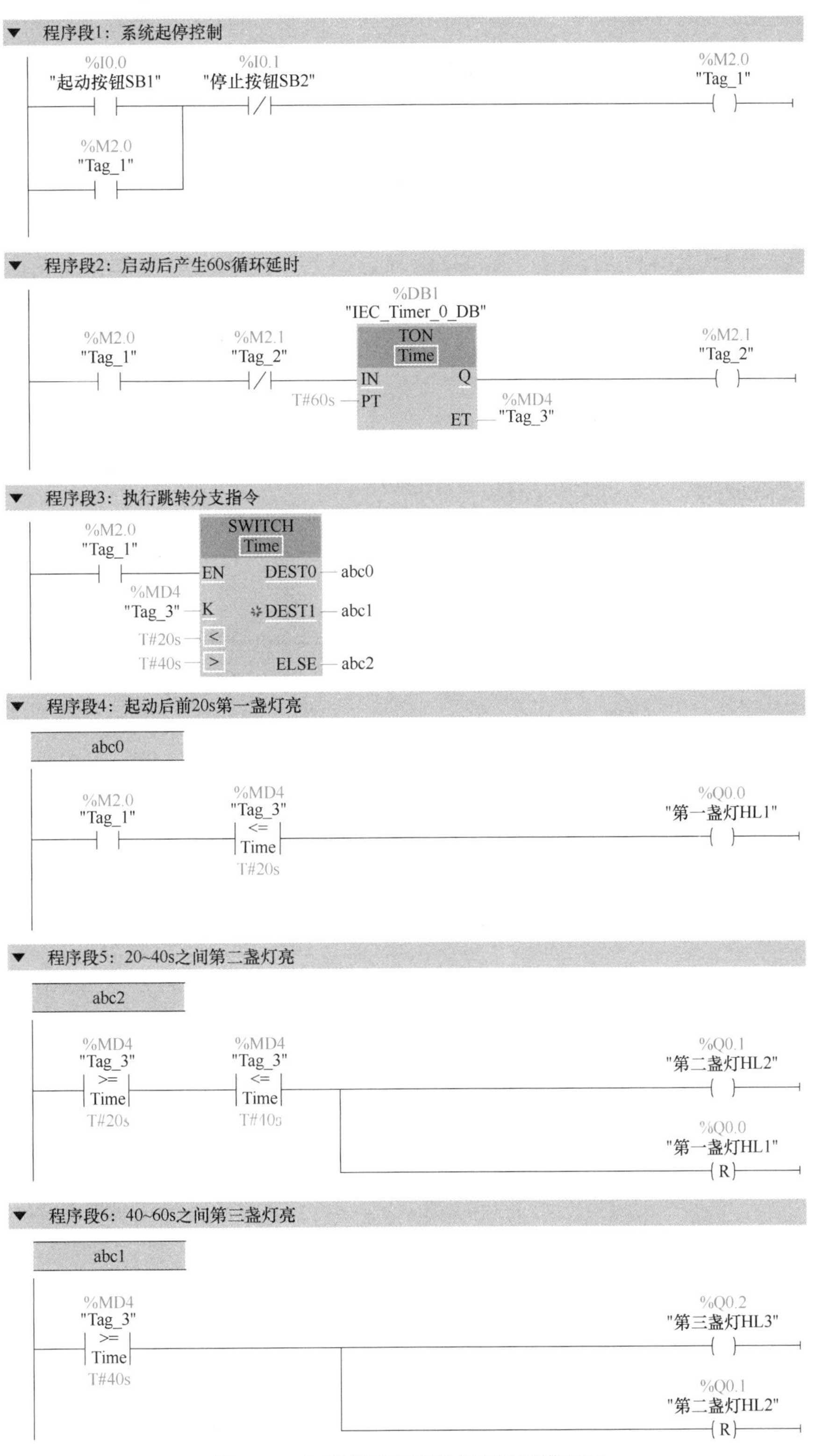

图 3-88　3 盏指示灯轮流点亮控制梯形图

六、任务总结

本任务主要介绍了跳转指令和跳转标签的功能、编程及应用。然后以抢答器的 PLC 控制为载体，运用博途编程软件围绕其设备组态、输入 / 输出接线、程序编制、项目下载及调试运行开展任务实施，达成会使用跳转指令和跳转标签编程及应用的目标。最后拓展了定义跳转列表指令和跳转分支指令的功能，并举例说明其具体的应用。

任务七 自动售货机的 PLC 控制

一、任务导入

自动售货机是能根据投入的钱币自动售货的机器。自动售货机是商业自动化的常用设备。它不受时间、地点的限制，能节省人力、方便交易。

本任务通过自动售货机的 PLC 控制为例，来介绍四则运算指令、转换值指令的功能及其编程与应用。

二、知识链接

（一）四则运算指令

四则运算指令包括加法（ADD）指令、减法（SUB）指令、乘法（MUL）指令、除法（DIV）指令，指令说明见表 3-39。操作数的数据类型可选 SInt、Int、Dint、USInt、UInt、UDInt、Real 和 LReal，输入参数 IN1 和 IN2 可以是常数。IN1、IN2 和 OUT 的数据类型应该相同。

表 3-39　四则运算指令说明

指令名称	LAD/FBD	数据类型		说明
加法指令	ADD Auto(???) EN — ENO <???>—IN1　OUT—<???> <???>—IN2 ✲	IN1、IN2	SInt、Int、DInt、USInt、UInt、UDInt、Real、LReal	OUT= IN1+IN2
		OUT	SInt、Int、DInt、USInt、UInt、UDInt、Real、LReal	
减法指令	SUB Auto(???) EN — ENO <???>—IN1　OUT—<???> <???>—IN2	IN1、IN2	SInt、Int、DInt、USInt、UInt、UDInt、Real、LReal	OUT= IN1−IN2
		OUT	SInt、Int、DInt、USInt、UInt、UDInt、Real、LReal	
乘法指令	MUL Auto(???) EN — ENO <???>—IN1　OUT—<???> <???>—IN2 ✲	IN1、IN2	SInt、Int、DInt、USInt、UInt、UDInt、Real、LReal	OUT=IN1 × IN2
		OUT	SInt、Int、DInt、USInt、UInt、UDInt、Real、LReal	

（续）

指令名称	LAD/FBD	数据类型		说明
除法指令	DIV Auto(???) EN ENO <???> IN1 OUT <???> <???> IN2	IN1、IN2	SInt、Int、DInt、USInt、UInt、UDInt、Real、LReal	OUT= IN1/IN2
		OUT	SInt、Int、DInt、USInt、UInt、UDInt、Real、LReal	

单击加法指令或乘法指令方框中输入参数 IN2 后面带有 的符号可以增加输入参数的个数，也可以用鼠标右键单击这两个指令方框中输入参数 IN2 前面的短横线，这时短横线将变粗，在弹出的快捷菜单中选择“输入”命令，同样可以增加一个输入变量。如果要删除某一输入变量，首先选中输入变量（如 IN3）或输入变量前的短横线，这时短横线将变粗，然后按下计算机键盘上的〈Delete〉键（或用鼠标右键单击选择快捷菜单中的“删除”命令），则将删除该输入变量。

例 3-5 试编制程序实现［(10+15+55)×12−47］÷32.6 的运算结果，并保存在 MD12 中。

根据要求编写的运算程序如图 3-89 所示。

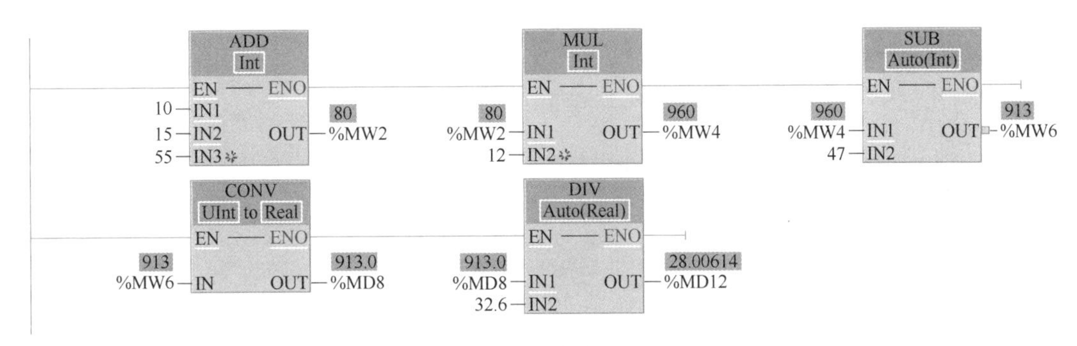

图 3-89 四则运算指令应用示例

在编写运算程序时，将 ADD、MUL 指令拖放到编辑区程序段后，单击指令方框名称下面的问号，再单击出现的 图标，用下拉列表框设置操作数的数据类型，或采用“Auto”类型。输入变量后，自动出现指令运算数据类型，如图 3-89 中的 SUB 指令。

该例编程需要注意的是，前面加、乘、减运算的结果是整数，最后执行除法运算时，除数 32.6 为浮点数，因此，在最后进行除法运算前，需要将保存在 MW6 中的整数转换成浮点数才能进行除法运算。

例 3-6 用乘法、除法指令实现 8 盏指示灯的移位点亮循环。有一组灯共 8 盏（HL1~HL8），接于 Q0.0~Q0.7，要求：按下起动按钮时，灯先正序（HL1→HL2→…→HL8）每隔 1s 单个移位，当第 8 盏灯亮 1s 后，然后灯又反序（HL8→HL7→…→HL1）每隔 1s 单个移位并不断循环；当按下停止按钮时，立即停止。

根据要求编制梯形图如图 3-90 所示。

（二）转换值指令

转换值（CONVERT）指令是将数据从一种数据类型转换为另一种数据类型，如图 3-91 所示，使用时单击该指令方框输入端前面及输出端后面的“<???>”位置，可以从下拉式列表中选择输入和输出的数据类型。

参数 IN 和 OUT 的数据类型可以是 SInt、USInt、Int、UInt、Dint、UDInt、Real、LReal、Char、WChar、DWord、Bcd16、Bcd32。

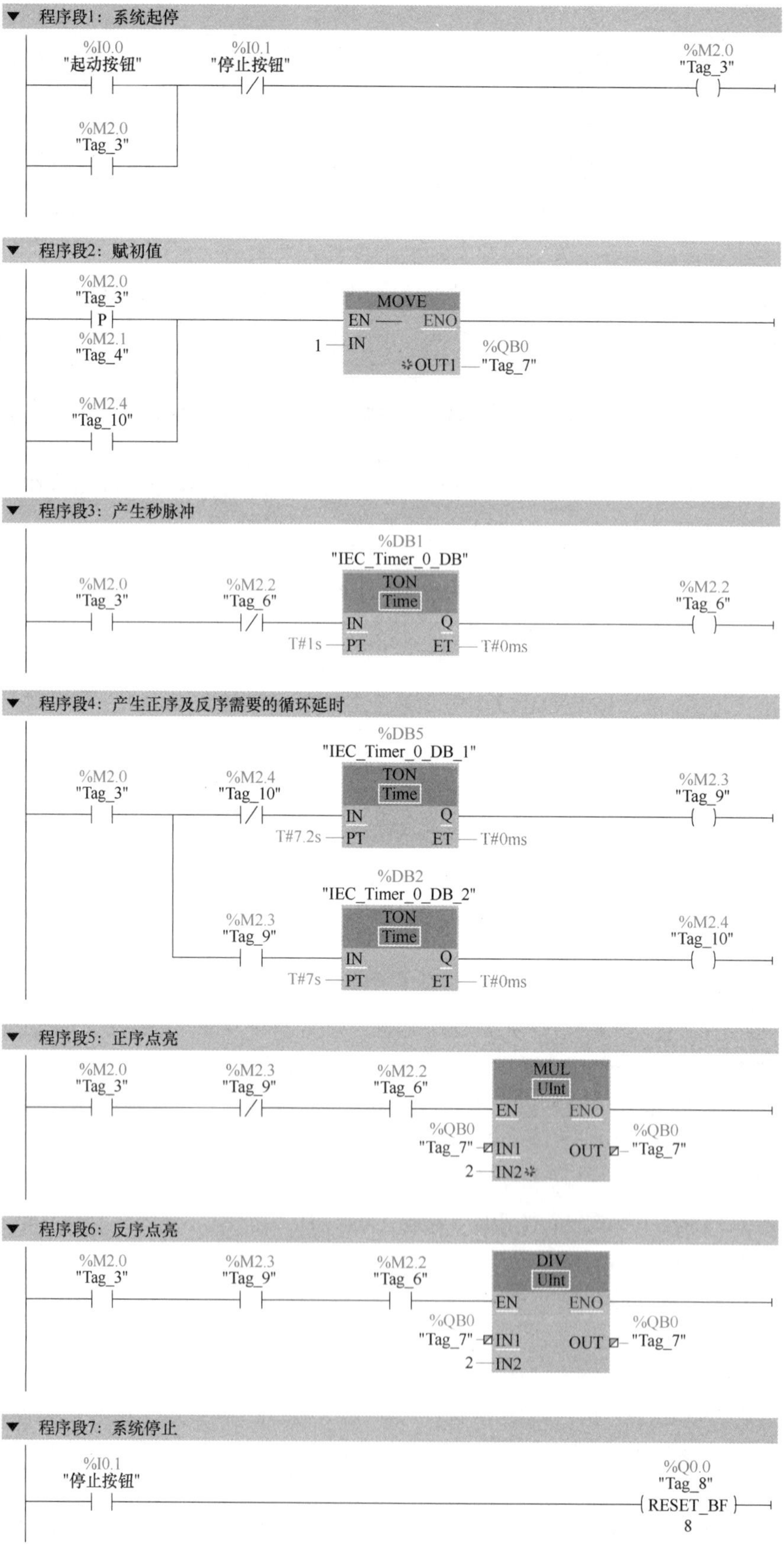

▼ 程序段1：系统起停

%I0.0 "起动按钮"　%I0.1 "停止按钮"　%M2.0 "Tag_3"

%M2.0 "Tag_3"

▼ 程序段2：赋初值

%M2.0 "Tag_3" P

%M2.1 "Tag_4"

MOVE EN ENO 1 IN OUT1 %QB0 "Tag_7"

%M2.4 "Tag_10"

▼ 程序段3：产生秒脉冲

%DB1 "IEC_Timer_0_DB"

%M2.0 "Tag_3"　%M2.2 "Tag_6"　TON Time IN Q T#1s PT ET T#0ms　%M2.2 "Tag_6"

▼ 程序段4：产生正序及反序需要的循环延时

%DB5 "IEC_Timer_0_DB_1"

%M2.0 "Tag_3"　%M2.4 "Tag_10"　TON Time IN Q T#7.2s PT ET T#0ms　%M2.3 "Tag_9"

%DB2 "IEC_Timer_0_DB_2"

%M2.3 "Tag_9"　TON Time IN Q T#7s PT ET T#0ms　%M2.4 "Tag_10"

▼ 程序段5：正序点亮

%M2.0 "Tag_3"　%M2.3 "Tag_9"　%M2.2 "Tag_6"　MUL UInt EN ENO

%QB0 "Tag_7" IN1 OUT %QB0 "Tag_7"

2 IN2

▼ 程序段6：反序点亮

%M2.0 "Tag_3"　%M2.3 "Tag_9"　%M2.2 "Tag_6"　DIV UInt EN ENO

%QB0 "Tag_7" IN1 OUT %QB0 "Tag_7"

2 IN2

▼ 程序段7：系统停止

%I0.1 "停止按钮"　%Q0.0 "Tag_8" RESET_BF 8

图 3-90　乘法、除法指令应用示例

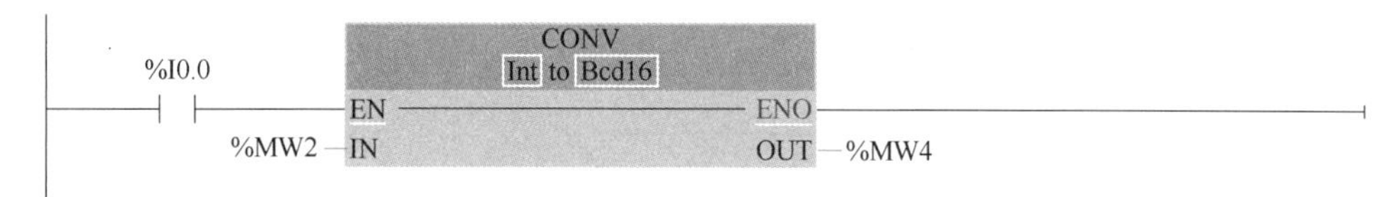

图 3-91　转换值指令

在图 3-91 中，当输入端 EN 有能流流入时，CONV 指令将 MW2 由整数转换为 Bcd16，存于 MW4 中。数据类型 Bcd16 只能转换为 Int，Bcd32 只能转换为 DInt。

三、任务实施

（一）任务目标

1）熟练掌握加法、减法指令及转换值指令的编程及应用。

2）会绘制自动售货机控制的 I/O 接线图，并能根据接线图完成 PLC 的 I/O 接线。

3）根据控制要求编写梯形图。

4）熟练掌握使用博途编程软件进行设备组态、编制自动售货机控制梯形图，并下载至 CPU 进行调试运行。

（二）设备与器材

本任务所需设备与器材，见表 3-40。

表 3-40　所需设备与器材

序号	名称	符号	型号规格	数量	备注
1	常用电工工具		十字螺钉旋具、一字螺钉旋具、尖嘴钳、剥线钳等	1 套	表中所列设备与器材的型号规格仅供参考
2	计算机（安装博途编程软件）			1 台	
3	西门子 S7-1200 PLC	CPU	CPU 1214C AC/DC/Rly，订货号：6ES7 214-1AG40-0XB0	1 台	
4	数字量输入 / 输出模块	SM 1223	DI 8/DQ 8 × DC 24V，订货号：6ES7 223-1BH32-0XB0	1 块	
5	自动售货机模拟控制面板			1 块	
6	以太网通信电缆			1 根	
7	连接导线			若干	

（三）内容与步骤

1. 任务要求

自动售货机模拟控制面板示意如图 3-92 所示。图 3-92 中 M1、M2、M3 三个投币按钮表示投入自动售货机的人民币面值，币值采用 LED 七段数码码显示（例如：按下 M1 则显示 1）。自动售货机里有可乐（10 元 / 瓶）和咖啡（15 元 / 瓶）两种饮料，当币值显示大于或等于这两种饮料的价格时，C 或 D 发光二极管会点亮，表明可以购买饮料；当按下可乐按钮 KL 或咖啡按钮 CF 时，表明购买饮料，此时与之对应的 A 或 B 发光二极管闪亮，表示已经购买了可乐或咖啡，同时出口延时 3s，E 或 F 发光二极管点亮，表明饮料已从售货机取出；按下 ZL 按钮表示找零，此时币值显示清零，找零指示 G 发光二极管点亮，表明退币，1s 后系统复位。

2. I/O 地址分配与接线图

根据控制要求确定 I/O 点数，自动售货机控制 I/O 地址分配见表 3-41。

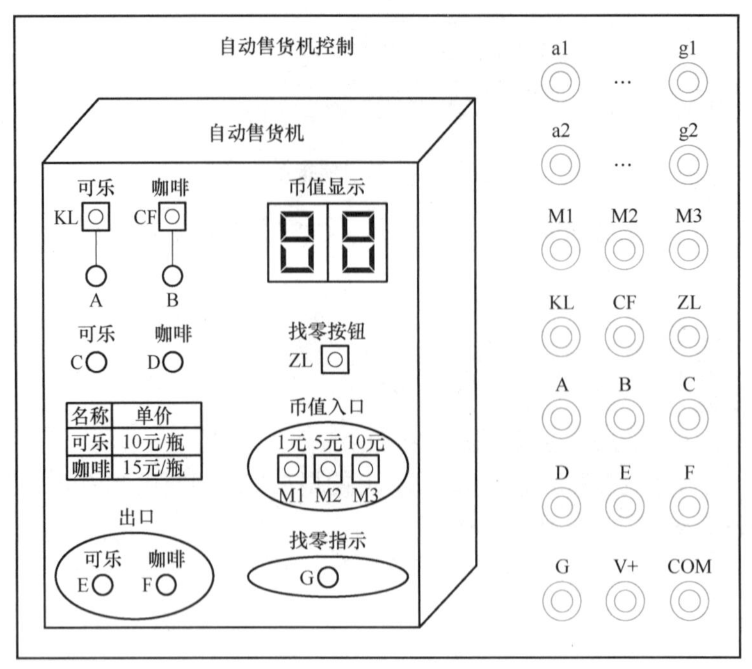

图 3-92　自动售货机模拟控制面板

表 3-41　自动售货机控制 I/O 地址分配表

输入			输出		
设备名称	符号	I 元件地址	设备名称	符号	Q 元件地址
1 元投币按钮	M1	I0.0	可乐指示	C	Q0.0
5 元投币按钮	M2	I0.1	咖啡指示	D	Q0.1
10 元投币按钮	M3	I0.2	购买到可乐	A	Q0.2
可乐选择按钮	KL	I0.3	购买到咖啡	B	Q0.3
咖啡选择按钮	CF	I0.4	可乐出口	E	Q0.4
找零按钮	ZL	I0.5	咖啡出口	F	Q0.5
			找零指示	G	Q0.6
			显示余额个位	A1~D1	Q2.0~Q2.3
			显示余额十位	A2~D2	Q2.4~Q2.7

根据 I/O 地址分配表绘制自动售货机控制 I/O 接线图，如图 3-93 所示。

在图 3-92 中，币值显示采用两位 LED 七段显示器实现的，为了节省 PLC 输出点数，这里分别用 4 点 PLC 输出点给译码驱动芯片 4547 提供输入信号。

3. 创建工程项目

打开博途编程软件，在 Portal 视图中单击选择“创建新项目”选项，输入项目名称为“3RW_7”，选择项目保存路径，然后单击“创建”按钮，创建项目完成，进行项目硬件组态。组态 CPU 模块，并在 CPU 模块的右侧组态一数字量信号模块 SM 1223 DI 8/DQ 8 × DC 24V（订货号：6ES7 223-1BH32-0XB0）。启动系统时钟存储器字节 MB0。

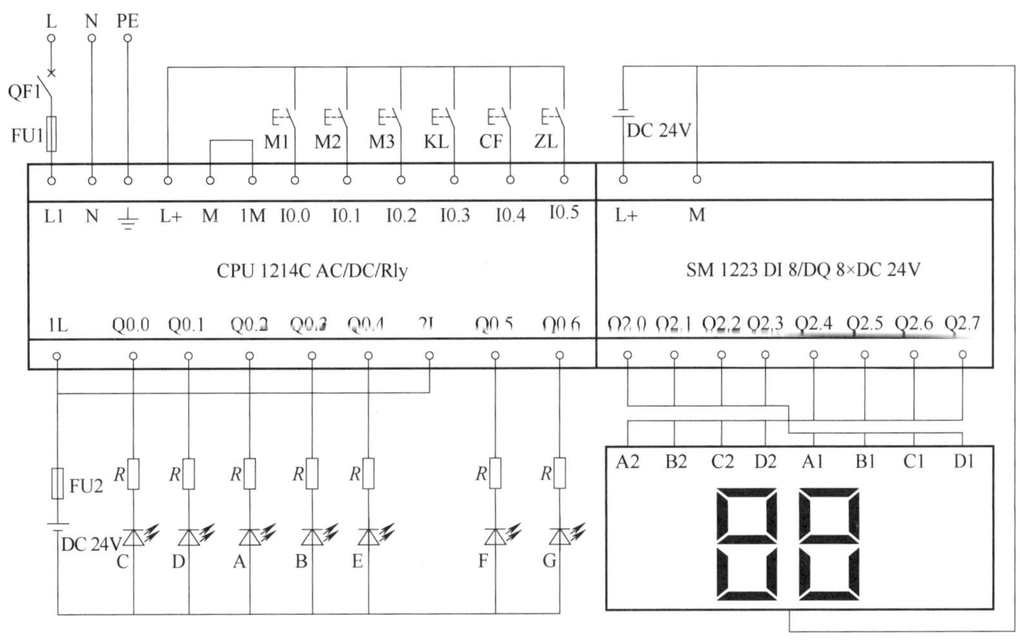

图 3-93 自动售货机控制 I/O 接线图

4. 编辑变量表

在项目树中，打开“PLC 变量”文件夹，双击“添加新变量表”选项，生成“变量表_1 [0]”，在该变量表中根据 I/O 地址分配表编辑自动售货机控制变量表如图 3-94 所示。

3RW_7 ▸ PLC_1 [CPU 1214C AC/DC/Rly] ▸ PLC 变量 ▸ 变量表_1 [21]

变量 用户常量

变量表_1

	名称	数据类型	地址	保持	从 H...	从 H...	在 H...	注释
1	1元投币按钮M1	Bool	%I0.0	☐	☑	☑	☑	
2	5元投币按钮M2	Bool	%I0.1	☐	☑	☑	☑	
3	10元投币按钮M3	Bool	%I0.2	☐	☑	☑	☑	
4	可乐选择按钮KL	Bool	%I0.3	☐	☑	☑	☑	
5	咖啡选择按钮CF	Bool	%I0.4	☐	☑	☑	☑	
6	找零按钮ZL	Bool	%I0.5	☐	☑	☑	☑	
7	可乐指示C	Bool	%Q0.0	☐	☑	☑	☑	
8	咖啡指示D	Bool	%Q0.1	☐	☑	☑	☑	
9	购买到可乐A	Bool	%Q0.2	☐	☑	☑	☑	
10	购买到咖啡B	Bool	%Q0.3	☐	☑	☑	☑	
11	可乐出口E	Bool	%Q0.4	☐	☑	☑	☑	
12	咖啡出口F	Bool	%Q0.5	☐	☑	☑	☑	
13	找零指示G	Bool	%Q0.6	☐	☑	☑	☑	
14	个位数码管A1	Bool	%Q2.0	☐	☑	☑	☑	
15	十位数码管A2	Bool	%Q2.4	☐	☑	☑	☑	
16	个位数码管B1	Bool	%Q2.1	☐	☑	☑	☑	
17	个位数码管C1	Bool	%Q2.2	☐	☑	☑	☑	
18	个位数码管D1	Bool	%Q2.3	☐	☑	☑	☑	
19	十位数码管B2	Bool	%Q2.5	☐	☑	☑	☑	
20	十位数码管C2	Bool	%Q2.6	☐	☑	☑	☑	
21	十位数码管D2	Bool	%Q2.7	☐	☑	☑	☑	

图 3-94 自动售货机变量表

5. 编制程序

在项目树中，打开“程序块”文件夹中“Main [OB1]”选项，在程序编辑区根据控制要求编制梯形图，如图 3-95 所示。

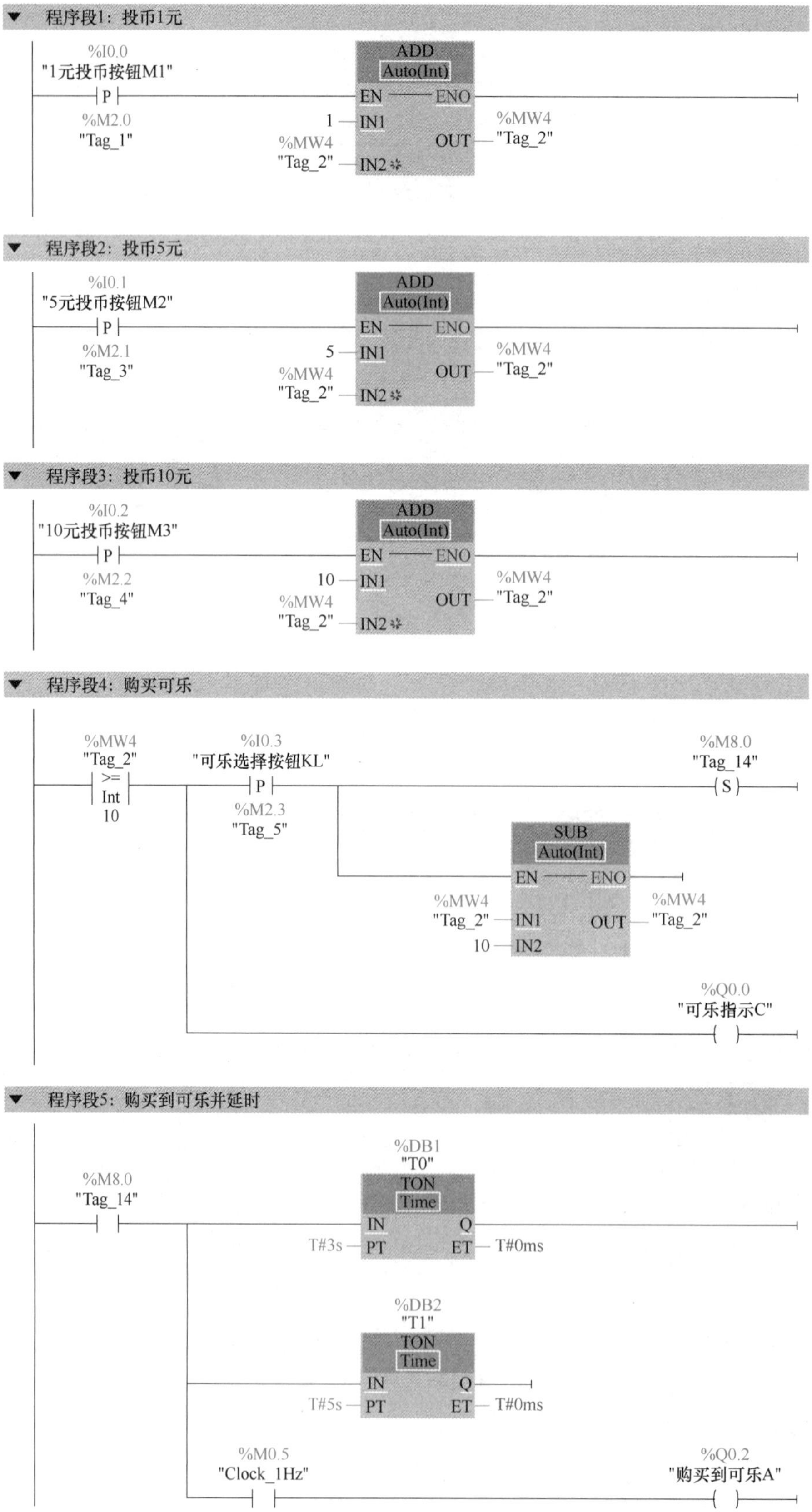

▼ 程序段1：投币1元

%I0.0
"1元投币按钮M1"
P
%M2.0
"Tag_1"
ADD
Auto(Int)
EN ENO
1 IN1
%MW4 "Tag_2" IN2
OUT %MW4 "Tag_2"

▼ 程序段2：投币5元

%I0.1
"5元投币按钮M2"
P
%M2.1
"Tag_3"
ADD
Auto(Int)
EN ENO
5 IN1
%MW4 "Tag_2" IN2
OUT %MW4 "Tag_2"

▼ 程序段3：投币10元

%I0.2
"10元投币按钮M3"
P
%M2.2
"Tag_4"
ADD
Auto(Int)
EN ENO
10 IN1
%MW4 "Tag_2" IN2
OUT %MW4 "Tag_2"

▼ 程序段4：购买可乐

%MW4
"Tag_2"
>=
Int
10
%I0.3
"可乐选择按钮KL"
P
%M2.3
"Tag_5"
%M8.0
"Tag_14"
S
SUB
Auto(Int)
EN ENO
%MW4 "Tag_2" IN1
10 IN2
OUT %MW4 "Tag_2"
%Q0.0
"可乐指示C"

▼ 程序段5：购买到可乐并延时

%M8.0
"Tag_14"
%DB1
"T0"
TON
Time
IN Q
T#3s PT
ET T#0ms
%DB2
"T1"
TON
Time
IN Q
T#5s PT
ET T#0ms
%M0.5
"Clock_1Hz"
%Q0.2
"购买到可乐A"

图 3-95 自动售货机控制梯形图

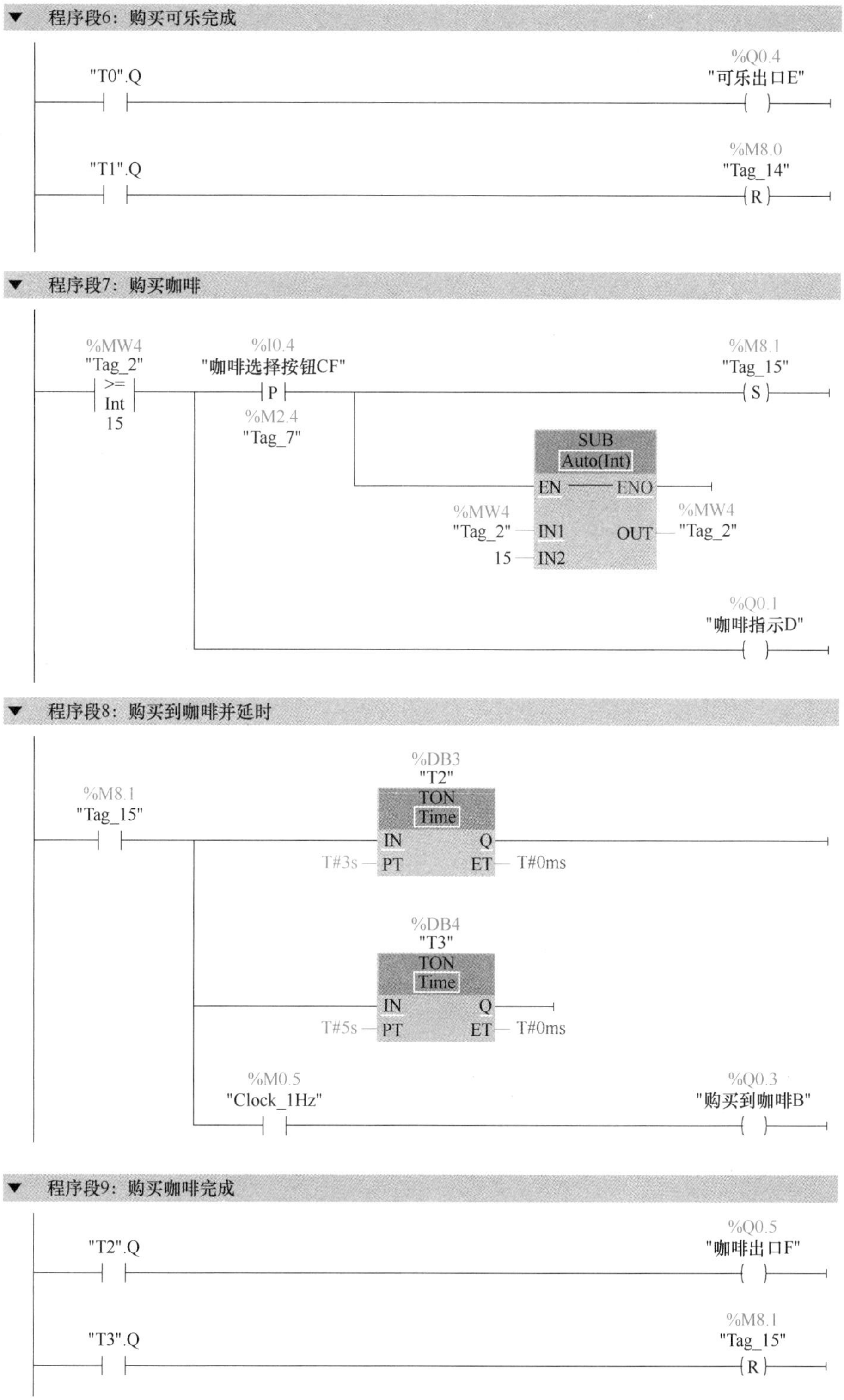

▼ 程序段6：购买可乐完成

"T0".Q —| |— %Q0.4 "可乐出口E" —( )—

"T1".Q —| |— %M8.0 "Tag_14" —(R)—

▼ 程序段7：购买咖啡

%MW4 "Tag_2" >= Int 15 — %I0.4 "咖啡选择按钮CF" —|P|— %M2.4 "Tag_7" — %M8.1 "Tag_15" —(S)—

SUB Auto(Int): EN — ENO; %MW4 "Tag_2" — IN1; 15 — IN2; OUT — %MW4 "Tag_2"

%Q0.1 "咖啡指示D" —( )—

▼ 程序段8：购买到咖啡并延时

%M8.1 "Tag_15" —| |—

%DB3 "T2" TON Time: IN; T#3s — PT; Q; ET — T#0ms

%DB4 "T3" TON Time: IN; T#5s — PT; Q; ET — T#0ms

%M0.5 "Clock_1Hz" —| |— %Q0.3 "购买到咖啡B" —( )—

▼ 程序段9：购买咖啡完成

"T2".Q —| |— %Q0.5 "咖啡出口F" —( )—

"T3".Q —| |— %M8.1 "Tag_15" —(R)—

图 3-95　自动售货机控制梯形图（续一）

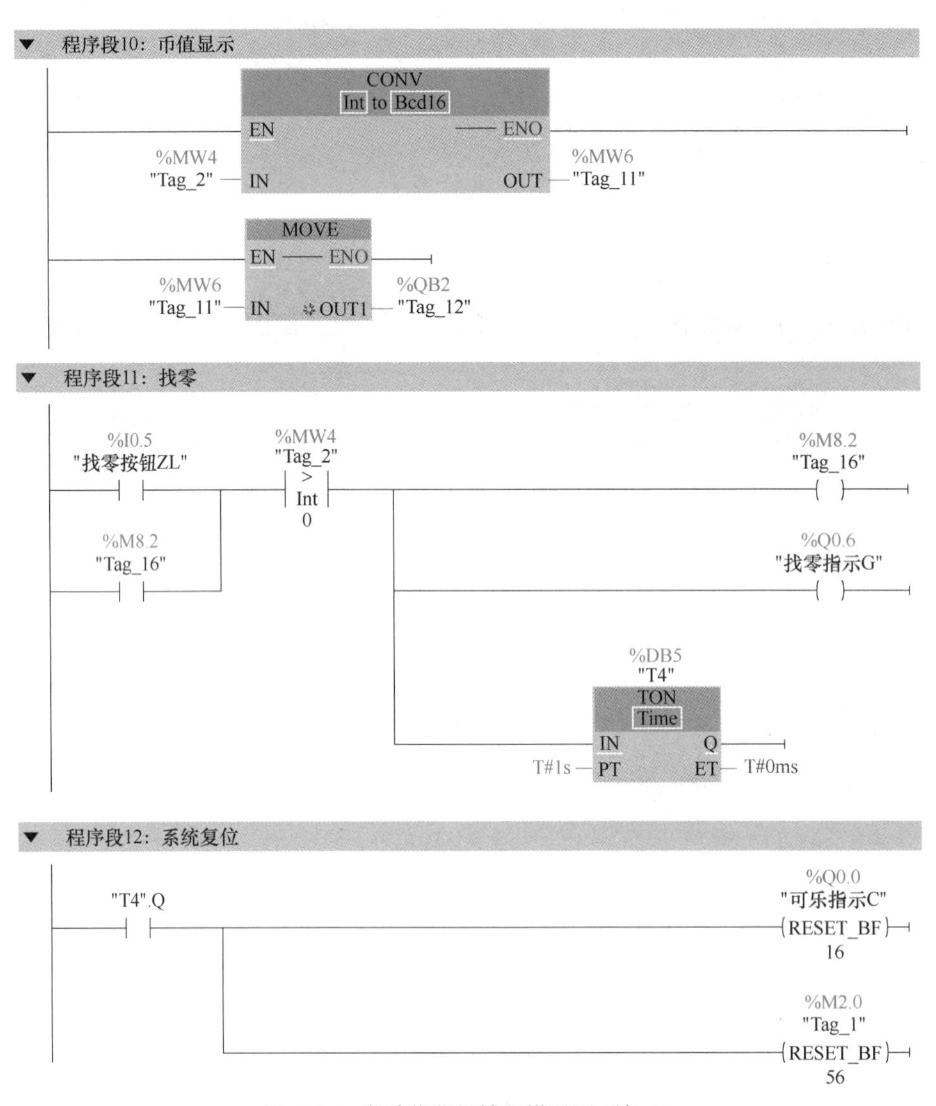

图 3-95　自动售货机控制梯形图（续二）

6. 调试运行

将设备组态及图 3-95 所示梯形图编译后下载到 CPU 中，启动 CPU，将 CPU 切换至 RUN 模式下，然后按照图 3-93 进行 PLC 输入 / 输出接线，调试运行，观察运行结果。

（四）分析与思考

1）在图 3-95 梯形图中，投币按钮、购买可乐及购买咖啡按钮对应的输入信号为什么均使用扫描操作数的信号上升沿指令？如果不使用此指令，还可以如何表示？

2）在图 3-95 梯形图中，币值显示是通过什么指令实现的，显示十位、个位是如何实现的？

四、任务考核

任务实施考核见表 3-42。

表 3-42　任务实施考核表

序号	考核内容	考核要求	评分标准	配分	得分
1	电路及程序设计	（1）能正确分配 I/O 地址，并绘制 I/O 接线图 （2）设备组态 （3）根据控制要求，正确编制梯形图	（1）I/O 地址分配错或少，每个扣 5 分 （2）I/O 接线图设计不全或有错，每处扣 5 分 （3）CPU 组态、数字量信号模块组态与现场设备型号不匹配，每项扣 10 分 （4）梯形图表达不正确或画法不规范，每处扣 5 分	40 分	
2	安装与连线	根据 I/O 接线图，正确连接电路	（1）连线每错一处，扣 5 分 （2）损坏元器件，每只扣 5~10 分 （3）损坏连接线，每根扣 5~10 分	20 分	
3	调试与运行	能熟练使用编程软件编制程序下载至 CPU，并按要求调试运行	（1）不能熟练使用编程软件进行梯形图的编辑、修改、转换、写入及监视，每项扣 2 分 （2）不能按照控制要求完成相应的功能，每项扣 5 分	20 分	
4	安全文明操作	确保人身和设备安全	违反安全文明操作规程，扣 10~20 分	20 分	
合计				100 分	

五、知识拓展

（一）递增（INC）与递减（DEC）指令

递增指令是将参数 IN/OUT 中操作数的值加 1 后，保存于原操作数中。递减指令是将参数 IN/OUT 中操作数的值减 1 后，保存于原操作数中。只有当使能输入端 EN 的信号状态为“1”时，才执行递增和递减指令。如果在执行期间未发生溢出错误，则使能输出端 ENO 的信号状态也为“1”。IN/OUT 的数据类型可选 SInt、Int、DInt、USInt、UInt、UDInt。INC、DEC 指令，只适用于整数，对于浮点数无效。

INC、DEC 指令的使用如图 3-96 所示。

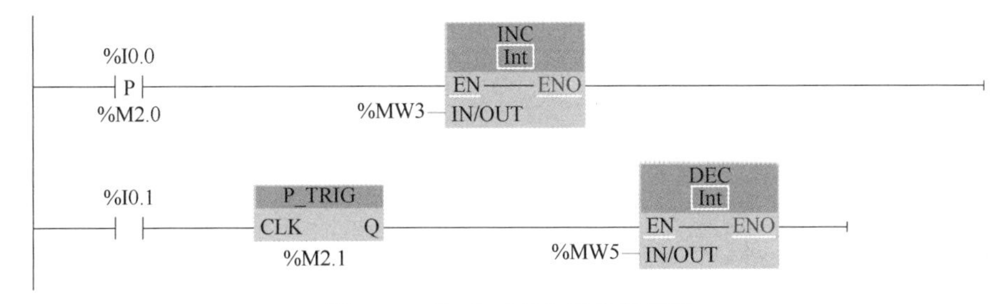

图 3-96　INC、DEC 指令的使用

在图 3-96 中，当 I0.0 为 1 时，自动将 MW3 中的值加 1，保存于 MW3 中。当 I0.1 为 1 时，自动将 MW5 中的值减 1，保存于 MW5 中。这里需要说明的是，递增指令的 I0.0 使用上升沿触点信号，递减指令驱动信号 I0.1 在其常开触点后加了一扫描 RLO 信号的上升沿，这样保证了两条指令在执行中驱动信号闭合一次，IN/OUT 中操作数的值加 1 和减 1。一般情况下，使用这两条指令时，驱动信号均使用脉冲信号。

（二）递增（INC）与递减（DEC）指令的应用

某小区地下车库有停车位 150 个，采用黄、绿、红三种颜色的指示灯表示车位的状况，车库进、出门上分别安装了用于检测进、出车库车辆数的传感器。系统运行时，若空车位大于 20 个，绿灯亮；空车位为 1~20 个，黄灯亮；无空车位时，红灯亮。

1. I/O 地址分配

根据控制要求确定 I/O 点数，地下车库停车位控制 I/O 地址分配见表 3-43。

表 3-43 地下车库停车位控制 I/O 地址分配表

输入			输出		
设备名称	符号	I 元件地址	设备名称	符号	Q 元件地址
起动按钮	SB1	I0.0	绿灯	HL1	Q0.0
停止按钮	SB2	I0.1	黄灯	HL2	Q0.1
进车库检测	SC1	I0.2	红灯	HL3	Q0.2
出车库检测	SC2	I0.3			

2. 创建工程项目

打开博途编程软件，在 Portal 视图中单击选择“创建新项目”选项，输入项目名称为“地下车库停车位控制”，选择项目保存路径，然后单击“创建”按钮，创建项目完成，并完成项目硬件组态。

3. 编制梯形图

在项目树中，打开“程序块”文件夹中“Main［OB1］”选项，在程序编辑区根据控制要求编制梯形图，如图 3-97 所示。

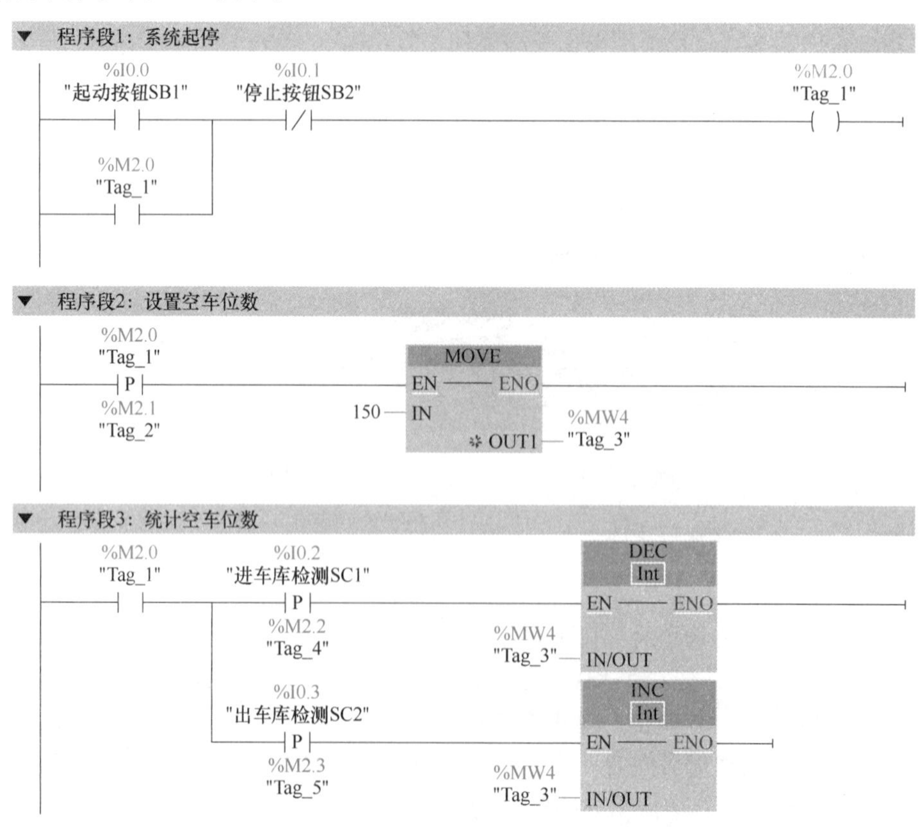

图 3-97 地下车库停车位控制梯形图

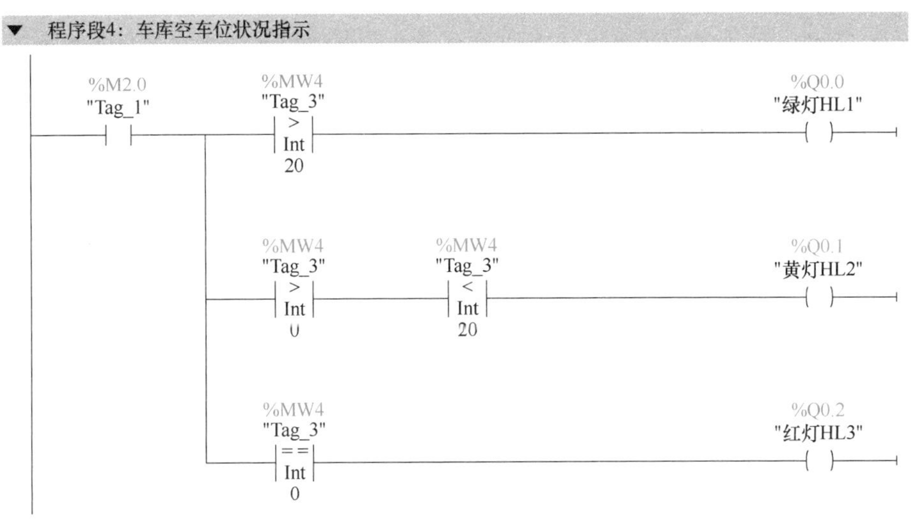

图 3-97　地下车库停车位控制梯形图（续）

六、任务总结

本任务主要介绍了加法、减法、乘法、除法运算指令及转换值指令的功能、编程及应用。然后以自动售货机的 PLC 控制为载体，运用博途编程软件围绕其设备组态、输入 / 输出接线、程序编制、项目下载及调试运行开展任务实施，达成会使用四则运算指令和转换值指令编程及应用的目标。最后拓展了递增指令和递减指令的功能，并举例说明其具体的应用。

梳理与总结

本项目通过三相异步电动机单向运行的 PLC 控制、三相异步电动机正反转循环运行的PLC控制、三相异步电动机Y-△减压起停单按钮实现的PLC控制、流水灯的PLC控制、8 站小车呼叫的 PLC 控制、抢答器的 PLC 控制、自动售货机的 PLC 控制 7 个任务的组织与实施，来介绍 S7-1200 PLC 基本指令的编程。

1）西门子 S7-1200 PLC 的编程元件有 I、Q、M。其地址采用字节 + 位的形式编址，且位地址按八进制编制。S7-1200 PLC 编程元件可以按位、字节、字和双字进行寻址。各元件的功能和应用应熟练掌握。

2）本项目介绍的西门子 S7-1200 PLC 的基本指令包括：

① 位逻辑指令。触点指令：常开触点、常闭触点、取反 RLO 触点；线圈指令：线圈输出、取反线圈输出；置位指令：置位输出、置位位域、置位优先（RS）触发器；复位指令：复位输出、复位位域、复位优先（SR）触发器；上升沿指令：上升沿检测触点（P 触点）、上升沿检测线圈（P 线圈）、扫描 RLO 的信号上升沿、检测信号上升沿；下升沿指令：下降沿检测触点（N 触点）、下降沿检测线圈（N 线圈）、扫描 RLO 的信号下降沿、检测信号下降沿。

② 定时器指令。S7-1200 PLC 有四种 IEC 定时器：脉冲定时器（TP）、接通延时定时器（TON）、关断延时定时器（TOF）、保持型接通延时定时器（TONR）。

在使用接通延时定时器编程过程中，如果要实现对其重新或循环延时，要注意对定时器的复位，即对定时器当前值清零。接通延时定时器延时信号断开后重新接通即可，保持型接通延时定时器则需通过复位端复位信号接通，将其复位后，复位信号断开，延时信号重新接通才行。

③ 计数器指令。S7-1200 PLC 有三种 IEC 计数器：加计数器（CTU）、减计数器（CTD）和加减计数器（CTUD）。它们属于软件计数器，其最大计数频率受到 OB1 的扫描周期的限制。如果需要频率更高的计数器，可以使用 CPU 内置的高速计数器。

在使用加计数器编程过程中，正常计数器时，其复位 R 端信号应断开，若要实现加计数器重新计数或循环计数，一定要注意把复位 R 端信号接通，将加计数器复位。

④ 比较值指令。本项目介绍的比较值指令有：等于（CMP==）、不等于（CMP<>）、大于或等于（CMP>=）、小于或等于（CMP<=）、大于（CMP>）、小于（CMP<）、范围内值（IN_RANGE）及范围外值（OUT_RANGE）。

⑤ 数学函数。本项目介绍的数学函数指令有：加法（ADD）、减法（SUB）、乘法（MUL）、除法（DIV）、递增（INC）、递减（DEC）。

⑥ 程序控制指令。本项目介绍的程序控制指令有：跳转指令（JMP）、反跳转指令（JMPN）、跳转标签（LABEL）、返回指令（RET）、定义跳转列表指令（JMP_LIST）、跳转分支指令（SWITCH）。

⑦ 移位和循环。本项目介绍的有右移指令（SHR）、左移指令（SHL）、循环右移指令（ROR）、循环左移指令（ROL）。

另外，本项目还介绍了移动操作指令中的移动值指令（MOVE）和转换值指令（CONVERT），更多的基本指令相关知识请参考西门子 S7-1200 可编程控制器系统手册。

复习与提高

一、填空题

1. 装载存储器用于非易失性地的存储__________、__________。项目被下载到 CPU 后，首先存储在__________中。

2. 对于 S7-1200 PLC，过程映像输入和过程映像输出均可以按______、______、______或______四种方式来存取。

3. RLO 是__________________的简称。

4. 对于 S7-1200 PLC 每一位 BCD 码用______位二进制数表示，其取值范围为 2#______~2#______。

5. 对于 S7-1200 PLC，在使用博途编程时，用户定义的变量表中只包含______、______变量。

6. S7-1200 PLC 在执行梯形图过程中，当 CPU 数字量端子对应的某一外部输入信号接通时，对应的过程映像输入为______、梯形图中对应的常开触点______，常闭触点______。

7. 二进制数 2#0010 0011 1001 1000 对应的十六进制数是 16#__________，对应的十进制数是__________，绝对值与之相等的负数的补码是 2#__________。

8. Q2.5 是过程映像输出字节______的第______位。

9. MW6 由______和______组成，其中______是它的低位字节。

10. MD10 由______、______组成，其中______是它的高位字节。

11. 在 I/O 点的地址或符号地址的后面附加______，可以立即访问外设输入或外设输出。

12. 常开触点的 LAD 符号为______，常闭触点的 LAD 符号为______。

13. 扫描操作数的信号上升沿指令的 LAD 符号为______，扫描操作数的信号下降沿指令的 LAD 符号为______。

14. S7-1200 PLC 的定时器为 IEC 定时器，共有______种定时器，使用时需要使用定时器相关的______或者数据类型为 IEC_TIMER 的 DB 块变量。

15. 对于 S7-1200 PLC 定时器，PT 为______，ET 为定时器定时开始后经过的时间，称为______，它们的数据类型为______位的______，单位为______。

16. 接通延时定时器用于将输出 Q 的______延时 PT 指定的一段时间。接通延时定时器在输入 IN 由______时开始定时，当定时时间当前值______预设时间值时，输出 Q 变为______，其常开触点______，常闭触点______。此时，若输入 IN______，则定时器当前值______，定时器被复位。

17. 关断延时定时器用于将输出 Q______延时 PT 指定的一段时间。关断延时定时器在输入 IN 为______时，输出 Q 为 1 状态，当前时间值被______。当其输入信号由______时开始定时，当定时时间当前值______预置时间值时，定时器的______保持不变，输出 Q 变为______，其常开触点______，常闭触点______。

18. S7-1200 PLC 有 3 种 IEC 计数器：分别是__________、__________和__________。

19. 对于 S7-1200 PLC 的计数器 CTUD，CD 为______输入，CU 为______输入，CTUD 在计数过程中，当 CU 由__________时，当前计数值 CV______，当 CD 由______时，当前计数值 CV______。如果同时出现 CU 和 CD 的______，则当前计数值 CV______。

20. 对于 S7-1200 PLC 的加计数器 CTU，在复位端 R 对应信号为______时，当 CU 由______，计数当前值 CV______，当 CV______PV 时，计数器输出 Q______，此后再出现计数输入信号 CU，Q 保持______，在任意时刻，只要复位端 R______，CV 被______，输出 Q 变为______，此时，加计数器的常闭触点______，常开触点______。

21. S7-1200 PLC 启用系统存储器字节后，______是初始化脉冲，仅在 CPU 首次进入 RUN 模式时，它接通______。当 PLC 处于 RUN 状态时，M1.2 一直为______。

22. S7-1200 PLC 启用时钟存储器字节后，______是秒脉冲，即 1Hz 时钟，M0.3 是______。

23. MB10 的值为 2#1100 0101，循环左移 3 位后为 2#____________，再循环右移 2 位后为 2#____________。

24. 整数 MW2 的值为 16#A9D3，右移 4 位后为 2#__________________。

25. 左移 n 位相当于______2^n，将十进制数 –200 左移 4 位，移位后的结果为______。

26. 信号模块 SM 1232 DI8×DC 24V/DQ8×Rly 中 DI8 表示__________，DC 24V 表示__________，DQ8 表示__________，Rly 表示__________。

二、判断题

1. S7-1200 PLC 的触点有常开触点、常闭触点、P 触点及 N 触点 4 种。（　　）

2. PLC 的输出端可直接驱动大容量的电磁铁、电磁阀、电动机等大负载。（　　）

3. 梯形图是 PLC 程序的一种，也是控制电路。（　　）

4. 梯形图两边的所有母线都是电源线。（　　）

5. 梯形图中的输入触点和输出线圈即为现场的开关状态，可直接驱动现场执行元件。(　　)

6. 线圈输出指令可以驱动 PLC 的各种软元件。(　　)

7. S7-1200 PLC 的软元件地址全部采用十进制编号。(　　)

8. M1.3 为系统存储器字节的初始化脉冲，PLC 运行开始后始终处于 OFF 状态。(　　)

9. S7-1200 PLC 边沿检测指令中的 P 触点、P 线圈指令都具有在驱动条件满足的条件下，使位操作数产生一个上升沿脉冲输出。(　　)

10. 线圈输出、置位输出指令功能的相同点是在驱动条件满足的条件下，使指定的位操作数置 1。(　　)

11. S7-1200 PLC 接通延时定时器在定时过程中，其定时单位是 10ms。(　　)

12. S7-1200 PLC 加计数器在计数时，复位端 R 为 0，当 CV 等于 PV，计数输入 IN 由 0 变 1 时，计数当前值 CV 将保持不变。(　　)

13. PLC 过程映像输入/输出、位存储器等软元件的触点在梯形图编程时可多次重复使用。(　　)

14. S7-1200 PLC 线圈和指令盒可以直接与左母线相连。(　　)

15. S7-1200 PLC 比较值指令的两个参数 IN1、IN2 的数据类型一定要相同。(　　)

16. S7-1200 PLC 的定时器，用户在编程时，只能采用系统默认“IEC_Timer_0_DB_0”的名称，用户不能更改。(　　)

17. 扫描 RLO 的信号边沿（P_TRIG、N_TRIG）指令可以放在程序段的任意位置。(　　)

18. 对于 S7-1200 PLC，如果设备组态时，启用时钟存储器字节 MB0，编程时 MB0 就不能作为其他用途使用。(　　)

19. PLC 采用循环扫描工作方式，集中采样和集中输出，避免了触点竞争，大大提高了 PLC 的可靠性。(　　)

20. 对于扫描操作数的信号下降沿指令和在信号下降沿置位操作数指令，其功能都是使对应操作数接通一个扫描周期。(　　)

21. INC 指令适用于浮点数运算。(　　)

22. DEC 指令只适用于整数运算。(　　)

三、选择题

1. 在 PLC 中，用来存放用户程序的是（　　）。

A. RAM　　B. ROM　　C. EPROM　　D. EEPROM

2. 下列关于梯形图叙述错误的是（　　）。

A. 按自上而下，从左到右的顺序执行

B. 一般情况下，某个编号的继电器线圈只能出现一次，而继电器触点可以出现无数多次

C. 所有继电器既有线圈又有触点

D. 梯形图中的继电器不是物理继电器，而是软继电器

3. （　　）是 PLC 的输出信号，控制外部负载，只能用程序指令驱动，外部信号无法驱动。

A. 输出继电器　　B. 输入继电器

C. 位存储器　　D. 定时器

4. S7-1200 PLC 在使用比较值指令时，下面数据类型不能进行比较的是（　　）。

A. 整数　　B. 位　　C. 实数　　D. 字节

5. S7-1200 CPU 的系统存储器字节中不包括以下哪个内容？（　　）

A. 首循环标志位　　B. 常 1 信号位

C. 常 0 信号位　　D. 1Hz 频率位

6. 输入采样阶段，PLC 的 CPU 对各输入端子进行扫描，将输入信号送入（　　）。

A. 外部 I 存储器　　B. 累加器

C. 输入映像寄存器　　D. 数据块

7. S7-1200 PLC 时钟存储器字节中，能提供 1000ms 时钟脉冲的位存储器是（　　）。

A. M0.5　　B. M0.3　　C. M0.2　　D. M0.7

8. 在 PLC 程序设计中，（　　）表达方式与继电 - 接触器原理图相似。

A. 指令表　　B. 梯形图

C. 顺序功能图　　D. 功能块图

9. 在编程时，PLC 的内部软元件触点（　　）。

A. 可作常开触点使用，但只能使用一次

B. 可作常闭触点使用，但只能使用一次

C. 只能使用一次

D. 可作常开和常闭触点反复使用，无限制

10. 如果在程序中对输出继电器 Q0.1 多次使用 S、R 指令，则 Q0.1 的状态是由（　　）。

A. 第一次执行的指令决定　　B. 最后执行的指令决定

C. 执行最多次数的指令决定　　D. 执行最少次数的指令决定

四、简答题

1. 线圈输出指令与置位输出指令有何异同？

2. I0.5：P 和 I0.5 有什么区别，为什么不能写外设输入点？

3. 如何将 Q2.6 的值立即写入到对应的输出模块？

4. 在使用博途软件编程时，如何设置梯形图中触点的宽度和字符的大小？

5. 如何切换 CPU 的工作模式？

6. 写入和强制变量有什么区别？

五、设计题

1. 试用置位输出、复位输出指令和边沿检测指令设计满足图 3-98 所示时序图的梯形图。

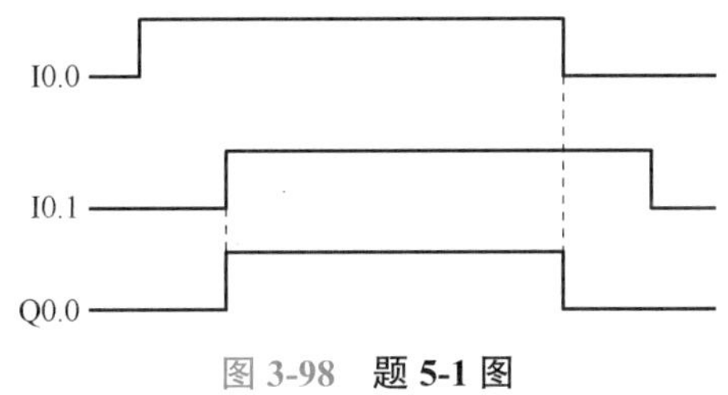

图 3-98　题 5-1 图

2. 试将图 3-99 中继电 - 接触器控制的两台电动机顺序起、停控制电路转换为 PLC 控制程序。

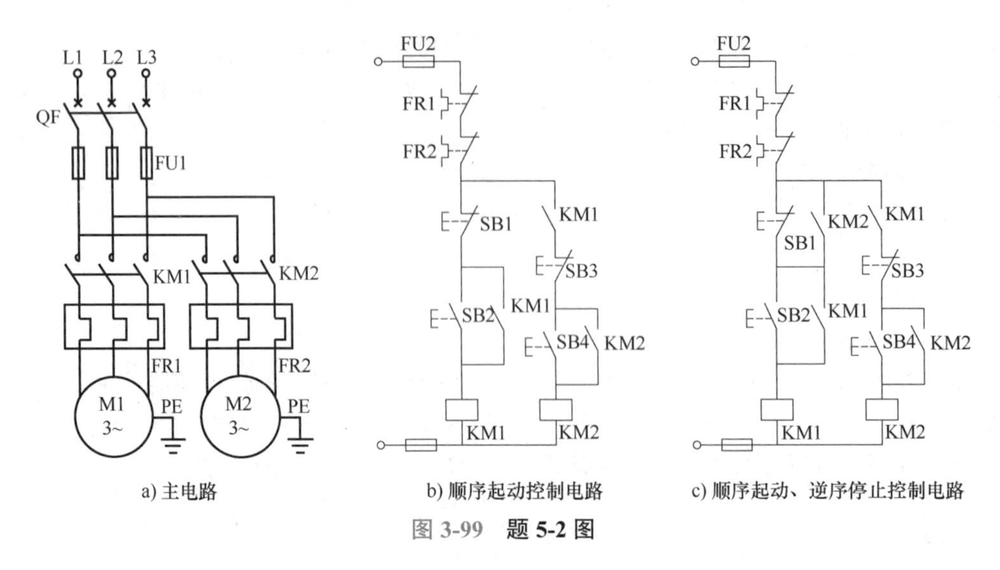

a) 主电路　　b) 顺序起动控制电路　　c) 顺序起动、逆序停止控制电路

图 3-99　题 5-2 图

3. 设计一个报警控制程序。输入信号 I0.0 为报警输入，当 I0.0 为 ON 时，报警信号灯 Q0.0 闪烁，闪烁频率为 1s（亮、灭均为 0.5s），报警蜂鸣器 Q0.1 有音响输出。报警响应 I0.1 为 ON 时，报警灯由闪烁变为常亮且停止音响。按下报警解除按钮 I0.2，报警灯熄灭。为测试报警灯和报警蜂鸣器的好坏，可用测试按钮 I0.3 随时测试。

4. 试用 PLC 实现小车往复运行控制，系统启动后小车前进，行驶 20s，停止 5s，再后退 20s，停止 5s，如此往复运行 6 次，循环运行结束后指示灯以 1Hz 的频率闪烁 5 次后熄灭。

5. 试分别用置位输出、复位输出指令或复位优先（RS）触发器编制三相异步电动机正反转运行的程序。

6. 用 PLC 实现 1 只按钮控制 3 盏灯亮灭，要求第 1 次按下按钮，第 1 盏灯亮，第 2 次按下按钮，第 2 盏灯亮，第 3 次按下按钮，第 3 盏灯亮，第 4 次按下按钮，第 1、2、3 盏灯同时亮，第 5 次按下按钮，第 1、2、3 盏灯同时熄灭。试画出 I/O 接线图并编制梯形图。

7. 试用移动值指令编制三相异步电动机Y-△减压起动程序，假定三相异步电动机Y联结起动的时间为 10s。如果用移位指令程序应如何编制？

8. 试用跳转指令，设计一个既能点动控制又能自锁控制（连续运行）的电动机控制程序。假定选择开关为 ON 时，实现点动控制；选择开关为 OFF 时，实现自锁控制。

9. 3 台电动机相隔 10s 起动，各运行 15s 停止，循环往复。试用比较指令完成程序设计。

10. 试用比较值指令设计一个自动控制小车运行方向的系统，如图 3-100 所示，试根据要求设计程序。工作要求如下：

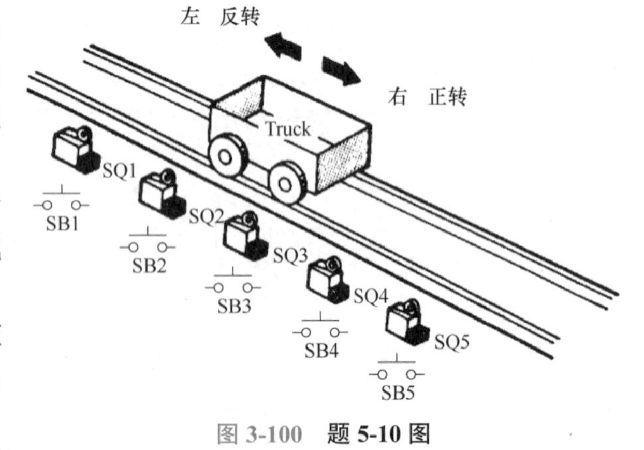

图 3-100　题 5-10 图

1）当小车所停位置 SQm 的编号大于呼叫位置 SBn 的编号时，小车向左运行至等于呼叫位置时停止。

2）当小车所停位置 SQm 的编号小于呼叫位置 SBn 的编号时，小车向右运行至等于呼叫位置时停止。

3）当小车所停位置 SQm 的编号与呼叫位置 SBn 的编号相同时，小车不动作。

11. 设计简单的霓虹灯程序。要求 4 盏灯，在每一瞬间 3 盏灯亮，1 盏灯熄灭，且按顺序排列熄灭。每盏灯亮、灭的时间分别为 0.5s，如图 3-101 所示。试画出 I/O 接线图并编制梯形图。

图 3-101 **题 5-11 图**

12. 试用 S7-1200 PLC 实现闪光灯的控制。要求根据选择的按钮，闪光灯以相应的频率闪烁。若按下慢闪按钮，闪光灯以 0.5Hz 的频率闪烁；若按下中闪按钮，闪光灯以 1Hz 的频率闪烁；若按下快闪按钮，闪光灯以 2Hz 的频率闪烁。无论何时按下停止按钮，闪光灯都熄灭。试画出 I/O 接线图并编制梯形图。

13. 设计程序，将 100 传送到 MW4，25 传送到 MW6，并完成以下操作：

1）求 MW4 与 MW6 的和，结果送到 MW10 存储；

2）求 MW4 与 MW6 的差，结果送到 MW12 存储；

3）求 MW4 与 MW6 的积，结果送到 MW14 存储；

4）求 MW4 与 MW6 的商，结果送到 MW16 存储。

14. 用 PLC 实现 9s 倒计时控制，要求按下开始按钮后，七段数码管显示 9，松开按钮后按每秒递减，减到 0 时停止，然后再次从 9 开始倒计时，不断循环，无论何时按下停止按钮，七段数码管都显示当前值，再次按下开始按钮，七段数码管都从当前值继续递减。试绘制 I/O 接线及梯形图。

项目四

S7-1200 PLC 通信的编程及应用

教学目标	知识目标	1. 熟悉 S7-1200 PLC 的各种通信类型 2. 熟悉 S7-1200 PLC 串行通信、以太网通信相关协议 3. 掌握串行通信模块 CM1241 RS 422/RS485 的硬件接线和使用方法 4. 掌握 Modbus RTU 通信和 TCP 通信的通信连接组态方法及程序编制
	能力目标	1. 能正确安装 CPU 模块、串行通信模块 2. 能合理分配 I/O 地址，绘制 I/O 接线图，并完成输入 / 输出的接线 3. 会制作串行通信、以太网通信的通信线并能正确连接通信线 4. 会使用博途编程软件组态硬件设备、组态串行通信和以太网通信连接、应用相关通信指令编制梯形图并下载到 CPU 5. 能进行程序的仿真和在线调试
	素质目标	1. 培养学以致用的工程意识、增强使命担当 2. 通过项目实施，增强自信心和成就感，树立争做大国工匠的信念 3. 培养求真务实、精益求精的科学态度，增强创新意识
教学重点		以太网通信的编程应用
教学难点		串行通信的编程应用
参考学时		12 学时

任务一　两组流水灯正反向运行 PLC 控制的 Modbus RTU 通信

一、任务导入

S7-1200 PLC 读取其他仪器仪表数据、S7-1200 PLC 之间的串行通信都可以通过 RS485 串口标准实现。本任务以两组流水灯正反向运行 PLC 控制的 Modbus RTU 通信为例，来介绍 S7-1200 PLC 串行通信的相关知识及编程应用。

二、知识链接

（一）串行通信简介

1. 串行通信基础知识

什么是通信？简单地说，通信就是两个人之间的沟通，也可以说是两个设备之间的数据交换。人类之间的通信使用电话、电子邮件、微信等通信工具和软件进行；而设备之间的通信则是通过电信号。

串行通信是指 PLC 与仪器和仪表等设备之间通过数据信号线连接，并按位传输数据的一种通信方式。串行通信方式使用的数据线少，非常适用于远距离通信。

（1）并行通信和串行通信

1）并行通信。并行通信是以字节或者字为单位的数据传输方式，需要多根数据线和控制线，虽然传输速度比串行通信的传输速度快，但由于信号容易受到干扰，所以并行通信在工业应用中很少使用。

2）串行通信。串行通信是以二进制数为单位的数据传输方式，每次只传送一位，最多只需要两根传输线即可完成数据传送，由于抗干扰能力较强，所以其通信距离可以达到几千米，在工业自动化控制应用中，通常选择串行通信方式。

串行通信又可分为异步通信和同步通信。

① 同步通信。同步通信是一种以字节（一个字节由 8 位二进制数组成）为单位传送数据的通信方式，一次通信只传送一帧信息。这里的信息帧与异步通信中的字符帧不同，通常含有 1~2 个数据字符。

信息帧均由同步字符、数据字符和校验字符（CRC）组成。其中，同步字符位于帧开头，用于确定数据字符的开始；数据字符在同步字符之后，个数没有限制，由所需传送的数据块长度决定；校验字符有 1~2 个，用于接收端对接收到的字符序列进行正确性的校验。

同步通信的缺点是要求发送时钟和接收时钟保持严格的同步。

② 异步通信。在异步通信中，数据通常以字符或者字节为单位组成字符帧传送。字符帧由发送端逐帧发送，通过传输线被接收设备逐帧接收。发送端和接收端可以由各自的时钟来控制数据的发送和接收，这两个时钟源彼此独立，互不同步。

异步通信的数据格式如图 4-1 所示。

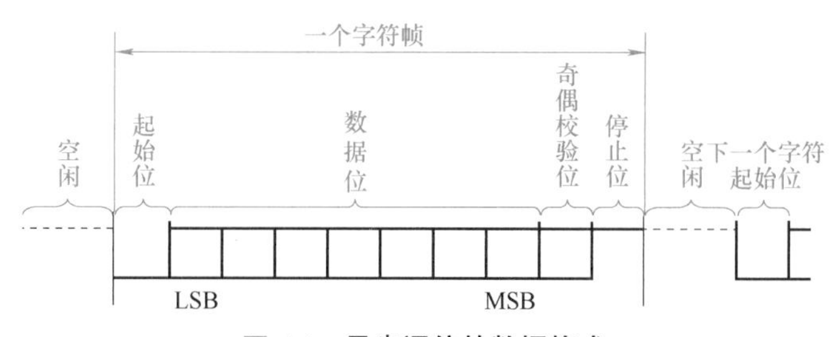

图 4-1　**异步通信的数据格式**

起始位：位于字符帧开头，占 1 位，始终为逻辑 0 电平，用于向接收设备表示发送端开始发送一帧信息。

数据位：紧跟在起始位之后，可以设置为 5 位、6 位、7 位、8 位，低位在前，高位在后。

奇偶校验位：位于数据位之后，仅占 1 位，用于表示串行通信中采用奇校验还是偶校验。

接收端检测到传输线上发送过来的低电平逻辑“0”（即字符帧起始位）时，确定发送端已开始发送数据，每当接收端收到字符帧中的停止位时，就知道一帧字符已经发送完毕。

异步通信的优点是不需要传送同步脉冲，字符帧长度也不受限制；缺点是字符帧中因包含了起始位和停止位，因此降低了有效数据的传输速率。

PLC 与其他设备通信主要采用串行异步通信方式。

（2）数据传输方向　在串行通信中，根据数据的传输方向不同，可分为单工、半双工、全双工三种通信方式，如图 4-2 所示。

1）单工通信方式。单工通信方式是指信息的传送始终保持同一方向，而不能进行反向传送，即只允许数据按照一个固定方向传送，通信两点中的一点为接收端，另一点为发送端，且这种确定是不可更改的，如图 4-2a 所示。其中 A 端只能作为发送端，B 端只能作为接收端。

2）半双工通信方式。半双工通信方式是指信息可在两个方向上传输，但同一时刻只限于一个方向传送，如图 4-2b 所示。其中，A 端发送 B 端接收，或者 B 端发送 A 端接收。

3）全双工通信方式。全双工通信能在两个方向上同时发送和接收，如图 4-2c 所示。A 端和 B 端同时作发送端、接收端。

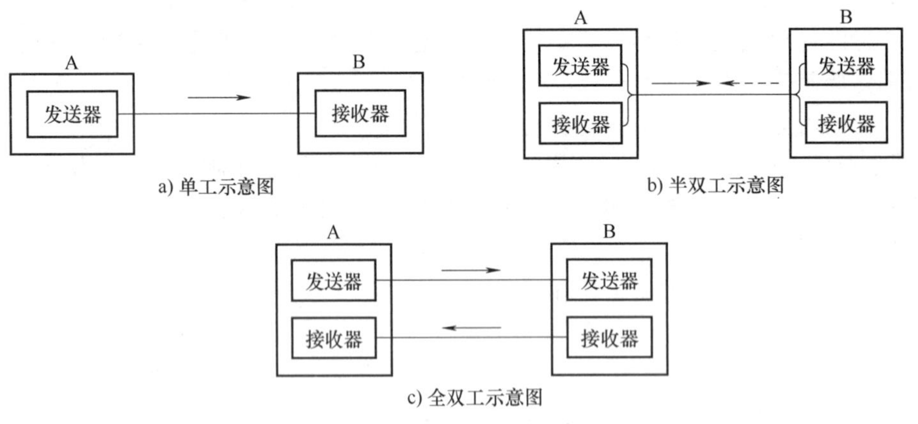

a) 单工示意图　　b) 半双工示意图

c) 全双工示意图

图 4-2　**数据通信方式示意图**

PLC 使用半双工或全双工异步通信方式。

（3）PLC 常用串行通信接口标准　PLC 通信主要采用串行异步通信，其常用的串行通信接口标准有 RS232、RS422 和 RS485，其中 RS232 和 RS485 比较常用。

1）RS232 接口。RS232 接口是 PLC 与仪器仪表等设备的一种串行通信接口，它以全双工方式工作，需要发送线、接收线和地线三条线，RS232 只能实现点对点通信。逻辑“1”的电平为 -15~-5V，逻辑“0”的电平为 5~15V。通常 RS232 接口以 9 针 D 形接头出现，其接线图如图 4-3 所示。

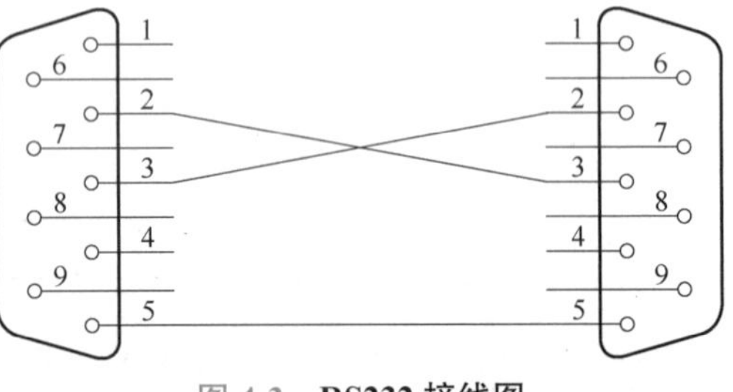

图 4-3　**RS232 接线图**

2）RS485 接口。RS485 接口是 PLC 与仪器仪表等设备的一种串行通信接口，采用两线制方式，组成半双工通信网络。在 RS485 通信网络中一般采用主从通信方式，即一个主站带多个从站，RS485 采用差分信号，逻辑“1”的电平为 2~6V，逻辑“0”的电平为 -6~-2V，其网络如图 4-4 所示，RS485 需要在总线电缆的开始和末端都并接终端电阻，终端电阻阻值一般为 120Ω。

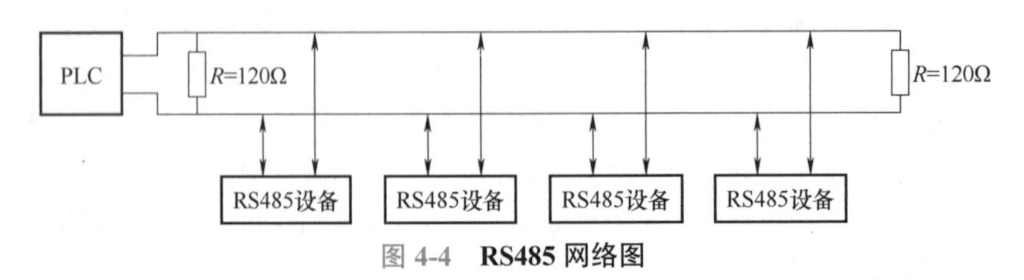

图 4-4　**RS485 网络图**

RS485 接口一般采用 9 针 D 形连接器。普通计算机一般不配备 RS485 接口，但工业控制计算机和小型 PLC 上都设有 RS485 通信接口。

3）RS232 接口与 RS485 接口的区别。

① 从电气特性上，RS485 接口信号电平比 RS232 接口信号电平低，不易损坏接口电路。

② 从接线上，RS232 是三线制，RS485 是两线制。

③ 从传输距离上，RS232 传输距离最大约为 15m，RS485 传输距离可以达到 1000m 以上。

④ 从传输方式上，RS232 是全双工传输，RS485 是半双工传输。

⑤ 从协议层上，RS232 一般针对点对点通信使用，而 RS485 支持总线形式通信，即一个主站带多个从站，建议不超过 32 个从站。

（4）串行通信的常数　串行通信网络中的设备，通信参数必须匹配，才能保证通信正常。通信参数主要包括比特率、数据位、停止位和奇偶校验位。

1）比特率。比特率（Bit Per Second，bps）是通信速度的参数，表示每秒钟传送位的个数。例如：300bit/s 表示每秒钟发送 300 个位。串行通信典型的比特率为 600bit/s、1200bit/s、2400bit/s、4800bit/s、9600bit/s、19200bit/s 和 38400bit/s 等。

2）数据位。数据位是通信中实际数据位数的参数，典型值为 7 位和 8 位。

3）停止位。停止位用于表示单个数据包的最后一位，典型值为 1 位或 2 位。

4）奇偶校验位。奇偶校验是串行通信中一种常用的校验方式，有三种校验方式：奇数校验、偶数校验和无校验。通信时，应设定串口奇偶校验位，以确保传输的数据有偶数个或者奇数个逻辑高位，例如，如果数据是 0110 0011，那么对于偶数校验，校验位为 0，保证逻辑高的位数是偶数。

2. 串行通信模块及支持的协议

（1）串行通信模块　S7-1200 PLC 的串行通信需要增加通信模块或者通信板来扩展 RS232 或 RS485 电气接口。S7-1200 PLC 有 3 种串行通信模块（CM 1241 RS232、CM 1241 RS422/485 和 CM 1241 RS485）和 1 种通信板（CB 1241 RS485），它们的外观图分别如图 4-5 和图 4-6 所示。

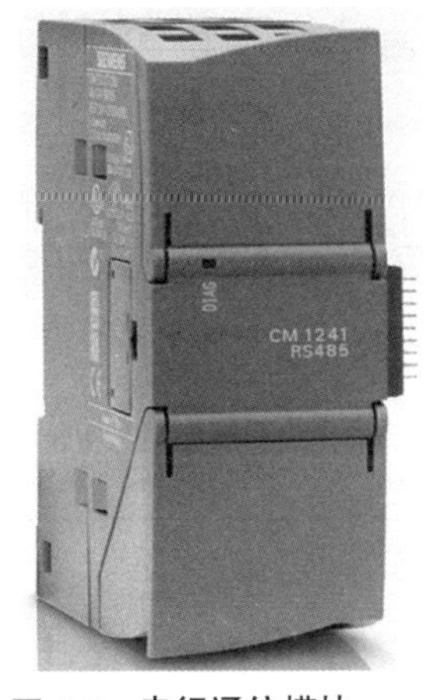

图 4-5　串行通信模块

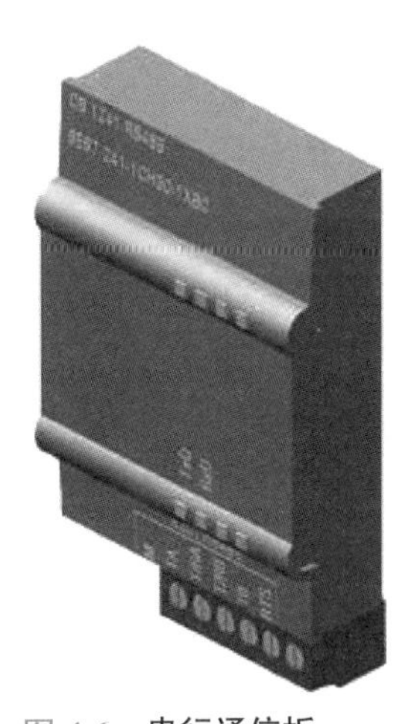

图 4-6　串行通信板

串行通信模块安装在 S7-1200 CPU 的左侧，最多扩展 3 块通信模块。通信板安装在 S7-

1200 CPU 的正面插槽中，最多扩展 1 个通信板。S7-1200 CPU 同时最多扩展 4 个串行通信接口，各模块的相关信息见表 4-1。

表 4-1　串行通信模块和通信板

类型	CM 1241 RS232	CM 1241 RS485	CM 1241 RS422/485	CB 1241 RS485
订货号	6ES7 241-1AH32-0XB0	6ES7 241-1CH30-0XB0	6ES7 241-1CAH32-0XB0	6ES7 241-1CH30-1XB0
接口类型	RS232	RS485	RS422/485	RS485

CM 1241 RS422/485 串行通信模块上集成了一个 9 针 D 形母接头，RS422/485 采用差分传输方式，RS422 为全双工模式，RS485 为半双工模式，符合 RS485 接口标准，连接电缆为 3 芯屏蔽电缆，最长可达 1000m。CM 1241 RS422/485 接口各引脚分布与功能描述见表 4-2。

表 4-2　CM 1241 RS422/485 接口各引脚分布及功能描述

连接器	引脚号	引脚名称	功能描述
	1	SG 或 GND	逻辑接地或通信接地
	2	TxD+①	用于连接 RS422，不适用于 RS485，输出
	3	RxD/TxD+②	信号 B（RxD/TxD+），输入 / 输出
	4	RTS③	请求发送（TTL 电平），输出
	5	GND	逻辑接地或通信接地
	6	PWR	5V 与 100Ω 串联电阻，输出
	7	—	未使用
	8	RxD/TxD−②	信号 A（RxD/TxD−），输入 / 输出
	9	TxD−①	用于连接 RS422，不适用于 RS485，输出
	SHELL		机壳接地

① 引脚 2（TxD+）和引脚 9（TxD−）是 RS422 的发送信号。

② 引脚 3（RxD/TxD+）和引脚 8（RxD/TxD−）是 RS485 的发送和接收信号。对于 RS422，引脚 3 是 RxD+，引脚 8 是 RxD−。

③ RTS 是 TTL 电平信号，可用于控制基于该信号进行工作的其他半双工设备。该信号会在发送时激活，在所有其他时刻都不激活。

（2）支持的协议　S7-1200 PLC 主要支持的常用通信协议有自由口协议（ASCII）、Modbus RTU 协议和 USS 协议，见表 4-3。

表 4-3　S7-1200 PLC 主要支持的常用通信协议

类型	CM 1241 RS232	CM 1241 RS485	CM 1241 RS422/485	CB 1241 RS485
自由口	√	√	√	√
Modbus RTU	√	√	√	√
USS	×	√	√	√

注：√表示支持，× 表示不支持。

（3）通信模块和通信板指示灯功能说明　串行通信模块 CM 1241 有三个 LED 指示灯：DIAG、Tx 和 Rx；串行通信板 CB 1241 有两个 LED 指示灯：TxD 和 RxD。串行通信模块和通信板指示灯功能说明见表 4-4。

表 4-4 串行通信模块和通信板指示灯功能说明

指示灯	功能	说明
DIAG	诊断显示	红灯闪：CPU 未正确识别到通信模块 绿灯闪：CPU 上电后已经识别到通信模块，但是通信模块还没有配置 绿灯亮：CPU 已经识别到通信模块，且配置也已经下载到了 CPU 中
Tx/TxD	发送显示	通信端口向外传送数据时，指示灯点亮
Rx/RxD	接收显示	通信端口接收数据时，指示灯点亮

（二）数组（Array）

数组（Array）是由固定数目的同一种数据类型元素组成的数据结构。可以创建包含多个相同数据类型的元素的数组，可为数组命名并选择数据类型“Array［lo..hi］of type”。其中“lo”（low）和“hi”（high）分别是数组元素下标的起始（下限）和结束（上限），两者之间用两个小数点隔开，它们可以是任意的整数（–32768~32767），下限值应小于或等于上限值；“type”是数组元素的数据类型，例如 Bool、SInt、UDInt。允许使用除 Array、Variant（指针）类型之外的所有数据类型作为数组的元素，数组维数最多为 6 维。数组元素通过下标进行寻址。

示例：数组声明。

Array［1..10］of Real　一维，10 个实数元素。

Array［–5..10］of Int　一维，16 个整数元素。

Array［1..3，4..6］of Char　二维，6 个字符元素。

图 4-7 示出名为“电动机电流”的二维数组 Array［1..2，1..3］of Byte 的内部结构。它一共有 6 个字节型元素，第一维的编号 1、2 是电动机编号，第二维的编号 1、2、3 是三相电流的序号。如数组元素“电动机电流［1，2］”是 1 号电动机的第二相电流。

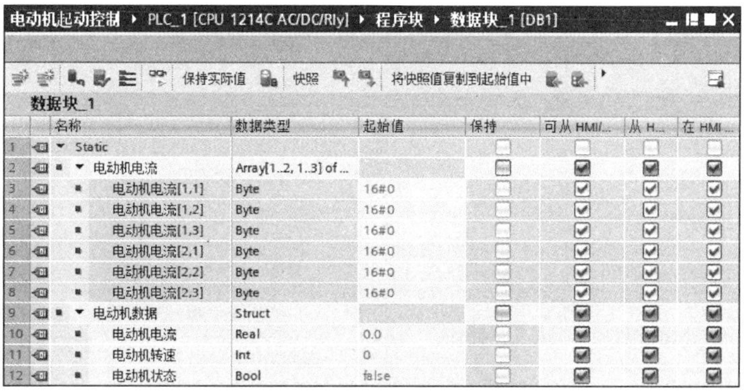

电动机起动控制 ▸ PLC_1 [CPU 1214C AC/DC/Rly] ▸ 程序块 ▸ 数据块_1 [DB1]

数据块_1

	名称	数据类型	起始值
1	▼ Static		
2	▼ 电动机电流	Array[1..2, 1..3] of ...	
3	电动机电流[1,1]	Byte	16#0
4	电动机电流[1,2]	Byte	16#0
5	电动机电流[1,3]	Byte	16#0
6	电动机电流[2,1]	Byte	16#0
7	电动机电流[2,2]	Byte	16#0
8	电动机电流[2,3]	Byte	16#0
9	▼ 电动机数据	Struct	
10	电动机电流	Real	0.0
11	电动机转速	Int	0
12	电动机状态	Bool	false

图 4-7 二维数组的结构

在用户程序中，可以用符号地址“数据块_1”. 电动机电流［1，2］进行访问。

（三）Modbus RTU 通信

1. 功能简介

（1）概述　Modbus 串行通信协议是由 Modicon 公司 1979 年开发的，它在工业自动化控制领域得到了广泛应用，已成为一种通用的工业标准协议，许多工业设备都通过 Modbus 串行通信协议连成网络，进行集中控制。

Modbus 串行通信协议有 Modbus ASCII 和 Modbus RTU 两种模式，Modbus RTU 协议通信效率较高，应用更为广泛。Modbus RTU 协议是基于 RS232 或 RS485 串行通信的一种协议，数据通信采用主、从方式进行传送，主站发出具有从站地址的数据报文，从站接收到报文后发送相应报文到主站进行应答。Modbus RTU 网络上只能有一个主站存在，主站在 Modbus RTU 网络上没有地址，每个从站必须有唯一的地址，从站的地址范围为 0~247，其中 0 为广播地址，从站的实际地址范围为 1~247。使用通信模块 CM 1241 RS232 作 Modbus RTU 主站时，只能与 1 个从站通信，使用通信模块 CM 1241 RS485 或 CM 1241 RS422/485 作 Modbus RTU 主站时，最多可以与 32 个从站通信。

（2）报文结构　Modbus RTU 协议报文结构见表 4-5。

表 4-5　Modbus RTU 协议报文结构

<table>
<tr><th rowspan="3">从站地址码</th><th rowspan="3">功能码</th><th rowspan="3">数据区</th><th colspan="2">错误校验码</th></tr>
<tr><td colspan="2">2 字节</td></tr>
<tr><td>CRC 低</td><td>CRC 高</td></tr>
<tr><td>1 字节</td><td>1 字节</td><td>N（0~252）字节</td><td colspan="2"></td></tr>
</table>

① 从站地址码表示 Modbus RTU 从站地址，1 字节。

② 功能码表示 Modbus RTU 的通信功能，1 字节。

③ 数据区表示传输的数据，N（0~252）字节，格式由功能码决定。

④ 错误校验码用于数据校验，2 字节。

（3）功能码及数据地址　Modbus 设备之间数据交换是通过功能码实现的，功能码有按位操作的，也有按字进行操作的。

在 S7-1200 PLC Modbus RTU 通信中，不同的 Modbus RTU 数据地址区对应不同的 S7-1200 PLC 数据区，常用的功能码及数据地址见表 4-6。

表 4-6　常用的功能码及数据地址

功能码	描述	位 / 字操作	Modbus 数据地址	数据地址区
01	读取数据位	位操作	00001~09999	Q0.0~Q1023.7
02	读取输入位	位操作	10001~19999	I0.0~I1023.7
03	读取保存寄存器	字操作	40001~49999	字 1~9999
			400001~465535	字 1~65534
04	读取输入字	字操作	30001~39999	IW0~IW1022
05	写一个输出位	位操作	00001~09999	Q0.0~Q1023.7
06	写一个保持寄存器	字操作	40001~49999	字 1~9999
			400001~465535	字 1~65534
15	写多个输出位	位操作	00001~09999	Q0.0~Q1023.7
16	写多个保持寄存器	字操作	40001~49999	字 1~9999
			400001~465535	字 1~65534

报文举例：

从站地址：02；功能码：06；数据地址：0002；数据区：0014；错误校验码：9804。

该例报文这一串数据的作用是把数据 16#0014（十进制数为 20）写入 02 号从站的地址 16#0002。

2. 通信指令

在指令窗格中单击“通信”→“通信处理器”→“Modbus（RTU）”选项，打开 Modbus RTU 指令列表，如图 4-8 所示。

Modbus RTU 指令主要包括 3 条指令，即 Modbus_Comm_Load（通信参数装载）指令、Modbus_Master（主站通信）指令和 Modbus_Slave（从站通信）指令。每个指令块拖拽到程序工作区中将自动分配背景数据块。背景数据块的名称可自行修改。背景数据块的编号可以手动或自动分配。

（1）Modbus_Comm_Load 指令　Modbus_Comm_Load 指令用于组态 RS232 和 RS485 通信模块端口的通信参数，以便于进行 Modbus RTU 协议通信。每个 Modbus RTU 通信的端口都必须执行一次 Modbus_Comm_Load 来组态。该指令的格式及输入 / 输出端子参数说明见表 4-7。

图 4-8　**Modbus RTU 指令列表**

表 4-7　Modbus_Comm_Load 指令的格式及输入 / 输出端子参数的说明

LAD/FBD	参数	数据类型	说明
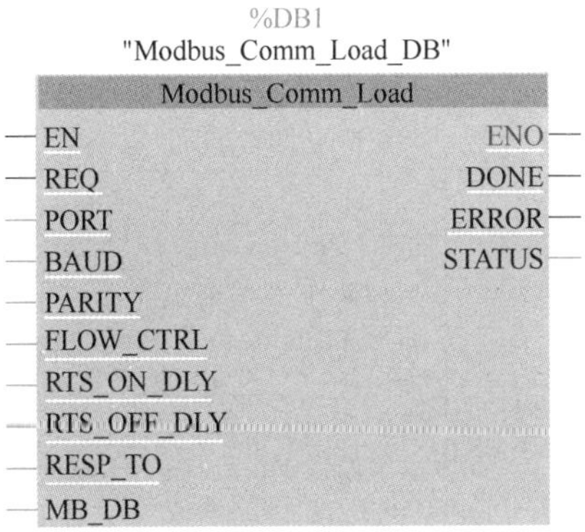 %DB1 "Modbus_Comm_Load_DB" Modbus_Comm_Load EN　ENO REQ　DONE PORT　ERROR BAUD　STATUS PARITY FLOW_CTRL RTS_ON_DLY RTS_OFF_DLY RESP_TO MB_DB	EN	Bool	使能输入
	REQ	Bool	在上升沿时执行该指令
	PORT	Port	通信端口的硬件标识符。安装并组态通信模块后，通信端口的硬件标识符将出现在 PORT 功能框连接的“参数助手”下拉列表中。通信端口的硬件 标识 符在 PLC 变量 表的“系统常数”（System constants）选项卡中指定并可应用于此处
	BAUD	UDInt	选择通信比特率（bit/s）：300，600，1200，2400，4800，9600，19200，38400，57600，76800，115200
	PARITY	UInt	选择奇偶校验：0 为无；1 为奇数校验；2 为偶数校验
	FLOW_CTRL	UInt	流控制选择：0 为（默认值）无流控制
	RTS_ON_DLY	UInt	RTS 接通延时选择：0 为（默认值）
	RTS_OFF_DLY	UInt	RTS 关断延时选择：0 为（默认值）
	RESP_TO	UInt	响应超时：“Modbus_Master”允许用于从站响应的时间（以 ms 为单位）。如果从站在此时间段内未响应，“Modbus_Master”将重试请求，或者在发送指定次数的重试请求后终止请求并提示错误。默认值为 1000
	MB_DB	MB_BASE	对 Modbus_Master 或 Modbus_Slave 指令所使用的背景数据块的引用。在用户的程序中放置 Modbus_Master 或 Modbus_Slave 后，该 DB 标识符将出现在 MB_DB 功能框连接的“参数助手”下拉列表中
	ENO	Bool	使能输出
	DONE	Bool	如果上一个请求完成并且没有错误，DONE 位将变为 TRUE 并保持一个周期
	ERROR	Bool	如果上一个请求出错，那么 ERROR 位将变为 TRUE 并保持一个周期。STATUS 参数中的错误代码仅在 ERROR=TRUE 的周期内有效
	STATUS	Word	错误代码

指令使用说明如下：

① 在进行 Modbus RTU 通信前，必须先执行 Modbus_Comm_Load 指令组态模块通信端口，然后才能使用通信指令进行 Modbus RTU 通信。在启动 OB 块中调用 Modbus_Comm_Load，或者在 OB1 中使用首次循环标志位调用执行一次。

② 将 Modbus_Master 和 Modbus_Slave 指令拖拽到用户程序中时，将为其分配背景数据块，Modbus_Comm_Load 指令的 MB_DB 参数将引用该背景数据块。

（2）Modbus_Master 指令　Modbus_Master 指令可通过由 Modbus_Comm_Load 指令组态的端口作为 Modbus RTU 主站进行通信，该指令块的格式及输入 / 输出端子参数的说明见表 4-8。

表 4-8　Modbus_Master 指令的格式及输入 / 输出端子参数的说明

LAD/FBD	参数	数据类型	说明
%DB2 "Modbus_Master_DB" Modbus_Master EN　ENO REQ　DONE MB_ADDR　BUSY MODE　ERROR DATA_ADDR　STATUS DATA_LEN DATA_PTR	EN	Bool	使能输入
	REQ	Bool	在上升沿时执行该指令
	MB_ADDR	UInt	Modbus RTU 从站地址。标准地址范围：1~247
	MODE	USInt	模式选择：0 表示读操作、1 表示写操作
	DATA_ADDR	UDInt	从站中的起始地址：指定 Modbus 从站中将访问的数据的起始地址
	DATA_LEN	UInt	数据长度：指定此指令将访问的位或字的个数
	DATA_PTR	Variant	数据指针：指向要进行数据写入或数据读取的标记或数据块地址
	ENO	Bool	使能输出
	DONE	Bool	如果上一个请求完成并且没有错误，DONE 位将变为 TRUE 并保持一个周期
	BUSY	Bool	0 表示无激活命令，1 表示命令执行中
	ERROR	Bool	如果上一个请求完成出错，那么 ERROR 位将变为 TRUE 并保持一个周期。如果执行因错误而终止，那么 STATUS 参数中的错误代码仅在 ERROR = TRUE 的周期内有效
	STATUS	Word	错误代码

指令使用说明如下：

① 同一串行通信接口只能作为 Modbus RTU 主站或者从站。

② 同一串行通信接口使用多个 Modbus_Master 指令时，Modbus_Master 指令必须使用同一个背景数据块，用户程序必须使用轮询方式执行指令。

（3）Modbus_Slave 指令　Modbus_Slave 指令可通过由 Modbus_Comm_Load 指令组态的端口作为 Modbus RTU 从站进行通信，该指令的格式及输入 / 输出端子参数的说明见表 4-9。

表 4-9　Modbus_Slave 指令的格式及输入 / 输出端子参数的说明

LAD/FBD	参数	数据类型	说明
%DB3 "Modbus_Slave_DB" Modbus_Slave EN　ENO MB_ADDR　NDR MB_HOLD_REG　DR ERROR STATUS	EN	Bool	使能输入
	MB_ADDR	UInt	Modbus 从站的地址，默认地址范围：0~247
	MB_HOLD_REG	Variant	Modbus 保持寄存器 DB 数据块的指针：Modbus 保持寄存器可能为 M 存储区或者数据块的存储区
	ENO	Bool	使能输出
	NDR	Bool	新数据就绪：0 表示无新数据；1 表示新数据已由 Modbus 主站写入
	DR	Bool	数据读取：0 表示未读取数据；1 表示该指令已将 Modbus 主站接收到的数据存储在目标区域中
	ERROR	Bool	如果上一个请求完成出错，那么 ERROR 位将变为 TRUE 并保持一个周期。如果执行因错误而终止，那么 STATUS 参数中的错误代码仅在 ERROR = TRUE 的周期内有效
	STATUS	Word	错误代码

三、任务实施

（一）任务目标

1）熟练掌握串行通信模块 CM 1241 RS422/485 接线和使用。

2）掌握 S7-1200 PLC I/O 接线。

3）掌握串行通信模块端口组态，并能根据控制要求编写梯形图。

4）熟练使用博途编程软件进行设备组态、编制梯形图并下载至 CPU 进行调试运行，查看运行结果。

（二）设备与器材

本任务所需设备与器材见表 4-10。

表 4-10　所需设备与器材

序号	名称	符号	型号规格	数量	备注
1	常用电工工具		十字螺钉旋具、一字螺钉旋具、尖嘴钳、剥线钳等	2 套	表中所列设备与器材的型号规格仅供参考
2	计算机（安装博途编程软件）			2 台	
3	西门子 S7-1200 PLC	CPU	CPU 1214C AC/DC/Rly，订货号：6ES7 214-1AG40-0XB0	2 台	
4	通信模块	CM	CM 1241 RS422/485，订货号：6ES7 241-1CAH32-0XB0	2 块	
5	以太网通信电缆			2 根	
6	RS485 串行通信电缆			1 根	
7	连接导线			若干	
8	流水灯模拟控制面板（见项目三任务四）			2 块	

（三）内容与步骤

1. 任务要求

两台 S7-1200 PLC 之间进行 Modbus RTU 通信，一台作为主站，另一台作为从站。要求在主站上按下起动按钮能控制从站上 8 盏指示灯反向每隔 1s 依次循环点亮，按下停止按钮时立即熄灭；在从站上按下起动按钮能控制主站上 8 盏指示灯每隔 1s 依次正向循环点亮，按下停止按钮时立即熄灭。

2. I/O 地址分配与接线图

根据控制要求确定 I/O 点数，两台 PLC I/O 地址分配（两台相同）见表 4-11。

表 4-11 I/O 地址分配表

输入			输出		
设备名称	符号	I 元件地址	设备名称	符号	Q 元件地址
起动按钮	SB1	I0.0	第一盏指示灯	HL1	Q0.0
停止按钮	SB2	I0.1	第二盏指示灯	HL2	Q0.1
			⋮	⋮	⋮
			第八盏指示灯	HL8	Q0.7

根据 I/O 地址分配，绘制 I/O 接线图（PLC_1 与 PLC_2 接线图相同），如图 4-9 所示。两台 PLC 均扩展了串行通信模块 CM 1241 RS422/485，用双绞线将两通信模块连接起来。

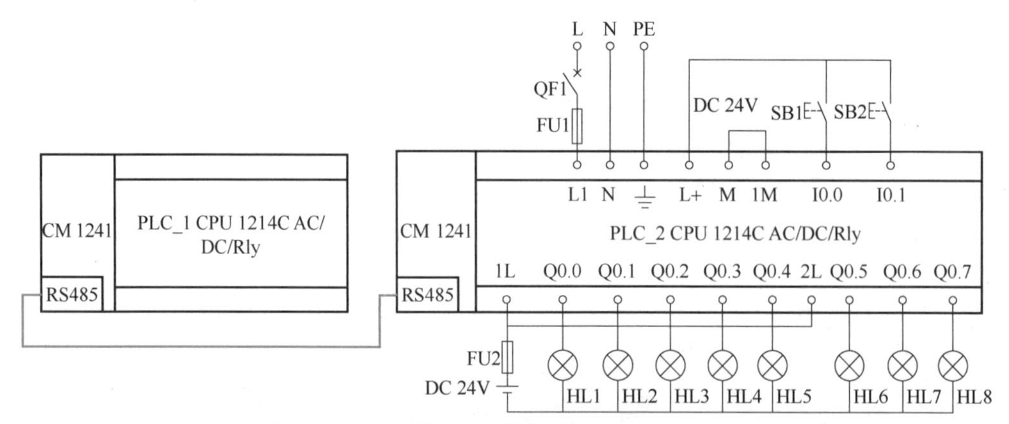

图 4-9 两组流水灯正反向运行 PLC 控制的 Modbus RTU 通信 I/O 接线图

3. 创建工程项目

打开博途编程软件，在 Portal 视图中单击选择“创建新项目”选项，输入项目名称为“4RW_1”，选择项目保存路径，然后单击“创建”按钮，创建项目完成。

4. 硬件组态

进入项目视图，在项目树中双击“添加新设备”，添加设备名称为 PLC_1，设备型号为 CPU 1214C AC/DC/Rly（订货号：6ES7 214-1AG40-0XB0），打开 PLC_1 的设备视图，在右边的硬件目录窗口，依次单击“通信模块”→“点到点”→“CM 1241 RS422/485”文件夹前下拉按钮 ▸，在打开的“CM 1241 RS422/485”文件夹中，将订货号“6ES7 241-1CAH32-0XB0”的模块拖放到 CPU 左边的 101 号槽。选中该模块，依次单击其巡视窗口的“属性”→“常规”选项，然后单击“RS422/485 接口”前下拉按钮 ▸，在展开的选项列表中单击“端口组态”选项，可以在右边的窗口设置通信模块的参数，端口组态如图 4-10 所示；按上述方法再次添加设备名称为 PLC_2 的设备 CPU 1214C 和点对点通信模块 CM 1241 RS422/485，配置的规格与订货号和 PLC_1 相同；启用系统存储字节 MB1，组态完成后分别对其进行编译和保存。

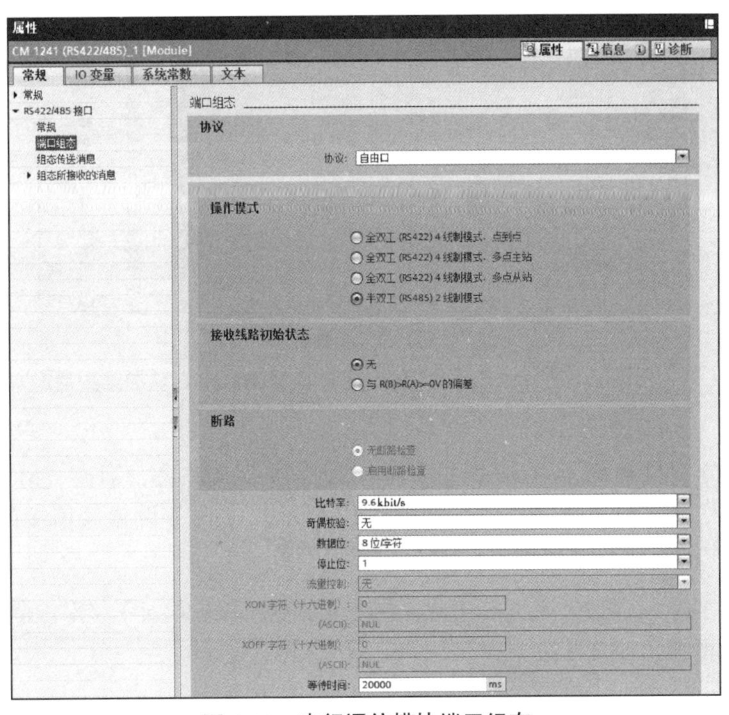

图 4-10　串行通信模块端口组态

5. 编辑变量表

在项目树中，单击“PLC_1［CPU 1214C AC/DC/Rly］（PLC_2［CPU 1214C AC/DC/Rly］）”下“PLC 变量”文件夹前下拉按钮 ▸，在打开的“PLC 变量”文件夹中双击“添加新变量表”选项，在生成的“变量表_1［0］”中，根据控制要求编辑变量表，如图 4-11 所示。

4RW_1 ▸ PLC_1 [CPU 1214C AC/DC/Rly] ▸ PLC 变量 ▸ 变量表_1 [23]

变量表_1

	名称	数据类型	地址	保持	可从…	从 H…	在 H…
1	通信组态完成	Bool	%M10.1	☐	☑	☑	☑
2	通信组态错误	Bool	%M10.2	☐	☑	☑	☑
3	通信组态状态	Word	%MW12	☐	☑	☑	☑
4	主站读取完成	Bool	%M20.1	☐	☑	☑	☑
5	主站读取进行	Bool	%M20.2	☐	☑	☑	☑
6	主站读取错误	Bool	%M20.3	☐	☑	☑	☑
7	主站读取状态	Word	%MW22	☐	☑	☑	☑
8	主站写入完成	Bool	%M30.1	☐	☑	☑	☑
9	主站写入进行	Bool	%M30.2	☐	☑	☑	☑
10	主站写入错误	Bool	%M30.3	☐	☑	☑	☑
11	主站写入状态	Word	%MW32	☐	☑	☑	☑
12	主站读取使能	Bool	%M40.1	☐	☑	☑	☑
13	主站写入使能	Bool	%M40.2	☐	☑	☑	☑
14	起动按钮SB1	Bool	%I0.0	☐	☑	☑	☑
15	停止按钮SB2	Bool	%I0.1	☐	☑	☑	☑
16	指示灯HL1	Bool	%Q0.0	☐	☑	☑	☑
17	指示灯HL2	Bool	%Q0.1	☐	☑	☑	☑
18	指示灯HL3	Bool	%Q0.2	☐	☑	☑	☑
19	指示灯HL4	Bool	%Q0.3	☐	☑	☑	☑
20	指示灯HL5	Bool	%Q0.4	☐	☑	☑	☑
21	指示灯HL6	Bool	%Q0.5	☐	☑	☑	☑
22	指示灯HL7	Bool	%Q0.6	☐	☑	☑	☑
23	指示灯HL8	Bool	%Q0.7	☐	☑	☑	☑

a) PLC_1变量表

图 4-11　两组流水灯正反向运行 PLC 控制的 Modbus RTU 通信变量表

4RW_1 ▸ PLC_2 [CPU 1214C AC/DC/Rly] ▸ PLC 变量 ▸ 变量表_1 [17]

变量表_1

	名称	数据类型	地址	保持	可从 ...	从 H...	在 H...
1	起动按钮SB1	Bool	%I0.0	☐	☑	☑	☑
2	停止按钮SB2	Bool	%I0.1	☐	☑	☑	☑
3	指示灯HL1	Bool	%Q0.0	☐	☑	☑	☑
4	指示灯HL2	Bool	%Q0.1	☐	☑	☑	☑
5	指示灯HL3	Bool	%Q0.2	☐	☑	☑	☑
6	指示灯HL4	Bool	%Q0.3	☐	☑	☑	☑
7	指示灯HL5	Bool	%Q0.4	☐	☑	☑	☑
8	指示灯HL6	Bool	%Q0.5	☐	☑	☑	☑
9	指示灯HL7	Bool	%Q0.6	☐	☑	☑	☑
10	指示灯HL8	Bool	%Q0.7	☐	☑	☑	☑
11	通信组态完成	Bool	%M10.1	☐	☑	☑	☑
12	通信组态错误	Bool	%M10.2	☐	☑	☑	☑
13	通信组态状态	Word	%MW12	☐	☑	☑	☑
14	从站数据更新	Bool	%M20.1	☐	☑	☑	☑
15	从站读取完成	Bool	%M20.2	☐	☑	☑	☑
16	从站通信错误	Bool	%M20.3	☐	☑	☑	☑
17	从站通信状态	Word	%MW22	☐	☑	☑	☑

b) PLC_2变量表

图 4-11　两组流水灯正反向运行 **PLC** 控制的 **Modbus RTU** 通信变量表（续）

6. 编写程序

在项目树中分别打开 PLC_1 和 PLC_2 下“程序块”文件夹，双击“Main［OB1］”分别在程序编辑区编写主站和从站的程序，如图 4-12 所示。本任务设置通信端口为 Modbus RTU 模式，采用在首次循环执行一次标志位 M1.0 实现。

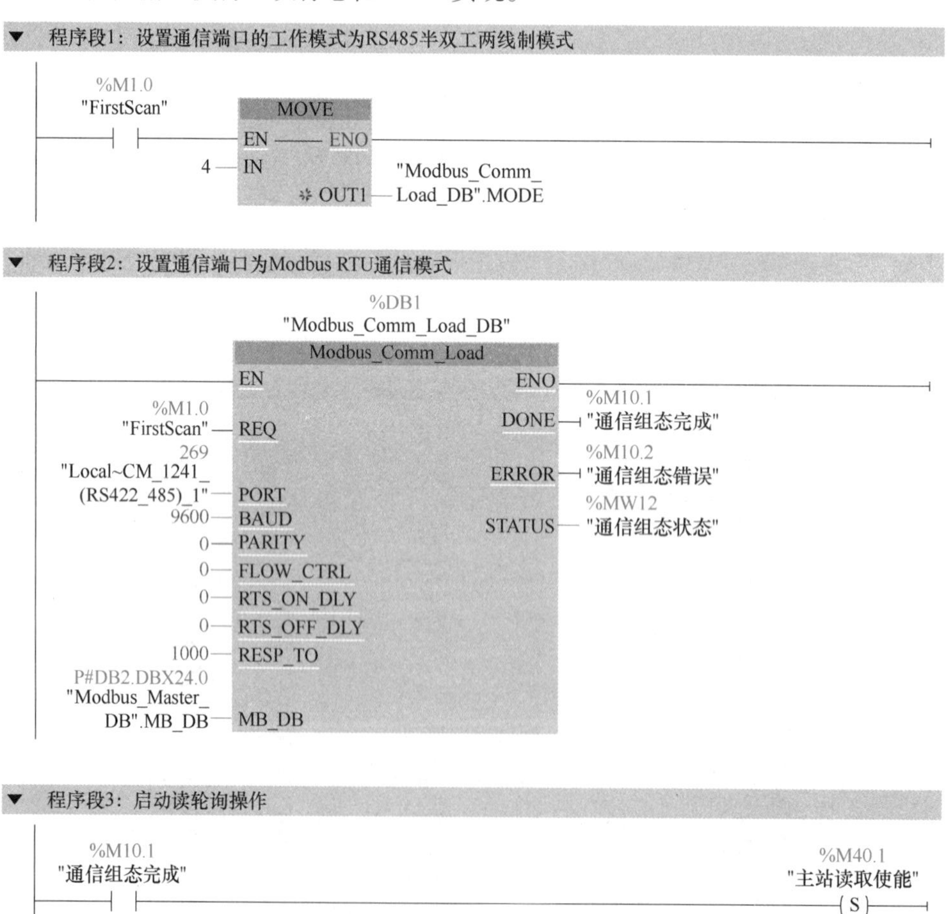

a) 主站程序

图 4-12　两组流水灯正反向运行 **PLC** 控制的 **Modbus RTU** 通信程序

a) 主站程序

图 4-12　两组流水灯正反向运行 **PLC** 控制的 **Modbus RTU** 通信程序（续一）

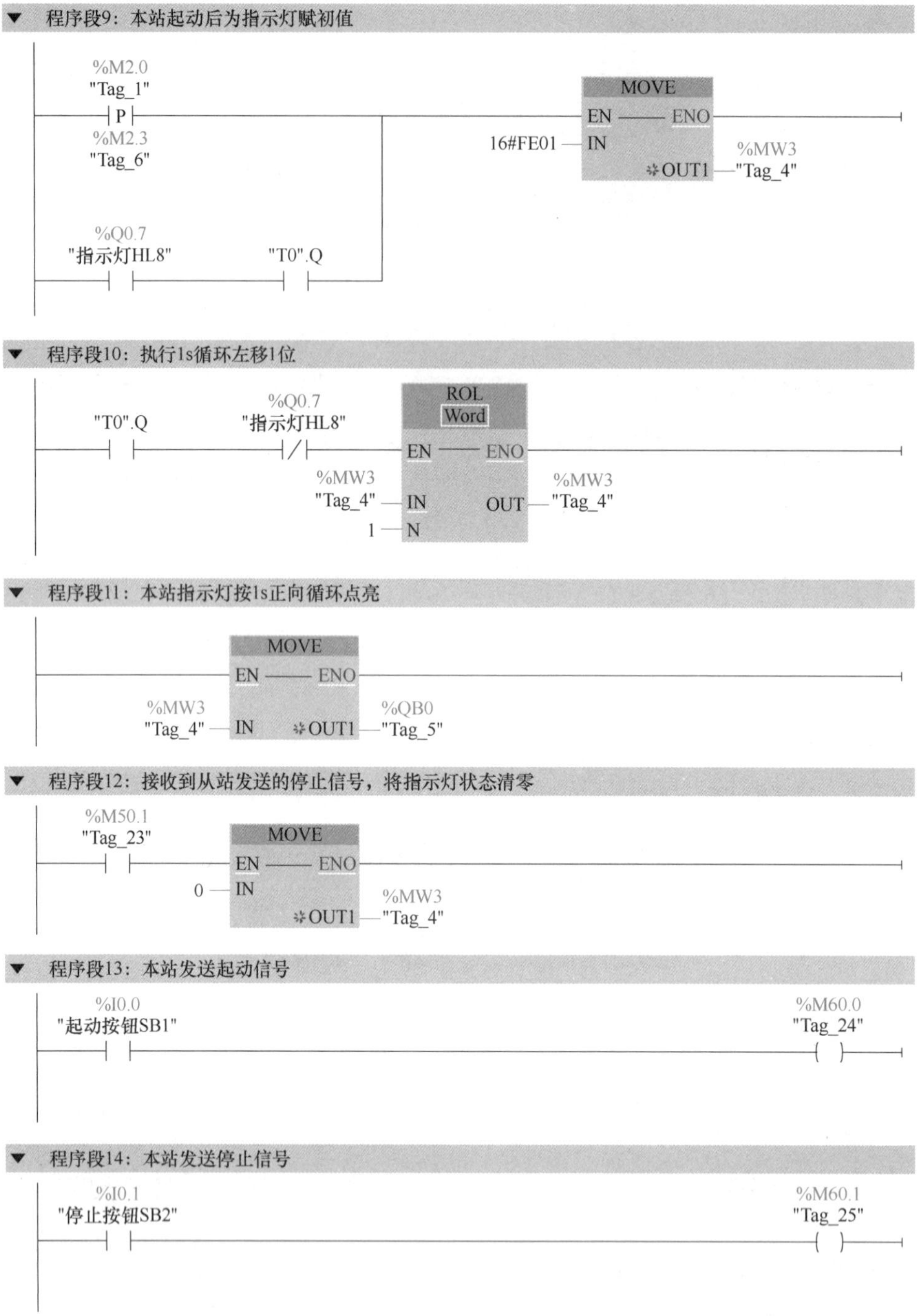

▼ 程序段9：本站起动后为指示灯赋初值

%M2.0 "Tag_1" P %M2.3 "Tag_6"
%Q0.7 "指示灯HL8" "T0".Q
MOVE EN ENO 16#FE01 IN OUT1 %MW3 "Tag_4"

▼ 程序段10：执行1s循环左移1位

"T0".Q %Q0.7 "指示灯HL8"
ROL Word EN ENO %MW3 "Tag_4" IN OUT %MW3 "Tag_4" 1 N

▼ 程序段11：本站指示灯按1s正向循环点亮

MOVE EN ENO %MW3 "Tag_4" IN OUT1 %QB0 "Tag_5"

▼ 程序段12：接收到从站发送的停止信号，将指示灯状态清零

%M50.1 "Tag_23"
MOVE EN ENO 0 IN OUT1 %MW3 "Tag_4"

▼ 程序段13：本站发送起动信号

%I0.0 "起动按钮SB1" %M60.0 "Tag_24"

▼ 程序段14：本站发送停止信号

%I0.1 "停止按钮SB2" %M60.1 "Tag_25"

a) 主站程序

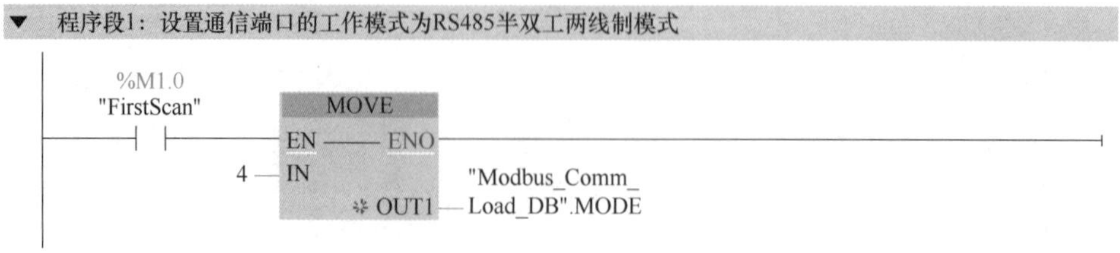

▼ 程序段1：设置通信端口的工作模式为RS485半双工两线制模式

%M1.0 "FirstScan"
MOVE EN ENO 4 IN OUT1 "Modbus_Comm_Load_DB".MODE

b) 从站程序

图 4-12 两组流水灯正反向运行 PLC 控制的 Modbus RTU 通信程序（续二）

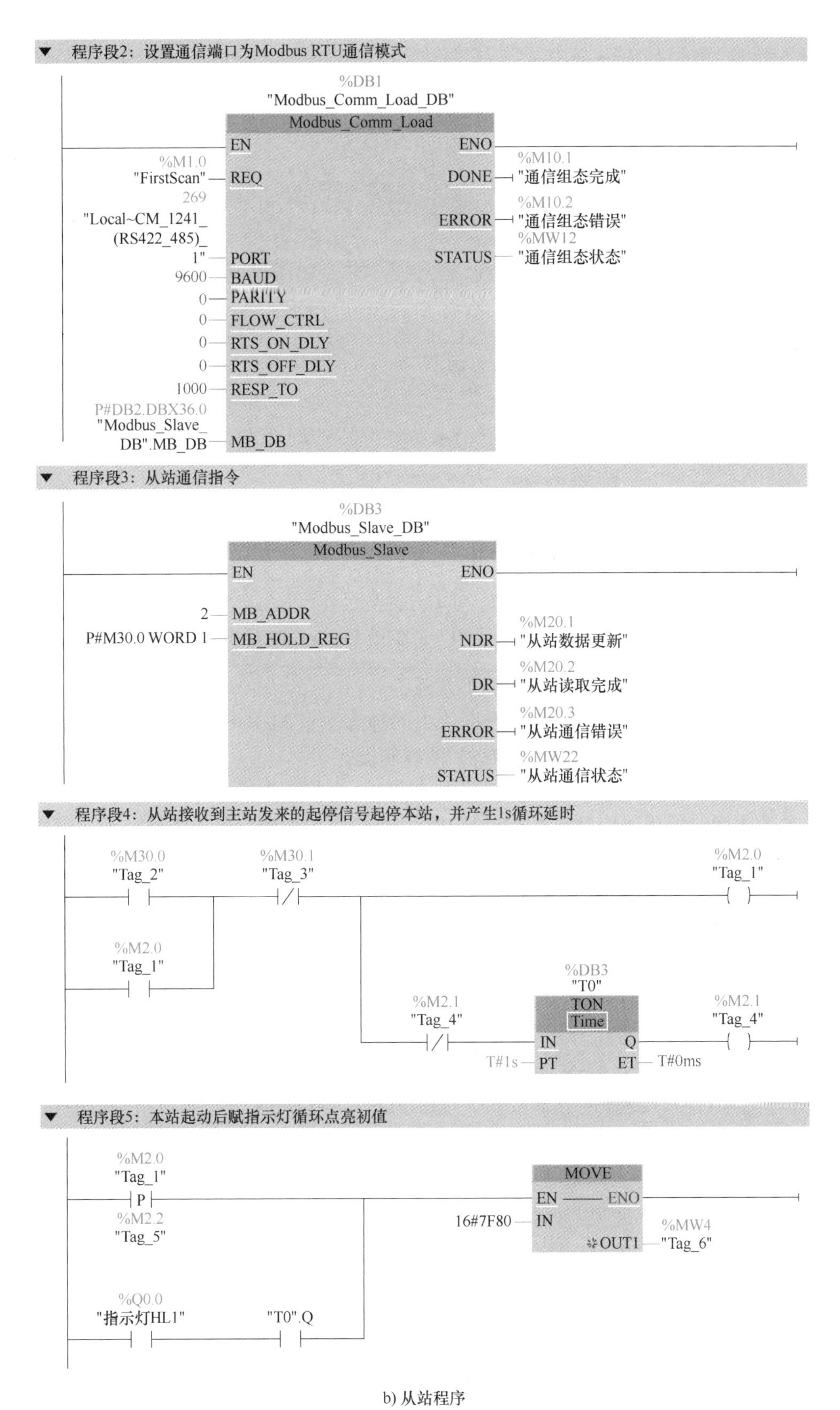

b) 从站程序

图 4-12　两组流水灯正反向运行 PLC 控制的 **Modbus RTU** 通信程序（续三）

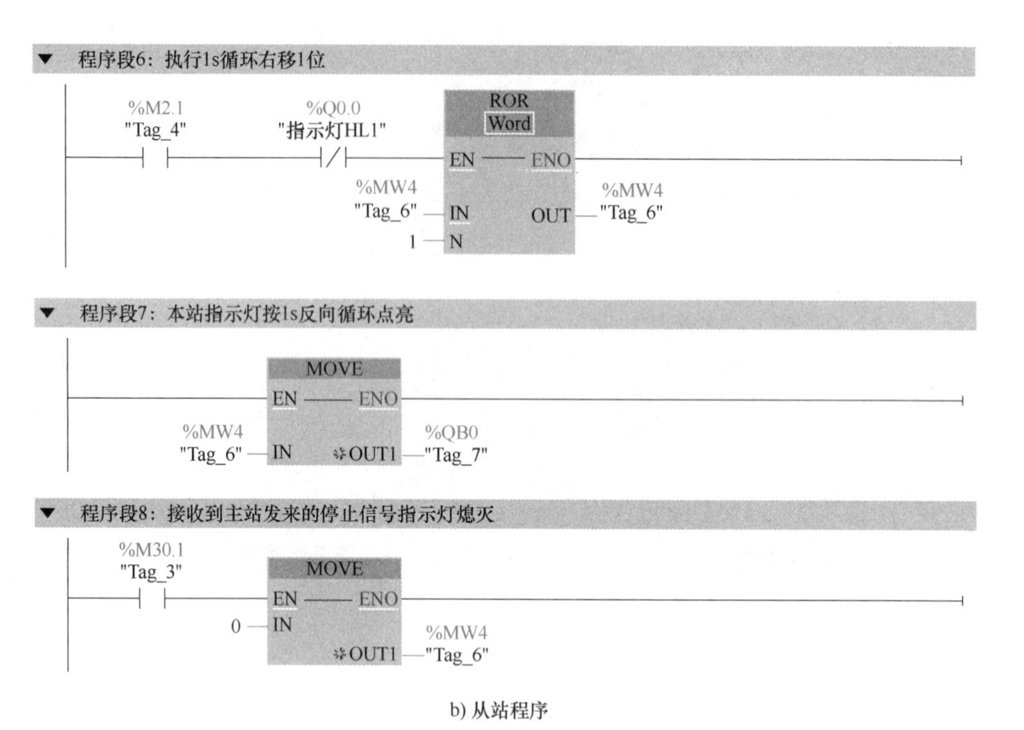

b) 从站程序

图 4-12　**两组流水灯正反向运行 PLC 控制的 Modbus RTU 通信程序**（续四）

在使用 Modbus RTU 通信时应注意以下几点：

1）Modbus_Comm_Load 指令背景数据块中的静态变量 MODE 用于描述通信模块的工作方式，设置为数值 4，表示半双工（RS485）两线制模式。

2）Modbus_Master 指令因错误而终止后，ERROR 为将变为 1 并保持一个扫描周期，并且 STATUS 参数中的错误代码值仅在 ERROR=1 的一个扫描周期内有效，因此，无法通过程序或监控表查看错误的状态，可采用编程方式将 ERROR 和 STATUS 参数读出。

3）Modbus RTU 通信是主 - 从协议，主站在同一时刻只能发起一个 Modbus_Master 指令请求。当需要调用多个 Modbus_Master 指令时，Modbus_Master 指令之间需要采用轮询方式调用，并且多个 Modbus_Master 指令需要使用同一个背景数据块。

7. 调试运行

将设备组态及两单元程序分别下载到 PLC_1、PLC_2 的 CPU 中，按图 4-9 进行两台 PLC 的 I/O 接线，并将两台 PLC 的通信模块用串行通信线连接起来。启动 CPU，将 CPU 切换至 RUN 模式，按下 PLC_1 对应的起动按钮，观察 PLC_2 控制的 8 盏指示灯是否反向每隔 1s 依次循环点亮，若按下 PLC_1 对应的停止按钮，PLC_2 控制的流水灯立即熄灭。按下 PLC_2 对应的起动按钮，观察 PLC_1 控制的 8 盏指示灯是否正向每隔 1s 依次循环点亮，若按下 PLC_2 对应的停止按钮，PLC_1 控制的流水灯立即熄灭。若上述运行现象与控制要求完全相同，则说明本任务实现。否则需进一步调试，直至实现控制要求。

（四）分析与思考

1）在图 4-12 中，两台 PLC 在实现 Modbus RTU 通信过程中，主站程序中的 Modbus_Master 指令是如何进行轮询的？

2）在图 4-12 中，主站程序中 Modbus_Master 指令使用的是同一背景数据块？分别使用两个背景数据块可以吗？

3）若本任务中两台 PLC 控制的是两组跑马灯正反向运行，程序中 MW3、MW4 的初始值应该是多少？

四、任务考核

任务实施考核见表 4-12。

表 4-12　任务实施考核表

序号	考核内容	考核要求	评分标准	配分	得分
1	电路及程序设计	（1）能正确分配 I/O 地址，并绘制 I/O 接线图 （2）设备组态 （3）根据控制要求，正确编制梯形图	（1）I/O 地址分配错或少，每个扣 5 分 （2）I/O 接线图设计不全或有错，每处扣 5 分 （3）CPU 组态、通信模块组态与现场设备型号不匹配，每项扣 10 分 （4）梯形图表达不正确或画法不规范，每处扣 5 分	40 分	
2	安装与连线	根据 I/O 接线图，正确连接电路	（1）接线每错一处，扣 5 分 （2）损坏元器件，每只扣 5~10 分 （3）损坏连接线，每根扣 5~10 分	20 分	
3	调试与运行	能熟练使用编程软件编制程序下载至 CPU，并按要求调试运行	（1）不能熟练使用编程软件进行梯形图的编辑、修改、转换、写入及监视，每项扣 2 分 （2）不能按照控制要求完成相应的功能，每项扣 5 分	20 分	
4	安全文明操作	确保人身和设备安全	违反安全文明操作规程，扣 10~20 分	20 分	
合计				100 分	

五、知识拓展

（一）点对点通信指令及通信程序的轮询结构

1. 点对点通信指令

在指令窗格中依次单击“通信”→“通信处理器”→“点到点”选项，打开点到点指令列表，如图 4-13 所示。

在程序编辑器中，每条指令块拖拽到程序编辑区时将自动分配背景数据块，背景数据块的名称可自行修改，背景数据块的编号可以手动或自动分配。点对点通信指令中 SEND_PTP 指令和 RCV_PTP 指令是常用的指令，下面分别介绍。

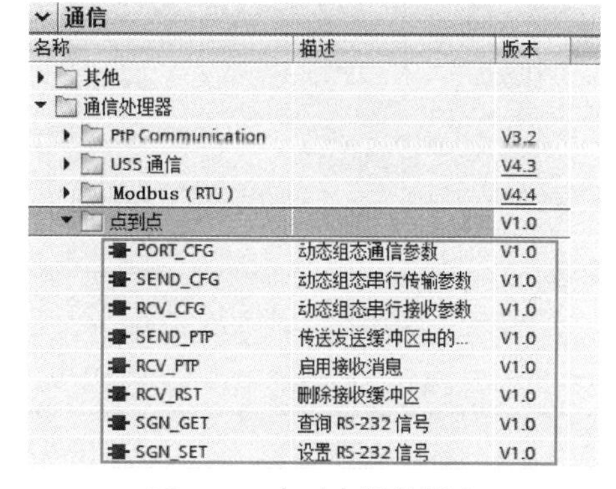

图 4-13　点对点通信指令

（1）SEND_PTP 指令　使用 SEND_PTP 指令启动数据传输。发送缓冲区中的数据传输到相关点对点通信模块（CM）。SEND_PTP 指令不执行数据的实际传输，由 CM 来执行实际传输。SEND_PTP 指令的格式及输入 / 输出端子参数的说明见表 4-13。

（2）RCV_PTP 指令　使用 RCV_PTP 指令可启用已发送消息的接收。必须单独启用每条消息。只有相关通信伙伴确认消息后，发送的数据才会传送到接收区中。RCV_PTP 指令的格式及输入 / 输出端子参数的说明见表 4-14。

表 4-13 SEND_PTP 指令的格式及输入 / 输出端子参数的说明

LAD/FBD	参数	数据类型	说明
%DB1 "SEND_PTP_DB" SEND_PTP EN ENO REQ DONE PORT ERROR BUFFER STATUS LENGTH PTRCL	EN	Bool	使能输入
	REQ	Bool	在该使能输入的上升沿启用所请求的传输。缓冲区中的内容传输到点对点通信模块（CM）
	PORT	Port	串行通信模块的硬件标识符
	BUFFER	Variant	指向发送缓冲区起始地址的指针。不支持布尔值或 Array of Bool
	LENGTH	UInt	发送缓冲区的长度（发送的消息帧中包含多少字节的数据）
	PTRCL	Bool	此参数选择使用正常的点对点通信缓冲区还是在连接的 CM 中执行的特定 Siemens 协议缓冲区 FALSE 为由用户程序控制的点对点操作（仅有效选项）
	ENO	Bool	使能输出
	DONE	Bool	状态参数，可为以下值： 0 表示作业尚未启动或仍在执行 1 表示作业已执行，且无任何错误
	ERROR	Bool	状态参数，可为以下值： 0 表示无错误 1 表示出现错误
	STATUS	Word	执行指令操作的状态

表 4-14 RCV_PTP 指令的格式及输入 / 输出端子参数的说明

LAD/FBD	参数	数据类型	说明
%DB2 "RCV_PTP_DB" RCV_PTP EN ENO EN_R NDR PORT ERROR BUFFER STATUS LENGTH	EN	Bool	使能输入
	EN_R	Bool	接收请求，当此输入端为“1”时，检测通信模块接收的信息，如果成功接收则将接收的数据传送到 CPU
	PORT	Port	串行通信模块的硬件标识符
	BUFFER	Variant	指向接收缓冲区的起始地址。请勿在接收缓冲区中使用 STRING 类型的变量
	ENO	Bool	使能输出
	NDR	Bool	状态参数，可为以下值： 0 表示作业尚未启动或仍在执行 1 表示作业已执行，且无任何错误
	ERROR	Bool	状态参数，可为以下值： 0 表示无错误 1 表示出现错误
	STATUS	Word	执行指令操作的状态
	LENGTH	UInt	接收缓冲区中消息的长度（接收的消息帧中包含多少字节的数据）

所有的 PTP 指令的操作是异步的，用户程序可以使用轮询方式确认发送和接收的状态，这两条指令可以同时执行。通信模块发送和接收报文的缓冲区最大为 1024B。

2. 通信程序的轮询结构

由于点对点通信采用的是半双工通信方式，发送和接收不能同时执行，因此，在实现点对点通信时，必须周期性调用 S7-1200 PLC 的点对点通信指令，检查接收的通信报文，下面是主站的典型轮询顺序。

1）在 SEND_PTP 指令的 REQ 信号的上升沿，启动发送过程。

2）继续执行 SEND_PTP 指令，完成报文的发送。

3）SEND_PTP 指令的输出位 DONE 为“1”时，指示发送完成，用户程序可以准备接收从站返回的响应报文。

4）反复执行 RCV_PTP 指令，模块接收到响应报文后，RCV_PTP 指令的输出位 NDR 为“1”，指示已接收到新数据。

5）用户程序处理响应报文。

6）返回第 1 步，重复上述循环。

从站的典型轮序顺序如下。

1）在 OB1 中调用 RCV_PTP 指令。

2）模块接收到请求报文后，RCV_PTP 指令的输出位 DONE 为“1”，指示新数据已准备就绪。

3）用户程序处理请求报文，并生成响应报文。

4）用 SEND_PTP 指令将响应报文发送给主站。

5）反复执行 SEND_PTP 指令，确保发送完成。

6）返回第 1 步，重复上述循环。

从站的等待响应时间中，必须尽量频繁地调用 RCV_PTP 指令，以便能够在主站超时之前接收来自主站的发送。

可以在循环中断 OB 中调用，但是循环时间间隔不能太长，应保证在主站的超时时间内执行两次 RCV_PTP 指令。

（二）应用举例

两台 S7-1200 PLC 之间点对点通信，控制要求如下：在 PLC_1 上按下正向起动按钮，PLC_2 控制的三相异步电动机正向起动运行，若按下 PLC_1 上的反向起动按钮，则 PLC_2 控制的三相异步电动机反向起动运行，运行过程中，若按下 PLC_1 上停止按钮，则三相异步电动机停止运行。如果在 PLC_2 上按下起动按钮，那么 PLC_1 控制的三相异步电动机首先以Y联结减压起动，10s 后进入△联结全压运行，运行过程中，若按下 PLC_2 上的停止按钮，则三相异步电动机停止运行。

1. I/O 地址分配

根据控制要求确定 I/O 点数，两台 PLC I/O 地址分配见表 4-15。

表 4-15　PLC_1、PLC_2 I/O 地址分配表

信号类型	分类					
	PLC_1			PLC_2		
	设备名称	符号	I（Q）元件地址	设备名称	符号	I（Q）元件地址
输入	正向起动按钮	SB1	I0.0	起动按钮	SB1	I0.0
	反向起动按钮	SB2	I0.1	停止按钮	SB2	I0.1
	停止按钮	SB3	I0.2	热继电器	FR	I0.2
	热继电器	FR	I0.3			
输出	控制电源接触器	KM1	Q0.0	正向交流接触器	KM1	Q0.0
	△联结接触器	KM2	Q0.1	反向交流接触器	KM2	Q0.1
	Y联结接触器	KM3	Q0.2			

2. 创建工程项目

打开博途编程软件，在 Portal 视图中，单击选择“创建新项目”选项，输入项目名称为“点对点通信”，选择项目保存路径，然后单击“创建”按钮，创建项目完成。

3. 硬件组态

进入项目视图，按照前面介绍的方法，添加设备名称为 PLC_1 的设备 CPU 1214C AC/DC/Rly 和点对点通信模块 CM1241 RS422/485，并完成通信端口的组态，配置通信模块接口参数为：波特率 =9.6kbit/s，奇偶校验 = 无，数据位 =8 位 / 字符，停止位 =1 位，其他保持默认设置；按相同的方法添加设备名称为 PLC_2 的设备 CPU 1214C AC/DC/Rly 和点对点通信模块 CM1241 RS422/485，并配置相同的通信模块接口参数；启用系统存储字节 MB1，组态完成后分别对其进行编译和保存。

4. 添加数据块

在项目树中，单击“PLC_1”下“程序块”文件夹前下拉按钮 ▶，在打开的“程序块”文件夹中双击“添加新块”选项，弹出“添加新块”对话框，如图 4-14 所示，单击“数据块”按钮，设置数据块名称为“DB1”，手动修改数据块的编号为“10”，然后单击“确定”按钮，生成数据块 DB1 [DB10]。然后用鼠标右键单击新生成的数据块 DB1 [DB10]，在弹出的下拉列表选项中单击“属性”选项，在弹出的“属性”对话框中，单击“常规”选项卡下的“属性”选项，取消勾选“优化的块访问”复选框，便弹出“优化的块访问”对话框，单击该对话框中的“确定”按钮，再单击“属性”对话框中的“确定”按钮。这样对该数据块中的数据访问就可采用绝对地址寻址，否则不能建立通信，如图 4-15 所示。用同样的方法为 PLC_2 添加数据块 DB1 [DB20]，并取消勾选“优化的块访问”。在数据块 DB1 [DB10]、DB1 [DB20] 中分别创建数组 LTKZ_S [0..2]、LTKZ_R [0..1] 和 LTKZ_S [0..1]、LTKZ_R [0..2]，数据类型均为 Byte，如图 4-16 所示。然后对设置参数进行编译和保存。

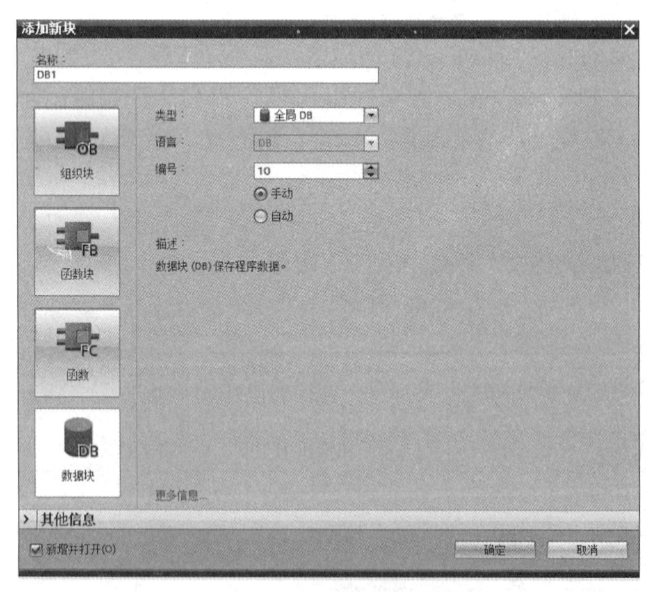

图 4-14 添加新块 - 数据块

5. 编写程序

在项目树中，分别打开 PLC_1 和 PLC_2 下“程序块”文件夹，双击“Main [OB1]”分别在程序编辑区编写 PLC_1、PLC_2 梯形图，如图 4-17 所示。

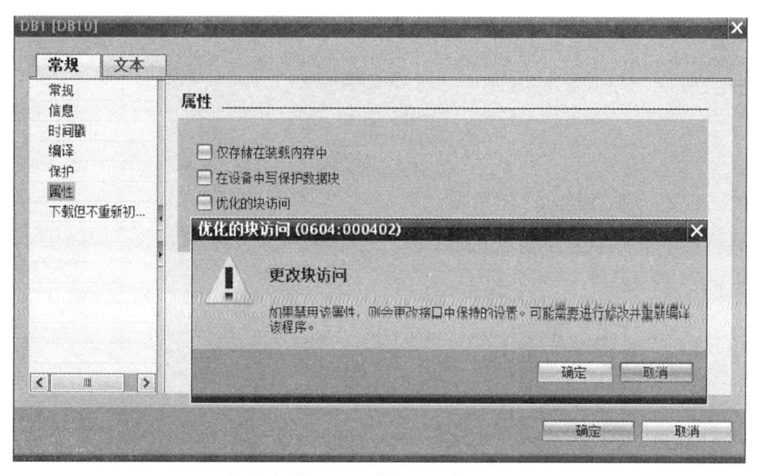

图 4-15　将数据块 **DB1［DB10］**设置为绝对寻址

点对点通信 ▸ PLC_1 [CPU 1214C AC/DC/Rly] ▸ 程序块 ▸ DB1 [DB10]

保持实际值　快照　将快照值复制到起始值中

DB1

	名称	数据类型	偏移量	起始值	保持	可从 HMI/...
1	▼ Static				☐	☐
2	▼ LTKZ_S	Array[0..2] of Byte	0.0		☐	☑
3	LTKZ_S[0]	Byte	0.0	16#0	☐	☑
4	LTKZ_S[1]	Byte	1.0	16#0	☐	☑
5	LTKZ_S[2]	Byte	2.0	16#0	☐	☑
6	▼ LTKZ_R	Array[0..1] of Byte	4.0		☐	☑
7	LTKZ_R[0]	Byte	4.0	16#0	☐	☑
8	LTKZ_R[1]	Byte	5.0	16#0	☐	☑

a) PLC_1数据块

点对点通信 ▸ PLC_2 [CPU 1214C AC/DC/Rly] ▸ 程序块 ▸ DB1 [DB20]

保持实际值　快照　将快照值复制到起始值中

DB1

	名称	数据类型	偏移量	起始值	保持	可从 HMI/...
1	▼ Static				☐	☐
2	▼ LTKZ_S	Array[0..1] of Byte	0.0		☐	☑
3	LTKZ_S[0]	Byte	0.0	16#0	☐	☑
4	LTKZ_S[1]	Byte	1.0	16#0	☐	☑
5	▼ LTKZ_R	Array[0..2] of Byte	2.0		☐	☑
6	LTKZ_R[0]	Byte	2.0	16#0	☐	☑
7	LTKZ_R[1]	Byte	3.0	16#0	☐	☑
8	LTKZ_R[2]	Byte	4.0	16#0	☐	☑

b) PLC_2数据块

图 4-16　两台 **S7-1200 PLC** 之间的点对点通信数据块

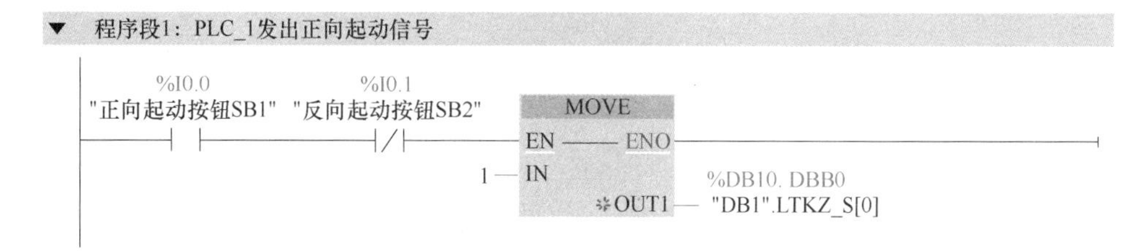

a) PLC_1程序

图 4-17　两台 **S7-1200 PLC** 之间的点对点通信程序

▼ 程序段2：PLC_1发出反向起动信号

%I0.1 "反向起动按钮SB2" %I0.0 "正向起动按钮SB1"
MOVE
EN — ENO
1 — IN
OUT1 — %DB10.DBB1 "DB1".LTKZ_S[1]

▼ 程序段3：PLC_1发出停止信号

%I0.2 "停止按钮SB3"
MOVE
EN — ENO
1 — IN
OUT1 — %DB10.DBB2 "DB1".LTKZ_S[2]

▼ 程序段4：设置发送数据长度

%M1.0 "FirstScan"
MOVE
EN — ENO
3 — IN
OUT1 — %MW4 "Tag_3"

▼ 程序段5：PLC_1向PLC_2发送正、反向起动及停止数据

%DB1 "SEND_PTP_DB"
SEND_PTP
EN ENO
%M1.0 "FirstScan" — REQ
%M2.7 "Tag_6" P %M10.2 "Tag_7"
269 "Local~CM_1241_(RS422_485)_1" — PORT
P#DB10.DBX0.0 "DB1".LTKZ_S — BUFFER
%MW4 "Tag_3" — LENGTH
False — PTRCL
DONE — %M2.1 "Tag_4"
ERROR — %M2.2 "Tag_5"
STATUS — %MW6 "Tag_1"

▼ 程序段6：PLC_1启动接收轮询操作，并将起停信号清零

%M2.1 "Tag_4" P %M3.0 "Tag_16"
%M2.4 "Tag_9" (S)
%M2.7 "Tag_6" (R)
MOVE
EN — ENO
0 — IN
OUT1 — %DB10.DBB0 "DB1".LTKZ_S[0]
OUT2 — %DB10.DBB1 "DB1".LTKZ_S[1]
OUT3 — %DB10.DBB2 "DB1".LTKZ_S[2]

a) PLC_1程序

图 4-17 两台 S7-1200 PLC 之间的点对点通信程序（续一）

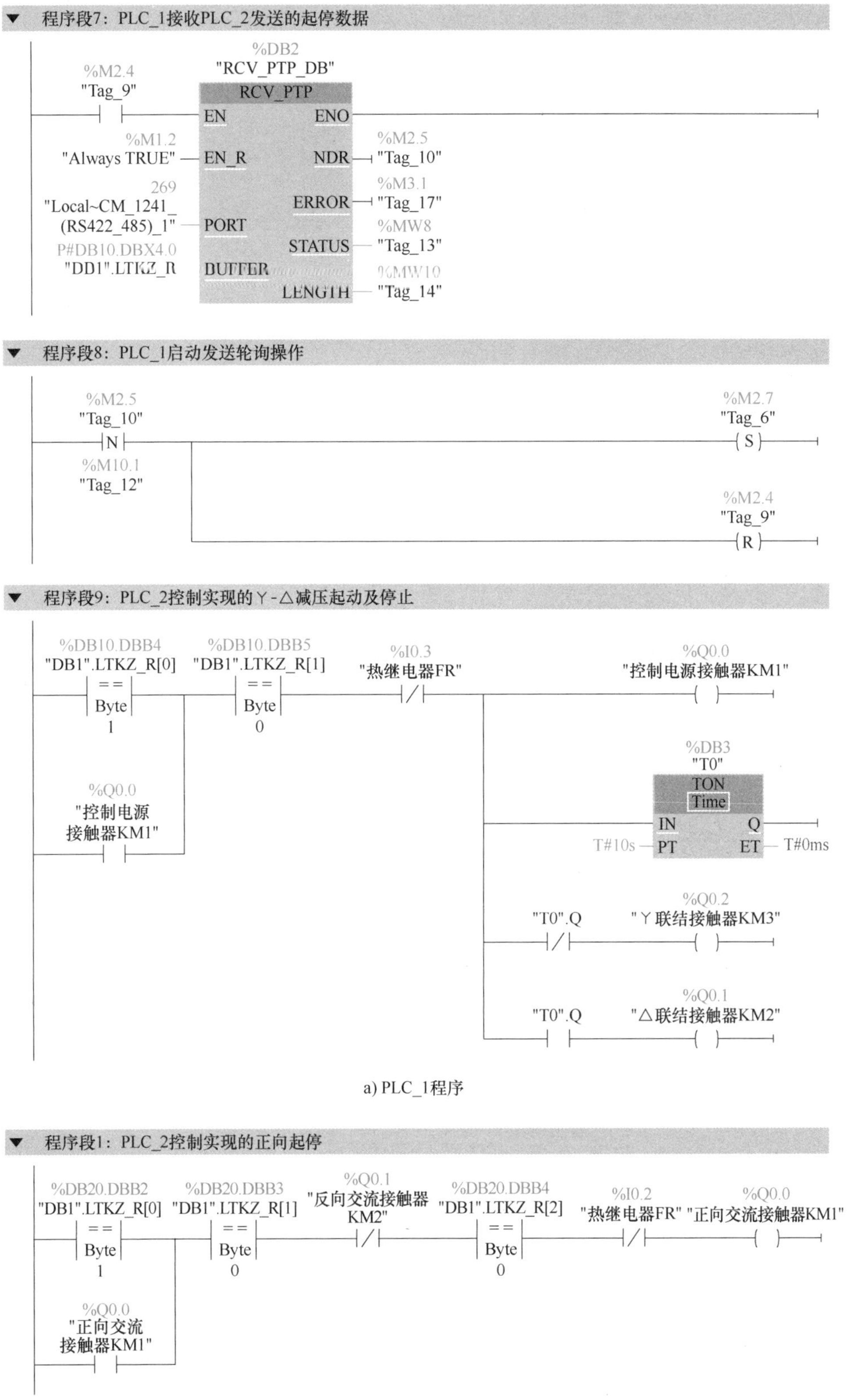

▼ 程序段7：PLC_1接收PLC_2发送的起停数据

%DB2 "RCV_PTP_DB" RCV_PTP
%M2.4 "Tag_9" — EN ENO
%M1.2 "Always TRUE" — EN_R NDR — %M2.5 "Tag_10"
269 "Local~CM_1241_(RS422_485)_1" — PORT ERROR — %M3.1 "Tag_17"
STATUS — %MW8 "Tag_13"
P#DB10.DBX4.0 "DB1".LTKZ_R — BUFFER
LENGTH — %MW10 "Tag_14"

▼ 程序段8：PLC_1启动发送轮询操作

%M2.5 "Tag_10" —|N|— %M10.1 "Tag_12"
%M2.7 "Tag_6" (S)
%M2.4 "Tag_9" (R)

▼ 程序段9：PLC_2控制实现的Y-△减压起动及停止

%DB10.DBB4 "DB1".LTKZ_R[0] == Byte 1
%Q0.0 "控制电源接触器KM1"
%DB10.DBB5 "DB1".LTKZ_R[1] == Byte 0
%I0.3 "热继电器FR"
%Q0.0 "控制电源接触器KM1" ( )
%DB3 "T0" TON Time
IN Q
T#10s — PT ET — T#0ms
"T0".Q —|/|— %Q0.2 "Y联结接触器KM3" ( )
"T0".Q —| |— %Q0.1 "△联结接触器KM2" ( )

a) PLC_1程序

▼ 程序段1：PLC_2控制实现的正向起停

%DB20.DBB2 "DB1".LTKZ_R[0] == Byte 1
%Q0.0 "正向交流接触器KM1"
%DB20.DBB3 "DB1".LTKZ_R[1] == Byte 0
%Q0.1 "反向交流接触器KM2" —|/|—
%DB20.DBB4 "DB1".LTKZ_R[2] == Byte 0
%I0.2 "热继电器FR" —|/|—
%Q0.0 "正向交流接触器KM1" ( )

b) PLC_2程序

图 4-17 两台 S7-1200 PLC 之间的点对点通信程序（续二）

▼ 程序段2：PLC_2控制实现的反向起停

%DB20.DBB3 "DB1".LTKZ_R[1] == Byte 1
%DB20.DBB2 "DB1".LTKZ_R[0] == Byte 0
%Q0.0 "正向交流接触器KM1"
%DB20.DBB4 "DB1".LTKZ_R[2] == Byte 0
%I0.2 "热继电器FR"
%Q0.1 "反向交流接触器KM2"
%Q0.1 "反向交流接触器KM2"

▼ 程序段3：PLC_2发出起动信号

%I0.0 "起动按钮SB1"
MOVE
EN — ENO
1 — IN
OUT1 — %DB20. DBB0 "DB1".LTKZ_S[0]

▼ 程序段4：PLC_2发出停止信号

%I0.1 "停止按钮SB2"
MOVE
EN — ENO
1 — IN
OUT1 — %DB20. DBB1 "DB1".LTKZ_S[1]

▼ 程序段5：设置发送数据长度

%M1.0 "FirstScan"
MOVE
EN — ENO
2 — IN
OUT1 — %MW4 "Tag_6"

▼ 程序段6：PLC_2接收PLC_1发送的正、反向起动及停止数据

%DB1 "RCV_PTP_DB"
RCV_PTP
%M2.4 "Tag_3" — EN
%M1.2 "Always TRUE" — EN_R
269 "Local~CM_1241_(RS422_485)_1" — PORT
P#DB20.DBX2.0 "DB1".LTKZ_R — BUFFER
ENO
NDR — %M2.5 "Tag_4"
ERROR — %M2.6 "Tag_5"
STATUS — %MW6 "Tag_1"
LENGTH — %MW8 "Tag_7"

▼ 程序段7：PLC_2启动发送轮询

%M2.5 "Tag_4" N %M3.0 "Tag_13"
%M2.4 "Tag_3" S

b) PLC_2程序

图 4-17 两台 S7-1200 PLC 之间的点对点通信程序（续三）

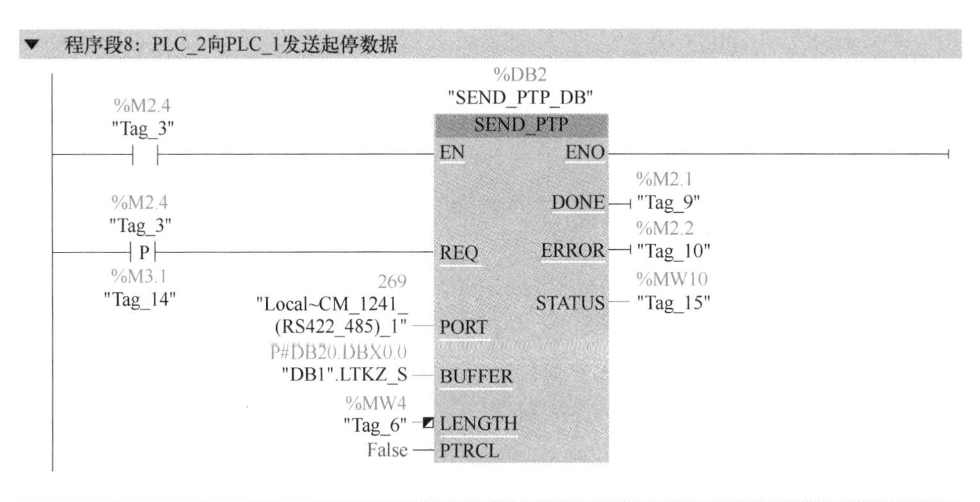

程序段9：PLC_2启动接收轮询，并将起停信号清零

%M2.1 "Tag_9"　　%M2.4 "Tag_3" (R)

MOVE：EN　ENO；0 — IN；OUT1 — %DB20.DBB0 "DB1".LTKZ_S[0]；OUT2 — %DB20.DBB1 "DB1".LTKZ_S[1]

b) PLC_2程序

图 4-17　两台 S7-1200 PLC 之间的点对点通信程序（续四）

六、任务总结

本任务主要介绍了 S7-1200 PLC 串行通信的基本知识、Modbus RTU 通信的通信组态及编程应用。在此基础上以两组流水灯正反向运行 PLC 控制的 Modbus RTU 通信为载体，进行了硬件组态、通信连接、程序编制、下载及调试运行的任务实施，达到会使用串行通信的目标。最后以两台 S7-1200 PLC 之间的点对点通信为例，介绍了点对点通信的编程应用。

任务二　两台三相异步电动机反向运行 PLC 控制的 TCP 通信

一、任务导入

S7-1200 PLC 除了通过扩展通信板或扩展通信模块实现串行通信外，其本体上集成的 PROFINET 接口可以支持 TCP、ISO on TCP、S7 通信。本任务以两台三相异步电动机反向运行 PLC 控制的 TCP 通信为例，来介绍 S7-1200 PLC TCP 通信的相关知识及编程应用。

二、知识链接

（一）以太网通信简介

工业以太网是在以太网技术和 TCP/IP 技术的基础上开发的一种工业网络，在技术上与商业以太网（即 IEEE802.3 标准）兼容，是对商业以太网技术通信实时性和工业应用环境等进行改进，并添加了一些控制应用功能后形成的。

S7-1200 PLC 本体上集成一个或两个以太网（PROFINET）接口，其中 CPU 1211C、CPU 1212C 和 CPU 1214C 集成了一个以太网口，CPU 1215C 和 CPU 1217C 集成了两个以太网口，两个以太网口共用一个 IP 地址，它们既可以作为编程下载接口，又可作为以太网通信接口，该接口支持的通信协议及服务包括：TCP、ISO on TCP、S7 通信等。目前 S7-1200 PLC 只支持 S7 通信的服务器端，还不支持客户端的通信。

1. S7-1200 PLC 以太网口的连接方式

S7-1200 PLC 以太网（PROFINET）接口有两种连接方法：直接连接和交换机连接。

（1）直接连接　当一个 S7-1200 CPU 与一个编程设备、HMI 或是其他 PLC 通信时，也就是说只有两个通信设备时，可以实现直接通信。直接连接不需要使用交换机，用网线直接连接两个设备即可，如图 4-18 所示。

图 4-18　PLC 之间直接以太网连接

（2）交换机连接　当两个以上的 CPU 或 HMI 设备连接时，需要增加以太网交换机。使用安装在机架上的 CSM1277 4 端口以太网交换机来连接多个 CPU 和 HMI 设备，如图 4-19 所示。CSM1277 交换机是即插即用的，使用前不需要做任何设置。

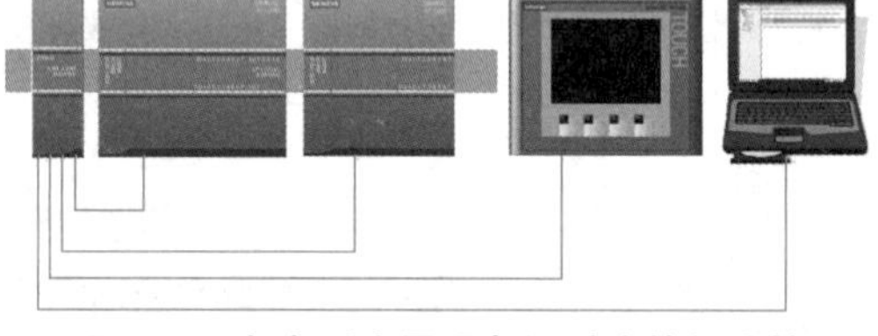

图 4-19　多台以太网设备通过交换机连接

2. 通信服务

S7-1200 PLC 通过以太网接口可以支持非实时和实时通信。非实时通信包括 PG 通信、HMI 通信、S7 通信、开放式用户通信和 Modbus TCP 通信等，实时通信包括 PROFINET 通信，通信服务见表 4-16。

表 4-16　S7-1200 PLC 以太网接口的通信服务

通信服务	功能	使用以太网接口
PG 通信	调试、测试、诊断	√
HMI 通信	操作员控制和监视	√
PROFINET 通信	I/O 控制器和 I/O 设备之间的数据交换	√
S7 通信	使用已组态连接交换数据	√
Modbus TCP 通信	使用 Modbus TCP 协议通过工业以太网交换数据	√
开放式用户通信	使用 TCP/IP、ISO on TCP、UDP 协议通过工业以太网交换数据	√

注：√表示支持。

3. 通信连接资源

S7-1200 PLC 以太网接口分配给每个通信服务的最大连接资源数为固定值，但可组态 6 个“动态连接”，在 CPU 硬件组态的“属性”→“常规”→“连接资源”中可以查看，如图 4-20 所示。

例如：S7-1200 PLC 具有 12 个 HMI 连接资源，根据使用的 HMI 类型或型号以及使用的 HMI 功能，每个 HMI 实际可能使用的连接资源为 1 个、2 个或 3 个，所以可以使用 4 个以上的 HMI 同时连接 S7-1200 CPU。

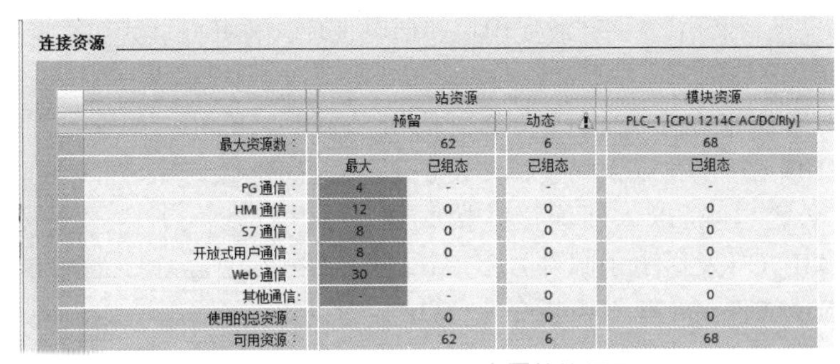

连接资源

	站资源			模块资源
	预留		动态	PLC_1 [CPU 1214C AC/DC/Rly]
最大资源数：	62		6	68
	最大	已组态	已组态	已组态
PG 通信：	4	-	-	-
HMI 通信：	12	0	0	0
S7 通信：	8	0	0	0
开放式用户通信：	8	0	0	0
Web 通信：	30	-	-	-
其他通信：	-	-	0	0
使用的总资源：		0	0	0
可用资源：		62	6	68

图 4-20　S7-1200 PLC 以太网的连接资源

（二）开放式用户通信简介

开放式用户通信（OUC 通信）是基于以太网进行数据交换的协议，适用于 PLC 之间通信、PLC 与第三方设备、PLC 与高级语言等进行数据交换。开放式用户通信有以下通信连接方式：

1）TCP 通信方式。该通信方式支持 TCP/IP 的开放式数据通信。TCP/IP 采用面向数据流的数据传送，发送的长度最好是固定的。如果长度发生变化，在接收区需要判断数据流的开始和结束位置，比较烦琐，并且需要考虑到发送和接收的时序问题。

2）ISO on TCP 通信方式。由于 ISO 不支持以太网路由，因而西门子应用 RFC1006 将 ISO 映射到 TCP 上，实现网络路由。

3）UDP 通信方式。该通信连接属于 OSI 模型第四层协议，支持简单数据传输，数据无须确认，与 TCP 通信相比，UDP 没有连接。

S7-1200 CPU 通过集成的以太网接口用于开放式用户通信连接，通过调用发送（TSEND_C）指令和接收（TRCV_C）指令进行数据交换。通信方式为双边通信，因此，两台 S7-1200 PLC 之间进行开放式以太网通信，TSEND_C 和 TRCV_C 指令必须成对出现。

（三）开放式用户通信指令

S7-1200 PLC 的以太网通信通过用开放式以太网通信指令块 T-block 实现，所有 T-block 通信指令必须在 OB1 中调用。通信时，需调用 T-block 通信指令并配置两个 CPU 之间的连接参数，定义数据发送或接收信息的参数。S7-1200 PLC 有两套通信指令：不带连接管理的通信指令和带连接管理的通信指令，分别见表 4-17、表 4-18。

表 4-17　不带连接管理的通信指令

指令	功能
TCON	建立以太网连接
TDISON	断开以太网连接
TSEND	发送数据
TRCV	接收数据

表 4-18　带连接管理的通信指令

指令	功能
TSEND_C	建立以太网连接并发送数据
TRCV_C	建立以太网连接并接收数据

实际上 TSEND_C 指令实现的是 TCON、TDISON 和 TSEND 三条指令综合的功能，而 TRCV_C 指令实现的是 TCON、TDISON 和 TRCV 三条指令综合的功能。

在指令窗格选择“通信”→“开放式用户通信”选项，打开开放式用户通信指令列表，如图 4-21 所示。

开放式用户通信指令主要包括三条通信指令，分别为 TSEND_C（建立以太网连接并发送数据）指令、TRCV_C（建立以太网连接并接收数据）指令和 TMAIL_C（发送电子邮件）指令，还包括一个其他指令文件夹（有六条指令）。其中，TSEND_C 指令、TRCV_C 指令、TSEND（通过通信连接发送数据）指令和 TRCV（通过通信连接接收数据）指令是常用指令，下面进行详细说明。

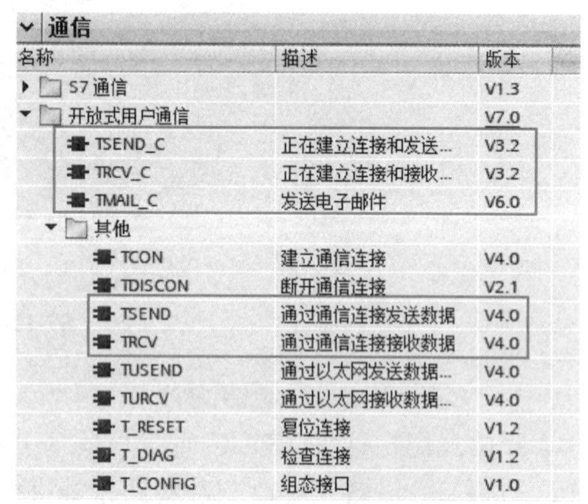

图 4-21 开放式用户通信指令

1. TSEND_C 指令

使用 TSEND_C 指令设置并建立通信连接，CPU 会自动保持和监视该连接。该指令异步执行，先设置并建立通信连接，然后通过现有的通信连接发送数据，最后终止或重置通信连接。TSEND_C 指令的格式及输入 / 输出端子参数的说明见表 4-19。

表 4-19 TSEND_C 指令的格式及输入 / 输出端子参数的说明

LAD/FBD	参数	数据类型	说明
%DB1 "TSEND_C_DB" TSEND_C EN ENO REQ DONE CONT BUSY LEN ERROR CONNECT STATUS DATA ADDR COM_RST	EN	Bool	使能输入
	REQ	Bool	在上升沿时执行该指令
	CONT	Bool	控制通信连接：0 表示断开通信连接；1 表示建立并保持通信连接
	LEN	UDInt	可选参数（隐藏）：要通过作业发送的最大字节数。如果在 DATA 参数中使用具有优化访问权限的发送区，LEN 参数值必须为“0”
	CONNECT	Variant	指向连接描述结构的指针：对于 TCP 或 UDP，使用 TCON_IP_v4 系统数据类型；对于 ISO on TCP，使用 TCON_IP_RFC 系统数据类型
	DATA	Variant	指向发送区的指针：该发送区包含要发送数据的地址和长度。传送结构时，发送端和接收端的结构必须相同
	ADDR	Variant	UDP 需使用的隐藏参数：此时，将包含指向系统数据类型 TADDR_Param 的指针。接收方的地址信息（IP 地址和端口号）将存储在系统数据类型为 TADDR_Param 的数据块中
	COM_RST	Bool	重置连接：可选参数（隐藏） 0 表示不相关；1 表示重置现有连接 COM_RST 参数通过 TSEND_C 指令进行求值后将被复位，因此不应静态互连
	ENO	Bool	使能输出
	DONE	Bool	状态参数：0 表示发送作业尚未启动或仍在进行；1 表示发送作业已成功执行。此状态将仅显示一个周期 如果在处理（连接建立、发送、连接终止）期间成功完成中间步骤且 TSEND_C 的执行成功完成，将置位 DONE
	BUSY	Bool	作业状态位：0 表示无正在处理的作业；1 表示作业正在处理
	ERROR	Bool	错误位：0 表示无错误；1 表示出现错误，错误原因查看 STATUS
	STATUS	Word	错误代码

2. TRCV_C 指令

使用 TRCV_C 指令设置并建立通信连接，CPU 会自动保持和监视该连接。该指令异步执行，先设置并建立通信连接，然后通过现有的通信连接接收数据。TRCV_C 指令的格式及输入 / 输出端子参数的说明见表 4-20。

表 4-20　TRCV_C 指令的格式及输入 / 输出端子参数的说明

<table>
<tr><th>LAD/FBD</th><th>参数</th><th>数据类型</th><th>说明</th></tr>
<tr><td rowspan="15">%DB1
"TRCV_C_DB"
TRCV_C
EN　ENO
EN_R　DONE
CONT　BUSY
LEN　ERROR
ADHOC　STATUS
CONNECT　RCVD_LEN
DATA
ADDR
COM_RST</td><td>EN</td><td>Bool</td><td>使能输入</td></tr>
<tr><td>EN_R</td><td>Bool</td><td>启用接收的控制参数：为 1 时表示准备接收，处理接收作业</td></tr>
<tr><td>CONT</td><td>Bool</td><td>控制通信连接：0 表示断开通信连接；1 表示建立并保持通信连接</td></tr>
<tr><td>LEN</td><td>UDInt</td><td>要接收数据的最大长度。如果在 DATA 参数中使用具有优化访问权限的接收区，LEN 参数值必须为“0”</td></tr>
<tr><td>ADHOC</td><td>Bool</td><td>可选参数（隐藏），TCP 选项使用 ADHOC 模式</td></tr>
<tr><td>CONNECT</td><td>Variant</td><td>指向连接描述结构的指针：对于 TCP 或 UDP，使用结构 TCON_IP_v4；对于 ISO on TCP，使用结构 TCON_IP_RFC</td></tr>
<tr><td>DATA</td><td>Variant</td><td>指向接收区的指针：传送结构时，发送端和接收端的结构必须相同</td></tr>
<tr><td>ADDR</td><td>Variant</td><td>UDP 需使用的隐藏参数：此时，将包含指向系统数据类型 TADDR_Param 的指针。发送方的地址信息（IP 地址和端口号）将存储在系统数据类型为 TADDR_Param 的数据块中</td></tr>
<tr><td>COM_RST</td><td>Bool</td><td>重置连接：可选参数（隐藏）
0 表示不相关；1 表示重置现有连接
COM_RST 参数通过 TRCV_C 指令进行求值后将被复位，因此不应静态互连</td></tr>
<tr><td>ENO</td><td>Bool</td><td>使能输出</td></tr>
<tr><td>DONE</td><td>Bool</td><td>最后一个作业成功完成，立即将 DONE 置位为“1”</td></tr>
<tr><td>BUSY</td><td>Bool</td><td>作业状态位：0 表示无正在处理的作业；1 表示作业正在处理</td></tr>
<tr><td>ERROR</td><td>Bool</td><td>错误位：0 表示无错误；1 表示出现错误，错误原因查看 STATUS</td></tr>
<tr><td>STATUS</td><td>Word</td><td>错误代码</td></tr>
<tr><td>RCVD_LEN</td><td>UDInt</td><td>实际接收到的数据量（以字节为单位）</td></tr>
</table>

3. TSEND 指令

使用 TSEND 指令，可以通过现有通信连接发送数据。TSEND 指令为异步执行指令，用户使用参数 DATA 指定发送区，其中包括要发送数据的地址和长度。待发送的数据可以使用除 Bool 和 Array of Bool 外的所有数据类型。在参数 REQ 中检测到上升沿时执行发送作业。使用参数 LEN 可指定通过一个发送作业发送的最大字节数。TSEND 指令的格式及输入 / 输出端子参数的说明见表 4-21。

表 4-21　TSEND 指令的格式及输入 / 输出端子参数的说明

LAD/FBD	参数	数据类型	说明
%DB3 "TSEND_DB" TSEND EN　ENO REQ　DONE ID　BUSY LEN　ERROR DATA　STATUS	EN	Bool	使能输入
	REQ	Bool	在上升沿时执行该指令
	ID	CONN_OUC（Word）	引用相关的连接，ID 必须与本地连接描述中的相关参数 ID 相同 值范围：W#16#0001~W#16#0FFF
	LEN	UDInt	要通过作业发送的最大字节数
	DATA	Variant	指向发送区的指针：该发送区包含要发送数据的地址和长度。该地址引用过程映像输入 I、过程映像输出 Q、位存储器 M 及数据块 DB。传送结构时，发送端和接收端的结构必须相同
	ENO	Bool	使能输出
	DONE	Bool	状态参数：0 表示作业尚未启动或仍在执行过程中；1 表示作业已经成功完成
	BUSY	Bool	状态参数：0 表示作业尚未启动或已完成；1 表示作业尚未完成，无法启动新作业
	ERROR	Bool	错误位：0 表示无错误；1 表示出现错误，错误原因查看 STATUS
	STATUS	Word	错误代码

4. TRCV 指令

使用 TRCV 指令，可以通过现有通信连接接收数据。TRCV 为异步执行指令，参数 EN_R 设置为“1”时，启用数据接收，接收到的数据将输入到接收区中。根据所用的协议选项，接收区长度通过参数 LEN 指定（如果 LEN 不等于 0），或者通过参数 DATA 的长度信息来指定（如果 LEN = 0）。接收数据时，不能更改 DATA 参数或定义的接收区以确保接收到的数据一致。成功接收数据后，参数 NDR 设置为“1”。可在参数 RCVD_LEN 中查询实际接收的数据量。TRCV 指令的格式及输入 / 输出端子参数的说明见表 4-22。

表 4-22　TRCV 指令的格式及输入 / 输出端子参数的说明

LAD/FBD	参数	数据类型	说明
%DB3 "TRCV_DB" TRCV EN　ENO EN_R　NDR ID　BUSY LEN　ERROR ADHOC　STATUS DATA　RCVD_LEN	EN	Bool	使能输入
	EN_R	Bool	允许 CPU 进行接收；EN_R = 1 时，准备接收，处理接收作业
	ID	CONN_OUC	引用相关的连接，ID 必须与本地连接描述中的相关参数 ID 相同 值范围：W#16#0001~W#16#0FFF
	LEN	UDInt	接收区长度（以字节为单位，隐藏） 如果在 DATA 参数中使用具有优化访问权限的存储区，LEN 参数值必须为“0”
	ADHOC	Bool	可选参数（隐藏），TCP 选项使用 ADHOC 模式
	DATA	Variant	指向接收区的指针：传送结构时，发送端和接收端的结构必须相同
	ENO	Bool	使能输出
	NDR	Variant	状态参数（New Data Received）：0 表示作业尚未启动，或仍在执行过程中；1 表示作业已经成功完成
	BUSY	Bool	状态参数：0 表示作业尚未启动或已完成；1 表示作业尚未完成。无法启动新作业
	ERROR	Bool	错误位：0 表示无错误；1 表示出现错误，错误原因查看 STATUS
	STATUS	Word	状态参数：输出状态和错误信息
	RCVD_LEN	UInt	实际接收到的数据量（以字节为单位）

三、任务实施

（一）任务目标

1）掌握 S7-1200 PLC I/O 接线。

2）会组态两台 S7-1200 PLC 之间的 TCP 通信网络连接。

3）能根据控制要求编写两台 PLC TCP 通信的梯形图。

4）熟练使用博途编程软件进行设备组态、编制梯形图并下载至 CPU 进行调试运行，查看运行结果。

（二）设备与器材

本任务所需主要设备与器材，见表 4-23。

表 4-23　所需主要设备与器材

序号	名称	符号	型号规格	数量	备注
1	常用电工工具		十字螺钉旋具、一字螺钉旋具、尖嘴钳、剥线钳等	2 套	表中所列设备与器材的型号规格仅供参考
2	计算机（安装博途编程软件）			2 台	
3	西门子 S7-1200 PLC	CPU	CPU1214C AC/DC/Rly，订货号：6ES7 214-1AG40-0XB0	2 台	
4	三相异步电动机	M	WDJ26，P_N=40W，U_N=380V，I_N=0.3A，n_N=1430r/min	2 台	
5	以太网通信电缆			2 根	
6	连接导线			若干	
7	三相异步电动机正反向运行控制面板（见项目三任务二）			2 块	

（三）内容与步骤

1. 任务要求

两台 S7-1200 PLC 进行 TCP 通信，一台作为客户端，另一台作为服务器端。其控制要求：客户端和服务器端控制按钮分别控制三相异步电动机的起动和停止，但两者的运行方向必须相反。若客户端电动机正向起动运行，则服务器端三相异步电动机只能反向起动运行。若客户端电动机反向起动运行，则服务器端三相异步电动机只能正向起动运行。同样，若先起动服务器端三相异步电动机，则客户端三相异步电动机也必须与服务器端三相异步电动机反向。

2. I/O 地址分配与接线图

根据控制要求确定 I/O 点数，两台 PLC I/O 地址分配（两台相同）见表 4-24。

表 4-24　两台 PLC I/O 地址分配表

输入			输出		
设备名称	符号	I 元件地址	设备名称	符号	Q 元件地址
正向起动按钮	SB1	I0.0	正向接触器	KM1	Q0.0
反向起动按钮	SB2	I0.1	反向接触器	KM2	Q0.1
停止按钮	SB3	I0.2			
热继电器	FR	I0.3			

根据两台 PLC I/O 地址分配表，绘制 I/O 接线图，如图 4-22 所示，两台 PLC 通过带水晶头的以太网通信电缆互连。

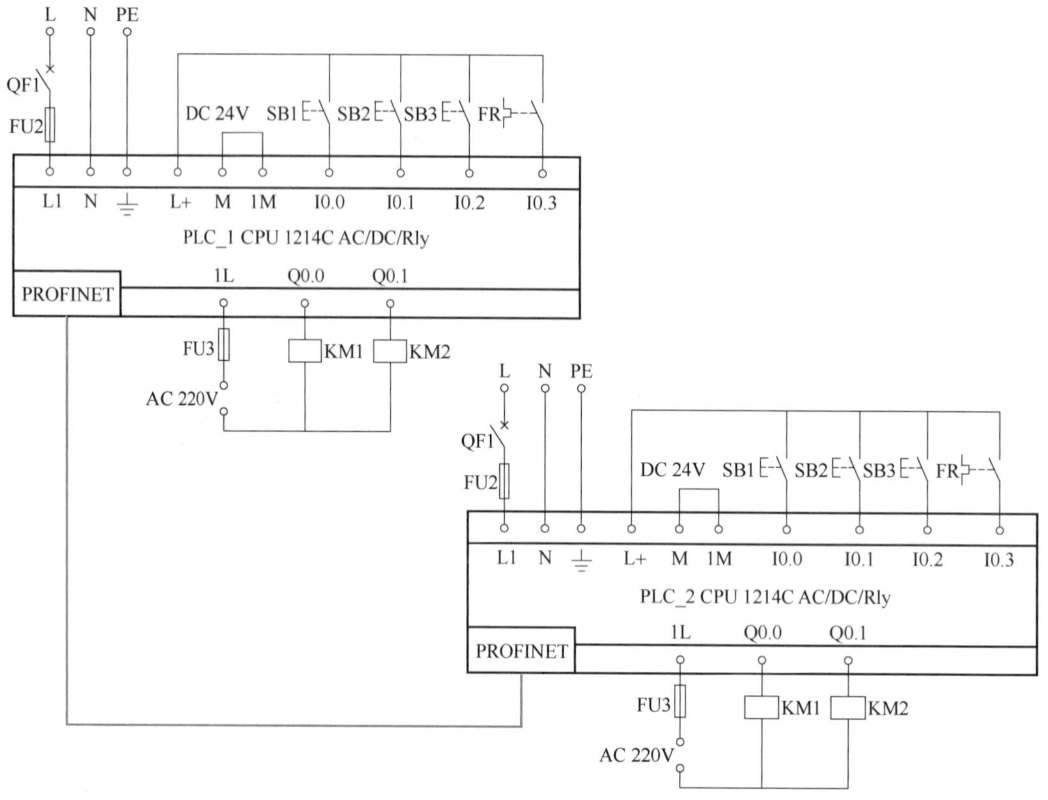

图 4-22　**两台三相异步电动机反向运行 PLC 控制的 TCP 通信 I/O 接线图**

3. 创建工程项目

打开博途编程软件，在 Portal 视图中单击选择“创建新项目”选项，输入项目名称为“4RW_3”，选择项目保存路径，然后单击“创建”按钮，创建项目完成。

4. 硬件组态

进入项目视图，在项目树中，双击“添加新设备”选项，添加两台设备，名称分别为 PLC_1 和 PLC_2，型号均为 CPU 1214C AC/DC/Rly（订货号：6ES7 214-1AG40-0XB0）。

双击“PLC_1［CPU 1214C AC/DC/Rly］”下“设备组态”选项，打开 PLC_1 设备视图，在其巡视窗口中，依次单击“属性”→“常规”→“PROFINET 接口［X1］”→“以太网地址”选项，设置 PLC_1 的以太网 IP 地址为 192.168.0.1，如图 4-23 所示。

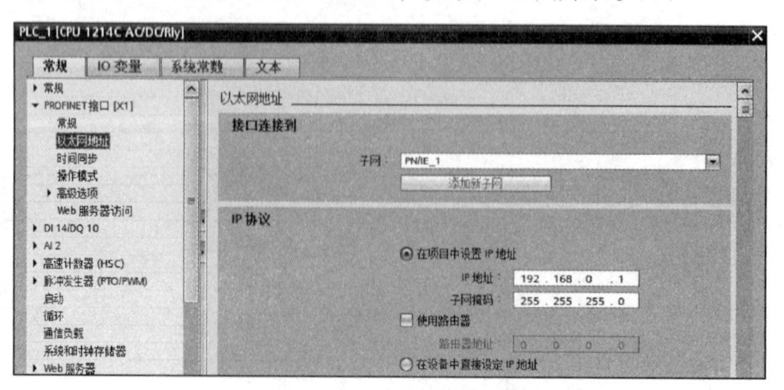

图 4-23　**PLC_1 以太网 IP 地址**

在巡视窗口中，单击“常规”→“系统和时钟存储器”选项，在右边窗口中勾选“启用时钟存储器字节”复选框，在此采用默认的字节 MB0，将 M0.3 设置为 2Hz 的脉冲。

用同样的方法设置 PLC_2 的 IP 地址为 192.168.0.2，如图 4-24 所示，并启用时钟存储器字节。

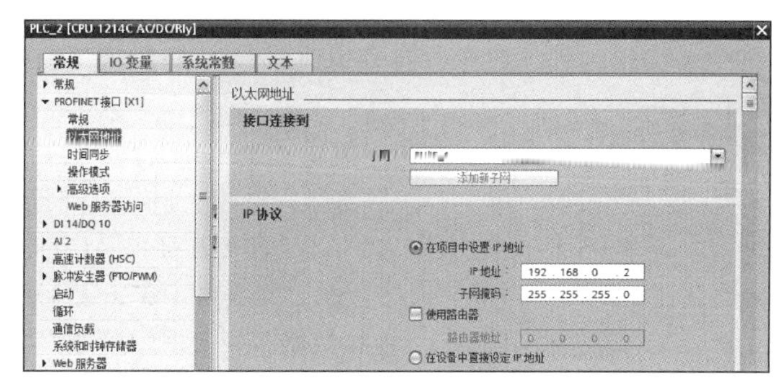

图 4-24　**PLC_2 以太网 IP 地址**

5. 创建网络连接

在项目树中，双击“设备和网络”选项，进入网络视图，首先单击 PLC_1 的 PROFINET 通信口的绿色小方框，按住鼠标拖拽出一条线连接到 PLC_2 的 PROFINET 通信口的绿色小方框上，然后松开鼠标，则网络连接建立，创建完成的网络连接如图 4-25 所示。

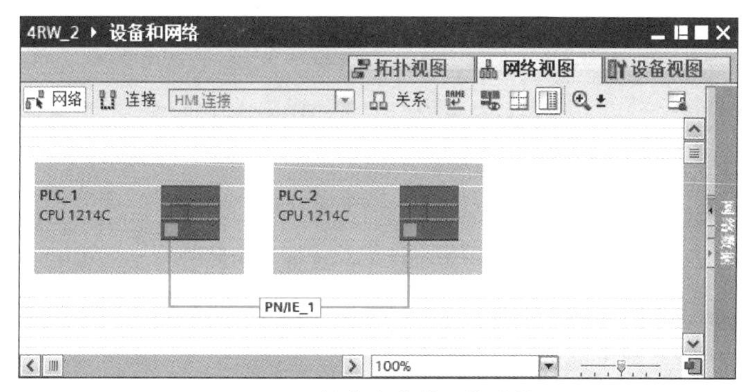

图 4-25　**创建完成的网络连接**

6. 编辑变量表

在项目树中，单击“PLC_1［CPU 1214C AC/DC/Rly］”下“PLC 变量”文件夹前下拉按钮 ▸，在打开的“PLC 变量”文件夹中双击“添加新变量表”选项，在生成的“变量表_1［0］”中，根据控制要求编辑 PLC_1 变量表，如图 4-26 所示。用同样的方法添加并编辑 PLC_2 变量表，PLC_2 变量表与 PLC_1 相同。

4RW_2 ▸ PLC_1 [CPU 1214C AC/DC/Rly] ▸ PLC变量 ▸ 变量表_1 [6]

变量表_1

	名称	数据类型	地址	保持	可从...	从 H...	在 H...
1	正向起动按钮SB1	Bool	%I0.0	☐	☑	☑	☑
2	反向起动按钮SB2	Bool	%I0.1	☐	☑	☑	☑
3	停止按钮SB3	Bool	%I0.2	☐	☑	☑	☑
4	热继电器FR	Bool	%I0.3	☐	☑	☑	☑
5	正向接触器KM1	Bool	%Q0.0	☐	☑	☑	☑
6	反向接触器KM2	Bool	%Q0.1	☐	☑	☑	☑

图 4-26　**PLC_1 变量表**

7. 编写程序

（1）编写 PLC_1 程序

1）在项目树中，打开“PLC_1［CPU 1214C AC/DC/Rly］”的“程序块”文件夹，双击“Main［OB1］”选项，进入 PLC_1 主程序 OB1 的程序编辑区，在右侧指令窗格中选择“通信”选项，分别打开“开放式用户通信”及“开放式用户通信→其他”文件夹，双击或拖拽 TSEND_C、TRCV 指令至编辑区程序段中，自动生成名称为 TSEND_C_DB 和 TRCV_DB 的背景数据块，在此使用 TCP。

2）组态 TSEND_C 指令的连接参数。在程序编辑区选中 TSEND_C 指令，在其巡视窗口中，选择“属性”→“组态”选项卡，单击“连接参数”选项，进入“连接参数”窗口，在该窗口“伙伴”的“端点”下拉列表框中选择“PLC_2［CPU 1214C AC/DC/Rly］，则其接口、子网及地址自动更新。在“本地”下方的“连接数据”列表框中单击“< 新建 >”生成新的数据块“PLC_1_Send_DB”，在“伙伴”下方的“连接数据”列表框中单击“< 新建 >”生成新的数据块“PLC_2_Receive_DB”，连接参数如图 4-27 所示。

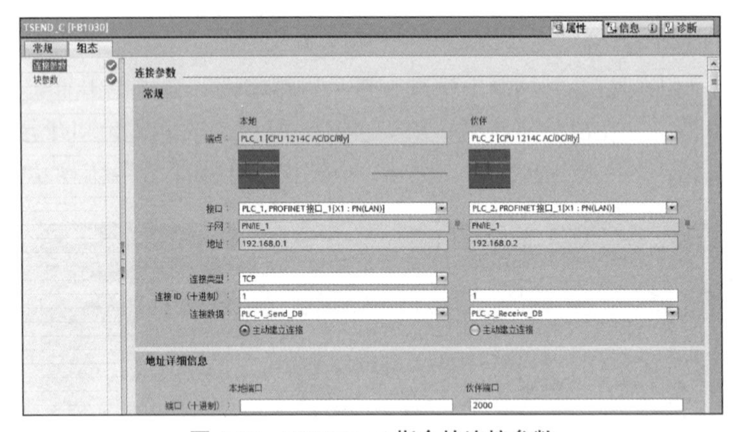

图 4-27　**TSEND_C 指令的连接参数**

3）编写 TSEND_C 指令的块参数，如图 4-28 所示。TSEND_C 指令的块参数也可以采用上述连接参数类似的组态方法进行设置。

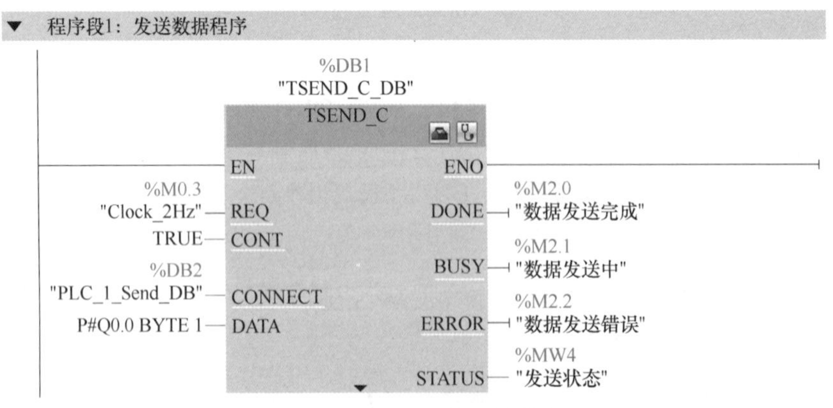

图 4-28　**TSEND_C 指令的块参数**

4）在 OB1 中调用 TRCV 指令并组态参数。为了使 PLC_1 能接收到来自 PLC_2 数据，在 PLC_1 调用接收指令并组态参数。接收数据与发送数据使用同一连接，所以使用不带连接管理的 TRCV 指令。在 PLC_1 主程序 OB1 的程序编辑区右侧指令窗口中，选择“通信”选项，打开“开放式用户通信→其他”文件夹，双击或拖拽 TRCV 指令至程序段中，自动生成名称为 TRCV_DB 的背景数据块。其块参数设置直接在指令引脚端进行，PLC_1 程序如图 4-29 所示。

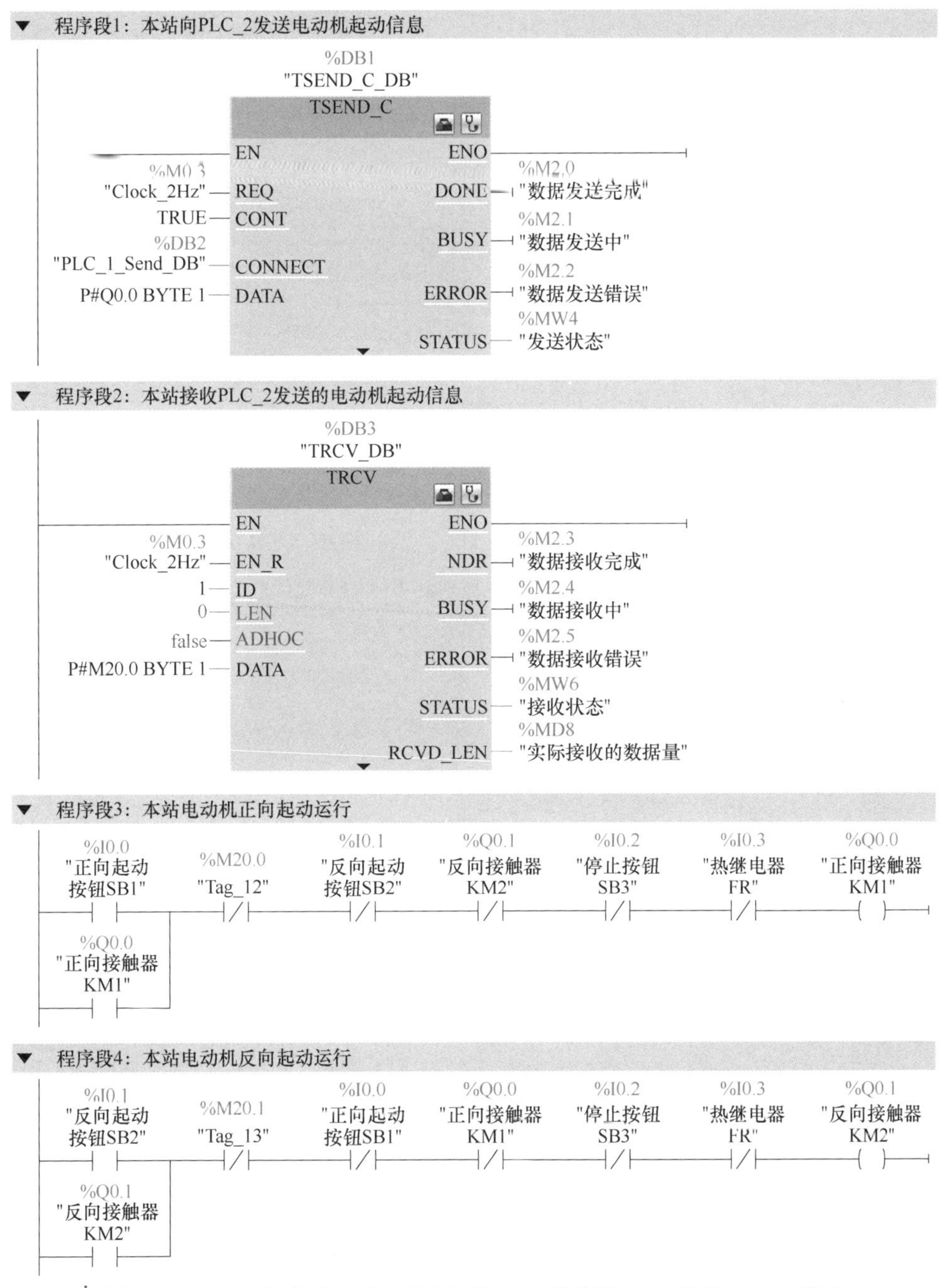

图 4-29 **两台三相异步电动机反向运行 PLC 控制的 TCP 通信 PLC_1 程序**

（2）编写 PLC_2 程序 PLC_2 通信指令使用的为 TRCV_C、TSEND，这里主要设置 TRCV_C 指令的通信参数，方法与 PLC_1 类似，但注意本地应为 PLC_2，通信伙伴为 PLC_1，通信伙伴为主动连接，TRCV_C 指令的连接参数设置如图 4-30 所示，TRCV_C、TSEND 指令的块参数在指令引脚端直接设置。

PLC_2 的程序如图 4-31 所示。

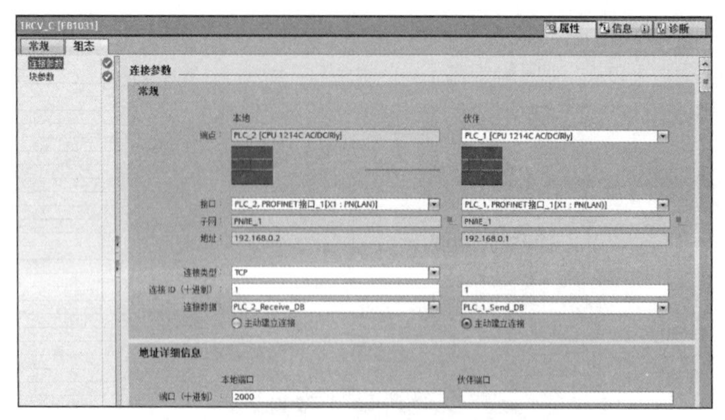

图 4-30　**TRCV_C 指令的连接参数**

图 4-31　两台三相异步电动机反向运行 **PLC** 控制的 **TCP** 通信 **PLC_2** 程序

8. 调试运行

将设备组态及调试好的两单元程序分别下载到 PLC_1、PLC_2 的 CPU 中，按图 4-22 进行两台 PLC 的 I/O 接线，并将两台 PLC 的 PROFINET 通信口用带水晶头的网线连接起来。启动 CPU，将 CPU 切换至 RUN 模式，按下 PLC_1 的正向起动按钮，PLC_1 控制的三相异步电动机正向起动运行，观察 PLC_2 控制的三相异步电动机是否按下正向起动按钮不能正向起动，只能按下反向起动按钮反向起动运行，然后分别按下 PLC_1、PLC_2 上的停止按钮，两台电动机停止运行；再按下 PLC_1 的反向起动按钮，PLC_1 控制的三相异步电动机反向起动运行，观察 PLC_2 控制的三相异步电动机是否按下反向起动按钮不能反向起动，只能按正向起动按钮反向起动运行，然后分别按下 PLC_1、PLC_2 上的停止按钮，两台电动机停止运行。在 PLC_2 上分别按下正向、反向起动按钮，观察 PLC_1 控制的电动机是否只能与 PLC_2 控制的电动机反向起动运行。若上述运行现象与控制要求完全相同，则说明本任务实现。否则需进一步调试，直至实现控制要求。

（四）分析与思考

1）本任务正反转运行能否直接切换，如果不能，程序应如何修改？

2）在任务中，通信指令 TSEND_C、TRCV、TRCV_C、TSEND 的块参数都是直接在指令引脚端设置的，如果采用与连接参数类似的组态方法，应如何设置？

四、任务考核

任务实施考核见表 4-25。

表 4-25　任务实施考核表

序号	考核内容	考核要求	评分标准	配分	得分
1	电路及程序设计	（1）能正确分配 I/O 地址，并绘制 I/O 接线图 （2）设备组态 （3）根据控制要求，正确编制梯形图	（1）I/O 地址分配错或少，每个扣 5 分 （2）I/O 接线图设计不全或有错，每处扣 5 分 （3）CPU 组态与现场设备型号不匹配，扣 10 分 （4）梯形图表达不正确或画法不规范，每处扣 5 分	40 分	
2	安装与连线	根据 I/O 接线图，正确连接电路	（1）接线每错一处，扣 5 分 （2）损坏元器件，每只扣 5~10 分 （3）损坏连接线，每根扣 5~10 分	20 分	
3	调试与运行	能熟练使用编程软件编制程序下载至 CPU，并按要求调试运行	（1）不能熟练使用编程软件进行梯形图的编辑、修改、编译、下载及监视，每项扣 2 分 （2）不能按照控制要求完成相应的功能，每项扣 5 分	20 分	
4	安全文明操作	确保人身和设备安全	违反安全文明操作规程，扣 10~20 分	20 分	
合计				100 分	

五、知识拓展

（一）Modbus TCP 通信

1. 功能概述

Modbus TCP 通信是施耐德公司于 1996 年推出的基于以太网 TCP/IP 的 Modbus 协议。Modbus TCP 是开放式协议，很多设备都集成此协议，比如 PLC、机器人、智能工业相机和其他智能设备等。

Modbus TCP 通信结合了以太网物理网络和 TCP/IP 网络标准，采用包含有 Modbus 应用协议数据的报文传输方式。Modbus 设备间的数据交换是通过功能码实现的，有些功能码是对位操作，有些功能码是对字操作。

S7-1200 CPU 集成的以太网口支持 Modbus TCP 通信，可作为 Modbus TCP 客户端或者服务器端。Modbus TCP 通信使用 TCP 通信作为通信路径，其通信时将占用 S7-1200 CPU 的开放式用户通信连接资源，通过调用 Modbus TCP 客户端 MB_CLIENT 指令和服务端 MB_SERVER 指令进行数据交换。

2. 通信指令

在指令窗口选择“通信”→“其他”→“MODBUS TCP”选项，打开 Modbus TCP 通信指令列表，如图 4-32 所示。

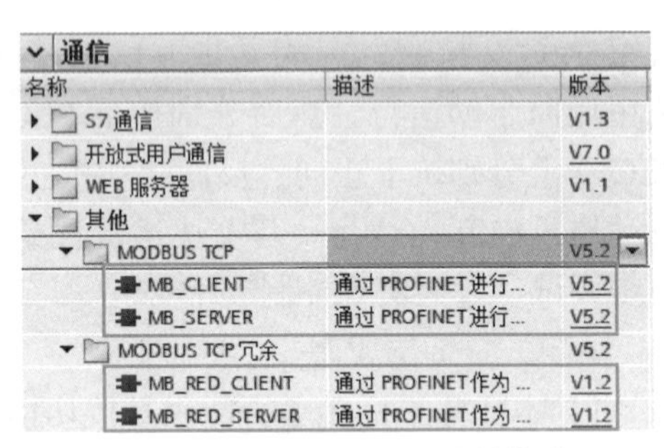

图 4-32　**Modbus TCP 通信指令**

Modbus TCP 通信包括 4 条指令，这里仅介绍 MB_CLIENT 指令和 MB_SERVER 指令。将 MB_CLIENT 指令和 MB_SERVER 指令的指令块拖拽到程序工作区中，将自动分配背景数据块，背景数据块的名称可自行修改，背景数据块的编号可以手动或自动分配。下面进行详细说明。

（1）MB_CLIENT 指令　MB_CLIENT 指令为 Modbus TCP 客户端指令，可以在客户端和服务器端之间建立连接、发送 Modbus 请求、接收响应和控制服务器断开。MB_CLIENT 指令的格式及输入 / 输出端子参数的说明见表 4-26。

表 4-26　MB_CLIENT 指令的格式及输入 / 输出端子参数的说明

LAD/FBD	参数	数据类型	说明
%DB1 "MB_CLIENT_DB" MB_CLIENT EN　ENO REQ　DONE DISCONNECT MB_MODE　BUSY MB_DATA_ADDR MB_DATA_LEN　ERROR MB_DATA_PTR CONNECT　STATUS	EN	Bool	使能输入
	REQ	Bool	与服务器之间的通信请求，上升沿有效
	DISCONNECT	Bool	通过该参数，可以控制与 Modbus TCP 服务器建立和终止连接。0 表示建立连接；1 表示断开连接
	MB_MODE	USInt	选择 Modbus 请求模式（读取、写入或诊断）。0 表示读；1 表示写
	MB_DATA_ADDR	UDInt	由 MB_CLIENT 指令所访问数据的起始地址
	MB_DATA_LEN	UInt	数据长度：数据访问的位或字的个数
	MB_DATA_PTR	Variant	指向 Modbus 数据寄存器的指针：寄存器缓冲数据进入 Modbus 服务器或来自 Modbus 服务器。指针必须分配一个未进行优化的全局 DB 或 M 存储器地址
	CONNECT	Variant	引用包含系统数据类型为“TCON_IP_v4”的连接参数的数据块结构
	ENO	Bool	使能输出
	DONE	Bool	最后一个作业成功完成，立即将 DONE 置位为“1”
	BUSY	Bool	作业状态位：0 表示无正在处理的作业；1 表示作业正在处理
	ERROR	Bool	错误位：0 表示无错误；1 表示出现错误，错误原因查看 STATUS
	STATUS	Word	错误代码

使用客户端连接时，需遵循以下规则：

1）每个 MB_CLIENT 连接都必须使用唯一的背景数据块。

2）对于每个 MB_CLIENT 连接，必须指定唯一的服务器 IP 地址。

3）每个 MB_CLIENT 连接都需要一个唯一的连接 ID。

4）该指令的背景数据块都必须使用各自相应的连接 ID。连接 ID 与背景数据块组合成对，对每个连接，组合对都必须唯一。根据服务器组态，可能需要或不需要 IP 端口的唯一编号。

（2）MB_SERVER 指令　MB_SERVER 指令作为 Modbus TCP 服务器指令，用于处理 Modbus TCP 客户端的连接请求，并接收 Modbus 请求和发送响应。MB_SERVER 指令的格式及输入 / 输出端子参数的说明见表 4-27。

表 4-27　MB_SERVER 指令的格式及输入 / 输出端子参数的说明

LAD/FBD	参数	数据类型	说明
%DB1 "MB_SERVER_DB" MB_SERVER EN　ENO DISCONNECT　NDR MB_HOLD_REG　DR CONNECT　ERROR STATUS	EN	Bool	使能输入
	DISCONNECT	Bool	尝试与伙伴设备进行“被动”连接。也就是说，服务器被动侦听来自任何请求 IP 地址的 TCP 连接请求。如果 DISCONNECT = 0 且不存在连接，则可以启动被动连接。如果 DISCONNECT = 1 且存在连接，则启动断开操作。该参数允许程序控制何时接收连接。每当启用此输入时，无法尝试其他操作
	MB_HOLD_REG	Variant	指向 MB_SERVER 指令中 Modbus 保持性寄存器的指针。MB_HOLD_REG 引用的存储区必须大于 2 字节。保持性寄存器中包含 Modbus 客户端通过 Modbus 功能 3（读取）、6（写入）、16（多次写入）和 23（在一个作业中读写）可访问的值。作为保持性寄存器，可以使用具有优化访问权限的全局数据块，也可以使用位存储器的存储区
	CONNECT	Variant	引用包含系统数据类型为“TCON_IP_v4”的连接参数的数据块结构
	ENO	Bool	使能输出
	NDR	Bool	“New Data Ready”缩写：0 表示无新数据；1 表示从 Modbus 客户端写入新数据
	DR	Bool	“Data Read”缩写：0 表示未读取数据；1 表示从 Modbus 客户端读取数据
	ERROR	Bool	如果上一个请求有错，将变为 TRUE 并保持一个周期
	STATUS	Word	错误代码

使用服务器连接时，需遵循以下规则：

1）每个 MB_SERVER 连接都必须使用唯一的背景数据块。

2）每个 MB_SERVER 连接都需要一个唯一的连接 ID。

3）该指令的背景数据块都必须使用各自相应的连接ID。连接ID与背景数据块组合成对，对每个连接，组合对都必须唯一。根据每个连接，都必须单独调用MB_SERVER指令。

（3）使用Modbus TCP通信指令注意事项　在使用Modbus TCP通信指令时，应注意以下几点：

1）Modbus TCP客户端可以支持多个TCP连接，连接的最大数目取决于所使用的CPU。

2）Modbus TCP客户端如果需要连接多个Modbus TCP服务器，需要调用多个MB_CLIENT指令，每个MB_CLIENT指令需要分配不同的背景数据块和不同的连接ID。

3）Modbus TCP客户端对同一个Modbus TCP服务器进行多次读写操作时，需要调用多个MB_CLIENT指令，每个MB_CLIENT指令需要分配相同的背景数据块和相同的连接ID，且同一时刻只能有一个MB_CLIENT指令被触发。

（二）应用举例

两台S7-1200 PLC之间作Modbus TCP通信，一台作为客户端，另一台作为服务器端。控制要求：在客户端按下起动按钮，服务器端控制的8盏指示灯按HL1、HL8→HL2、HL7→HL3、HL6→HL4、HL5→HL1、HL8顺序每隔1s循环点亮，在循环点亮过程中，按下停止按钮，指示灯熄灭；在服务器端按下起动按钮，客户端控制的8盏指示灯按HL4、HL5→HL3、HL6→HL2、HL7→HL1、HL8→HL4、HL5顺序每隔1s循环点亮，在循环点亮过程中，按下停止按钮，指示灯熄灭。

1. I/O地址分配

根据控制要求确定I/O点数，I/O地址分配（两台相同）见表4-28。

表4-28　I/O地址分配表

输入			输出		
设备名称	符号	I元件地址	设备名称	符号	Q元件地址
起动按钮	SB1	I0.0	第一盏指示灯	HL1	Q0.0
停止按钮	SB2	I0.1	第二盏指示灯	HL2	Q0.1
			⋮	⋮	⋮
			第八盏指示灯	HL8	Q0.7

2. 创建工程项目

打开博途编程软件，在Portal视图中单击选择“创建新项目”选项，输入项目名称为“Modbus TCP通信”，选择项目保存路径，然后单击“创建”按钮，创建项目完成。

3. 硬件组态

按照上述介绍的方法，添加两台设备，名称分别为PLC_1和PLC_2，型号均为CPU 1214C AC/DC/Rly（订货号：6ES7 214-1AG40-0XB0）。

在项目树中，双击“PLC_1［CPU 1214C AC/DC/Rly］”→“设备组态”选项，打开PLC_1设备视图，在其巡视窗口中，依次单击“属性”→“常规”→“PROFINET接口［X1］”→“以太网地址”选项，设置PLC_1的以太网IP地址为192.168.0.1，如图4-33所示，并启动PLC_1

时钟存储器字节 MB0，将 M0.3 设置为 2Hz 的脉冲。

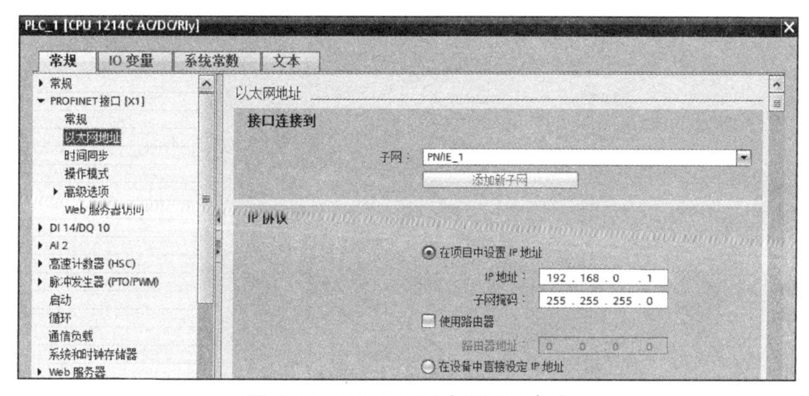

图 4-33　**PLC_1 以太网 IP 地址**

用同样的方法设置 PLC_2 的 IP 地址为 192.168.0.2，如图 4-34 所示，并启用时钟存储器字节 MB0。

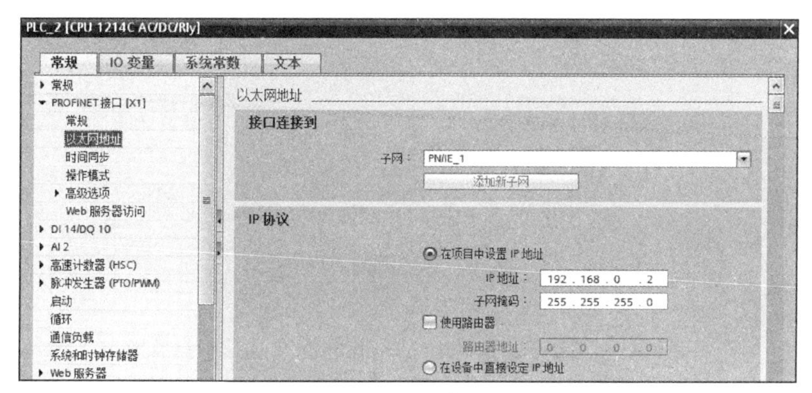

图 4-34　**PLC_2 以太网 IP 地址**

4. 添加数据块

添加通信指令的连接描述数据块。在项目树中，单击“PLC_1［CPU 1214C AC/DC/Rly］”下“程序块”文件夹前下拉按钮 ▸，在打开的“程序块”文件夹中双击“添加新块”选项，在弹出的“添加新块”对话框中，单击“数据块”按钮，数据块名称设置为“DB1”，手动修改数据块编号为“10”，单击“确定”按钮，这样便在程序块中生成 DB1［DB10］数据块，在数据块中添加变量“通信设置”，数据类型为 TCON_IP_v4。用相同的方法为 PLC_2 添加数据块 DB1，编号为“30”，两台 S7-1200 PLC Modbus TCP 通信数据设置如图 4-35 所示。

图 4-35 中的主要参数说明如下：

1）图 4-35a 中：

① InterfaceId：在默认变量表中可以找到 PROFINET 接口的硬件标识符。

② ID：连接 ID 为 1~4095。

③ ConnectionType：对于 TCP/IP，使用默认值 16#0B（十进制数 =11）。

④ ActiveEstablished：该值必须为 1 或 TRUE。主动连接，由 MB_CLIENT 启动 Modbus TCP 通信。

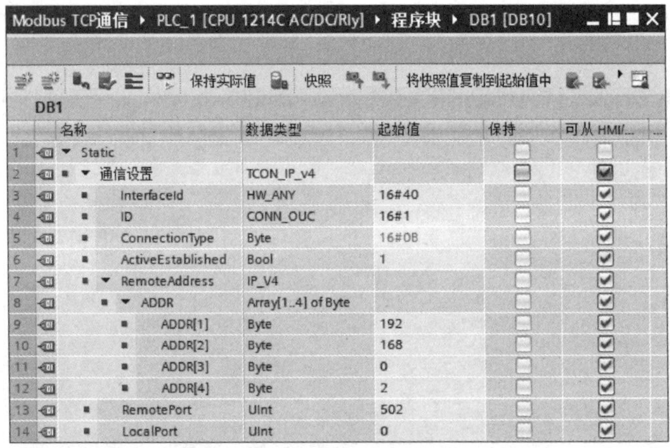

Modbus TCP通信 ▸ PLC_1 [CPU 1214C AC/DC/Rly] ▸ 程序块 ▸ DB1 [DB10]

保持实际值 快照 将快照值复制到起始值中

DB1

	名称	数据类型	起始值	保持	可从 HMI/...
1	▼ Static			☐	☐
2	▼ 通信设置	TCON_IP_v4		☐	☑
3	InterfaceId	HW_ANY	16#40	☐	☑
4	ID	CONN_OUC	16#1	☐	☑
5	ConnectionType	Byte	16#0B	☐	☑
6	ActiveEstablished	Bool	1	☐	☑
7	▼ RemoteAddress	IP_V4		☐	☑
8	▼ ADDR	Array[1..4] of Byte		☐	☑
9	ADDR[1]	Byte	192	☐	☑
10	ADDR[2]	Byte	168	☐	☑
11	ADDR[3]	Byte	0	☐	☑
12	ADDR[4]	Byte	2	☐	☑
13	RemotePort	UInt	502	☐	☑
14	LocalPort	UInt	0	☐	☑

a) PLC_1通信数据设置

Modbus TCP通信 ▸ PLC_2 [CPU 1214C AC/DC/Rly] ▸ 程序块 ▸ DB1 [DB30]

保持实际值 快照 将快照值复制到起始值中

DB1

	名称	数据类型	起始值	保持	可从 HMI/...
1	▼ Static			☐	☐
2	▼ 通信设置	TCON_IP_v4		☐	☑
3	InterfaceId	HW_ANY	16#40	☐	☑
4	ID	CONN_OUC	16#1	☐	☑
5	ConnectionType	Byte	16#0B	☐	☑
6	ActiveEstablished	Bool	0	☐	☑
7	▼ RemoteAddress	IP_V4		☐	☑
8	▼ ADDR	Array[1..4] of Byte		☐	☑
9	ADDR[1]	Byte	192	☐	☑
10	ADDR[2]	Byte	168	☐	☑
11	ADDR[3]	Byte	0	☐	☑
12	ADDR[4]	Byte	1	☐	☑
13	RemotePort	UInt	0	☐	☑
14	LocalPort	UInt	502	☐	☑

b) PLC_2通信数据设置

图 4-35 两台 S7-1200 PLC Modbus TCP 通信数据设置

⑤ RemoteAddress：目标 Modbus TCP 服务器端的 IP 地址。

⑥ RemotePort：默认值为 502。该编号为 MB_CLIENT 试图连接和通信的 Modbus 服务器端的 IP 端口号。

⑦ LocalPort：对于 MB_CLIENT 连接，该值必须为 0。

2）图 4-35b 中：

① InterfaceId：在默认变量表中可以找到 PROFINET 接口的硬件标识符。

② ID：连接 ID 为 1~4095。

③ ConnectionType：对于 TCP/IP，使用默认值 16#0B（十进制数 = 11）。

④ ActiveEstablished：该值必须为 0 或 FALSE。被动连接，MB_SERVER 正在等待 Modbus 客户端的通信请求。

⑤ RemoteAddress：目标 Modbus TCP 客户端的 IP 地址。

⑥ RemotePort：对于 MB_SERVER 连接，该值必须为 0。

⑦ LocalPort：默认值为 502。该编号为 MB_SERVER 试图连接和通信的 Modbus 客户端的 IP 端口号。

5. 编写程序

在项目树中，分别打开 PLC_1 和 PLC_2 下"程序块"文件夹，双击"Main [OB1]"，在程序编辑区分别编写客户端和服务器端的程序，如图 4-36 所示。

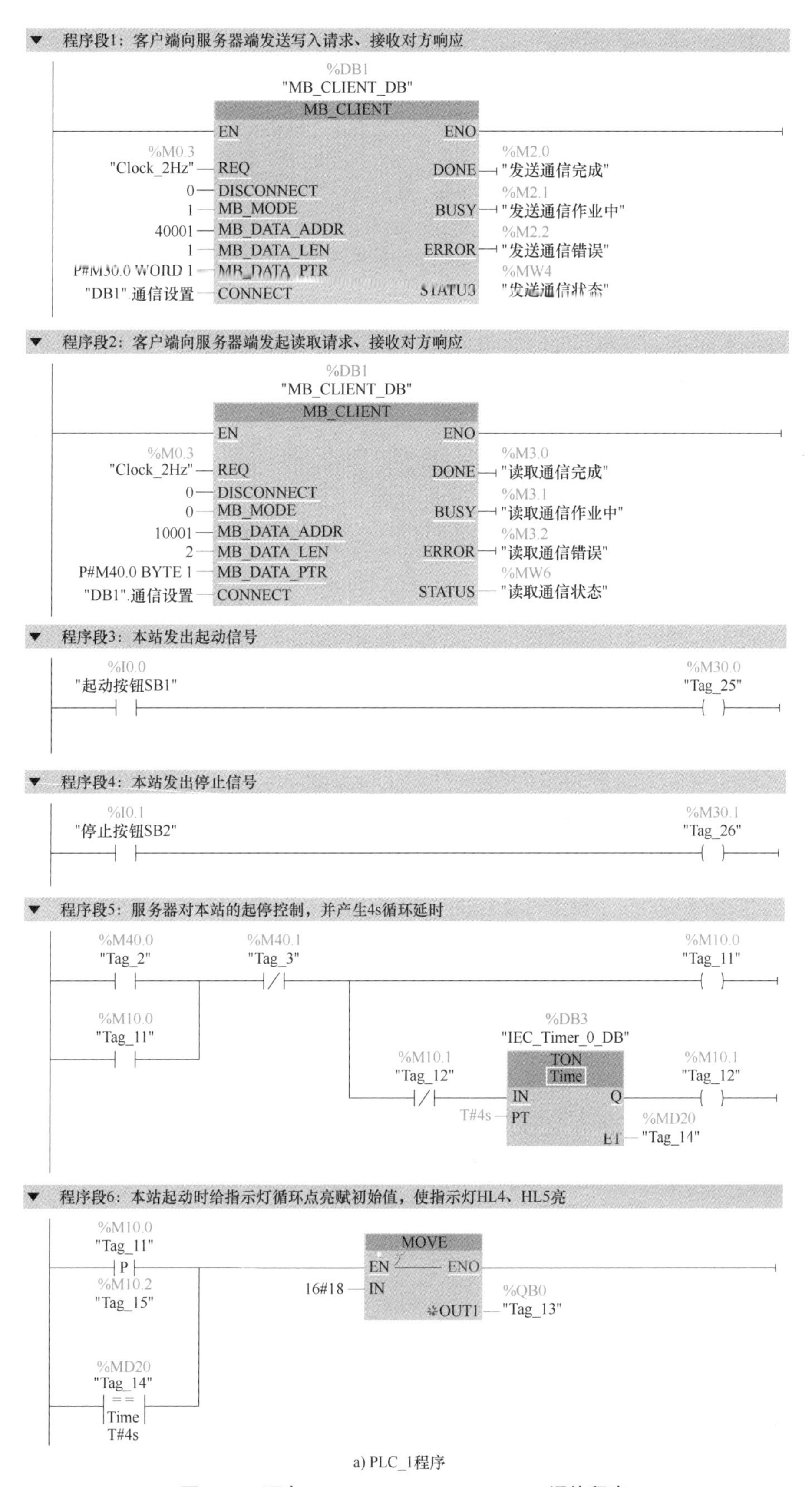

a) PLC_1程序

图 4-36　两台 S7-1200 PLC Modbus TCP 通信程序

▼ 程序段7：指示灯HL3、HL6亮

%MD20 "Tag_14" >= Time T#1s；%MD20 "Tag_14" < Time T#2s；MOVE EN ENO；16#24 — IN；OUT1 — %QB0 "Tag_13"

▼ 程序段8：指示灯HL2、HL7亮

%MD20 "Tag_14" >= Time T#2s；%MD20 "Tag_14" < Time T#3s；MOVE EN ENO；16#42 — IN；OUT1 — %QB0 "Tag_13"

▼ 程序段9：指示灯HL1、HL8亮

%MD20 "Tag_14" >= Time T#3s；%MD20 "Tag_14" < Time T#4s；MOVE EN ENO；16#81 — IN；OUT1 — %QB0 "Tag_13"

▼ 程序段10：服务器端按下停止按钮，指示灯熄灭

%M30.1 "Tag_26"；MOVE EN ENO；0 — IN；OUT1 — %QB0 "Tag_13"

a) PLC_1程序

▼ 程序段1：本站接收数据

%DB1 "MB_SERVER_DB"
MB_SERVER
EN　ENO
0 — DISCONNECT　NDR — %M2.0 "数据写入完成"
P#M30.0 WORD 1 — MB_HOLD_REG　DR — %M2.1 "数据读取完成"
"DB1".通信设置 — CONNECT　ERROR — %M2.2 "通信错误"
STATUS — %MW4 "通信状态"

▼ 程序段2：客户端对本站的起停控制，起动后产生4s循环延时

%M30.0 "Tag_7"；%M10.0 "Tag_14"；%M30.1 "Tag_10"；%M10.0 "Tag_14"
%M10.1 "Tag_17"；%DB3 "IEC_Timer_0_DB" TON Time；IN　Q — %M10.1 "Tag_17"；T#4s — PT　ET — %MD20 "Tag_16"

b) PLC_2程序

图 4-36　两台 S7-1200 PLC Modbus TCP 通信程序（续一）

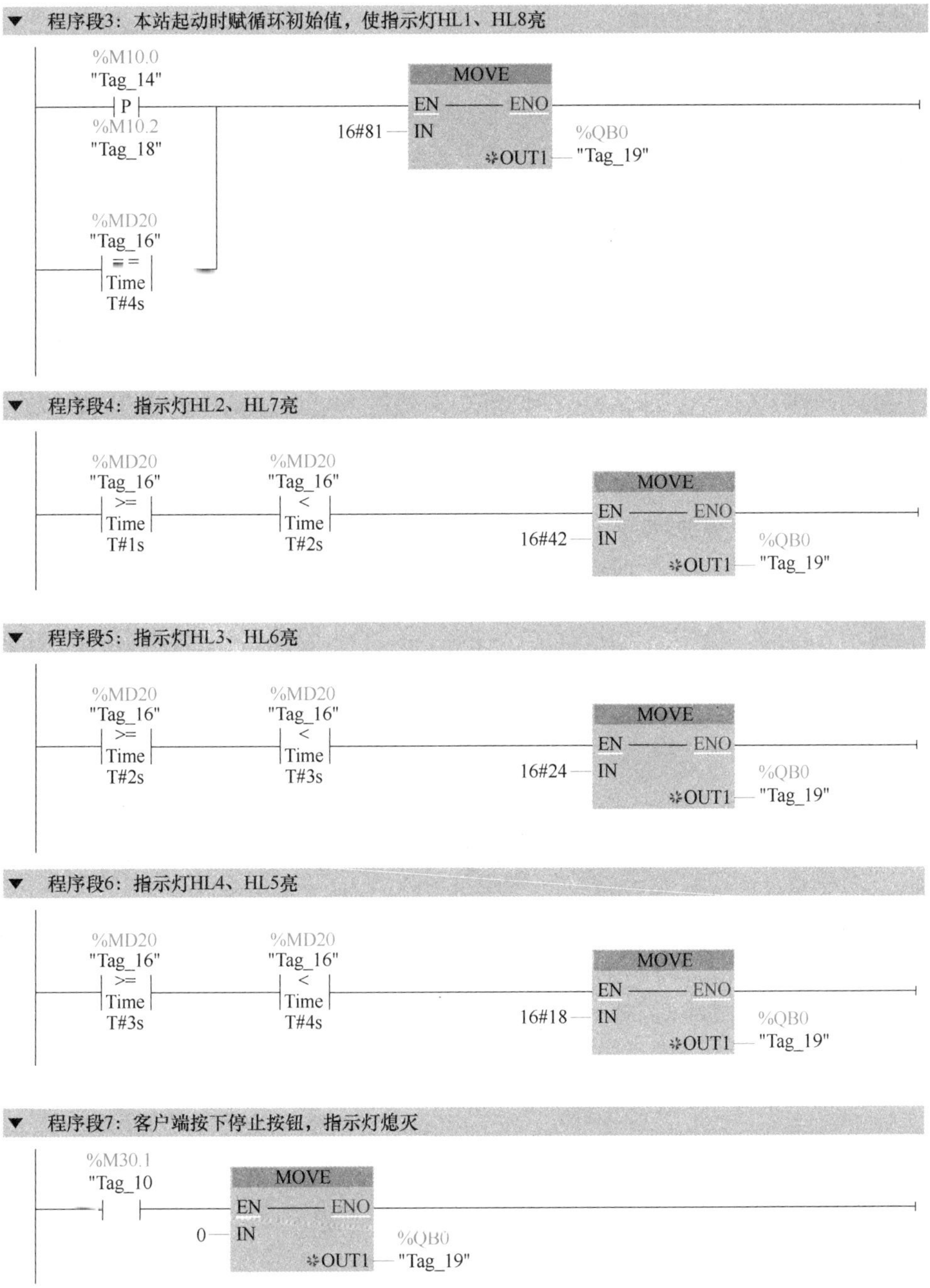

▼ 程序段3：本站起动时赋循环初始值，使指示灯HL1、HL8亮

%M10.0 "Tag_14" P %M10.2 "Tag_18"; %MD20 "Tag_16" == Time T#4s; MOVE EN ENO; 16#81 IN; OUT1 %QB0 "Tag_19"

▼ 程序段4：指示灯HL2、HL7亮

%MD20 "Tag_16" >= Time T#1s; %MD20 "Tag_16" < Time T#2s; MOVE EN ENO; 16#42 IN; OUT1 %QB0 "Tag_19"

▼ 程序段5：指示灯HL3、HL6亮

%MD20 "Tag_16" >= Time T#2s; %MD20 "Tag_16" < Time T#3s; MOVE EN ENO; 16#24 IN; OUT1 %QB0 "Tag_19"

▼ 程序段6：指示灯HL4、HL5亮

%MD20 "Tag_16" >= Time T#3s; %MD20 "Tag_16" < Time T#4s; MOVE EN ENO; 16#18 IN; OUT1 %QB0 "Tag_19"

▼ 程序段7：客户端按下停止按钮，指示灯熄灭

%M30.1 "Tag_10"; MOVE EN ENO; 0 IN; OUT1 %QB0 "Tag_19"

b) PLC_2程序

图 4-36　**两台 S7-1200 PLC Modbus TCP 通信程序**（续二）

六、任务总结

本任务主要介绍了 S7-1200 PLC TCP 通信的组态连接、通信指令及编程应用。在此基础上以两台三相异步电动机反向运行 PLC 控制的 TCP 通信为载体，进行了设备组态、创建 TCP 通信网络连接、编制程序、程序下载及调试运行的任务实施，达到会使用 TCP 通信的目标。最后以两台 S7-1200 PLC 之间的 Modbus TCP 通信为例，介绍了 Modbus TCP 通信的通信数据设置及编程应用。

梳理与总结

本项目通过两组流水灯正反向运行PLC控制的Modbus RTU通信及两台三相异步电动机反向运行PLC控制的TCP通信两个任务的学习与实践，达成掌握S7-1200 PLC通信功能实现。

（1）S7-1200 PLC的串行通信　S7-1200 PLC支持RS485串行通信和以太网通信，其CPU本体没有集成RS485串口，在进行串行通信时需要在CPU左侧连接最多3块CM1241（RS232、RS422/485、RS485）通信模块或在面板上扩展1块通信板（CB1241 RS485）。

1）Modbus RTU通信。两台S7-1200 PLC在进行Modbus RTU通信时，使用的指令是Modbus_Comm_Load（通信参数装载）指令、Modbus_Master（主站通信）指令、Modbus_Slave（从站通信）指令。对于Modbus RTU通信，主站在同一时刻只能发起一个Modbus_Master指令请求。当需要调用多个Modbus_Master指令时，Modbus_Master指令之间需要采用轮询方式调用，并且多个Modbus_Master指令需要使用同一个背景数据块。

2）点对点通信。两台S7-1200 PLC在进行点对点通信时，通信组态主要是对主站串行通信模块端口组态，主要的通信指令是SEND_PTP（发送报文）指令、RCV_PTP（接收报文）指令，点对点通信是主-从协议，发送和接收之间一定要采用轮询。

（2）S7-1200 PLC的以太网通信

1）TCP通信。基于以太网通信通过TCP实现时，使用的通信指令是由双方CPU调用T-block指令来实现，通信方式为双边通信，主要指令为TSEND_C/TSEND（发送数据）指令、TRCV_C/TRCV（接收数据）指令，因此TSEND_C和TRCV或TRCV_C和TSEND必须成对出现。

2）Modbus TCP通信。Modbus TCP是一个标准的网络通信协议，通过编程实现网络通信，通过CPU本体集成的本地接口建立连接，不需要扩展通信模块。常用指令有MB_CLIENT指令和MB_SERVER指令，通信时客户端使用MB_CLIENT指令，服务器端使用MB_SERVER指令。

复习与提高

一、填空题

1. 串行通信是以__________为单位的数据传输方式，并行通信是以______或______为单位的数据传输方式。

2. 串行通信按其传输的信息格式可分为__________和__________两种方式。

3. 在串行通信中，根据数据的传输方向不同，可分为______、______和______三种通信方式。

4. RS485接口是PLC与仪器仪表等设备的一种______通信接口方式，采用______方式，组成______通信网络。

5. RS485是多点双向通信，RS485接口一般采用__________连接器。

6. S7-1200 PLC点对点通信使用的主要指令是__________、__________。

7. S7-1200 PLC进行串行通信时需要增加通信模块或者通信板来扩展RS232或RS485电

气接口。S7-1200 PLC 有______种串行通信模块和______种通信板，串行通信模块安装在 S7-1200 CPU 的______，最多扩展__个通信模块。通信板安装在 S7-1200 CPU 的______插槽中，最多扩展______个通信板。S7-1200 CPU 同时最多扩展______个串行通信接口。

8. S7-1200 PLC 本体集成了一个或两个以太网接口，其中______、______和______集成了一个以太网口，______和______集成了两个以太网口，两个以太网口______IP 地址。

9. Modbus 串行通信协议有__________和__________两种模式。

10. Modbus RTU 协议是基于______或______串行通信的一种协议，数据通信采用主 - 从方式进行传送，主站______具有从站地址的数据报文，从站______到报文后发送相应报文到主站进行应答。

11. S7-1200 支持的串行通信协议有____________、____________以及____________。

12. 开放式用户通信（OUC 通信）是基于以太网进行数据交换的协议，S7-1200 PLC 支持的开放式用户通信方式主要有____________、____________和____________。

13. S7-1200 CPU 通过集成的以太网接口用于开放式用户通信连接，通过调用______和______进行数据交换。通信方式为双边通信，因此，两台 S7-1200 PLC 之间进行开放式以太网通信，______和______指令必须______出现。

14. Modbus 设备间的数据交换是通过功能码实现的，有些功能码是对______操作，有些功能码是对______操作。

15. Modbus TCP 通信使用 TCP 通信作为通信路径，其通信时将占用 S7-1200 CPU 的开放式用户通信连接资源，通过调用 Modbus TCP 客户端______指令和服务器端______指令进行数据交换。

二、判断题

1. S7-1200 PLC 在进行串行通信时只能使用 RS485 接口进行。(　　)

2. S7-1200 PLC 本体上集成了一个 RS485 接口。(　　)

3. S7-1200 PLC 本体上集成了至少一个 PROFINET 以太网接口。(　　)

4. S7-1200 PLC 扩展通信模块时，通信模块连接在 CPU 的右侧。(　　)

5. S7-1200 PLC 如果要实现串行通信，只能通过扩展通信模块实现。(　　)

6. S7-1200 PLC 在实现 TCP 通信时，在完成通信连接组态后，通信程序主要是由 TSEND、TRCV 两条指令实现的。(　　)

7. S7-1200 PLC 在实现点对点通信时，通信程序主要是由 SEND_PTP、RCV_PTP 两条指令实现的。(　　)

8. 数组（Array）是由固定数目的同一种数据类型元素组成的数据结构。(　　)

9. 通信的基本方式可分为并行通信与串行通信两种方式。(　　)

10. 串行通信的连接方式有单工方式、全双工方式两种。(　　)

11. S7-1200 PLC 最多可以同时扩展 4 个串行通信接口。(　　)

12. S7-1200 PLC 串行通信接口模块只有 CM1241 RS232、CM1241 RS485 两种。(　　)

13. 组成数组中的各元素只要求是同一种数据类型，对数据类型没有要求。(　　)

14. S7-1200 PLC 的 Modbus RTU 通信、Modbus TCP 通信都是基于 RS485 的通信。(　　)

15. S7-1200 PLC 在进行 Modbus TCP 通信时需要扩展通信模块，否则不能实现。(　　)

16. 基于以太网通信通过 TCP 实现时，使用的通信指令是由双方 CPU 调用 T-block 指令来实现，通信方式为双边通信。(　　)

17. S7-1200 PLC 在进行 TCP 通信时，程序中 TSEND_C 和 TRCV 或 TRCV_C 和 TSEND

必须成对出现。(　　)

三、选择题

1. 下列不属于串行通信的连接方式是(　　)。

A. 单工　　B. 双向　　C. 半双工　　D. 全双工

2. 下列属于 S7-1200 PLC 串行通信板的是(　　)。

A. CB1241 RS232　　B. CM1241 RS485

C. CB1241 RS485　　D. CB1241 RS422

3. S7-1200 PLC 最多可以同时扩展串行通信接口个数是(　　)。

A. 4　　B. 3　　C. 1　　D. 8

4. 下列不属于 S7-1200 PLC 以太网通信的是(　　)。

A. TCP 通信　　B. 点对点通信

C. S7 通信　　D. Modbus TCP 通信

四、简答题

1. S7-1200 PLC 与其他设备通信的传输介质有哪些?

2. S7-1200 PLC 常用的串行通信协议有哪些?

3. S7-1200 PLC 常用的以太网通信协议有哪些?

4. 如何组态两台 S7-1200 PLC 之间的 TCP 通信网络连接?

5. 如何建立两台 S7-1200 PLC 之间的 Modbus TCP 通信?

五、设计题

1. 两台 S7-1200 PLC 之间进行 Modbus RTU 通信。控制要求:在 PLC_1 上按下起动按钮,PLC_2 控制的 8 盏灯按正序每隔 1s 两两轮流点亮(HL1、HL2 → HL3、HL4 → HL5、HL6 → HL7、HL8),并不断循环,若按下停止按钮,灯立即熄灭;在 PLC_2 上按下起动按钮,PLC_1 控制的 8 盏灯按反序每隔 1s 两两轮流点亮(HL8、HL7 → HL6、HL5 → HL4、HL3 → HL2、HL1),并不断循环,若按下停止按钮,灯立即熄灭。试绘制 I/O 接线图并编写程序。

2. 两台 S7-1200 PLC 进行 TCP 通信,一台作为客户端,另一台作为服务器端。控制要求:客户端的起动、停止按钮控制服务器端电动机的起动运行与停止;客户端三相异步电动机受服务器端按钮的控制。试绘制 I/O 接线图并编写程序。

附 录

常用电气简图图形符号及文字符号一览表

名称	图形符号	文字符号
直流电 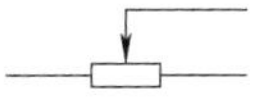	⎓	
交流电 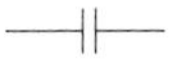	～	
正、负极 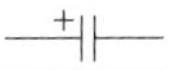	+ -	
三角形联结的三相绕组	△	
星形联结的三相绕组	Y	
导线	—	
三相导线	///　≡	
导线连接点	●	
端子	○	
端子板	1 2 3 4 5 6	XT
接地		PE
插座		XS
插头		XP
滑动（滚动）连接器		E
电阻器一般符号		R
可变（可调）电阻器		R
滑动触头电位器		RP
电容器一般符号		C
极性电容器	+	C
电感器、线圈、绕组、扼流圈		L
带铁心的电感器		L
电抗器		L
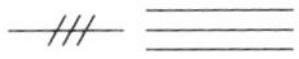 单相自耦变压器	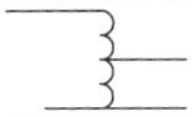	T
有铁心的双绕组变压器	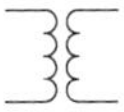	T
三相自耦变压器星形联结	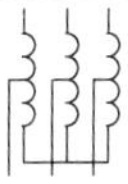	T
电流互感器	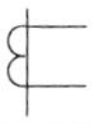	TA
 直流串励电动机	 M	M
 直流并励电动机	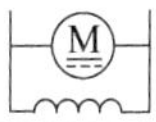 M	M
 直流他励电动机	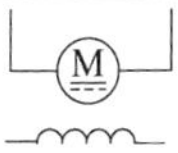 M	M
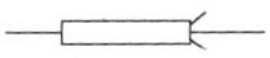 三相笼型异步电动机	 M 3~	M
 三相绕线转子异步电动机	 M 3~	M

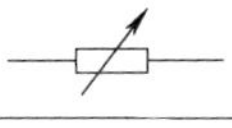

（续）

名称	图形符号	文字符号	名称	图形符号	文字符号
三相永励同步交流电动机	GS 3~	MS	热继电器常开触头		FR
普通刀开关		QS	热继电器常闭触头		FR
普通三相刀开关		QS	延时闭合的常开触头		KT
三相断路器		QF	延时断开的常开触头		KT
熔断器		FU	延时闭合的常闭触头		KT
具有常开触头但无自动复位的旋转开关		S	延时断开的常闭触头		KT
按钮开关常开触头		SB	接近开关常开触头		SP
按钮开关常闭触头		SB	接近开关常闭触头		SP
位置开关常开触头		SQ	速度继电器常开触头	n	KS
位置开关常闭触头		SQ	速度继电器常闭触头	n	KS
接触器常开主触头		KM	操作器件一般符号、接触器线圈		KM
接触器常闭主触头		KM	缓慢释放继电器线圈		KT
接触器常开辅助触头		KM	缓慢吸合继电器线圈		KT
接触器常闭辅助触头		KM	过电流线圈	$I>$	KOC
继电器常开触头		KA	欠电流线圈	$I<$	KUC
继电器常闭触头		KA	过电压线圈	$U>$	KOV

（续）

名称	图形符号	文字符号	名称	图形符号	文字符号
欠电压线圈	U<	KUV	电警笛、报警器		HA
热继电器的驱动器件		FR	照明灯一般符号		EL
电磁离合器		YC	指示灯、信号灯一般符号		HL
电磁阀		YV	普通二极管		VD
电磁制动器		YB	普通稳压管		VS
电磁铁		YA	普通晶闸管		VTH
电磁吸盘	×	YH	PNP 晶体管		VT
扬声器		HA	NPN 晶体管		VT
电铃		HA	单晶晶体管		VU
蜂鸣器		HA	运算放大器	▷∞ + −	N

参考文献

[1] 张君霞，王丽平.电气控制与 PLC 技术：S7-1200 [M]. 北京：机械工业出版社，2022.
[2] 梁亚峰，刘培勇.电气控制与 PLC 技术：S7-1200 [M]. 北京：机械工业出版社，2021.
[3] 程国栋，吴玮.电气控制及 S7–1200 PLC 应用技术 [M]. 西安：西安电子科技大学出版社，2021.
[4] 刘保朝，董青青.机床电气控制与 PLC 技术项目教程：S7-1200 [M]. 北京：机械工业出版社，2022.
[5] 马玲.S7-1200 PLC 电气控制技术 [M]. 北京：机械工业出版社，2021.
[6] 汤平，李纯.电气控制及 PLC 应用技术：基于西门子 S7-1200 [M]. 北京：电子工业出版社，2022.
[7] 李俊婷，黄文静.电气控制与 PLC：西门子 S7-1200 [M]. 北京：北京理工大学出版社，2021.
[8] 王明武.电气控制与 S7-1200 PLC 应用技术 [M]. 2 版.北京：机械工业出版社，2022.
[9] 王烈准，孙吴松.S7-1200 PLC 应用技术项目教程 [M]. 北京：机械工业出版社，2021.
[10] 王烈准.电气控制与 PLC 应用技术项目式教程：三菱 FX_{3U} 系列 [M]. 2 版.北京：机械工业出版社，2021.
[11] 奚茂龙，向晓汉.S7-1200 PLC 编程及应用技术 [M]. 北京：机械工业出版社，2022.
[12] 芮庆忠，黄诚.西门子 S7-1200 PLC 编程及应用 [M]. 北京：电子工业出版社，2020.